国家出版基金项目

中華美學全史

第六卷

陈望衡　著

人民出版社

目　录

第　六　卷

唐朝五代编

第 六 卷

唐朝五代编

导　语

公元 581 年，北周相国、隋王杨坚取北周而代之，建立隋朝。589 年隋灭陈，分裂长达 273 年的中国遂告统一。尽管隋朝存在的时间不长，但隋朝无疑为随之而来的唐朝的繁荣做了很好的准备。618 年李渊称帝，建立唐朝。唐朝是中国封建时代最为辉煌的时期。它犹如一个人的青年时代，朝气蓬勃，充满创造的活力与开拓的精神，它所创造的灿烂文化在当时的世界无一个国家堪与之媲美。唐朝后期由于各种社会矛盾集中爆发，内乱又起，遂告灭亡，五代十国开始，中国陷入内乱，尽管如此，文化仍然在延续、发展，并且有不俗的成就。

唐朝美学首先体现在由唐太宗开创的开放精神，这一精神，不仅让中华民族多民族的美学实现融合，而且以极大的胸怀容纳外国的文化包括艺术。更重要的是，唐太宗冲决了儒家礼乐文化的某些不当，否定了由礼定乐、乐为礼用的固有传统，肯定了音乐独立的娱乐功能，这不仅实现了音乐的解放，而且实现了诗歌绘画等艺术的解放，唐诗的繁荣与唐朝的开放精神有着极大的关系。

唐朝美学集中体现在诗歌上。一大批优秀的诗人及其作品炫亮了唐朝的文坛，也炫亮了中国美学史、中国文化史。自此以后中国美学有了自己的品格定位，那就是唐诗品位。

唐朝是中国美学的重要转型期。唐朝以前，中国美学以意象为基本范畴，美在意象；而在唐朝，诗人们开始了对于境的探求，产生了"境""意境""境象"等重要概念，更重要的是出现了"境生象外""象外之象""味外之旨"这样的美学理论。"境"成为中国美学的最高范畴。"境"理论的出现，让中国美学的发展进入了成熟阶段，宋、明、清美学基本上是以境为旨归的。中唐之后"美在意象"逐渐让位于"美在境象"，到清代，王国维提出"境界"概念，"美在境"发展成"美在境界"。

佛教的中国化，自东汉就开始了，但只有到唐朝，佛教的中国化才基本完成，其标志是禅宗的出现。禅宗，有最大程度地开发心灵的功能，也有最大程度地开发审美的功能，从而实现了宗教的心灵化、审美化。佛教对于中华文学艺术的影响虽然早在唐朝之前就开始了，但以唐朝成就最大，最为突出的成就是敦煌佛教洞窟艺术。

佛教的中国化，不只是革新了佛教，还为中华文化补充了新血液，意味着以后的中华文化不是儒道一体，而是儒道释一体。

在唐朝，一道亮丽的文化风景线是丝绸之路，中国与中亚、西亚、罗马的经济文化交流均以这条路为通道。佛教由此进入中国，龟兹的音乐也由此进入中原，中国文化中璀璨的明珠——边塞诗在这里诞生，与之相关，形成了具有时代特色的西域美学。

海纳百川，兼容并包，是大唐气象的突出特色。正是在这种环境中，具有全民族性质的中华美学得以真正地形成。如果说先秦是中华美学之始，唐朝就是中华美学之成。

唐朝是中华民族青春时代，青春气概是唐朝美学的灵魂。

唐朝美学是中华美学的华彩乐章，也是世界美学的华彩乐章。唐以后的五代是中国历史上一个动乱的时代，文学艺术没有太大的成就，但荆浩在山水画及山水画论上留下了光耀的足迹。他的《笔法记》是一篇完整的画学专论，具有相当的理论深度，当得上中国绘画美学的奠基之作。

第 一 章

唐朝美学精神（上）

　　唐朝是中国历史上最为强盛的时期，它与中国历史上另一个强盛的帝国——汉并列，史称为"汉唐"。唐朝在中国历史上的存在时间为公元618年至公元907年，近三百年。这个时期，美洲尚未被人发现；欧洲处于黑暗的中世纪，城市破败，田园荒芜。唯有中国这块土地，充满着繁荣、兴旺的景象。兴旺的大唐帝国，如旭日东升，辉耀全球。毫无疑问，唐帝国是当时世界上第一强国。尽管当时没有飞机，没有轮船，没有火车，没有汽车，但也阻止不了人们的交往。主要以骆驼作为交通工具的陆上丝绸之路，和主要用帆船作为交通工具的海上丝绸之路将唐帝国与世界联系在一起。于是，我们看到，唐帝国的丝绸、茶叶、瓷器，源源不断地输送到了西亚、南亚、欧洲，而西亚、南亚、欧洲的各种产品也源源不断地输送到了唐帝国。与物品相伴随的是人，是文化。在唐帝国的首都长安，可以看到各种长相、服饰与唐人相异的罗马人、波斯人、天竺人、西域人、吐蕃人、高丽人，看到来自诸多国家的各种风格鲜明的乐舞。唐帝国俨然成为当时世界的中心，长安成为当时世界诸多民族向往的圣地。

　　大唐帝国拥有世界上最大的物质财富，也拥有世界上最灿烂、最辉煌的精神财富。诗歌、乐舞、绘画、雕塑，在当时的世界上毫无争议地处于最高水平。当李白在高吟"黄河之水天上来，奔流到海不复回"的时候，英国人引以为豪的莎士比亚在哪里？当《霓裳羽衣舞》以大曲三十六段的规模在唐宫辉煌上演时，欧洲的明珠维也纳歌剧院在哪里？当李思训父子的山水画、吴道子的人物画享誉东方时，造型艺术大师米开朗琪罗、达·芬奇在哪里？众所周知，莎士比亚、米开朗琪罗、达·芬奇都是文艺复兴时代的人物，比李白、李思训、吴道子晚了近一千年。

唐代人的审美生活品位究竟是什么样子？现在，我们只能从唐人自己留下的物质作品或文字作品去揣摩、去想象了。读读杜甫的《丽人行》，那都城长安水边丽人出行的场景何等靓丽、何等辉煌！且不说"态浓意远淑且真，肌理细腻骨肉匀"的女子姿态尽见唐人"视肥为美"的女性审美观，仅看看这贵族女子的装饰："绣罗衣裳照暮春，蹙金孔雀银麒麟。头上何所有？翠微盍叶垂鬓唇；背后何所见？珠压腰衱稳称身"，那个社会的吉祥意识、工艺水平、审美趣味不是尽为彰显了吗？再看看《滕王阁序》，那地处偏僻的江西南昌也有这样崇阿的殿宫："桂殿兰宫，列冈峦之体势。披绣闼，俯雕甍，山原旷其盈视，川泽纡其骇瞩。闾阎扑地，钟鸣鼎食之家；舸舰弥津，青雀黄龙之舳。"唐代的繁华、强盛以及高度发达的文明，不是也尽可见出吗？

唐人的审美观念集中体现在文学艺术之中，同时，也体现在哲学观念、政治观念、伦理观念以及各种充满生意的实际生活之中。品味唐人的审美情趣，探讨唐人的审美观念，犹如从高空俯瞰大地，唐朝的精神气象，唐朝的物质文明和精神文明的发展水准，都一览无余了。

繁华、富裕、强大、开放，虎虎有生气，这是唐人留下的物质文明与精神文明给我们的总体印象，借用司空图《诗品》中描摹"豪放"诗品的用语，那就是"天风浪浪，海山苍苍"。

第一节　上承隋制，革新创造

任何文化均有其发展的承续。唐朝的审美观念与前一个朝代——隋朝的审美观念有着内在的关联：在某些方面，它直接承续隋制；而在有些方面,则是吸取隋的教训,不取隋制;更多的方面,则是既吸取了隋制,又改造了隋制,在隋制的基础上创造新制。隋朝(581—618)存在的时间不长,仅37年。这30多年中,尽管有不少战事,但隋朝还是重视自己的文化建设的。在这些文化建设中,涉及审美的,主要有三点:对轻艳审美情趣的批判、提出整合南北文学的主张、重申文学的社会服务功能。

一、对轻艳审美情趣的批判

轻艳审美情趣集中表现在齐梁文风上。这种文风被历代视为文学的堕落。隋建国后,有识之士直斥这种文风,要求朝廷予以坚决的纠正。李谔在《上隋文帝论文书》中说:

> 降至后代,风教渐落。魏之三祖,更尚文词。忽君人之大道,好雕虫之小技。下之从上,有同影响。竞骋文华,遂成风俗。江左、齐、梁,其弊弥甚,贵贱贤愚,唯务吟咏。遂复遗理存异,寻虚逐微,竞一韵之奇,争一字之巧。连篇累牍,不出月露之形;积案盈箱,唯是风云之状。

齐梁文风,概括起来,就是尚形式、轻内容。而体现在文字形式上,则尚音韵、轻字义;体现在内容主题上,则尚风月、轻家国。李谔大声疾呼,不要看轻这种文风对社会人心的腐蚀,对江山社稷的损害:"世俗以此相高,朝廷据兹擢士。禄利之路既开,爱尚之情愈笃。于是闾里童昏,贵游总卯,未窥六甲,先制五言。至于羲皇、舜、禹之典,伊、傅、周、孔之说,不复关心,何尝入耳。以傲诞为清虚,以缘情为勋绩,指儒素为古拙,用词赋为君子。故文笔日繁,其政日乱,良由弃大圣之轨模,构无用以为用也,损本逐末,流遍华壤,递相师祖,久而愈扇。"这种文风如果仅只是个人爱好,只是玩玩,那不妨事,可怕的是它与政治相联系,与禄利相联系,那对国家社稷的危害就非同小可了。试想,一个政府,整天泡在公文中,而这些公文徒具华美形式,没有实际的内容,这个政府,还能做出什么于百姓有利的事情来呢?隋文帝杨坚接受李谔的建议,下令"公私文翰,并宜实录"。泗州刺史司马幼上给文帝的表章,因文辞过于华丽,竟然遭到治罪。

与齐梁文风相联系是弥漫于南朝的乐舞,代表为《玉树后庭花》。那是南朝陈后主最为痴迷的乐舞。陈后主是一位很有文学艺术才华的皇帝，但是他的艺术趣味低下，耽于酒色，不理政事，醉心轻艳的乐舞。他的亡国应该说是有诸多原因的，但人们往往简单地将他所醉心的、以轻艳为主要风格的乐舞视为"亡国之音"。隋统一中国后，自然要对之前的文化进行清理；陈后主所醉心的乐舞，自然也就成了批判的对象。

　　隋文帝非常看重音乐的教化作用。隋帝国建立后，他下令建立雅乐体系，强调这雅乐体系，一定要是华夏正声。虽然隋建立的正声多源自南朝旧乐，但对于其中的"亡国之音"非常排斥。值得指出的是，虽然文帝极力排斥，但是，他的这种努力并没有得到臣下全心全意的支持，不少臣子喜爱的还是这种轻艳的乐舞，还有也遭文帝排斥的胡音。据《隋书·音乐志》载，开皇年间，龟兹音乐传到中原，很受欢迎，"有曹妙达、王长通、李士衡、郭金乐、安进贵等，皆妙绝弦管，新声奇变，朝改暮易，持其音技，估衒公王之间，举时争相慕尚。高祖病之，谓群臣曰：'闻君等皆好新变，所奏无复正声，此不祥之大也。自家形国，化成人风，勿谓天下方然，公家家自有风俗矣。存亡善恶，莫不系之。乐感人深，事资和雅。公等对亲宾宴饮，宜奏正声；声不正，何可使儿女闻也！'"①

　　文帝的担心是没有用的，到杨广即位，轻艳的审美风气不仅死灰复燃，而且越发猖獗了。重要的原因，不是臣下，而是杨广，他的审美观念与其父文帝完全不同。就文学创作来说，他即位之前，"初习艺文，有非轻侧之论"，其作品《与越公书》等，虽"意在骄淫，而词无浮荡"，尚能归于"典则"。即位之后，则将"典则"抛至九霄云外，从内容到形式全然地轻艳浮荡，与齐梁文学无异。②

　　炀帝热衷轻歌艳舞。他不仅喜欢观赏这类乐舞，还亲自制作艳词，让来自龟兹的著名音乐家白明达谱成歌曲，编成舞蹈。据《隋书·音乐志》，炀帝创作的艳曲有：《万岁乐》《藏钩乐》《七夕相逢乐》《投壶乐》《舞席同

①　魏徵等：《隋书·志第十·音乐下》。
②　魏徵：《隋书·列传第四十一·文学》。

唐太宗像

心髻》《玉女行觞》《神仙留客》《掷砖续命》《斗鸡子》《斗百草》《泛龙舟》《还旧宫》《长乐花》《十二时》等，这些曲子"掩抑摧藏，哀音断绝"①，全然的靡靡之音。

隋朝在炀帝手里，不几年便亡国了。隋朝亡国的教训引起后代无尽的思考，其中重要的一个问题是，国之兴亡与文艺或者说与审美到底有没有关系，如果有，是什么样的关系？不管炀帝是不是因为贪恋此种乐舞而导致亡国的，反正，隋的亡国，引起了唐朝统治者的高度警惕。唐太宗清醒地知道，生活理念以及由这种理念指导下的生活方式不仅关系人生，而且也关系家国命运，尤其对于负有家国使命的君臣来说。从人生观的维度，他自觉地抵制轻艳虚浮的生活理念，明确表示效法尧舜等先王，树立简朴的

---

① 魏徵：《隋书·志第十·音乐下》。

生活观。在《帝京篇序》中，他说：

> 台榭取其避燥湿，金石尚其谐神人，皆节之于中和，不系之以淫放。故沟洫可悦，何必江海之滨乎！麟阁可玩，何必山陵之间乎！忠良可接，何必海上神仙乎！丰镐可游，何必瑶池之上乎！释实求华，从人之欲，乱于天道，君子耻之。

值得我们注意的是，唐太宗只是从人生观的维度否定轻艳虚浮的审美理念，反对将它当作人生理想，而在艺术生活中，并不完全排斥这种艺术风格。比如，他也偶尔写写宫体诗。一次写了宫体诗，让臣下赓和。虞世南予以谏阻，说："圣作诚工，然体非雅正。上之所好，下必有甚者，臣恐此诗一传，天下风靡，不敢奉诏。"[①] 贞观十八年（644），太宗想对初立为太子的李治严加管束，让他住在自己的寝殿之侧。对太宗日常爱好非常清楚的散骑常侍刘洎则予以谏阻，担心太宗爱好轻艳文学的不良喜好影响到了李治。他是这样说的："陛下……暂屏机务，即寓雕虫。综宝思于天文，则长河韬映；摛玉宇于仙札，则流霞成彩。固以锱铢万代，冠冕百王，屈宋不足以升堂，钟张何阶于入室。"话说得很委婉，但将太宗喜好"流霞成彩"的轻艳文字说出来了 [②]。对于南朝陈的亡国之君陈叔宝作的《玉树后庭花》，太宗也没有看成洪水猛兽，认为它是"亡国之音"。基于此乐舞很美，他主张接收过来，供新时代的人们欣赏。

二、提出了整合南北文学的主张

汉魏以来，由于南北分裂、地理、经济兼及其他原因，南北文学形成不同的风格。隋朝统一中国后，为了建立尽善尽美的文学，提出了整合南北文学风格的主张。

《隋书·文学列传》云：

> 江左宫商发越，贵于清绮，河朔词义贞刚，重乎气质。气质则理胜

---

① 欧阳修、宋祁:《新唐书·列传第二十七·虞世南》。
② 刘昫等:《旧唐书·列传第二十四·刘洎》。

其词,清绮则文过其意,理深者便于时用,文华者宜于咏歌,此其南北词人之大较也。若能掇彼清音,简茹略累句,各去所短,合其两长,则文质彬彬,尽善尽美矣。①

应该说,南北文学在隋建立前就有交流。不过,这种交流多是被动的,不太正常的。像庾信和王褒这样的著名文学家,本是南方人,之所以来北方生活,是因为历史事变。庾信本是梁朝使臣,奉命出使西魏,被迫滞留北地。王褒则因为江陵城破,被西魏大军掳至北方。

值得指出的是,北人对于来自南方的文学表示出了特别的尊重、喜爱。据《北史·庾信传》,北方的最高统治者西魏"明帝、武帝,并雅好文学,(庾)信特蒙恩礼。至于赵滕诸王,周旋款至,有若布衣之交。群公碑志,多相托焉"。王褒虽为俘虏,也受到礼遇。据《周书·王褒传》,江陵被攻陷后,"元帝出降,褒遂与众俱出,见柱国于谨,谨甚礼之。褒曾作《燕歌行》,妙尽关塞寒苦之状。"同样,南人也喜爱北人的文章。北人薛道衡的文章就受到南人的欢迎。《隋书·薛道衡传》云:"江东雅好篇什,陈主尤爱雕虫,道衡每有所作,南人无不吟诵焉。"北人郦道元的《水经注》流传到了江南,为江南文人所重视。书中关于三峡风光的那段绝美的文字,被录入刘宋人盛弘之编的《荆川记》中。

尽管南北文学一直有着交流,但由于南北分裂,这种交流是不够顺畅的。大一统的隋帝国的建立,为文学交流创造了条件;帝国对于这种交流所持的积极态度,更是促进了这种交流。由于隋帝国存在的时间不长,这种交流所产生的积极成果,在隋帝国存在期间,不太明显,但唐帝国文学的繁荣,在相当程度上,得益于南北文学交流的结果。可以说,隋帝国播下的种子,在唐帝国开出了绚丽的花朵。

三、重申文学的社会服务功能

隋代出了一位大儒,名王通。王通,绛州龙门人,门人私谥"文中子"。

---

① 此文为唐初大臣魏徵所写,见《隋书·列传第四十一·文学》。

王通以正统儒家继承人自居，曰："吾视千载之下，未有若仲尼者焉。其道则一，而述作大明。后之修文者，有所折中矣。千载而下，有申周公之事者，吾不得而见也。千载而下，有绍宣尼之业者，吾不得而证也。"① 王通在美学上的重要贡献，主要是重申文学的社会服务功能，其中特别重视的是文学的认识价值和教化价值。王通说：

> 子谓薛收曰："昔圣人述史三焉。其述《书》也，帝王之制备矣，故索焉而皆获。其述《诗》也，兴衰之由显，故究焉而皆得。其述《春秋》也，邪正之迹明，故考焉而皆当……"②

> 薛收曰："吾尝闻夫子之论诗矣，上明三纲，下达五常，于是征存亡，辨得失。故小人歌之以贡其俗，君子赋之以见其志，圣人采之以观其变。"③

> 子曰："学者博诵云乎哉，必也贯乎道。文者苟作云乎哉，必也济乎义。"④

从《诗经》中发现政权兴衰之由，不就是说《诗经》包含有诸多的政治道理吗？读诗而明政，诗之用大矣哉！不仅如此，诗中还有伦理纲常、有道、有义，读诗可以学做人，学处世。诗的作用几乎囊括了政治、伦理、历史的诸多功能，那它还有没有自身的功能呢？王通没有说，或者，他不愿意说。《诗经》是诗，其语言是特别讲究的，这是美的来源之一，孔子对《诗经》的语言是很看重的，曾经说"不学诗无以言"，而王通认为《诗经》的语言"词达而已矣"，这就未免太不重视文学语言的审美功能了。

王通的文学理论在隋朝没有能发挥大的作用，它的作用在唐及唐以后的诸朝代。唐人比较重视王通的文学理论。在隋做过东宫通事舍人的李百药，曾与王通论过诗。入唐后，李百药担任太宗朝的中书舍人、礼部侍郎、太子左庶子，是一位与太宗关系比较密切的文人。他对文学的看法，大的

---

① 王通：《中说·天地篇》。
② 王通：《中说·王道篇》。
③ 王通：《中说·天地篇》。
④ 王通：《中说·天地篇》。

方面，与王通一致。他认为文学有化成天下的重要功能，但是他不赞成王通对文学审美功能的忽视。他在为《北齐书》中的文苑传写的序言中，大谈文学的情感作用和文词之美。唐太宗虽然在理论上反对"释实求华，以人之欲，乱于大道"，但在实际的文学生活中，是讲究文学的审美作用的。他对宫体诗存有一定的兴趣，"暂屏机务，即寓雕虫"，就足以说明，更不消说他对著名南朝乐舞《玉树后庭花》网开一面不将它打入"亡国之音"了。

存在时间虽只有 37 年的隋朝，为存在时间近三百年的唐帝国在诸多方面提供了经验与教训，是唐帝国的一面镜子，也是唐帝国政治、经济、文化发展的基础。唐帝国的审美观念的建立，既在诸多方面延续了隋的传统，又在诸多方面革新了隋的传统。

第二节　开放国策，美美与共

唐代审美观念的建立，唐太宗李世民功不可没。从某种意义上说，他是唐帝国审美观念体系的奠基者，或者说是开拓者。

李世民虽然是唐帝国的第二任皇帝，实际上，唐帝国主要是他打下来的。作为帝国主要的缔造者，他深知帝国创业之艰。在帝国建立后，稳定天下、巩固政权、守住这份来之不易的功业，无疑是重中之重。太宗较炀帝之根本不同就在于他对这个问题极为看重，头脑十分清醒。

具体如何稳定天下、巩固政权，唐太宗实施了一系列的战略，包括文武两个方面。在文治方面，太宗与前代任何一位皇帝之不同，在于他实施了开放的国策。开放的前提是改革，那就是对传统的治国方针做必要的调整与变革。这里，最为突出的是一改自汉武帝以来所固守的"独尊儒术"，将以儒治国的方略，改为以儒为主、儒道释并尊的治国方略。

儒家为主，这是太宗坚持的。他说："朕今所好者，惟在尧、舜之道，周、孔之教，以为如鸟有翼，如鱼依水，失之必死，不可暂无耳。"[1] 这种坚持是

---

[1]　吴兢：《贞观政要·论慎所好第二十一》。

唐陶俑

正确的，吸取了汉武帝以来治国的经验。但是，对于道家、道教和佛教，他不排斥。尤其是对于道家、道教更为尊崇，因为李世民认为他们李家本为道家创始人兼道教宗主老子之后。至于佛教，太宗的认识有一个过程。他曾说："至于佛教，非意所遵，虽有国之常经，固弊俗之虚术。"①但是，他后来改变了这一观点，认为佛教对于稳定天下，劝谕百姓行善，有相当的好处。著名高僧玄奘从天竺取经回来，他不仅亲自接见，还对玄奘的译经事业做了很好的安排。唐代佛教的繁荣是在太宗之后的武周时期。高僧辈出，出现了众多流派，一时间佛教的地位竟跃升在道教之上。武周时的《释教在道法之上制》中说："自今已后，释教宜在道法之上，缁服处黄冠之前。"②

　　儒家独尊地位的失落带来的，不只是道家、道教、佛教的兴旺，更重要的是文化的繁荣。其中最为突出的是文学艺术的繁荣，是审美生活的丰富，是精神世界的解放。

---

① 刘昫等：《旧唐书·传第十三·萧瑀》。

② 《全唐文·高宗武皇后·释教在道法上制》。

唐朝建国之初，朝廷讨论雅乐建设时，大臣杜淹认为："陈将亡也，有《玉树后庭花》，齐将亡也，有《伴侣曲》，闻者悲泣，所谓亡国之音哀以思。以是观之，亦乐之所起。"杜淹的观点来自儒家。《乐记》云："治世之音安，以乐其政和；乱世之音怨，以怒其政乖；亡国之音哀，以思其民困。声音之道，与政通矣。"[1] 这提出了一个重大问题，国家兴衰与"乐"——推而广之与"艺"到底有没有关系？有没有所谓的"亡国之音"？太宗的观点是："古者圣人沿情以作乐，国之兴衰，未必由此。"所谓"国之兴衰，未必由此"，包括两义：一是国之兴衰与艺术没有必然关系；二是在某种情况下，它们之间也可能有一定的关系。什么样的情况下有关系，什么样的情况下无关系，太宗没有做更多的论述，但是他强调"声之所感，各因人之哀乐。将亡之政，其民苦，故闻以悲"[2]。

唐太宗这一观点关涉诸多的问题：

一是礼与乐的关系问题。儒家认为礼与乐有着必然的联系，太宗不这样认为。在他的认识中，乐与礼可以有密切联系，但这有联系的乐只是乐中的一部分；乐与礼也可以没有联系，这没有联系的乐也只是乐的一部分。用现代的概念来表述，那就是：艺术与政治有联系，这有联系的艺术只是艺术中的一部分；艺术与政治也可以没有联系，这没有联系的艺术，同样也只是艺术的一部分。艺术不是政治，政治也不是艺术。

二是乐的功能问题。乐有诸多的功能，有为礼服务的功能，这主要体现在那与礼有联系的乐身上。唐太宗时创制的《六庙乐曲舞》《七德舞》（即《秦王破阵乐》）、《九宫舞》均属于这一类。乐也有自身的功能，其自身的功能就是供人娱乐。应该说所有的乐都有娱乐功能，只是在为礼服务的乐身上，其娱乐功能往往被忽略了，而在不为礼服务的那些乐身上，其娱乐功能就特别突出了。

太宗的观点最为直接的效果，是为一大批所谓的"亡国之音"解脱了

---

① 《乐记·乐本》。

② 《旧唐书·志第十一·礼乐十一》。

罪名，也为一大批民间艺术赢得了地位。民间艺术走向繁荣，不仅为百姓欢迎，而且为文人雅士看重。唐代诸多诗人吸取民歌精华，制作新的民歌。更重要的，诸多优秀的民间乐舞进入了宫廷，经宫廷艺术家的改编，成为品位很高的艺术。本来，在隋文帝时期，乐还分雅俗二部。至唐，这二部之分取消了，更名"部当"。① 俗乐大摇大摆进入宫廷，进入广大士人的生活。

　　太宗不仅破了儒家的"雅俗之辨"②，还破了儒家的"夷夏之辨"。"夷夏之辨"出自孔子。孔子极端看不起域外少数民族的文化，认为他们不懂礼乐、不文明，自认为唯有体现周公礼乐精神、恪守周朝礼乐制度的文化才是先进文化。这一传统思想一直受到冲击，因为域外文化不可阻挡地进来了，尤其是艺术。南北朝时期，中国分裂为南北两个部分。北朝因为邻近西域，受外域文化影响更多，诸多北朝统治者就有胡人血统。隋朝建国后，恪守儒家传统的隋文帝是排斥西域文化的。在讨论雅乐体系时，他明确地说防止胡乐的进入，但实际上没有做到。他制定的七部乐中就有《高丽伎》《天竺伎》《龟兹伎》。

　　如果说在隋朝，胡乐的进入尚多少还有理论上的障碍的话，那么到唐朝，这种障碍就几乎看不见了。唐帝国缔造者李渊家族本就有鲜卑血统，在文化上对胡人不持抵制的态度。唐高祖在位，雅乐体系用的是隋朝的体系。唐太宗即位后，建设属于自己的雅乐体系，将隋朝的七部乐扩大为十部乐，其中同样也有诸多来自西域的音乐。

　　太宗制定雅乐向胡乐开放的这一政策，之后一直得到了很好的执行。西域诸音乐中，龟兹乐由于音调欢快、特色鲜明，尤其受到宫廷欢迎。在民间，诸如胡旋舞等来自西域的乐舞更是倾倒了中原观众，大诗人白居易为之赋诗，盛赞乐舞之美。另外，还有狮子舞，本也来自西域，传入中原后，盛演不衰。延及今日，人们完全忘记了它的来历，认为它是中华民族的传

---

① 参见《旧唐书·志第十二·礼乐十二》。

② 孔子并不反对民间音乐，但是他说"恶紫之夺朱也，恶郑声之乱雅乐也"（《论语·阳货》），实际后果是将诸多民间音乐当成了与雅乐相对的俗乐。

统舞蹈。

太宗作为一代雄主,他对唐代文化的建设最重要的贡献也许还不是打开了一座接纳天下众多文化精华的大门,为唐朝的文化建设开辟了一条最为宽广的道路,而是提出一个文化建设的精神——开放精神。这种开放精神必然带来审美观念的大解放,带来文学艺术的空前繁荣。

这一开放精神,到玄宗执政的开元、天宝年间发扬到极致。玄宗亲自主持创作的《霓裳羽衣舞》可以说是这种全面开放精神的产物。此乐舞主题是道教的神仙观念,乐调基础是传统的清商乐,但充分吸取了自印度经龟兹传过来的佛教音乐。可以说,它是道教文化与佛教文化圆融的产物,是中原音乐与西域音乐杂糅的产物。

唐陶俑

从唐太宗到唐玄宗,开放的程度是加大了,但是,仔细比较两位帝王的开放方针,我们发现,还是有所不同。唐太宗的开放,有一个固守的基本点,那就是以巩固帝国政权为主旨,一切开放均以之为基本原则。突出的体现就是,太宗虽然允许《玉树后庭花》这样的主要供人娱乐的乐舞存在,但是他并没有忽视,乐舞也还有教化百姓促人向上的重要作用。他所确定的雅乐,有武乐、文乐两大系列。武乐以《七德舞》(原名《秦王破阵乐》,又名《神功破阵乐》)为首。此乐舞表现的是当年太宗率军大破刘武周的情景,太宗不仅亲自为乐舞编词,还亲自编制舞图。这样的乐舞其意义是明显的,就是不让人忘记创业的艰难。高宗有段时间将此舞闲置,待听到臣下奏请再将它搬演时,竟然感动到流泪,说:"乍此观听,实深哀感。追思往日,王业艰难勤苦若此,朕今嗣守洪业,可忘武功?"① 太宗制定的文乐,为首的是《功成庆善舞》(又名《庆善舞》)。按古制,国家举行重大的活动,需要演奏乐舞,凡国家以揖让得天下的,先奏文舞;凡以征伐取得天下的,先奏武舞。唐朝属于后一类,所以,凡是重要礼仪场合,总是先奏《神功破阵乐》,后奏《功成庆善舞》的。太宗所制定的开放政策,不仅不与巩固政权的根本原则相冲突,还有助于政权的巩固,因为它显示了一种大国的气度、大国的胸襟,有利于争取西域各国的拥护。事实上,自太宗执政至玄宗执政的一段时间,国家政权是稳固的。

　　然而,唐玄宗对胡人的开放则完全忽视了巩固政权这一根本原则。玄宗是一位音乐修养极好的皇帝,酷爱音乐,经常在宫廷举办宴会兼音乐会,排场极为煊赫。玄宗在"听政之暇,教太常乐工子弟三百人为丝竹之戏。音响齐发,有一声误,玄宗必觉而正之,号为皇帝弟子,又云梨园弟子"②。玄宗对于西域音乐特别喜爱,"太常乐立部伎、坐部伎依点鼓舞,间以胡夷之伎"③。他主创的《霓裳羽衣舞》就是充分吸收西凉都督杨敬述进献的婆罗门乐曲而创作成功的。而且《霓裳羽衣舞》这个名字,也是婆罗门曲的原名。如此醉心胡乐的唐玄宗,也许因为爱屋及乌,对于胡人也很有好感,完全没有防备心理。

　　安禄山,这是一个心怀野心又极为狡诈的胡人。玄宗却对他极为信任,让他身兼范阳节度使、平卢节度使、河东节度使三职。其实,安禄山的本事也很平常,就是善于投玄宗所好。他知道玄宗宠爱杨玉环,于是,极力拉近

① 刘昫等:《旧唐书·志第八·音乐一》。
② 刘昫等:《旧唐书·志第八·音乐一》。
③ 刘昫等:《旧唐书·志第八·音乐一》。

与杨玉环的关系,请求当玉环的干儿子。每次去长安,总是先拜见杨玉环,玄宗感到奇怪。安禄山的回答是:"臣是蕃人,蕃人先母而后父。"也就是这等卑下的手段,竟然让玄宗对他深信不疑。有人说安禄山心怀不轨,玄宗大怒,竟然将说此话的人绑起来送给安禄山。如此昏庸,实在不可理解。

公元755年,安禄山谋反,玄宗仓皇出逃,长安沦陷。虽然安禄山之乱最终被唐帝国平定,但从此帝国一蹶不起,走下坡路了。安禄山之乱也许跟玄宗爱好胡乐没有直接关系,但我们注意到《旧唐书·安禄山传》的记载:"晚年益肥壮,腹垂过膝,重三百三十斤,每行以肩膊左右抬挽其身,方能移步。至玄宗前,作胡旋舞,疾如风焉。"① 又《旧唐书·音乐志》有条记载:"天宝十五载,玄宗西幸,禄山遣其贼党载京师乐器乐伎衣尽入洛城。"② 显然,安禄山是胡乐的高手,是不是这也是受玄宗宠爱的原因之一? 上面的引文足够我们去猜测了。当然,胡乐无害,喜爱胡乐也无害,开放更是无害,重要的是,不能因之失去基本的政治警惕。

史书没有记载玄宗之后的唐朝皇帝是如何吸取玄宗教训的,但有一点,似是很清楚,就是由唐太宗开创的开放国策被一直坚持下来。帝国的审美文化一直朝着海纳百川的方向发展着,胡人乐舞依然在长安城热舞着,而唐朝的文化也同样凭着两条丝绸之路向世界传播着。

正是因为有唐一代,一直坚守的是开放国策,唐人的文化生活才如此丰富多彩,真正说得上各美其美,美美与共。唐人的开放源自自信,自信源自自强,自强源自自省,自省最为重要的是政权意识的自省。唐人开放政策给后代留下诸多的启示。

第三节 诗领风骚,寓教于美

唐朝文化以诗最为有名。人们一说到唐朝,马上想到的是诗,唐诗名

---

① 刘昫等:《旧唐书·列传第一百五十上·安禄山》。
② 刘昫等:《旧唐书·志第八·音乐一》。

副其实的是唐朝的文化标志。

唐代的诗歌在中华诗歌史上达到前所未有的高峰。一谈到唐诗，人们头脑中立刻闪现出一系列光辉灿烂的名字：李白、杜甫、王维、孟浩然、李贺、白居易、刘禹锡、杜牧、李商隐等。而伴随着童年岁月的那些朗朗上口的诗句自然地浮上心头，涌到唇边。唐诗，毫无疑问的是中华民族精神的乳浆，它培育了中华民族的审美精神、审美观念、审美趣味。

中华民族有很好的诗歌传统。一般将此传统追溯到《诗经》和《楚辞》。《诗经》产生于春秋之际，是孔子亲自整理的一部诗歌集。其《国风》部分原为民歌，那就是说，在《诗经》成书以前就有诸多的诗在民间流传了。周朝已有采诗的制度，朝廷派人去民间搜集诗歌，名曰采风。周朝廷通过这种方式了解民情。这是一种非常好的民主政治的方式，得到孔子肯定。孔子说："诗可以兴，可以观，可以群，可以怨。"[1] 兴、观、群、怨，归结到一点，就是审美教育，用《毛诗序》的话来说，即"教化"。它包括对上对下两个方面：上以风化下，下以风化上。所有的教育均是通过"兴""观"这样的审美形式进行的，是教育与审美的统一。《毛诗序》说的"诗言志"，这"志"内涵极为丰富，核心是家国之志，但这家国之志融化在家国之情中；而这家国之情并不是独立的、纯粹的只是对家国的情感，它是人的全部情感大海中的一部分；这情感大海中就有丰富的审美成分，像盐溶化在大海之中。

战国时爱国诗人屈原的作品也被后世视为诗的一个重要传统。屈原的骚体文学基调是楚地的民歌。此种民歌，情感热烈、想象奇特、形象鲜明。屈原将这些都吸收过来了，创作了即使在当今也属第一流的诗歌。屈原诗歌的灵魂是高昂的爱国主义精神。很显然，屈骚传统与《诗经》传统基本上是一致的，它们的共同点就是寓教于美。教与美这两者，在中国的诗歌传统中，教是主体，美是载体。美是为教服务的。这一点非常明确。

孔子之后，中国诗歌的发展基本上是沿着这条路线前进的。中间也有好些时候偏离了这一路线，主要体现在处理教与美的关系上，丢失了教，只

---

① 《论语·阳货》。

存在了美。这种情况是儒家所不允许的。一旦出现这种情况，就有持正统儒家思想的人物出来大声疾呼，号召人们起来纠偏。唐朝存在的 300 多年内，这种纠偏有过很多次，大的有三次：

第一次是初唐。初唐文坛上，占统治地位的是南朝以来的绮丽之风。这种绮丽之风很是诱人，即使是一代雄主的李世民也难以完全摆脱它的诱惑，他暇时也写那种齐梁风格的宫体诗。好就好在李世民的头脑是清醒的，他明白："雕镂器物，珠玉服玩，若恣其骄奢，则危亡之期可立待也。"采取断然措施，以身作则，不再玩齐梁那种绮丽的文字游戏。史臣记载他"听览之暇，留情文史。叙事言怀，时有构属，天才宏丽，兴托宏远"[1]。他甚至说："凡人主惟在德行，何必要文章耶？"[2] 由于唐太宗的身体力行，初唐的文风

唐陶俑

---

① 刘昫等：《旧唐书·令狐德棻传附邓世隆传》。

② 吴兢：《贞观政要·杜谗邪》。

得到相当程度的改善。

第二次为盛唐唐高宗时期。这个时期,齐梁文风又有所泛滥。一个扫荡旧弊的勇士出来了,他就是陈子昂。陈子昂在《与东方左史虬修竹篇序》中说:"文章道弊五百年矣,汉魏风骨,晋宋莫传,然而文献有可征者。仆尝暇时观齐梁间诗,彩丽竞繁,而兴寄都绝,每以永叹。思古人常恐逶迤颓靡,风雅不作,以耿耿也。"从这种情况来看,齐梁文风的影响还比较严重,陈子昂为之忧心忡忡。在予以揭露批判之后,他树立一个正面的典型,那就是东方左史虬,赞扬他写的《咏孤桐篇》:"骨气端翔,音情顿挫,光英朗练,有金石声。"① 陈子昂起的作用不小。与他同一个时期稍晚的诗人卢藏用高度评价他的贡献,说:"道丧五百岁而得陈君……崛起江、汉,虎视函夏,卓立千古,横制颓波,天下翕然,质文一变。"②

第三次是中唐唐德宗时期,代表人物为白居易。中唐时期应该说齐梁诗风基本上得到了清理。此时,文坛上发起了两股变革之风。一股是古文运动,以韩愈、柳宗元为代表人物。他们坚持儒家的思想路线,提出"文者以明道"③ 的主张。另一股风则是在诗歌创作领域中强调诗的社会服务功能,代表人物为白居易。白居易长期坚持中国诗歌中的乐府传统,写反映民生且通俗易懂的诗歌,自名为"新乐府"。他在为自己的新乐府诗结集时作序曰:"凡九千二百五十二言,断为五十篇。篇无定句,句无定字,系于意,不系于文。首句标其目,卒章显其志,诗三百之义也。其辞质而径,欲见之者易谕也;其言直而切,欲闻之者深诫也;其事核而实,使采之者传信也;其势顺而肆,可以播于乐章歌曲也。总而言之,为君、为臣、为民、为物、为事而作,不为文而作也。"④ 在中国文论史上,如此明确地标出自己的创作是为君、为臣、为民而作,特别是提出"为民"而作的,白居易是第一人。虽然白居易的新乐府诗通俗易懂,但诗意仍然浓郁。白居易为中国通俗文学的发

---

① 《陈伯玉文集·与东方左史虬修竹篇序》卷一。

② 卢藏用:《右拾遗陈子昂文集序》。

③ 柳宗元:《答韦中立论师道书》。

④ 《白居易集·新乐府序》卷三。

展作出了重大贡献。

中唐诗歌继盛唐在风格多样性方面，更为繁荣。虽然除白居易外还多有诗人如元稹、韩愈、柳宗元等重视诗的社会服务功能，但诗的艺术性一点也没有减弱，甚至在某种意义上，中唐的诗特别是白居易的诗才真正是寓教于美的典范。

晚唐诗坛虽有萧飒之风，但并不沉寂。在诗歌创作倾向上，齐梁之风似是有所抬头，代表人物是韩偓的艳情诗，但与齐梁之风有重要差别。齐梁之风的本质是纵情声色，忘怀国事；而晚唐的艳情诗在绮丽清艳的形象中透出丝丝对国事的隐忧。在晚唐，坚持儒家寓教于美传统的诗人不少，著名的有杜荀鹤、聂夷中、皮日休。晚唐有好些诗人，诗风淡泊，或咏史，或言佛，似是超尘。其实，其淡泊宁静之中同样跳动着为国为民的拳拳之心。晚唐的诗歌无论是其思想性还是艺术性并不弱于中唐。由于晚唐诗人较之中唐诗人更注重境界的追求，在艺术上更有新的创造。

整个唐代，儒家寓教于美的传统得到弘扬。寓教于美似是视教化为目的，让人担心是否会让诗成为枯燥的说教；而事实已经证明，不会这样。唐代诗歌既主教化，又主审美，这两者似是并没有构成冲突。此间的关键是唐人对教化的理解和对美的理解不是固守成法而是开放的。在唐人看来，教化并不限于礼教，给人输送精神正能量均是教化。李白的诗歌曾说过什么礼教，相反，有些诗倒是有些反礼教，但谁能说李白的诗坚持的不是寓教于美的立场呢？另外，对审美的理解也是开放的。审美不只是快乐。杜甫的诗多哀怨、甚少欢乐，但谁能说杜诗不美呢？

从总体来看，中国诗人的绝大多数是坚持儒家的诗教传统的。白居易说："予历览古今歌诗，自《风》《骚》之后，苏、李以还，次及鲍、谢徒，迄于李、杜辈，其间词人，闻知者累百，诗章流传者巨万。观其所自，多因谗怨谴逐，征戍行旅、冻馁病老、存殁别离，情发于中，文形于外。故愤忧怨伤之作，通计今古，什八九焉。世所谓文人多数奇，诗人尤命薄，于斯见矣。"[1]

---

① 《白居易集·序洛诗》卷七十。

正是因为有这样优秀的诗人一直在坚守儒家诗教传统，才创造出在世界文化之林中非同一般的诗歌风光。中国的诗歌不只是抒发个人的感慨而已，它还表达家国情怀；这家国情怀就寄寓在个人感慨之中。故不管在哪个时代，诗歌都是中华民族精神的火炬，指引和鼓舞着华夏儿女的人生方向。中华民族的审美观念很大程度上是在诗的陶冶下培植的。诗不仅是中华民族的精神母亲，还是中华民族的美学导师。历代诗歌对中华民族心理上的滋润，毫无疑问，这就是在参与着中华民族精神文化传统的培育。

（唐）周昉：《调琴啜茗图》

纵览历代的诗歌，最优秀者定然是唐朝的了。从某种意义上讲，中国诗歌的优良传统虽然不是唐代建立的，却是在唐代稳定、成熟乃至强大的。唐诗是唐代文化的主流，以其巨大的影响力，影响着甚至培育着其他的艺术。

且看唐诗对于乐舞的影响。不错，中国自古以来，诗乐舞为一家。诗为词，乐为曲，舞则以曲为节奏而高蹈。诗独立以来，发展很快，但仍与乐舞有着密切的关系，因为绝大多数的乐还是有词的，所以诗还称为歌行。

到唐代则发生了重要的变化,诗除歌行外,还出现古近体。这古近体之分是与音乐没有关系的。宋代的学者郑樵说:"古之诗曰歌行,后之诗曰古近二体。歌行主声,二体主文。诗为声也,不为文也……二体之作,失其诗矣。纵者谓之古,拘者谓之律,一言一句,穷极物情,工则工矣,将如乐何?"① 古近体的出现,虽然说明诗更具独立性,有更大的发展;但是,古近体还是可以歌唱的,尤其是绝句。在唐代,还有一个有趣的现象,诗人以自己的诗能谱成曲演唱而骄傲、而光荣。薛用弱的《集异记》载唐代三位著名诗人王昌龄、高适、王之涣旗亭赌唱的故事:

> 开元中诗人王昌龄、高适、王之涣诣旗亭,梨园伶官亦招妓聚燕,三人私约曰:"我辈擅诗名,未定甲乙,论观诸伶讴歌定优劣。"一伶唱昌龄二绝句云:"寒雨连江夜入吴,平明送客楚山孤。洛阳亲友如相问,一片冰心在玉壶。""奉帚平明金殿开,且将团扇共徘徊。玉颜不及寒鸦色,犹带昭阳日影来。"一伶唱适绝句云:"开箧泪沾臆,见君前日书。夜台今寂寞,犹是子云居。"之涣曰:"佳妓所唱,如非我诗,终身不敢与子争衡,不然,子等列拜床下。"须臾妓唱:"黄河远上白云间,一片孤城万仞山。羌笛何须怨杨柳,春风不度玉门关。"之涣揶揄二子曰:"田舍奴,我岂妄哉?"以此知李唐伶伎取当时名士诗句入乐曲,盖常俗也。②

用时下文人的诗句入乐曲,当然并不始于唐,但是像上面的故事那样,文士们热衷于自己的诗名入乐却是过去少见的。唐代第一号大诗人李白进入宫廷,很大程度上因唐玄宗喜爱音乐,需要人为之写词。《旧唐书》载:"玄宗度曲,欲造乐府新词,亟召白,白已卧于酒肆矣。召入,以水洒面,即令秉笔,顷之成十余章,帝颇嘉之。"③ 据李濬《松窗杂录》的记载,著名的《清平乐》就是李白为杨贵妃乐舞作的词:

> 会花方繁开,上乘月夜召太真妃以步辇从。诏特选梨园弟子中尤者,得乐十六色。李龟年以歌擅一时之名,手捧檀板,押众乐前欲歌之。上

---

① 郑樵:《通志·正声序论》。
② 薛用弱:《集异记》。
③ 刘昫等:《旧唐书·列传第一百四十下》。

曰:"赏名花,对妃子,焉用旧乐词为。"遂命龟年持金花笺宣赐翰林学士李白,进《清平乐》词三章。白欣承诏旨,犹苦宿醒未解,因援笔赋之。①

唐代诗人多通晓乐律。大体上,不通乐律者也作不好诗。大诗人李白就是一位深通乐律的诗人,故他的诗入曲的很多。

唐诗对于绘画的影响也非常大。宋代的苏轼说:"味摩诘之诗,诗中有画;观摩诘之画,画中有诗。"② 这种现象在唐代较为普遍,不独王维然。现在我们要讨论的是,诗画互相影响,到底主要影响的是什么。就画对诗的影响来说,主要是让诗具有更好的画面感;就诗来对画的影响来说,则主要是对画的主题、精神、品位的提升。唐代著名画家张彦远关于人物画有一个总的看法,他说:

> 记传所以叙其事,不能载其容;赋颂有以咏其美,不能备其象;图画之制,所以兼之也。故陆士衡云:"丹青之兴,比雅颂之述作,美大业之馨香。宣物莫大于言,存形莫善于画。"此之谓也。③

张彦远将画的作用与记传、赋颂等并列,它们共同的使命是赞颂那些体现了中华民族精神的人物(当然,在统治者看来,主要是帝王将相)。承担这一使命,记传与赋颂均不如图画。图画为什么优于记传与赋颂呢?是因为图画能将记传、赋颂的长处综合于其内,而补上记传与赋颂均没有的形象。表面上看,似是认为图画高于记传和赋颂,但细研则发现,如果没有将记传和赋颂的长处兼之于内,则图画也徒然为象而已,根本无法担负"美大业之馨香"的重任。记传、赋颂与图画各有其作用。相较而言,赋颂的作用似是胜出一筹。主要原因在于,赋颂和图画均属于艺术,二者内在相通的地方更多。它们实是亲兄弟,只是赋颂为兄、图画为弟。赋颂给予图画以内容、以精神,而图画则是将这一内容、精神转化为可感的形式。

人物画是如此,山水画其实也是如此。中国的山水画不图为山水传形,而图为山水传神。这山水之神,在山水诗中表达远比山水画中表达要容易

---

① 参见《唐代笔记小说大观》下册,上海古籍出版社 2000 年版,第 1213 页。

② 苏轼:《书摩诘蓝田烟雨图》,《东坡题跋》卷五。

③ 张彦远:《历代名画记·叙画之源流》。

得多。所以,诸多的山水画实际上纳山水诗的诗意入画,山水诗的诗意如何在很大程度上决定着山水画的品位。王维既是写山水诗的高手,又是山水画大师。苏轼说:"味摩诘之诗,诗中有画;观摩诘之画,画中有诗。"①王维的诗"诗中有画",这"有画"主要指诗有形象;而说王维的画"画中有诗",则是说王维的画中有诗意,诗意即是画的内容。艺术作品,到底是内容决定形式还是形式决定内容?虽然这两者具有互决性,但一般来说,内容还是第一位的,起着根本作用的。所以,诗与画的相互影响,还是诗对画的影响更大一些。唐代更是如此,虽然唐代的绘画也很发达,但相较于诗,终逊一筹。不论是社会地位,还是实际影响,诗总是位于画的前面。

唐诗对其他艺术的影响是诸多方面的,有艺术因素方面的,艺术风格方面的,但最根本的是其审美观念的影响。唐诗的审美观念当然很多,核心的是寓教于美——教化与审美的统一,这一观念对诸艺术的影响是深远的。

文化通常被理解为人类精神上的创造,主要以精神产品体现出来的文化,它远不只是影响着人的精神,还影响着社会的诸多方面包括政治制度、社会结构、物质生产等。精神文化中,文艺是其中重要部分。在唐代,诗在文艺中处主流地位。因此,由诗达整个文艺,由整个文艺达整个精神文化,由精神文化达整个唐代社会政治制度及其他种种方面,唐诗厥功伟矣!而唐诗之魂,正在寓教于美——教化与审美统一的审美观念。

第四节　百川汇海,蔚为大观

唐代审美意识既是在唐代的物质文明、精神文明的土壤中培育的;同时,也是中华民族传统的审美意识的继承与发展。认识唐代审美意识的特点,必须将它置于唐代物质文明与精神文明的土壤中去,同时也必须将它置于中华民族审美意识发展的长河之中。

---

① 苏轼:《书摩诘蓝田烟雨图》,见《东坡题跋》卷五。

　　如果说上面我们侧重于从整个唐代的物质文明与精神文明的状况去认识唐代的审美认识，接下来，我们想着重从中华民族审美意识的长河去认识唐代的审美意识。中华民族的审美意识源远流长。早在9000年前的贾湖文化遗址就发现有骨笛，说明至少在9000年前，中华民族的先祖们就有审美的追求了。8000年前的大地湾文化遗址发现的彩陶器皿上有着精美的图案，这图案虽然含有诸多神秘的意味，但审美是基本的。大约在公元前2000年，中华民族进入文明期。历经夏商周秦汉南北朝隋到公元618年唐帝国建立，应该说，中华民族的审美意识已基本建立。虽然已基本建立，并不是说已经完善，更不是说已经终止发展。唐代是中华民族审美意识发展一个重要时期。它主要体现在三个方面：多元融合、纳新创造的审美意识；礼美并举、轻礼重美的审美理想；雄壮大气、绚丽灵动的审美风格。

一、多元融合、纳新创造

　　唐人在审美胸怀上，多元融合、纳新创造，从而极大地丰富并发展了中华民族的审美意识。唐人审美意识的多元融合，体现在两个方面：

（一）儒道释审美意识的融合

　　儒道两种思想文化产生于先秦。两种思想文化一直互有吸取，但对立也是很突出的。汉代立国，先是主要取道家思想，后是主要取儒家思想。汉朝晚期，佛教传入，并为统治阶级所重视。魏晋南北朝佛教得到发展，玄学兴起，儒道释三教开始融合。到唐代，儒道释三家的融合达到新的水平。这对中华民族的审美意识产生重大影响，并培育出诸多艺术之花，最有代表性的莫过于《霓裳羽衣舞》了。此乐舞的灵感来自游仙，显然是道家思想；它的音乐原来用的是清乐，清乐原本是华夏正声，合乎儒家礼制的；但在创作过程中，采用婆罗门乐曲，这就是典型的儒道释三教合一了。儒道释三教合一，儒为骨干、为主宰，这一格局基本上在唐代形成，一直延续到封建社会结束。唐诗的伟大成就和古文运动，就其对中华民族审美意识建构的意义来说，它不仅奠定而且巩固了儒家审美意识作为中华审美意识主干的地位。

(二) 华族与诸多外域民族及本域民族审美意识的融合

唐帝国版图远较现在的中国大,在这块土地上除华族外还生活诸多的少数民族。除此以外,唐帝国与外域的东罗马、大食 (今阿拉伯)、波斯 (今伊朗)、天竺 (今印度)、吐火罗 (今阿富汗北部)、罽宾 (今克什米尔)、曹国 (今阿富汗)、石国 (今乌兹别克斯坦塔什干)、新罗 (今朝鲜)、日本、真腊 (今柬埔寨)、婆利 (今印度尼西亚加里曼丹岛或巴厘岛) 等民族或国家均有来往。据《唐六典》记载,与唐帝国互相交往的地区和国家多达 300 多个。东罗马帝国曾七次派使节来到长安城。大食帝国于唐高宗永徽二年 (651) 至唐德宗贞元十四年 (798),曾 36 次与唐朝通使。唐代僧人玄奘于唐太宗贞观三年 (629) 从长安出发,贞观十九年 (645) 返回长安,遍游南亚大陆。唐朝使臣王玄策于贞观十七年 (643)、二十一年 (647)、唐高宗显庆二年 (657) 三次奉命出使天竺。日本不仅多次派遣唐使与中国交往,还派来诸多青年来中国留学;而中国的鉴真和尚也东渡大海去日本传播佛教。唐帝国与外域的诸多往来,不仅让外域的文化而且也让外域的宗教传入中原。唐高祖武德年间,伊斯兰教从海路经广州传入长安,并在长安、广州、扬州建寺。伊斯兰教先知穆罕默德说:"要追求学问,虽远在中国,也当求之。"[①]贞观九年 (635) 景教 (基督教的一支,聂斯脱利派) 传入中国,在长安的义宁坊、醴泉坊 (后移至布政坊) 设置景教寺院。武则天延载元年 (694) 摩尼教经师拂多诞来中国传教。外域文化的传入必然带来诸多的艺术,丰富唐人的审美生活,同时也影响着唐人的审美观念。事实上,唐人的审美观念早已是不纯粹的汉族审美观念了,它不仅融入了本域内诸民族的审美观念,也融入了诸多外域民族的审美观念。

唐帝国在文化上的开放,不仅使得中华民族的审美意识得到了空前的丰富,而且缔建了中华民族审美观念开放性、包容性的品格。这一品格,直到今天也还在发挥着重要的作用。

---

① 引自陕西省博物馆编:《隋唐文化》,学林出版社 1990 年版,第 22 页。

值得特别指出的是，唐代审美意识建设虽然取开放兼容的态势，但并不只是提供一个舞台，让大家来演出罢了，而是让各种艺术先进来，然后吸取其长，创造属于自己的艺术。唐人的做法，有点类似于鲁迅说的"拿来主义"。唐人的乐舞吸取众多的异域音乐精华，但最后的成品并不是杂糅物，而是突出展现中华民族精神的完整的艺术品。《霓裳羽衣舞》，哪怕这曲名来自西域，这乐调也来自婆罗门曲，但它不是西域的乐舞，更不是婆罗门乐舞。洛阳龙门石窟艺术大多创造于唐代，这些作品属于佛教艺术，无疑它承担着宣传佛教的使命；但是，我们去品赏它，能感受到这完全是本民族的艺术。它所要体现的佛教精神是经过中国人再诠释，亦即再创造过的，而且作为艺术，它的审美观念、艺术观念、艺术手法也均主要来自中华民族。

二、礼美并举、轻礼重美

唐人在审美理想上，礼美并举、轻礼重美，追求生活的艺术化、审美化，同时也促进审美世俗化的发展。

中华民族是一个非常注重礼仪的民族，《周礼》《仪礼》《礼记》详尽地记载了周代各种礼仪制度。礼不只是用于朝廷，也用于民间，不只是用于政治、祭祀等重要活动，也用于婚丧嫁娶等日常生活。唐朝也非常重视礼仪，从诸多文献及敦煌壁画，我们发现唐代重视礼仪有个突出特点，就是注重礼与美的统一，化礼为美。敦煌榆林窟25窟北壁《弥勒经变局部·嫁娶》壁画，有唐代婚礼的场面。门外搭起青庐，门内设有屏风，近屏风有一矮桌，桌上陈列糕点、菜肴，桌四周端坐着长辈或贵宾。地毯上，新郎面对尊贵的长辈或贵宾在跪拜；新郎旁边站着三位女子，中间一位是新娘，两边为伴娘。走廊上，侍女端着宽盘进来，一女子捧着包袱跟在后面，包袱内可能是礼物。如此习俗，当然是某种礼仪的体现。有意思的是，这幅图画所绘的情景与唐代段成式的《酉阳杂俎》中的一段文字相应。此文曰："北朝婚礼，青布幔为屋，在门内外，谓之青庐，于此交拜。迎妇，夫家领百余人或十数人，随其奢俭，挟车俱呼'新妇人催出来'，至新妇登车方止。婿拜阁日，妇家亲宾妇女毕集，各以杖打聋为戏乐，至有大委顿者。"[1] 礼仪有明确规定，但亦有娱乐成分。

唐人选婿，也有礼制，但亦有审美。唐朝奸相李林甫有女六人，均有姿容，许多官宦或富家子弟前来求婚，李林甫皆不允。李林甫意欲女儿自行择婿，方法是在厅堂壁间开一横窗，装上薄纱，让女儿在内室隔帘选婿。[2] 女儿如此择婿，当然难以了解对方的内在品质，但可以窥探对方的姿容、风度，也就是审美了。

衣食住行等日常生活，有些可能有礼制规定，有些可能没有。从有关文献看，唐人在这些方面，也是注重审美的。唐代妇女日常衣着，上身穿襦、袄、衫、帔，下身着裙；裙色以红、紫、绿、黄多，红裙最为流行。唐代宫女一律短袖，露半臂。妇女袒胸。唐诗人方干有诗云："朱唇浅深假樱桃，粉胸半掩疑晴雪。"

唐人爱出游。杜甫有诗云："三月三日天气新，长安水边多丽人。"这丽人是杨贵妃的姐妹。不独贵族爱出游，知识分子也爱出游。《开元天宝遗事》载："长安进士郑愚、刘参、郭保衡、王冲、张道隐等十数辈，不拘礼节，旁若无人，每春时，选妖妓三五人，乘小犊车，诣名园曲沼，籍草裸形，去其衣帽，叫笑喧呼，自谓之颠饮。"如此癫狂，实已置礼节于不顾了，但爱美之心是有的。唐人生活中种种不太顾及礼节的表现，与唐代儒家思想相对不够专制而道家思想相对较为张扬有关。

追求生活的艺术化或者说审美化并不始于唐朝，魏晋南北朝就有了，但仅限于知识分子圈；只有到了唐朝，这一审美的现象才普及整个社会，由宫廷到民间。生活艺术化可以理解为审美的世俗化。唐人审美意识的这一品格，在后代产生深远的影响，特别是宋明元三个朝代，民俗审美有着长足的发展，可以用万紫千红来形容那种繁盛的景象。清代，由少数民族统治者主持中央政权，倒是有所停滞，但并没有遭到扼杀。

---

① 段成式：《酉阳杂俎·前集》卷一，中华书局 1981 年版，第 7—8 页。
② 据自陕西省博物馆编：《隋唐文化》，学林出版社 1990 年版，第 185 页。

三、雄壮大气、绚丽灵动

唐人在审美风格上追求雄壮大气、绚丽灵动的品格,这种品格突出反映大唐富强进取的气概与大国风范。

（一）大气

这在大唐的城市、建筑、雕塑等方面体现得最为突出。唐长安城是当时世界上最雄伟的城市。城市布局近于棋盘格,划分成若干个住宅区,皇城居于北面中间部位。唐长安城是在隋大兴城的基础上扩建而成,城内原只有大兴宫一处宫殿,唐廷将此宫改名太极宫,另兴建大明宫,大明宫美轮美奂。大明宫建成后,唐又建兴庆宫。于是,形成"三大内"的格局,即太极宫(西内)、兴庆宫(南内)、大明宫(东内)。东内含元殿、西内承天门是举行"外朝"仪式的地方。外朝仪式的煊赫,王维诗中描绘道:"九天阊阖开宫殿,万国衣冠拜冕旒。"

唐代的雕塑气势雄伟前无古人。乐山大佛开凿于唐代开元元年(713),完成于贞元十九年(803),历时约90年。像高360尺,是中国最大的摩崖石刻造像。此像背依大山,面临大江,磅礴之势可谓前无古人,后无来者。佛教造像并不始于唐,但在唐朝达到高峰。高宗时洛阳龙门凿有诸多佛教石窟。大大小小的佛像依山而立,整个就是一座佛像山。佛像造型不仅精美,且气势夺人。其中奉先寺的卢舍那佛造像,最为壮观。佛像头高约4米,耳长近1.9米,面相庄重,身躯魁伟,令人望而生敬。佛像两旁有天王、力士石像,天王高10.5米,力士高9.75米。天王、力士怒目圆睁,有虎虎生气。

大气重要的不是体量大,而是气势大,体现为一种雄健的生命力量。唐代陵墓有诸多的石狮造像,它们均能见出这样一种气势和力量。如顺陵的石狮,昂首挺胸,阔步向前,气势磅礴,充分见出盛唐雄壮豪迈的审美风格。大气是一种精神。既然是精神,就不只是在造型艺术中见出。唐代的诗歌、乐舞、书法均非常大气,给人向上的精神力量。其中,特别是诗歌,李白、杜甫是突出的代表。李白的大气在纳宇宙于胸襟,纵豪情于天宇;杜甫的大气在系百姓之生死,念家国之兴衰。虽然后代诗人,均不同程度地具有李白、杜甫的大气,但均无法与之并肩。辉煌不可重现,李白往矣,杜甫往矣!

(二) 绚丽

绚丽首先是色彩鲜艳炫目。敦煌壁画、墓室壁画均如此。像出土于唐太宗昭陵陪葬墓长乐公主墓墓道西壁的《云中车马图》,彩旗飘飘,车马奔驰,剑戟如林,色彩极为富艳。绚丽也指内容丰富多彩。唐代的人物画,包含有诸多的内容。像《秦府十八学士图》《凌烟阁二十四功臣像》《历代帝王图》《步辇图》《萧翼赚兰亭图》均有极强的故事性,让人浮想联翩。山水画也一样,唐代山水画多金碧山水,画面较满,将大自然的万千景象汇于一图,极见绚丽。绚丽也不只是指感性的色彩,有事实可征的故事,也可以指意味,丰富的意味。既如此,它就不只见之于造型艺术,还见之于语言艺术,如诗。唐诗作为语言艺术,多方面地见出绚丽。它有丰富的色彩,有鲜活的情感,有无尽的意味,在中国的诗歌长河中,还有哪个朝代的诗比唐诗更绚丽的呢?没有!

(三) 灵动

灵动指艺术作品生意盎然。在生意盎然这一点上,也许是唐代艺术远胜于汉代艺术的地方。生意盎然主要体现在作品所表现的生命力上。生命力是多方面的,也取多种形态。不一定为刚劲外露,只要是生机勃勃、情韵悠悠,均是生意盎然。请看唐代著名的《三彩女立俑》:人物微胖的脸向右微仰,眼波流转,似在与你说话;她左手自然下垂,手掌略略展开,右手则端起来,呈兰花指,形象清丽婉转,美不可言。这里的灵动主要是通过内容,即形象自身的生气体现的。更多的灵动借助于艺术形式。中国画以线条的灵动为特色,而线条的创造集中在唐代。吴道子最善用线条表现对象,那流动的线条传达出无比灵动的审美意味。试看唐永泰公主墓前室东壁的《侍女图》所画的一群少女,充满着青春的气息。画面形式给人突出的感觉是线条造型。如果注意一下线条,你的眼前似是春竹挺拔,满是线条。少女脸用线条勾勒,圆润婉转;少女的身子、衣裙也用线条造型,大方潇洒。

灵动同样也显现在书法中，因为书法也是用线条表现的。唐代是中国书法发展的又一个高峰期，不仅隶、篆、楷、行等源自汉魏的传统书法品种得到发展，而且新创狂草，出现了张旭、怀素这样的狂草书家，将线条的灵动之美发挥到了极致。灵动当然也体现在诗歌、散文中，想落天外的逸思，妙手偶得的佳句，让唐代的诗歌、散文散发出无穷的魅力。

客观地说，大气、绚丽、灵动，前代有之，后代也有之，但没有像唐代这样凸显，这样张扬，这样辉煌！如果说，汉代艺术也不缺大气、绚丽的话，那么，可以说它缺少一点灵动；正因为少了一点灵动，它的大气就少了些飞扬蹈厉的气概，它的绚丽就少了些华美。唐之后的宋也许灵动不缺，但明显地少了唐那种大气，也少了唐那种绚丽。

大气、绚丽、灵动，集中表现在盛唐的艺术中。在唐的前期，也许灵动弱之；而在唐代的后期，也许大气弱之。至于绚丽，初唐、中唐均占主流地位，后期就逐渐地失去了主流地位，诗歌审美越来越倾向于恬淡了。

中华民族的审美文化到后来形成情理得兼、力韵互含、刚柔相济、象意合一的审美理想，这一观念的最终成熟也许在唐代之后，但是一个不容不忽视的事实上，当后代学者谈到这一审美理想时，都举唐代艺术为例。事实也如此，唯有唐朝的艺术才充分实现了中华民族的审美理想。

第五节　审美嬗变，"境"论生成

唐代在中华民族审美意识发展上的地位，远不只是体现为它集中华民族审美意识之大成，还在于它是中华民族审美意识实现嬗变的关键时期。

审美意识的发展，不外乎两种方式：一是积累，二是嬗变。唐代的审美意识发展，这两种方式均很突出。关于积累，前已论及。关于嬗变，主要有如下两种嬗变："恬淡"审美观念的兴起与"境"论的生成。

一、"恬淡"审美观念的兴起

唐代的审美，从总体来看尚绚丽。这与唐代的经济繁荣、文化发达，实施对外开放的国策有关。值得我们注意的是,在整个社会推崇绚丽之时,一种与之相对的新的审美观念在悄然出现,这就是恬淡。

恬淡作为一种审美观念并不始生于唐代,但在这一时期逐渐地成为社会上一种有相当影响力的审美导向;在唐代之后,竟成为一种堪与绚丽相媲美的审美风格。

恬淡审美观念之所以成为社会的一种审美导向,与文人画的兴起大有关系。唐代的绘画,主体是彩画,用矿物研磨成颜料。就壁画来看,主要有土红、石青、石绿、石黄、朱磦、银朱、紫色等,色彩非常鲜艳。有些画还用上金泥,画面更是金碧辉映。代表人物为李思训、李昭道父子。盛唐时,水墨画兴起,代表人物为王维。王维是大诗人,也是大画家。作为诗人,在中国诗歌史上,也许他还够不上与李白、杜甫并肩;但作为画家,在中国绘画史上的地位,几乎无人能与他颉颃。重要原因不在他画得多么好,而在于他是中国文人画的开山祖师,而文人画后来成为中国绘画的主导画种。文人画主要为水墨画。关于水墨画,传为王维写的《山水诀》云:"夫画道之中,水墨为上,肇自然之性,成造化之功。"水墨画只有墨一色作画,因为水的作用,造成各种变化,构成一种新形象。彩画的效果重在感觉的冲击力,水墨画的效果则重在心灵的启发。前者重在再现,后者重在表现。两种不同的画法,实际上代表了两种不同的审美意识:前者追求绚丽,后者追求恬淡。正如绚丽之美不只在形式一样,恬淡之美也不只在形式。绚丽之美的根在儒家思想,比较注重功利,讲究文质彬彬;恬淡之美则是道家、佛教人生观的审美展现。

唐代王维的水墨画受到后代的充分肯定。后晋刘昫等撰的《旧唐书》评价他的画说:"(王维)书画特臻其妙,笔踪措思,参与造化,而创意经图,即有所缺,如山水平远,云峰石色,绝迹天机,非绘者之所及也。"① 王维创的水墨画很快在社会上产生了影响,这与天宝后期弊政丛生、社会动荡有关。不少画家效法王维,也画水墨画。至中唐,水墨画就相当多了。中唐

① 刘昫等:《旧唐书·列传第一百四十下·文苑下·王维》。

时画家张璪用墨就很神。符载在《观张员外画松石序》中记载了张璪在监察御史陆潘家,当着二十四位宾客,箕坐鼓气,少刻神机始发,便"毫飞墨喷,捽掌如裂,离合惝恍,忽生怪状"。尽管如此,水墨画在唐代还不能说成熟。水墨画的成熟是在元代,到明代则真正地蔚为大观,成为中国画的代表。

恬淡这种审美意识在唐代不只表现在绘画之中,也表现在诗歌之中。李白的诗虽然主导面还是绚丽,但也有不少恬淡风格的作品。而且,他对"清真""自然"的风格很感兴趣。而清真、自然跟恬淡是相通的。在唐代,风格明显体现为恬淡的诗人,盛唐有王维、孟浩然;中唐有刘长卿、钱起、韦应物;晚唐有司空图、李山甫、陆龟蒙。

晚唐诗人兼诗歌理论家司空图著《二十四诗品》,大体上可以归入恬淡这一大类的有:冲淡、沉著、高古、典雅、洗练、自然、含蓄、精神、疏野、清奇、委曲、实境、超诣、飘逸、旷达、流动等十六则,占了三分之二。由此可见,在晚唐,人们对于诗的审美意识明显地发生了变化,由绚丽转为了恬淡。

由于唐诗中,王维、孟浩然地位不及李白、杜甫,因此,虽然有诸多诗人热衷于恬淡诗风,但影响还是不够大,在唐诗中不占主流地位。但是,到宋代,恬淡风格的诗就多起来了,恬淡成为山水诗中的主导风格。

唐代的审美意识的这一嬗变,于中华民族艺术的发展关系重大。自此,儒家对艺术的影响明显弱化,仅在"诗言志"、主教化这些事关艺术主导功能问题上发挥作用。而在更为广阔的艺术趣味、艺术技巧等领域中,道家思想则大显其能了。而且艺术的主旨到底是教化还是悟道,也还存在问题。按道家审美观,艺术的主旨就不是教化而是悟道,悟天地之道、造化之道,而并非儒家人伦之道。

二、"传神"论向"境"论升华

"传神"论始创者为南北朝的顾恺之,他提出"以形写神"论。将"神"定为艺术反映的重点,其后发展出"贵在神似""传神写照"等观点,将艺术表现的重点移到神。朱景玄论画用韩干、周昉均为郭子仪婿赵纵画像并让赵纵妻评二画优劣的故事，导出画之好，在于是否"兼移神气"即形神兼得，以神为上。这些观点原多局限于画人物，延及画山水。传为王维所著的《山水论》中说，画山水"要见山之秀丽""显树之精神"。由画延及书法。张怀瓘论书，说是"深识书者，惟观神彩，不见字形"①。到后来延及诗歌等全部艺术领域，所有的艺术均以传神或写神为主旨。

神的内涵也扩大了，由精神到生气到鬼神、自然到"道"。而且也不独指艺术表现对象，也兼及艺术家主观心胸。皎然说，诗人写诗，"有时意静神王，佳句纵横，若不可遏，宛若神助"②。这里最重要的是，"神"成为艺术评判的最高标准。张怀瓘首先用之评书法等级，说"较其优劣之差，为神妙能三品"③。"神"作为艺术评判的最高标准后来也用到绘画等造型类的艺术作品。

尽管提出了"神"这一艺术评判的最高标准，但对于什么是"神"，却难以说清。也就在同时，"境"的概念提出来了。境，本一直在佛教经义中使用，但没有用到审美上去。唐代王昌龄最先将境用到诗歌创作上。在《诗格》中说"诗有三境"，为"物境""情境""意境"。王昌龄说的三境，是三种诗：一种是山水诗，此诗创的境为物境；另一种为抒情诗，此诗创的境为情境；再一种为表意诗，此诗创的境为意境。众所周知，意境是中国艺术最高范畴，也是中国审美意识的最高范畴。看来，王昌龄的意境说跟后来我们理解的意境差距很大。不过，他提出了"意境"这一词，意义仍然很大。唐代，于"境"论建树最大的应是诗僧皎然，他提出"境象"这一概念，说："境象不一，虚实难明。有可睹而不可取，景也；可闻而不可见，风也；虽系我形，而妙用无体，心也；义贯众象而无定质，色也；凡此等，可以对虚，亦可以对实。"④ "虚实难明"是"境象"的主要特征，这就抓住了根本。后来，人们说的"意境"其根本特征正是"虚实难明"。皎然也单独拎出"境"这一概念，并且指出

---

① 《法书要录》卷四《张怀瓘论书》。
② 皎然：《诗式·取境》。
③ 《法书要录》卷七《张怀瓘书断上》。
④ 皎然：《诗议》。

"缘境不尽曰情"①。虽然皎然从诸多角度触及了"境"的特征，但在表述上还是不够明确。

中唐诗人刘禹锡就说得明白了。他在《董氏武陵集纪》中说："诗者，其文章之蕴邪！义得而言丧，故微而难能；境生于象外，故精而寡和。"这"境生于象外"抓住了"境"的要害。可惜的是，刘禹锡没能充分论证。这一使命最终由晚唐的司空图来完成。司空图在《与李生论诗书》中说："愚以为辨于味，而后可以言诗也。"将"味"作为诗的重要审美特征，这味又是怎样的呢？他说："江岭之南，凡是资于适口者，若醯，非不酸也，止于酸而已；若鹾，非不咸也，止于咸而已。华之人以充饥而遽辍者，知其咸酸之外，醇美者有所乏耳。"其意就是诗味是丰富的，这丰富的味，不仅不是单一的味，而且可以在味外。所以，在《与李生论诗书》的结尾司空图说："倘复以全美为工，即知味外之旨矣。"这"味外之旨"点破了诗的奥秘。在《与极浦书》中，司空图还提出"象外之象""景外之景"的命题。于是，至司空图，可以说"境"的理论基本上完成了。让人感到遗憾的是，司空图没有将"味外之旨""象外之象"归之于"境"。所有这些遗憾只能让后代来弥补了。

中国古典美学的"境"论，在宋元明清均有所发展。到近代，王国维将其归结为"意境"论和"境界"论，于是"境界"论成为中国古典美学理论的最高形态。

---

① 皎然：《诗式·辨体一十九字》。

第 二 章

唐朝美学精神（下）

在中国历史上，最让中国人引以为自豪的朝代之一是唐朝。事实上唐朝也是历史上的中国的代名词。因为强大的唐朝，中华民族、全体中国人在世界上有了一个共同的名称——唐人。唐朝是中国历史上的青春期。它充分体现中华民族踔厉奋发、一往无前的英勇气概，体现出中国人敢于向世界开放，也敢于走向世界的胆略与胸怀。唐朝的审美精神最佳概括是"青春"。

第一节　唐朝：中华民族的青春年代

唐朝在中国历史上的存在时间为公元 618 年至 907 年。这个时期美洲尚未被发现，非洲尚处于原始社会。欧洲处于黑暗的中世纪，基督教会统治欧洲，人民的思想受到严重禁锢，毫无自由可言，也没有科学的价值与地位。神旨即真理，神父即导师，宗教裁判所即真善美的裁判所。正是因为如此，说到中世纪人们总是将它与无知、野蛮、迷信联系在一起。中世纪是欧洲封建君主专制建立的时期，为了兼并，欧洲大地硝烟不断，战火纷飞，城市破败，田园荒芜，民不聊生。

而在东方兴旺的大唐帝国如旭日东升，辉耀全球。唐玄宗天宝末年全国人口达 8000 万左右，居世界诸国之首，疆域面积达 1237 万平方公里。

有唐 289 年，除开安史之乱八年还有晚唐黄巢起义的九年外，其他时期社会基本上安定。可以说在这个时代世界上安全之地是唐朝，富裕之地是唐朝，人类向往之地是唐朝。

唐帝国建立后，帝国实行向世界开放的国策，主要用骆驼作为交通工具的陆上丝绸之路和主要用帆船作为交通工具的海上丝绸之路将唐帝国与世界联系在一起。于是我们看到唐帝国的丝绸、茶叶、瓷器，源源不断地输送到了西亚、南亚、欧洲，而西亚、南亚、欧洲的各种产品也源源不断地输送到了唐帝国。阿拉伯人苏莱曼的《东游记》载：中国海船巨大，波斯湾风浪险恶，只有中国船可以畅行无阻。埃及开罗南郊的福斯特遗址发现唐朝的瓷片数以万计，南洋婆罗洲北部地方，还发现唐人开设的铸铁厂。

唐朝的诸多城市成为国际城市。且不说首都长安花团锦簇，被诸多外国商人誉为人间天堂，就是当时尚属偏远之地的扬州，也是中外商人向往的圣地。"腰缠十万贯，骑鹤下扬州"不是虚话！于是不仅临近的日本人、新罗人来了，而且遥远的欧洲人、印度人、大食人、波斯人也来了。据《唐六典》统计，唐朝与 300 多个国家与地区相交往，唐朝首都长安成为世界的诸多中心：政治中心、经济中心、文化中心、宗教中心、教育中心、科技中心和娱乐中心。

可以说，大唐是当时世界上青春且文明的第一强国。

开放国策是唐帝国强大的重要原因。开放，对外是向世界开放，与世界各国、各民族友好往来；对内是中华民族的主体——汉族向中华民族中其他民族开放，与其他民族和谐相处，实现文化融合，构建真正一体性的中华民族。

唐帝国建立以后提出处理民族问题的新思路，主要有：(1)"中国既安，四夷自服"，优先处理好中原王朝自身的问题，以社会安宁为核心，上下一心，共谋发展。(2)"胡汉平等"。唐太宗说："自古皆贵中华，贱夷狄，朕独爱之如一，故其种落皆依朕如父母。"[①] (3)善待少数民族。对于少数民族

---

① 转引自 [加] 卜正民主编：《哈佛中国史·世界性的帝国　唐朝》，中信出版集团 2016 年版，第 135 页。

的百姓,帝国不容许歧视。唐太宗将归顺大唐的突厥人安排在离京城不远的地方居住生活,并且给予一定的经济支持。有大臣认为"以中国之租赋,供积恶之凶虏,其众益多,非中国之利",唐太宗则不予采纳①。(4)和亲政策。唐太宗曾经与臣下讨论对北狄的外交政策,他说,采取军事行为虽然可以解决问题但只是暂时的,而且要死很多人。其实和亲并非不好,"朕为苍生父母,苟可利之,岂惜一女! 北狄风俗,多由内政,亦既生子,则我外孙,不侵中国,断可知矣。以此而言,边境足得三十年来无事。"② 正是因为采取和亲政策,诸多皇族女子远嫁少数民族的首领,所以少数民族政权称中原王朝为舅。这种称呼一直延续到宋。基于唐帝国为天下少数民族政权所拥护,唐太宗被尊称为"天可汗"。

中华民族的形成过程相当漫长。生活在同一片土地上的民族不可能真正做到血统纯正。汉族的血统就是不纯正的,目前学界认定炎帝、黄帝为汉族的先祖,但是炎帝、黄帝就有少数民族的血统。章炳麟《文始·五》说:"《后汉书·西羌传》曰:'西羌,姜姓之别'。其实姜姓本羌,以种为姓,神农盖羌种耳。"③ 这里说的神农即炎帝,神农来自羌族,也就是炎帝来自羌族。黄帝为姬姓,先祖为少典氏,《国语·晋语十》说:"昔少典取于有蟜氏,生黄帝、炎帝。"按刘起釪的说法,"少典、有蟜仍然有所自来,姬姜两姓的族系渊源还可以追溯得更远,那就是古代的氏、羌族。"④ 按这样的理论,中华民族起源与汉族、少数民族的起源是同时的。

尽管如此,各民族仍然在努力坚守着自己的民族性,不管是血缘上的,还是文化上的。周朝儒家提出"夷夏之辨"。"夷夏之辨"表面上看是要将进步的夏与落后的夷区分开来,但实际效果是鼓励并推动夷夏之合。合是向着进步的合,因为夏在历史上代表进步,因此,夷夏之合的主流是夷的夏化。

---

① 叶光大等译注:《贞观政要全译》,贵州人民出版社1991年版,第510页。
② 叶光大等译注:《贞观政要全译》,贵州人民出版社1991年版,第479页。
③ 转引自刘起釪:《古史续辨》,中国社会科学出版社1991年版,第182页。
④ 刘起釪:《古史续辨》,中国社会科学出版社1991年版,第172页。

　　民族的融合是一个浩大的工程,开始于史前,夏商周秦汉均有发展,到魏晋南北朝则出现一个高潮。其突出体现是北朝少数民族政权纷纷向汉文化学习,并且均标榜自己为华夏正统。这些政权中,鲜卑族建立的北魏最为杰出。为了汉化,北魏统治者采取一系列重要措施,包括迁都洛阳,确定汉语为官方语言,将鲜卑拓跋氏改姓元。北魏后来分化为西魏和东魏。以西魏宰相宇文泰为首的关陇集团是坚定的汉化派。集团“十二将军”之一的杨忠,其子杨坚开创了隋朝;集团“八柱国”之一的李虎,其孙李渊开创了唐朝。北朝汉化的积极成果统归于隋。而隋只存在 30 余年,应该说最大的得利者为唐。

　　唐帝国的开创者李渊不是纯粹的汉族血统。《朱子语类·历代类三》云:

　　　　唐源流出于后汉,故闺门失礼之事不以为异。

　　陈寅恪先生说:“若以女系母统言之,唐代创业及初期君主,如高祖之母为独孤氏,太宗之母为窦氏,即纥豆陵氏,高宗之母为长孙氏,皆是胡种,而非汉族。故李唐皇室之女系母统杂有胡族血统,世所共知,不待阐述。”[1]至于男系父统,《册府元龟·帝王部系门略》说唐高祖李渊是陇西狄道人,其先出自李暠,是为凉武昭王,而据陈寅恪考证,李渊的祖上并不在陇西而在赵郡,“李唐改其赵郡望为陇西,伪托西凉李暠之嫡裔及称家于武川”。北魏时李唐祖上还曾“得赐姓大野”。[2]凡此种种,说明李唐祖上实来自鲜卑族。对于自己的血统,李唐是清楚的。也许正是因为自身本不是纯粹的汉族人,所以对于少数民族,李唐统治者并不排斥,反而在一定程度上还予以重视。

　　不论是出于巩固自身政权的需要,还是源于自身本也有少数民族血统,李唐统治者实施开明的民族政策,顺应了时代潮流,也符合中华民族的共同利益。正是这种开明的民族政策促使以汉民族为核心的中华民族形成,

---

①　陈寅恪:《隋唐制度渊源略论稿　唐代政治史述论稿》,商务印书馆 2016 年版,第 183 页。
②　陈寅恪:《隋唐制度渊源略论稿　唐代政治史述论稿》,商务印书馆 2016 年版,第 199 页。

由之也影响到国家的性质,汉族帝国的中国成为中华民族的中国。从民族国家的意义来说,中华民族大帝国虽然可以追溯到夏朝甚至更早,但真正形成、得以巩固并且有强大的实力应该是在唐朝。

基于唐帝国在中华民族融合的漫长历史中所处的极其重要的地位,我们将唐帝国比喻为中华民族的青春期。青春期不仅说明成人了,而且说明它是人生中一个最特殊的时期:风华绝代,神采焕发,是人生最美丽的年代;精力充沛,敢想敢干,是人生最具活力的年代。正因如此,春春期是人生最能创造奇迹最具魅力的年代。

唐朝,就是这样一个朝代。

第二节 唐诗:青春美的典型代表

一说到唐朝文化,首先想到的是诗。中国诗,唯唐诗最著名,也唯唐诗最优秀,唐诗当之无愧是唐朝的旗帜、唐朝的标志、唐朝的代表。既然唐诗是唐朝的代表,而唐朝是中国的代表,因此在某种意义上,唐诗是中国文化的代表。

唐诗有没有一种大家基本上认可的精神,而且这种精神是永恒的,任斗转星移,世事变迁,它却不变? 应该说是有的,按笔者的认识,这种精神就是青春。青春是唐诗美的内核。

唐诗的青春美主要体现为三:

一、自由精神

代表人物是李白。李白的青春活力的突出表现是"三自":

一是自己。李白认为,要活出自我。"天子呼来不上船,自称臣是酒中仙。"[1] 这就是李白。人的价值如何认可,不同的哲学有不同的回答,许多人将自己的价值寄托在他人身上,而自己则没有价值。李白不这样认为,他

---

① 杜甫:《饮中八仙歌》。

认为，要活出自我。肯定个人的价值，无论是在西方哲学史上，还是在中国哲学史上，从来都是一种进步的人生观。活出自我，首先是尊重自己生存的权利与品格，实现自己的价值，从而活出属于自己的精彩，其次是重视自己生存的责任与义务，从而作出也就是活出自己对于他人、对于社会、对于国家应有的贡献。李白的全部作品凸显出活出自我的主题。

二是自信。李白出身商人家庭，在看重门阀势力的唐朝，完全没有优势可言。他唯一的优势就是才华。当他告别妻儿离开寄居的翁家去长安发展，如此豪情万丈："仰天大笑出门去，我辈岂是蓬蒿人。"① 落拓之际，李白也不颓丧，竟然敢说："天生我材必有用，千金散尽还复来。"② 自信是做人的重要品格。人在世界上总是要做一些事情的，最高的目标是实现自我。而有没有自信，无论是成人、成才、成事、成大事都至关重要。李白是这样，唐朝诸多人物均是这样。

三是自由。李白虽然一度进入宫廷，但与他理想的筹谋国策、兼济天下大相径庭，他其实不过是一个宫廷御用文人，最高的作为是为宫廷乐舞写写歌词。他终于明白，这样的官职与他投身政治的初衷完全不一致。满腔愤懑中他吟道："人生在世不称意，明朝散发弄扁舟。""俱怀逸兴壮思飞，欲上青天揽明月。"③ 虽然从政不自由，生活中总还有自由之一隅，那就是纵情山水。至于精神天地，那是任何人都管不着的。李白就这样出入于现实的山水泉石与想象的青天明月之中，寻取他心灵中的自由。

自由是最高的人性。虽然于人终是理想，但追求它，是人性最可宝贵的深度觉醒，是善的灵光，也是美的璀璨。

二、劲爽境界

唐诗的诗风，概而言之为劲爽。

"劲"，联系着神、骨、气三个概念。劲出自神，见之骨，发为气。"爽"

---

① 李白：《南陵别儿童入京》。
② 李白：《将进酒》。
③ 李白：《宣州谢朓楼饯别校书叔云》。

联系着朗、舒、快等概念，或爽朗，或爽快，或舒爽。劲与爽的结合充分见出青春的美感。

劲爽主要体现为四种品质：

其一，是率真。率真以真诚为本，以率直为特色，这种体现带劲，够爽。唐诗不管描绘哪种生活情态，均能见出这种率真。诗句似是脱口而出，却恰到好处，无可替代。贺知章的《回乡偶书》："少小离家老大回，乡音无改鬓毛衰。儿童相见不相识，笑问客从何处来。"完全是白描，几乎就是说话，却字字珠玉，句句光华，堪称妙极。

其二，是轻快。轻快让人想到李白的《早发白帝城》中诗句："两岸猿声啼不住，轻舟已过万重山。"轻快是一种动态，更是一种心态。作为心态，它的轻，它的快，都透着爽。爽不一定为高兴的事。悲伤的事也可以表现得爽。赵嘏的《到家》："稚子牵衣问，归来何太迟。共谁争岁月，赢得鬓边丝。"稚子的问话，游子听着，满怀悲伤，却又透着甜甜的心酸。这种情感之中也透着快，透着爽。

其三，是清新。新是质，清是品。是清的新，清之新，让人爽。清新实质是清真，它的美就在于它的真。李白云："圣代复元古，垂衣贵清真。"又云："清水出芙蓉，天然去雕饰。"为了标举清，冰、玉是唐诗中常用到的物件，王昌龄有诗咏友情："洛阳亲友如相问，一片冰心在玉壶。"诗中有冰，也有玉。吟之，一股清气悠然升起，清而暖，暖且香，十分可人。韦应物《杂言送黎六郎》也用到冰、玉："冰壶见底未为清，少年如玉有诗名。"同样的清新，更见出高洁与纯真。

其四，是流美。流美在于诗中的美是流动的，或者说是层出不穷的。如玉盘滚珠，溪流跳涧，彩霞风飞。这样的好诗很多，李白的《登金陵凤凰台》堪为典范："凤凰台上凤凰游，凤去台空江自流。吴宫花草埋幽径，晋代衣冠成古丘。三山半落青天外，二水中分白鹭洲。总为浮云能蔽日，长安不见使人愁。"从凤凰台到想象的凤凰，由凤凰的想象，想到山河之变、人事之变，现实历史未来串在一起，跳动着，延展着，引起人们无限的情感活动。

三、乐观精神

唐诗的青春美集中体现为乐观精神。唐诗是情感的大海,人生的各种况味尽皆有之。但有一个基调就是乐观、进取。唐朝不少诗人饱经沧桑,总的来说不颓丧,不悲观,不消极。杜甫就是一个典型。他写于安史之乱的《登高》,寄慨遥深,虽不尽人生悲苦,但参透宇宙,超越时空,正面的力量排山倒海。诗中"无边落木萧萧下,不尽长江滚滚来"就这样成为励志的千古名句。中唐诗人刘禹锡也是一个代表。贬谪归来,他赋诗:"沉舟侧畔千帆过,病树前头万木春。"①何等壮观! 未来的胜利就是必然。刘禹锡有《秋词二首》,其一云:"自古逢秋悲寂寥,我言秋日胜春朝。晴空一鹤排云上,便引诗情到碧霄。"这种将诗情引到碧霄的心态是唐人共同的心态。唐人极少言失败,更不言绝望。就是到了晚唐,帝国国势其实并不妙,可以说风雨飘摇,但诗人杜牧的心态仍然很好,他在《题乌江亭》一诗中说:"胜败兵家事不期,包羞忍耻是男儿。江东子弟多才俊,卷土重来未可知。"不言败,不言退,不放弃,踔厉奋发,一息尚存,昂然进取,直至胜利。这就是青春气概,这就是唐人的本色。

第三节　两大亮色:山水审美、战争审美

唐朝美学有诸多亮色,就青春美的彰显而言,有两大亮色:山水审美、战争审美。

一、山水审美

山水审美并不始于唐,但在唐,其广度、深度达到了极致。就诗来说,凡诗人均有大量的山水诗。山水似乎成为诗歌第一题材。这在以前的朝代是没有的。绘画的情况有些不同,唐时仍然以人物画为主。但山水画以前

---

① 刘禹锡:《酬乐天扬州初逢席上见赠》。

所未有的声势,蓬勃兴起,其后劲甚至超过山水诗,到五代、宋,凡画,几乎全是山水的天下,其雄霸艺坛的气概,山水诗不可匹敌。

唐朝的山水审美有两个突出特色。

(一) 雄浑阔大

唐人的山水审美,偏爱壮景、全景。这在山水画中表现得尤其突出。朱景玄的《唐朝名画录》和张彦远的《历代名画记》均记载吴道子受命到蜀地嘉陵江考察山水的情景。考察之后,他在长安大同殿的墙壁上图绘蜀地山水,绵延三百里的嘉陵江,吴道子仅凭记忆,一天就画完了。唐朝山水画名画很多,李思训的《江帆楼阁图》《巫山神女图》将中国山水的雄奇、险峻、迷幻、神秘表现得淋漓尽致。尽管画的是自然山水,却尽见唐帝国的强大、富裕与繁华。山水诗同样如此,表现江山壮丽的诗句比比皆是。如:"白日依山尽,黄河入海流。"[1] "天姥连天向天横,势拔五岳掩赤城。"[2] "风急天高猿啸哀,渚清沙白鸟飞回。"[3] 如"江流天地外,山色有无中"[4],境界雄浑阔大,真可谓吞吐宇宙。

(二) 天地情怀

唐人的山水审美继承自先秦以来的重主观、重哲思的传统,将主体的主观情怀拓展为天地情怀。不论是山水诗,还山水画,我们从中感受到的是唐人以万象为宾客的雄阔胸襟和我为天地主的伟大气概。在现实人生中难以实现的主体意志在这里肆意张扬,在世俗社会中不可能实现的自由精神在这里纵情奔放。这样一种山水审美作为时代审美的特征,为唐朝独具。宋、明、清有类似唐人的全景山水画,也有类唐人的山水诗,但均不足以作为时代的审美特征。

二、战争审美

战争的形象从来都是魔鬼,似乎它很难与审美联系在一起。唐朝对于

---

① 王之涣:《登鹳雀楼》。

② 李白:《梦游天姥吟留别》。

③ 杜甫:《登高》。

④ 王维:《汉江临眺》。

战争的态度比较有特点，它没有一概地反对战争，而是有所区别地对待战争，于帝国有利、于唐帝国人民有利的战争，它是肯定的。这种肯定也体现为一种审美，集中体现在《秦王破阵乐》和边塞诗上。

《秦王破阵乐》产生于唐太宗做皇子时率军大破刘武周的战争中，为了鼓舞士气，他亲自参与设计并创作了这部作品。因为目的是激励士气，乐舞不回避战争的残酷与血腥，而到李世民即位成为帝国第二位皇帝时，此乐舞是否需要保留一度成为问题，唐太宗坚持要保留，其目的是"以示不忘本"。但要修改，修改主要是增加"文德""文容"，适当弱化原歌舞中残酷的场面。尽管做了这样的修改，唐高宗李治还是不能接受，他下令将此乐舞封存。30 年后，他重看此乐舞后，竟感动得泪流满面，说："不见此乐，垂30 年，乍此观听，实深哀感。追思往日，王业艰难勤苦若此，朕今嗣守洪业，可忘武功？古人云：'富贵不与骄奢期，骄奢自至。'朕谓时见此舞，以自诫勖，冀无盈满之过，非为欢乐奏陈之耳。"[①] 此后，此作品一直在宫廷中演出，直到唐帝国灭亡。这故事说明唐帝国是强调不能忘本的，而不忘本突出体现在不忘创业艰辛。创业如果是战争，那战争是不能忘的，它具有于国家、于民族具有重要意义的善和美。

边塞诗是唐诗中的重要部分。关于边塞诗主要有两个问题：

一是战争的性质，绝大多数学者认为唐朝的边塞诗的题材基本上为西北地区抗击突厥侵略的战争，战争的性质基本上是正面的。就算战争性质不能定为正义战争，也不能否定边塞诗的价值。因为边塞诗的主题是卫国，古代战争的性质也很难以今天的标准来衡量。

二是战争的审美。没有人会认为正面的战争就是美的战争，严格说来，任何战争都是不美的甚至是丑恶的，因为都会有众多的人死亡，众多的人流离失所。唐朝的边塞诗并没有歌颂战争，它歌颂的主要是从事卫国战争的爱国军人的精神与情感，这中间闪耀着大写的人性光辉，具有气贯长虹的崇高的美。

---

① 《旧唐书·志第八·音乐一》。

唐朝边塞诗的杰出价值还不只是在这里。唐朝边塞诗的杰出价值还在于它张扬了一种与兴旺的唐帝国相一致的英雄气概,闪耀着一种无比璀璨的战火青春之美。

生活在唐帝国的年轻人,不论是文人还是武人,体现自己价值的主要方式不是科举而是军旅。边塞诗人岑参在诗中明确表示自己这一向往:"功名只向马上取,真是英雄一丈夫!"[1] 高适更是强调此追求的现实可能性:"万里不惜死,一朝得成功。画图麒麟阁,入朝明光宫。大笑向文士,一经何足穷。"[2] "男儿本自重横行,天子非常赐颜色。"[3]

家国情怀与功名情怀的统一是唐帝国诸多人的青春梦。

在某种意义上,边塞诗开创了一种新美学:战争美学。也许战争自有一种美。战争中,正义与邪恶、美与丑的斗争化成生与死的激烈角逐,生命瞬间变得非常脆弱,又变得极为坚强。许多平时难以通晓的深奥道理霎时变得非常简单明白,许多平时难以看到的伟大人性顿时如电光石火通天透亮。战争美学是与英雄美学、青春美学联系在一起的,唐朝边塞诗的美学价值正在这里。

第四节　最大突破:女性美的彰扬

说到唐朝,不能不说到两位女性,一位是武则天,一位是杨玉环。

武则天一度从唐高宗手里夺过政权,做过皇帝,并且改国号为大周。武则天是中国历史上唯一的女皇帝,关于她的功过,从现有的研究来看,肯定得多,否定得少。虽然武则天并没有颁布过有利于女性的政令,但做皇帝这事本身,就极大地突破了男权社会对女性的轻蔑与控制。

武则天对于唐帝国此前的诸多国策有重要的改革,最大的改革是将科举制加以完善,不仅为朝廷争取了诸多优秀的人才,而且对李唐门阀与军

---

[1]　岑参:《送李副使赴碛西官军》。

[2]　高适:《塞下曲》。

[3]　高适:《燕歌行》。

功取士的人才政策构成巨大冲击。《唐通典》记载："太后颇涉文史，好雕虫之艺。……及永淳之后太后君临天下二十余年，当时公卿百辟无不以文章达，因循日久寝以成风。"①

武则天重视佛教，组织强大的译经集团翻译佛教，其中就有《华严经》。《华严经》有多个版本，卷数不一。武则天下决心译卷数最多的最全本，参加此工作的多达百余人，其中就有华严宗大师法藏、大诗人王维。应该说武则天对于佛教的中国化起到重要的作用。武则天热衷于佛教造像，其中重要的佛窟有洛阳龙门石窟、敦煌莫高窟石窟，佛教造像不仅是佛教汉化的重要成果，而且有力地推动了中国雕塑艺术的发展。

武则天主持的佛教造像，就审美来说，树立了唐朝女性以健康、青春为美的审美风尚。洛阳龙门奉先寺的卢舍那大佛，体态肥瘦适中，面相端庄秀丽，神态肃穆亲和，低眉俯眼，嘴角含笑，一副闺中少妇模样。据学者们分析，工匠是参照武则天的形象雕塑的，当然，也得到武则天的首肯。在武则天这是她母仪天下的形象，当然也是唐朝女性美的典范。

唐朝的女性美是怎样的一种美？青春内蕴成熟，端庄兼融秀雅，含蓄不掩活泼，丰腴而生气蓬勃。概而言之，健康、青春。

杨玉环也是中国历史上的奇女子。她的奇有三：

第一，种种现象显示唐玄宗因为宠爱她而荒废朝政，导致安史之乱。按中国历史上无数类似的案例，她应被称为"祸水"而承担严重责任。但历史上对她的批判并不多，更多的倒是对她死的惋惜。中唐诗人白居易以唐玄宗与杨玉环的爱情为主题写了一首诗——《长恨歌》，此诗背景有安史之乱，但完全回避安史之乱的责任问题，甚至将他们写成安史之乱的受害者。

第二，皇帝与皇后，嫔妃有没有爱情，一直存在不同看法，主流看法是不存在爱情的。白居易认为杨玉环与唐玄宗之间是有爱情的。在《长恨歌》的结尾，白居易借两个人物之口发出爱情誓言："在天愿作比翼鸟，在地愿

----

① 杜佑：《唐通典·选举典》。

为连理枝。"此誓传诵至今。

第三，是杨玉环的美，作为唐玄宗的宠妃，她自然也是唐朝最美的女人之一。那么，她的美主要在哪里？诗篇全面地展示了杨玉环的美：

一是外貌。用的句子有："天生丽质难自弃""回眸一笑百媚生""温泉水滑洗凝脂""雪肤花貌参差是""玉容寂寞泪阑干，梨花一枝春带雨"。总结起来就是青春女子的美，或者说女子青春的美。有人说这里表现的是唐朝尚肥的女性审美观，似乎不是肥，而是丰腴、性感。

二是装束。作为皇家女子，其装束自然美轮美奂，光彩照人。

三是才华。杨玉环具有很高的艺术才华，她的艺术才华集中在乐舞上，诗篇虽然没有具体展示乐舞的表演过程，但有好几处点到此乐舞的美："骊宫高处入青云，仙乐风飘处处闻。缓歌慢舞凝丝竹，尽日君王看不足。""风吹仙袂飘飘举，犹似霓裳羽衣舞。"

四是痴情。诗篇写玉环椒房思念玄宗的句子感人至深："夕殿萤飞思悄然，孤灯挑尽未成眠。迟迟钟鼓初长夜，耿耿星河欲曙天。"

这四个方面可以说是唐朝女性美的概括。当然，这是贵族女子的美，小家碧玉的美就不是这样了。李白很喜欢写民家女子的美：

> 吴娃与越艳，窈窕夸铅红。呼来上云梯，含笑出帘栊。对客小垂手，罗衣舞春风。①
> 耶溪采莲女，见客棹歌回。笑入荷花去，佯羞不出来。②

这种民家女子的美虽然不华丽，但更青春，更自然，更清新。

杨玉环的美具有鲜明的唐朝特色，但似乎又是中华民族女性美的理想，不仅具中华民族性，而且也在一定程度上具人类性。

唐朝对于女性美的彰扬表现在诸多的文艺作品之中，尤其是小说之中。唐朝小说除了表现女性的青春美之外，还突出女性的两个重要优秀品质：

一是有见识。这一点突出体现在小说《虬髯客传》中。小说以隋末李

---

① 李白：《经乱离后天恩流夜郎忆旧游书怀赠江夏太守良宰》。
② 李白：《越女词五首》其三。

世民起事为背景，以隋朝权贵杨素的婢女红拂为主要人物。小说突出的是红拂过人的见识。她选中落拓中的李靖为终身伴侣，可说是慧眼识英；劝李靖去投奔李世民，则当是慧眼识时了。小说无疑具有明显的政治倾向性，但也反映了一种女性观：女子完全可以参与政治，而且也可以有不凡的政治识见。

二是重情义。《李娃传》可为代表。李娃本为妓女，但她重情义。当被鸨母赶走的公子饥寒交迫倒在妓院门口时，她毅然相救，最后终于成就了公子。公子中了科举，她认为使命已完，悄然退却，不去享受荣华富贵。李娃这类形象在小说戏剧中出现很多，但李娃是最早的。这反映作者的一种女性观：对于女子来说，外貌美固然重要，但最重要的还是品德。

女性观是时代文明的性质与高度的一个重要标尺。唐朝的女性观在中国封建社会是最先进的，此后的宋、元、明、清也未必达到。女性问题虽然不只是美学问题，但女性审美总是女性问题的核心。唐朝女性审美是唐朝青春美学一道极为亮丽的风景线。

第 三 章

唐太宗李世民的美学思想

　　唐太宗李世民在中国历史上被标举为圣王，一般列在秦始皇、汉高祖之后，其实，若论其对中国、中华民族的全面的贡献以及个人的魅力，也许应列为第一。《新唐书·太宗本纪》云："太宗之烈也！其除隋之乱，比迹汤武；致治之美，庶几成康。自古功德兼隆，由汉以来未之有也。"① 这种评价是恰当的。对于李世民，人们一般只是注意他的政治，其实，他的贡献是多方面的。李世民的文艺修养甚佳，诗文、书法都堪称一流，更重要的是他的文艺思想，他的美学观。基于他的社会地位，他的诸多美学思想成为国家意识形态，不仅为唐朝文化建设定下了基调，而且对后世也产生重大影响。也许因为唐太宗不是文人，他的重要贡献主要在政治上，因此他在中国美学史上的地位并没有得到足够的重视。笔者认为，这是不应当的，唐太宗在中国美学史上应该有浓墨重彩的一章。

第一节　节于中和，益于劝诫

　　中国美学的主导思想为儒家。儒家美学的建立是在先秦。至唐，已

----

① 欧阳修、宋祁：《新唐书·本纪第二·太宗》，中华书局1975年版，第48页。

经过去了汉、魏晋、南北朝、隋几个朝代，儒家美学忧国伤时、礼乐彬彬的基本立场没有变。不过，因时代的需要，不同的时代还是有不同的侧重，体现出与时俱进的特点。两汉的儒家美学以《毛诗序》为代表，强调文艺的教化功能，主张"发乎情""止乎礼义"，体现出大一统国家意识形态的风范。魏晋南北朝社会动乱，战争频仍，民不聊生，此时的文艺出现两种风尚：一种是醉生梦死，在风花雪月中苟延残生，将文艺的娱乐功能推至极端的田地，突出代表是齐梁文学。另一种则是面对现实，比较深刻地揭露社会黑暗，激发人们起来抗争，以建安文学为代表。建安文学影响至巨。南朝的刘勰将这种文学的精神概括为"风骨"。"风骨"的"风"，源自《诗经》的"国风"，"风"就是风尚，社会真实状况。《毛诗序》将"风"派生出教化义，说是"上以风化下，下以风化上"。所谓"风化"，就是以社会的真实状况教育人、感化人。南朝的刘勰又将"风"派生出抒情义，说"怊怅述情，必始乎风"。刘勰"风骨"说中的另一概念为"骨"，"骨"的概念此前没有，刘勰创造这一概念，主要目的还是在申述儒家美学忧国伤时的政治精神和忠君爱民的伦理情怀。刘勰强调"结言端直，则文骨成焉"。所谓"端直"，一是指忠义仁爱，主要为内容；二是指刚健质朴，主要为文风。

由"教化"说到"风骨"说，精神是一致的。刘勰强调"炼骨"和"深风"，说："炼于骨者析辞必精，深乎风者，述情必显。""炼骨"和"深风"一是增强了骨力，二是增加了文采。骨力在气，气是作品内在精神之力；文采是作品外在形式之美。"风骨"说较之"教化"说有进步，进步主要体现在重视审美。

经过魏晋南北朝长达300多年的动乱分裂，又经过只有几十年光景的隋的兴亡。李世民能从中吸取的教训太深刻了。教训之一就是作为统治者，绝不能一味地追求奢靡，贪图享受。

《贞观政要》记载：

> 若安天下，必须先正其身。未有身正而影曲，上理而下乱者。朕每思伤其身者不在外物，皆由嗜欲以成其祸，若耽嗜滋味，玩悦声色，所欲既多，所损亦大。既妨政事，又扰生人。且复出一非理之言，万姓

为之解体,怨讟既作,离叛亦兴,朕每思此,不敢纵逸。①

这里,李世民说得很清楚。只有先正自身,才能安天下。而正身,重要的是如何对待享受,享受之一是"玩悦声色"。文艺具有娱乐功能,齐梁文学之所以为后世诟病,就是因为它一味满足统治者"玩悦声色"。此种文学会影响到其他艺术特别是音乐。隋开皇二年(1582),颜之推上书请去胡乐,改用梁乐,隋文帝不从,说:"梁乐亡国之音,奈何遣我用耶?"唐太宗作为明君当然也会像隋文帝一样对于一味追求"玩悦声色"的齐梁文艺提高警惕。

基于此,他提出一种文艺观:

> 余追踪百王之末,驰心千载之下,慷慨怀古,想彼哲人,庶以尧舜之风,荡秦汉之弊,用《咸英》之曲,变烂熳之音,求之人情,不为难矣。故观文教于六经,阅武功于七德,台榭取其避燥湿,金石尚其谐神人,皆节之于中和,不系之于淫放。故沟洫可悦,何必江海之滨乎?麟阁可玩,何必山陵之间乎?忠良可接,何必海上神仙乎?丰镐可游,何必瑶池之上乎?释实求华,以人从欲,乱于大道,君之耻之。②

此文出自李世民《帝京篇序》,《帝京篇》是李世民的作品,为唐太宗歌咏唐都长安的十首诗,收入《全唐诗》,列为第一篇。十首诗描绘唐都"高轩暖春色"的雄伟壮丽,抒发"垂衣驭八荒"的豪迈气概,当得上唐代精神的生动写照。李世民特意为诗作序,本意不是推荐他的诗,而是公布国家文艺政策。

这里,他提出国家文艺政策的理论由来:尧舜之风、《咸英》之曲、"六经"。前二者为古圣王的审美及艺术爱好,后者为儒家的重要文献。三者均明确标示,唐帝国的文艺政策出自儒家思想,与孔子的"诗教"说、《毛诗序》的"教化"说、刘勰的"风骨"说一脉相承。所不同的是,李世民将唐帝国的文艺政策的核心概括为"中和"。于是,出现了继《毛诗序》的"教化"

---

① 叶光大等译注:《贞观政要全译·论君道第一》,贵州人民出版社 1991 年版,第 1 页。
② 周祖譔编选:《隋唐五代文论选》,人民文学出版社 1999 年版,第 42 页。

说、刘勰的"风骨"说之后另一种儒家文艺思想——"中和"说。

"中"与"和"本是两个不同的概念，是《礼记·中庸》将它合成一个概念。《中庸》说："中也者，天下之大本也。和也者，天下之大道也。致中和，天地位焉，万物育焉。""中"是"和"的灵魂。和不是无原则的和，而有原则的和，这原则就是"中"。董仲舒说："大德莫大于和，而道莫正于中。中者，天地之美达理也。"① 董仲舒将天地之美的本质定在"理"上，正是这"理"成就了天地之美。显然，这"理"就是儒家所标榜的仁义。

李世民标榜他的美学为"中和"美学，应该说是继承了董仲舒的这一重要观点的。正是因为重视"中"，所以要重视"理"。对于文艺来说，重视中和之美，就是要重视文艺的政治伦理倾向。为此，他将"欲"与"教"对立起来，"欲"即人的感性欲求，它是毁"中"的，而"教"作为儒家的仁、义、礼、信，它是立"中"的。

李世民说他继承黄帝、尧、舜等的圣王传统，反对纵欲之文艺，主张立"中"之文艺。他对房玄龄说："比见前后汉史载录扬雄《甘泉》《羽猎》，司马相如《子虚》《上林》，班固《两都》等赋，此既文体浮华，无益劝诫，何假书之史策？其有上书论事，词理切事，可裨于政理者，朕从与不从，皆须载书。"② 李世民在这里批评了"文体浮华，无益劝诫"的文风，强烈地表达了他的文艺观：文艺不可"无益劝诫"，要"裨于政理"。这正是儒家重视文艺教化功能的体现。

为了突出德行的重要，他甚至说："凡人主惟在德行，何必要事文章耶？"③ 不过，话虽这样说，他并不这样做，也并不真这样认为。

第一，在中国古代的帝王中，李世民是不多见的文艺修养精湛的人。他虽然重视人主的德行，但他不是不重视文章，也不是不重视文艺。事实上，

---

① 董仲舒著，张世亮等译注：《春秋繁露·循天之道》，中华书局 2012 年版，第 606 页。
② 叶光大等译注：《贞观政要全译·论文史第二十八》，贵州人民出版社 1991 年版，第 405 页。
③ 叶光大等译注：《贞观政要全译·论文史第二十八》，贵州人民出版社 1991 年版，第 406 页。

他的文章做得很不错，他不仅为自己的《帝京篇》作序，而且亲自为《晋书》写王羲之的传论、陆机的传论。他的诗、书创作，乐舞编导也都相当出色。正是因为他的以身作则，唐太宗的朝廷，文臣武将中善于文章、诗歌、书法、乐舞者大有人在。这些人都是德行与文艺兼优的能臣。

第二，虽然他在一些场合强调文艺的教化功能，但并没有否定文艺的审美功能。他的专业性文艺评论，总是能兼教化与审美两者，而且在论述审美方面非常深入，且恰切到位。比如，他在《晋书·陆机传论》中论陆机："观夫陆机、陆云，实荆、衡之杞梓，挺珪璋于秀实，驰英华于早年，风鉴清爽，神情俊逸，文藻宏丽，独步当时；言论慷慨，冠乎终古。高词迥映，如朗月之悬光，叠意迴舒，若重岩之积秀。千条析理，则电坼霜开，一绪连文，则珠流璧合，其词深而雅，其义博而显，故足远超枚、马，高蹑王、刘，百代文宗，一人而已。"①

李世民的"中和"美学观，有一个重要的节点，就是如何用"中和"。他用了一个"节"字，说"节之于中和"。"节"，调节。以中和作为调节人生的利器，凡事要做到适可而止。落实到文艺，既要重视它的教化功能，也要重视它的审美功能。文艺是审美的重要手段，审美究其本，是人之为人的要素之一，为什么不可以接受文艺呢？当然可以，但一定要"不系之于淫放"。

李世民的"节之以中和"的文艺思想是儒家文艺美学思想的新发展，它吸收了《毛诗序》的"教化"说，也吸收了《文心雕龙》的"风骨"说，更为全面、深刻，具有更高的理论价值，于实践也具有更高的指导意义。

此后不断有新的教化说出现。盛唐有陈子昂的"兴寄"说，中唐有柳宗元的"文以明道"说，这都是唐太宗"中和"说的发展。宋元明清的文艺观也一直坚持唐太宗政治与审美统一的立场。王安石提出"适用为本"说，看重文章的内容，但并不忽视形式。他自己的著述，情辞并茂，有着强烈的审美感染力，史称其文章"动笔若飞"，"见者皆服其精妙"。苏轼推崇韩愈，称韩愈"文起八代之衰"。而韩文的力量既来自思想力，也来自审美力。

---

① 周祖譔编选：《隋唐五代文论选》，人民文学出版社1999年版，第40页。

苏轼的文章其实也是如此，自称"如万斛泉源，不择地而出，在平地滔滔汩汩"，做到了随心而合道，下笔动鬼神的地步。

可以说，唐太宗的"中和"说是儒家"教化"说的最高形态，一直指导着自唐到清末的中国文艺，对于现当代文艺创作也有着深远的影响。

第二节　人和在政，乐和在调

关于文艺与政治的关系，有两种情况：一种情况是与政治关系比较密切，虽然未必做到了文艺为政治服务，但兼顾政治功能与审美功能两者，实现了"节之于中和，不系之于淫放"的创作原则。对于这种文艺，儒家是推崇的。另一种情况是与政治的关系不密切，甚至不相关，或少相关。儒家看重文艺的教化功能，对于这种作品要么有所轻视，称之为雕虫小技；要么有激烈的批评，谓之"玩物丧志"。

对于这类作品李世民有两种立场：

一种立场是保持警惕，他将沉迷此类文艺与沉迷于奢靡的物质生活划为一类，认为这就是纵欲。纵欲不只是伤身害性，还会扰乱纲常，危害社会。他批评这类作品"释实求华，以人之欲，乱于大道"。可以说，批评相当重。贞观元年（627），唐太宗对臣下说："至如雕镂器物，珠玉服玩，若资其骄奢，则危亡之期可待也。"①

另一种立场则是放其一马。李世民将审美与政治区分开来，不认为所有的作品都与政治有关。

《新唐书》《旧唐书》均记载这样一件事：

> 太宗谓侍臣曰："古者圣人沿情以作乐，国之兴衰，未必由此。"御史大夫杜淹曰："陈将亡也，有《玉树后庭花》，齐将亡也，有《伴侣曲》，闻者悲泣，所谓亡国之音哀以思。以是观之，亦乐之所起。"帝曰："夫声之所感，各因人之哀乐。将亡之政，其民苦，故闻以悲。今《玉树》、《伴

①　叶光大等译注：《贞观政要全译·论俭约第十八》，贵州人民出版社1991年版，第337页。

侣》之曲尚存，为公奏之，知必不悲。"尚书右丞相魏徵进曰："孔子称：'乐云乐云，钟鼓云乎哉。'乐在人和，不在音也。"十一年，张文收复请重正余乐，帝不许，曰："朕闻人和则乐和，隋末丧乱，虽改音律而乐不和。若百姓安乐，金石自谐矣。"①

李世民认为，音乐的情有两种：一是作乐时的情，此情为作乐者的情。据此，可以说乐是情感的产物，"古者圣人沿情以作乐"。二是听乐时的情。此情属于听乐者，听乐者不是作乐者，听乐可以生情，也可以不生情。就是生情，生的情也千差万别，甚至与作乐者的情大不相同。

李世民根据他这种音乐情感理论，不同意御史大夫杜淹所说"亡国之音哀以思"。

说"亡国之音哀以思"，首先要弄清楚，这"哀以思"的情感是作乐者的，还是听乐者的。李世民在这里要讨论的显然不是作乐者的情感，而是听乐者的情感。

那么，听了所谓"亡国之音"的人是不是会产生"哀以思"的情感呢？

李世民认为："夫声之所感，各因人之哀乐。将亡之政，其民苦，故闻以悲。"这里，他强调两点：其一，听乐产生什么样的情感，"因人"而异。其二，听乐产生什么样的情感，因"政"而异。这第一点不是李世民讨论的重点，他要强调的是第二点——因"政"而异。

"政"关涉人的社会生活。李世民在这里区别两种"政"："将亡之政"，国家要灭亡了，人民痛苦。正是因为人民痛苦，所以，听了《玉树》这样的曲子，产生悲伤的情感。如果国家不是亡了，而是如现在的大唐，生机勃勃，欣欣向荣，就是听了《玉树》这样的曲子，也不会悲伤。这是为什么？因为社会太平，人民心中不痛苦。

欣赏音乐会产生什么样的情感，是一个复杂的问题，涉及的问题很多，其一，涉及音乐本身，这是一首欢乐的乐曲还是一首悲伤的乐曲。其二，涉及欣赏音乐人的当下的心态，也涉及欣赏音乐人的修养以及种种情况。其

① 欧阳修、宋祁：《新唐书·志第十一·礼乐第十一》，中华书局1975年版，第461页。

三，涉及社会状况，是太平的社会还是不太平的社会？社会状况影响人的心理，心理影响听音乐所产生的情感。

关于情感来自何处，李世民显然有些片面。产生情感的因素很多，社会固然是，音乐也是。具体到"哀以思"的情感，诚然可以因社会状况而引起，但不只是社会状况可以引起，音乐也可以引起。李世民显然有意忽略音乐因素，这似乎是不妥当的。但就他所要讨论的《玉树》来说，不能说这首曲子的内容就是悲伤的。事实上它并不悲。只是联系到参与制曲者为即将亡国的陈后主就让人感到悲伤了。作为政治家，李世民关心的是百姓的生活，是社会状况、社会心理，这不仅没有什么错，反而凸显出他作为一国之主的社会担当。

关于这场辩论，魏徵做了一个这样的总结，说"乐在人和，不在音也"魏徵提出一种重要的观点：快乐"不在音"，而在"人和"，"人和"指社会太平、和谐、幸福。

这种观点当然是片面的，音乐也能产生快乐；但魏徵在这里要讨论的"乐"不是一般的快乐，而是一种大乐——关乎社会太平、和谐、幸福的大快乐。显然，这种快乐音乐做不到，任何艺术都做不到，能做到的只有政治。魏徵的"乐在人和，不由音也"是对李世民的"悲悦在于人心，非由乐也"深入阐述。

李世民的"悲悦在于人心，非由乐也"的美学思想具有两个方面的重要意义：

其一，强调为政的重要性。政治状况如何，不仅关涉国家的兴亡，而且关涉人民的生存。而人民的生存状况不仅决定了人们的现实的物质生活，还决定了人们现实的精神生活，甚至还影响到艺术感受。

其二，学术上它是审美社会学的重要成果。魏晋时期，嵇康提出"声无哀乐"论。他说："哀乐自当以情感而后发，则无系于声音。声之与心，殊途异轨，不相经纬。"[①] 嵇康在这里，严格地将"声"与"心"区分开来。"心"关

---

① 嵇康撰，戴明扬校注：《嵇康集校注》，中华书局 2015 年版，第 317 页。

涉到情感，也就是关涉到哀乐；而"声"不关涉情感，只关涉到声本身。音乐作为一种声音，不是普通的声音，而是一种美的声音。它的美与不美在于它是不是和声，而和声在于声音本身的诸种要素的组合。

嵇康说："心动于和声，情感于苦言。"[1] 音乐的本质是形式，音乐的美与不美，不在于它表现了什么政治伦理内容，也不在于它传达了什么情感，而在于它是不是"和声"。对于先秦两汉儒家都一致批评的郑卫之声，嵇康从纯音乐角度给予很高的评价："若夫郑声，是音声之至妙。"[2] 显然，嵇康的音乐观与传统儒家的音乐观是不同的，儒家强调音乐移风易俗的作用，重视音乐的伦理内容。嵇康不这样，他看重的是音乐的形式，由此看来，嵇康是中国第一个主张美在形式的学者。李世民虽然没有像嵇康这样将音乐的美归之于形式，但他为《玉树后庭花》这样的"亡国之音"开脱，为的是充分肯定此曲的形式美。从这点来说，李世民也对儒家过于偏重音乐的伦理内容有所纠正。

值得一提的是，嵇康也好，李世民也好，均无意在音乐社会学方面有所建树，他们的立足点都是政治。他们都是政治家，都有博大的胸怀，他们关注的是国家的发展、社会的太平、人民的哀乐。他们心目中装的是大善大美，这种大善大美远不是艺术可以实现的。

李世民在某种意义上冲破了儒家礼乐关系说，为艺术与政治的紧密关系松绑。它的积极效果是为艺术的审美解放开辟了道路。《玉树后庭花》属于清乐[3]，系南朝旧乐，这类音乐多为娱乐类的乐舞。由于李世民说国之兴衰与音乐无关，这样就有大量的清乐被保存下来。关于这一情况，《旧唐书·音乐志》有记载：

> 清乐者，南朝旧乐也。永嘉之乱，五都沦覆，遗声旧制，散落江左。
> 宋梁之间，南朝文物，号为最盛，人谣国俗，亦世有新声。后魏孝文、

① 嵇康撰，戴明扬校注：《嵇康集校注》，中华书局 2015 年版，第 316 页。
② 嵇康撰，戴明扬校注：《嵇康集校注》，中华书局 2015 年版，第 329 页。
③ 关于"清乐""清商乐"，任半塘说："自隋以后，汉魏六朝所存之音乐统称曰'清商乐'，简称'清乐'。"见崔令钦撰，任半塘笺注：《教坊记笺注》，中华书局 2012 年版，第 54 页。

宣武，用师淮、汉，收其所获南音，谓之清商乐。隋平陈，因置清商署，总谓之清乐，遭梁、陈亡乱，所存盖鲜。隋室已来，日益沦缺。武太后之时，犹有六十三曲，今其辞存者，惟有《白雪》《公莫舞》《巴渝》《明君》《凤将雏》《明之君》《铎舞》《白鸠》《白纻》《子夜》《吴声四时歌》《前溪》《阿子》及《欢闻》《团扇》《懊侬》《长史》《督护》《读曲》《乌夜啼》《石城》《莫愁》《襄阳》《栖乌夜飞》《估客》《杨伴》《雅歌》《骁壶》《常林欢》《三洲》《采桑》《春江花月夜》《玉树后庭花》《堂堂》《泛龙舟》等三十二曲。①

这些音乐，《旧唐书·音乐志》一一做了介绍，说明对它们的重视。关于《春江花月夜》《玉树后庭花》《堂堂》三曲，特别说明"并陈后主所作，叔宝常与宫中女学士及朝臣相和为诗，太乐令何胥又善于文咏，采其尤艳丽者为此曲"②。"艳丽"二字足以见出这类作品的审美品位。唐代宫室充斥着诸多艳歌丽舞。除了源自陈叔宝所作的几首乐舞外，还有一些比较著名的前朝乐舞，如上引文提到的《明君》。它为吴声，表现的是汉元帝时昭君出塞的故事。本来故事是悲凄的，但是，这部乐舞着力表现的不是昭君出塞这一重要的关涉国家安全的事件，而是昭君的美貌。核心情节是昭君"入辞"的一段："及将去，入辞，光彩照人，耸动左右，天子悔焉。汉人怜其远嫁，为作此歌。"这也见出唐帝国宫廷对于审美的重视。

李世民为《玉树后庭花》这样的"亡国之音"翻案，其重大意义当然不只是挽救了这一类曲子的政治生命，也不只是一般地重视艺术的审美功能，而是从根本上肯定了艺术的形式美。可以说，此前没有一个朝代像唐朝这样全面地重视艺术的形式美。正是因为李世民为《玉树后庭花》等所谓"亡国之音"翻案，艺术形式审美才得到真正的解放，人们更加重视艺术形式，重视艺术的审美质量。诗歌声律产生于南北朝，完善于唐朝。有了严谨的声律，诗才成为中国古典艺术的典范与代表。以诗为榜样，其他艺术如绘画、

---

① 　刘昫等：《旧唐书·志第九·音乐二》，中华书局 1975 年版，第 1062 页。
② 　刘昫等：《旧唐书·志第九·音乐二》，中华书局 1975 年版，第 1067 页。

雕塑、琴艺、歌舞的形式也都得以完善。至宋，艺术审美质量又有全面的提高与发展。正是因为全面重视艺术的形式美，所以艺术才真正地脱离政治而独立，不仅独立并且强大了。中国艺术的辉煌由此开始。

第三节　崇武尚文，英雄崇拜

众所周知，唐朝的审美风尚以大气、阳刚为特色。大气并不空泛，阳刚并不粗鲁。气中藏韵，阳中寓柔。这样一种审美风尚的造就是有多种社会原因的，它与唐太宗李世民个人的胸襟、修养、气禀以及审美取向有很大关系，可以说，唐朝主要是初唐盛唐的审美风尚就是李世民的审美。

李世民的审美主要体现在对待两件艺术作品上。第一件为《秦王破阵乐》，此件作品开启了唐帝国崇武尚文、英雄崇拜的审美风尚。

唐代的乐舞中，首出者应为《秦王破阵乐》（又名《七德舞》）。这首军功乐舞，充分体现唐帝国的英雄气概，是唐朝精神的最强音。

其曲之由来，《旧唐书》《新唐书》均有清楚的记载：

> 《七德舞》者，本名《秦王破阵乐》。太宗为秦王，破刘武周，军中相与作《秦王破阵乐曲》。及即位，宴会必奏之。谓侍臣曰："虽发扬蹈厉，异乎文容，然功业由之，被于乐章，示不忘本也。"右仆射封德彝曰："陛下以圣武戡难，阵乐象德，文容岂足道也！"帝矍然曰："朕虽以武功兴，终以文德绥海内。谓文容不如蹈厉，斯过矣。"乃制舞图，左圆右方，先偏后伍，交错屈伸，以象鱼丽、鹅鹳，命吕才以图教乐工百二十八人，被银甲执戟而舞，凡三变，每变为四阵，象击刺往来，歌者和曰："秦王破阵乐"。后令魏徵与员外散骑常侍虞世南、太子右庶子李百药更制歌辞，名曰《七德舞》。[①]

这段话透露四个重要信息：

第一，此舞曲产生于战争，本是军乐、军舞，用以鼓励士气。

---

① 欧阳修、宋祁：《新唐书·志第十一·礼乐第十一》，中华书局1975年版，第467—468页。

第二，作者很多。从"太宗为秦王，破刘武周，军中相与作《秦王破阵乐曲》"看，李世民只是其中之一，而《旧唐书》则明确说："破阵乐，太宗所造也"。白居易的《七德舞》诗的序中云："武德中，天子始作《秦王破阵乐》，以歌太宗之功业。"这"天子"应该是太宗。

第三，此乐舞在唐帝国建立后成为国乐。国家举行重大活动时，必奏此乐。此时，乐舞的功能有所变化，一是壮国威；二是以"示不忘本"。

第四，唐帝国建国后，此乐做了重要修订，歌词改了，增加了文德的内容；舞阵也增加了自然太平的色彩："左圆右方，先偏后伍，交错屈伸，以象鱼丽、鹅鹳"，更重视形式美了。

《秦王破阵乐》的修订有两点特别重要：

其一，完整地保留战争"发扬蹈厉"的气势，战争的惨烈仍然可以鲜明地见出。正是因为这样，没有经历过战争的高宗李治看不下去了。他认为此乐舞太恐怖，于是，此乐舞搁置了30年。30年后，高宗重看此乐舞，竟然涕泗交流，感动不已，也忏悔不已。他说："不见此乐，垂三十年，乍此观听，实深哀感。追思往日，王业艰难勤苦若此，朕今嗣守洪业，可忘武功？古人云：'富贵不与骄奢期，骄奢自至。'朕谓时见此舞，以自诫勖，冀无盈满之过，非为欢乐奏陈之耳。"①

其二，增加了"文容"，这里面最重要的是"七德"。关于"七德"，《左传·宣公十二年》云："夫武，禁暴，戢兵，保大，定功，和众，丰财者也。"杜预注："此武七德。""文容"的增加，形式上弱化了原有的恐怖气息，有利于没有经过战争的青年人接受，更重要的是突出了以文德治天下的思想。在这点上李世民表现出可贵的清醒与自觉。他说，"朕虽以武功兴，终以文德绥海内"。

《秦王破阵乐》在高宗即位30年重演以后，在唐帝国就再没有被弃置过。唐玄宗善音乐，在他当政时，《秦王破阵乐》与《太平乐》《上元乐》同为主要的演出曲目，规模很大，光擂鼓的宫女就多达数百人。白居易有诗

---

① 刘昫等：《旧唐书·志第八·音乐一》，中华书局1975年版，第1050页。

赞《七德舞》即《秦王破阵乐》。诗云:

> 七德舞,七德歌,传自武德至元和。元和小臣白居易,观舞听歌知乐意,乐终稽首陈其事。太宗十八举义兵,白旄黄钺定两京。擒充戮窦四海清,二十有四功业成。二十有九即帝位,三十有五致太平。功成理定何神速,速在推心置人腹。亡卒遗骸散帛收,饥人卖子分金赎。魏徵梦见子夜泣,张谨哀闻辰日哭。怨女三千放出宫,死囚四百来归狱。剪须烧药赐功臣,李勣呜咽思杀身。含血吮创抚战士,思摩奋呼乞效死。则知不独善战善乘时,以心感人人心归。尔来一百九十载,天下至今歌舞之。歌七德,舞七德,圣人有作垂无极。岂徒耀神武,岂徒夸圣文。太宗意在陈王业,王业艰难示子孙。①

这首诗透露《秦王破阵乐》自它诞生日算起已历 190 年。白居易观罢《七德》乐舞,说:"太宗意在陈王业,王业艰难示子孙。"王业为何?白居易理解为两个部分:一是战争,平定天下的战争。这方面白居易的诗描述得比较概括、简略。二是施德。这部分白居易描写得比较具体。施德大部分与战争有关,包括厚葬阵亡者遗骸,抚恤将士遗属,厚赏部将军功等;也有一些施德与战争无关,如放出宫女。战争的意义,白居易没有说;施德的意义,则归结为"以心感人人心归"。应该说这种理解是符合李世民改编《秦王破阵乐》本意的。值得注意的是,高宗时礼官韦万石对《秦王破阵乐》意义的阐释较李世民自己的阐释是有所拓展的,韦万石提出"与天下同乐之",已经将乐舞的意义拓展到审美领域中去了,然而白居易仍坚持李世民的立场。李世民说,在太平时期表演此乐舞,为的是以"示不忘本";白居易说"王业艰难示子孙",两者完全一致。虽然《秦王破阵乐》经李世民等的改编,主题于军功有所偏离,但军功仍然是文德的基础。应该说,《破阵乐》的本质还是军歌。

唐代雅乐中军乐不少。太宗时有《凯安》,高宗时有《一戎大定》,文宗时有《凯乐》。虽然这些军歌均为庆功乐舞,但军队的雄威仍然是要着力表

---

① 《全唐诗》卷四二六。

现的。重视军功,终唐都没有变。但是,唐代自开国日始,就很重视文德了。太宗在这方面有相当高的自觉意识,除了以七德充实《秦王破阵乐》,他还亲自动手创作文舞。《旧唐书·音乐志》云:"庆善乐,太宗所造也。太宗生于武功之庆善宫,既贵,宴宫中,赋诗,被以管弦,舞者六十四人,衣紫大袖裙襦,漆髻皮履,舞蹈安徐,以象文德洽而天下安乐也。"①

至高宗,文武两个方面的乐舞齐备,且使用有明确的章程。仪凤二年(678),太常少卿韦万石启奏高宗,曰:"据贞观礼,郊享日文舞奏《豫和》《顺和》《永和》等乐,其舞人着委貌冠服,并手执籥翟。其武舞奏《凯安》,其舞人并着平冕,手执干戚。奉麟德二年(665)十月敕,文舞改用《功成庆善乐》,武舞改用《神功破阵乐》,并改器服等。"② 至于祭祀庆典场合是文舞在先还是武舞在先,按礼官韦万石的说法应是有区别的。凡是以揖让得天下者,则先奏文舞,后奏武舞;而凡是以征伐得天下者,则先奏武舞,后奏文舞。唐帝国属于后一种情况。所以在举行重要的祭祀和庆典活动时,先奏《神功破阵乐》(《秦王破阵乐》的另名),后奏《功成庆善乐》。

《秦王破阵乐》在唐帝国地位十分显赫。它作为唐代的第一乐曲,于唐朝审美风尚的建立起到奠定基础的作用。首先它是唐太宗的颂歌、是英雄的赞歌。《旧唐书》载,唐贞观七年经过唐太宗亲自修订的《秦王破阵乐》在朝堂演出时,"观者见其抑扬蹈厉,莫不扼腕踊跃,凛然震竦。武臣列将咸上寿云:'此舞皆是陛下百战百胜之形容。'"③ 注意,说此曲是李世民"百战百胜之形容"的是武臣列将。他们心灵的巨大震撼,更足以证明此曲的精神威力。《秦王破阵乐》历唐朝近三百年的历史而地位不容撼动,说明唐帝国是崇拜英雄的。英雄崇拜既是一种道德崇拜,又是一种美学崇拜,而且更是美学崇拜。

《秦王破阵乐》虽然增加文德的内涵,但武功仍然突出,作为武舞的性质未变。唐帝国是崇尚军功的。唐帝国近三百年历史,战争不断。战争对

---

① 刘昫等:《旧唐书·志第九·音乐二》,中华书局1975年版,第1060页。
② 刘昫等:《旧唐书·志第八·音乐一》,中华书局1975年版,第1048页。
③ 刘昫等:《旧唐书·志第八·音乐一》,中华书局1975年版,第1046页。

于社会审美产生了重大的影响。这里不能不提到边塞诗。战争在唐朝的边塞诗中不是一味地批判的对象,其面目也不是一味地残酷惨烈。边塞诗中更多的是猎猎军旗的雄壮,大将出行的豪迈,是功名与报国相结合的壮志豪情。边塞诗是唐朝审美中最为亮丽的风景线,这样的军旅诗,从整体来看,此前、此后均是没有的。它与《秦王破阵乐》有直接关系。可以说《秦王破阵乐》不仅直接开启了战争美学、军旅美学,而且开启一种气壮山河的英雄美学、光鲜亮丽的青春美学。

李世民崇武尚文的审美思想后来的影响不是很大,很可能与唐以后理学成为国家主流意识形态有关。理学过分地推崇仁爱、文治,对于武力有一种难以明言的精神抵制。这种的意识形态使得此后的宋、明两个汉人中央政权军事力量一直不够强大。在艺术创作中,像《秦王破阵乐》这样惊天动地的艺术杰作再也没有出现过,这是让国人深感遗憾的!

值得补充的是,《秦王破阵乐》传于国外,远达吐蕃、日本、印度。《新唐书》载:"隋炀帝时,遣裴矩通西域诸国,独天竺、拂菻不至为恨。武德中,国大乱,王尸罗逸多勤兵战无前,象不弛鞍,士不释甲,因讨四天竺,皆北面臣之。会唐浮屠玄奘至其国,尸罗逸多召见曰:'而国有圣人出,作《秦王破阵乐》,试为我言其为人。'玄奘粗言太宗神武、平祸乱、四夷宾服状。王喜,曰:'我当东面朝之。'贞观十五年,自称摩伽陀王,遣使者上书。"① 此乐舞有多种版本保存在日本。"日本另有《皇帝破阵乐》及《秦王破阵乐》。其舞入《太平乐》故,又有《武德太平乐》《安乐太平乐》之别称。"② 如此,充分说明《秦王破阵乐》的影响是国际性的。

第四节　中华一体,世界一体

唐帝国是中国历史上第一个向世界全面开放的帝国。唐帝国的开放国

---

① 欧阳修、宋祁:《新唐书·列传第一百四十六上·西域上》,中华书局 1975 年版,第 6237 页。

② 崔令钦撰,任半塘笺注:《教坊记笺注》,中华书局 2012 年版,第 62 页。

策是李世民制定的。他的开放国策分为两个部分：

一、中华民族的内部的开放

　　由汉民族（夏）向众多的少数民族（夷）的开放，这种开放促使了大一统的中华帝国的形成，其中包括大一统的中华民族艺术、审美理念的形成。

　　唐朝是中国第一个称得上中华民族一统的帝国。在此以前所建立的中原王朝，无论商周秦汉，均是汉民族的国家，只有李世民建立的唐帝国才真正称得上中华民族的帝国。

　　自先秦以来，一直存在着"夷夏之辨"的理念。这种辨别既是民族的辨分，也是文化的辨分，更重要的是文化的辨别。儒家认为，是夷还是夏，最重要的或者说最后的判定还是看文化。儒家所认同的文化是礼乐文明，这在当时是一种进步文化，这种文化虽然有自己的内核，但并不是封闭的。它是开放的，夷、夏一直互有吸收。夷、夏的融合实质是文化的融合，而文化的融合必然导致民族的融合，是为中华民族的建立。夷、夏之合开始于夏商周三代，加速于南北朝，大成于唐朝。公元838年，唐文宗册封回鹘可汗，《全唐文》中留下"海内四极，惟唐旧封，天下一家，与我同轨"的文字记录。应该说，以华夏文化为核心的多民族统一体的中华民族真正形成是在唐朝。

　　唐朝的中华民族一体化工程，李世民是总设计师。他将夷看成是汉族的同胞兄弟，从血亲关系角度来谈夏、夷关系。他说："中国百姓，实天下根本，四夷之人，乃同枝叶。"[1] 又说："自古皆贵中华，贱夷狄，朕独爱之如一，故其种落皆依朕如父母。"[2] 李世民虽然也使用过军事手段处理与夷的关系，但并不倚仗这种手段，而是尽可能地用和平的手段、情感的手段、经济的手段缔结与少数民族的关系。和亲政策为其中之一。这一政策的实施并不顺利，因为很多大臣反对，认为有辱大唐。而李世民不这样看。在讨论与北狄和亲时，他说："朕为苍生父母，苟可利之，岂惜一女！北狄风俗，多

---

① 　叶光大等译注：《贞观政要全译·议安边第三十六》，贵州人民出版社1991年版，第505页。

② 　司马光：《资治通鉴·唐纪十四》，中华书局2007年版，第2410页。

由内政,亦既生子,则我外孙,不侵中国,断可知矣。"①

正是因为以这样的思想、情感来认识汉族与少数民族的关系,所以少数民族的审美生活、艺术作品得以顺利地进入大唐。《续通典》说:"东夷乐有高丽、百济,北狄乐有鲜卑、吐谷浑部落;稽南蛮乐有扶南、天竺、南诏、骠国;西戎乐有高昌、龟兹、疏勒、康国、安国凡十四国……"② 李世民喜欢西域音乐,他亲自参与对于西域音乐的选择。《新唐书》载,唐军平定高昌后,将其音乐带到长安。恰在这个时候李世民参与隋九部乐的修订,遂将唐军从高昌带回的竖箜篌、琵琶、五弦、横笛、答腊鼓、羯鼓等乐器收入,编成新的一部乐,于是,九部乐就成了十部乐。《新唐书》还特别提到:"五弦,如琵琶而小,北国所出,旧以木拨弹,乐工裴神符初以手弹,太宗悦甚,后人习为搊琵琶。"③

大量的外域艺术涌入大唐,极大地丰富了唐人的审美生活。唐帝国宫廷音乐分为立部伎和坐部伎两个部分。立部伎共有八部,八部乐中《太平乐》来自天竺(印度)、师子国(斯里兰卡)等国。《太平乐》又名《五方狮子舞》,参舞者有五只人扮演的狮子,140 多名舞者,场面极其壮观。坐部伎有《讌乐》《长寿乐》《天授乐》《鸟歌万寿乐》《龙池乐》《破阵乐》六部。这六部乐中,"自《长寿乐》已下皆用龟兹乐,舞人皆着靴"④。外域来的艺术不仅进入宫廷,也进入民间,最有名的为《胡旋舞》,深得长安百姓喜欢。

外域艺术作为元素参与唐人的艺术创造,最重要的莫过于由唐玄宗主创的《霓裳羽衣舞》了。据《碧鸡漫志》:"《津阳门诗》注:'叶法善引明皇入月宫,闻乐。归,笛写其半,会西凉都督杨敬述进《婆罗门》,声调吻合。遂以月中所闻为散序,敬述所进为其腔,制《霓裳羽衣》。'月宫事荒诞,惟

---

① 叶光大等译注:《贞观政要全译·议安边第三十五》,贵州人民出版社 1991 年版,第479 页。

② 中共库车县委、库车县人民政府编:《龟兹史料辑录》,新疆人民出版社 2010 年版,第416 页。

③ 欧阳修、宋祁:《新唐书·志第十一·礼乐十一》,中华书局 1975 年版,第 471 页。

④ 《旧唐书·志第九·音乐二》,中华书局 1975 年版,第 1062 页。

西凉进《婆罗门》曲，明皇润色，又为易美名，最明白无疑。"①

李世民的开放政策促使了中华民族艺术的相互学习、影响、融合，也促成了中华民族大一统的美学观的形成，

二、向世界开放

这种开放促使唐帝国成为世界性的帝国。

唐帝国的世界性开放主体部分是向东亚的开放，这些地方的国家原本在汉朝时就与中国有关系，而到唐朝这种关系进一步得以确认与加强，通常的做法，是由唐帝国对它们实施一个册封的仪式，让它们成为唐帝国的属国。属国的义务是按规定向唐帝国朝贡，而唐帝国则有责任保护它们的安全。

唐帝国向东亚的开放最大的成就是促使东亚文化圈的形成，这些国家学习汉语，并且以汉语为国家的官方语言。于是，以汉语为主要载体的中华文化得以源源不绝地输入这些国家，这其中就有艺术、美学理论。于是，中华民族的美学思想得以成为东亚美学的主体，中华艺术成为东亚艺术的主体。这一情况一直延续到近代。

唐帝国世界性开放的次要部分是向印度、中亚、阿拉伯、波斯乃至罗马的开放，有陆上和海上两条道路。这种开放要为经济上的、文化上的、宗教上的，政治上的因素很少。

唐太宗的时代中国与印度的交往最重要的事件是玄奘取经，此事件的积极成果很多，其中最大的成果是促进了佛教在中国的传播。李世民本不信仰佛教，但对玄奘的西行是肯定的，而且为他译经提供了最佳的条件，并亲自撰写《三藏圣教序》。

佛经汉译的过程实质是中国化。佛教的中国化，是中华民族文化的新发展，其中的美学成果最为亮丽。盛唐高僧皎然以中华智慧成功地改造了佛学，并将之运用到诗学上去，提出以"境象"为核心的审美理论，极大地

---

① 王灼著，岳珍校正：《碧鸡漫志校正》，人民文学出版社 2015 年版，第 46 页。

丰富了中国的诗学理论。皎然的"境象"理论直接开启了中唐刘禹锡的"境生象外"说和晚唐司空图的"象外之象"和"味外之味"说，推动唐朝美学由尚"力"到尚"韵"的转化，为宋代审美内卷化、精细化、阴柔化开启了前奏，为中国美学的最高范畴"境界"的发展奠定了基础。

中国与外国的交往，让唐朝成为世界中心，唐朝的诸多城市如长安、洛阳、扬州成为国际性的都市。在这些城市可以看到长相与唐人相异的罗马人、波斯人、天竺人、西域人、吐蕃人等。这些外国人带来了诸多中国稀有的东西，有珠宝、金属、药材、纺织品、植物和动物标本，同时也带来了艺术，包括歌舞、乐器等等。所有这些，都在相当程度上促使中华民族的审美趣味和艺术创作走向开放。外国人的形象生动地出现在中国的雕塑、唐三彩、水墨人物画之中，其中有画家阎立本、阎立德的作品。唐朝诗人陆岩梦的《桂州筵上赠胡予女》有句描绘外国女子："眼睛深却湘江水，鼻孔高于华岳山。"这样的形象在唐人杜佑的《通典》中也有描述："自高昌以西，诸国人等深目高鼻。"

李世民的开放国策不仅让中华民族得以整合，建构了中华一体的观念，而且让世界走向中国，中国也走向世界，于是，世界一体的观念也得以构建。两个一体观念不只是属于美学的，但也是美学的。中国走向世界的伟大事业，虽然走得并不快，但一直很坚定，很成功，这与李世民创建的开放理念具有密切的联系。

第五节　发于情怀，升为国策

唐太宗李世民的美学从整体上属于儒家美学。但这不是传统的儒家美学，而是开放的儒家美学。它将儒家"中和"思想落实在美学上，阐发得淋漓尽致，继孔子以后，重提善与美统一的问题，通过对王羲之书法作品《兰亭集序》的评论，将"尽善尽美"这一儒家美学主张立为最高的审美理想，此理想为中华民族最为重要的审美传统，一直得到发扬光大。

李世民美学最重要的特色是崇尚武功，崇尚英雄，崇尚骨气，在突出这一核心的前提下,它接纳文德,崇尚文雅,讲究韵味。李世民美学的这一特点与他的个人经历是分不开的,他的前半生奋战在战场上,为唐帝国的创建出生入死。然而,他自小也接受过良好的儒家思想教育,受到过良好的文学艺术熏陶。可以说文武兼备。成为帝国最高统治者后他对于两点认识最深:"以武功兴"故不能忘武功;"终以文德绥海内",故必须倡文治。

李世民的成功在于他能将个人的审美认识、个人审美情趣、个人审美理想提升为国家的意识形态,使之成为帝国的国策。立足于政治,生发于情怀,成功地实现了政治与美学的统一,可以说是李世民美学思想的重要特点。

立足于政治,这是没有问题的。作为大唐帝国皇帝,李世民的政治意识极强。他深明自己的责任,凡事以国家利益为上,也深知心中要有百姓利益。他对臣下说:"为君之道,必须先存百姓。"①问题是作为封建统治者,除了国家利益、人民利益,他还有没有个人的利益? 为了个人的利益,会不会突破国家利益、人民利益,以致造成国家损失、人民损失? 回答是肯定的。事实上,历代的统治者没有不因个人利益过度膨胀而造成国家利益、人民利益重大损失的。

我们现在要说的是最高统治者个人的审美爱好、艺术爱好与国家文艺政策会不会发生冲突。回答是肯定的。问题是国君能否尽可能地克制个人的欲望,以实现个人爱好与国家政策的统一。应该说,大多数国君做得不好,而李世民在这方面做得比较出色。人性本来就有对于娱乐、声色的喜爱,李世民也一样。李世民的可贵在于他能约束自己,不让自己在这方面走得太远。据《新唐书·虞世南传》,一次,李世民写了一首文风浮艳的宫体诗,比较得意,让朝臣赓和。虞世南说:"圣作诚工,然体非雅正。上之所好,下必有甚者,恐此诗一传,天下风靡,不敢奉诏。"李世民即说:"朕试卿耳!"②这说明李世民对于浮艳文风是有警惕的。

---

① 叶光大等译注:《贞观政要全译·论君道第一》,贵州人民出版社1991年版,第1页。
② 欧阳修、宋祁:《新唐书·列传第二十七·虞世南》,中华书局1975年版,第3972页。

任何国家政策都与政策制定者的思想、文化修养相关。文艺政策在这点上似乎更为突出。这是因为文艺是人的重要本质之一——审美的重要体现，而审美又植根于人的感知、情感，它有社会的因素，但更有个人的因素。李世民制定唐帝国的文艺政策，当然考虑的是国家利益，这是基本立场，但他又从自身的审美认识、审美情趣、审美理想出发。好在他个人的审美取向与国家利益基本上没有冲突，二者是共同的。其中的原因是值得深入探究的。也许主要的原因是李世民的审美取向刚好体现了时代的需要。可以说是历史正确地选择了李世民，而李世民也正确地创造了历史。李世民的美学思想参与建构中华民族的美学传统，他的政治与审美既区别又合力的观点影响历代国家政策的制订，他尽善尽美、崇武尚文、刚柔相济、力韵相生的审美理想成为中华民族审美传统的重要组成部分。

唐太宗李世民的美学思想对于中华美学的贡献是多方面的，它的巨大影响也许还不只在中华传统美学的构建，还有当代美学的构建。

第 四 章
唐代诗歌美学（上）

　　提到唐朝，首先想到的是唐诗。这是任何一个朝代都不能享受到的雅爱；问到谁是唐朝的精神旗帜，绝大多数的回答是诗人李白。在中国，孩子学前要认真背的第一首诗是李白的《静夜思》，在中国，最受尊敬的学人是诗人而且是能写唐诗那样作品的诗人。与之相关，在中国最受欢迎的文学书，莫过于《唐诗三百首》，以至于社会上有句："熟读唐诗三百首，不会作诗也会吟。"而《唐诗三百首》的母体《全唐诗》是中国也许也是世界上最浩大的诗歌选集。此书共收诗 48900 余首，作者 2200 余人，共 900 卷。这样一部书，彭定求、杨中讷等 10 人只费两年工夫就编成了。如此惊人的速度，只说明搜集唐诗并不难，而不难，就在于社会上的读书人都在读唐诗，随处有唐诗。唐诗之所以受到中国人的深情的热爱，是因为它是唐人精神的写照，而唐人，在中国人的心目中，无疑是最聪明的人、最有才华的人、活得最潇洒的人、最幸福的人。唐，是中华民族曾经拥有过的最高的骄傲，是唐以后的中国人不断在做的复兴美梦。而就它与中国美学的关系来看，中国美学的精华在唐诗，中国人的审美理想在唐诗！

第一节 青春之美:盛唐与唐诗

唐代是中国封建社会的青春时代,亦是中华美学发展史上的青春时代。

这是一个只要是英雄均可大显身手、博取功名的时代。自魏晋以来长达二三百年的门阀制度崩塌了。原先,凭出身名门望族就可做官,现在不行,那涂绘在凌烟阁上的功臣无一不是为唐王朝建立过殊勋的英雄豪杰。多少年来,一直享受做官特权而今日衰弱不堪的山东崔、卢、李、郑家族在一代雄主唐太宗眼中简直不值一提。他针对"好自矜夸""女适他族,必多求聘财"的山东崔、卢、李、郑大姓,明确地说:

> 我与山东崔、卢、李、郑,旧既无嫌,为其世代衰微,全无冠盖,犹自云士大夫,婚姻之间,则多邀钱币。才识凡下,而偃仰自高,贩鬻松槚,依托富贵,我不解人间何为重之?……我平定四海,天下一家,凡在朝士,皆功效显著,或忠孝可称,或学艺通博,所以擢用。……我今特定族姓者,欲崇重今朝冠冕,何因崔干犹为第一等?止取今日官爵高下作等级。①

这样一种凭才用士、论功授爵的用人制度不仅对广大知识分子是一个极大的鼓励,而且对整个社会风气的改变起了巨大的作用,崇尚进取、崇尚创造成为盛唐精神的一个重要方面。

强大的政治实力,雄厚的经济基础,使得唐王朝对自己的统治充满信心,与之相关,必然是政治的开明,思想文化领域的自由。百花争艳的文学艺术及卓有创见的新思想、新学说正是在这种宽松的政治环境下出现的。

特别值得一提的是唐朝与世界上其他国家的频繁往来。据《唐六典》记载,唐王朝曾与300多个国家和地区互相来往。东罗马帝国曾七次派遣使节来到长安城。长安城内设有鸿胪寺、典客署、礼宾院等机构,专门管

---

① 刘昫等:《旧唐书·高士廉传》。

理接待外国宾客和少数民族使节，用于此项活动的费用，每年达 13000 斛。设在长安的国子监是唐代的最高学府，曾接受日本、新罗等国的留学生。这样广泛而又有深度的经济、文化交流既是唐帝国国力强盛、具有高度文明的表现，又是盛唐文化主调鲜明、内涵丰富、兼容并包、开拓进取等特色形成的重要原因。

所有这一切都对唐代美学精神产生重大影响。概括唐代的美学理想，是否可以这样来表述：雄强奋发、开拓进取、雍容华贵、百花齐放。

唐代的美学理想最为突出地体现在唐诗之中。唐诗既可以说是唐代美学的代表，也可以说是唐代文化的代表。唐诗又以开元、天宝时代（盛唐）为黄金时代。郑振铎先生对这个时代诗歌的特色有很好的表述：

> 开元、天宝时代，乃是所谓"唐诗"的黄金时代；虽只有短短四十三年（公元 713—755 年），却展布了种种的诗坛的波涛壮阔的伟观，呈献了种种不同的独特的风格，这不单纯的变幻百出的风格，便代表了开、天的这个诗的黄金的时代。在这里，有着飘逸若仙的诗篇，有着风致淡远的韵文，又有着壮健悲凉的作风。有着醉人的谵语，有着壮士的浩歌，有着隐逸者的闲咏，也有着寒士的苦吟。有着田园的闲逸，有着异国的情调，有着浓艳的闺情，也有着豪放的意绪。①

郑先生的表述重在唐诗"变幻百出"的风格上，笔者想补充的是它的精神。不管是什么样的风格：飘逸的、淡远的、悲凉的、雄浑的，它都贯穿着一种积极进取的精神，即使是"醉卧沙场君莫笑，古来征战几人回"这样自我解嘲，也是那样的爽朗明快；更不要说"羌笛何须怨杨柳，春风不度玉门关"这样看起来是写怨，实际上充溢壮志豪情的诗句了。

唐诗是豪迈的，奔放的，犹如雄姿英发的男儿。

唐诗又是绚丽的，美艳的，好比光昌流丽的少女。

钱锺书先生说得好："唐诗、宋诗，亦非仅朝代之别，乃体格性分之殊。天下有两种人，斯分两种诗。唐诗多以丰神情韵擅长，宋诗多以筋骨思理

---

① 郑振铎：《插图本中国文学史》，作家出版社 1957 年版，第 310 页。

见胜。"①"丰神情韵擅长",乃青年之特色;"筋骨思理见胜",乃中年之长处。唐诗,诗之青年也。

唐代的诗歌美学主要在两个方面展开:

1. 围绕诗歌的教化功能,将儒家的诗歌美学推向一个新的高度。

初唐,陈子昂针对齐梁浮艳诗风提出诗歌革新的主张。由他倡导的诗歌革新运动打的旗号是《诗经》的"兴寄"传统和"汉魏风骨"。唐代的三位大诗人李白、杜甫、白居易都可以说是陈子昂的响应者,但他们三人的诗歌美学还是有一些重要的区别的。李白比较注重的是"汉魏风骨",对"兴寄"并没有太多的兴趣,他只是吸收儒家美学的某些成分,基本上走的是道家和道教美学的路子。杜甫美学思想的主导面是儒家,但比较注重兼容并包,转益多师。在舆论上高扬儒家美学旗号,最突出也最有成就的当属白居易。白居易的新乐府运动是陈子昂诗歌革新运动的继续。"美刺"是新乐府运动的理论核心。白居易对儒家诗教"美刺"说的新论述代表唐代儒家美学的最高成就。此外,初唐经学家孔颖达对"诗言志"的新解释显示出唐代儒家对诗歌的审美特点亦有相当的重视。

2. 对诗歌审美特征的探讨。

这个探讨在初唐表现为对诗歌格律的重视。中国古典诗歌格律的建构始于南朝,而完成于中唐。初唐两位大诗人沈佺期、宋之问在这方面的功劳尤不可没。诗的格律化是诗在艺术上走向成熟的标志。唐代诗歌美学对诗歌审美特征的探讨最重要的还是意象理论的建构,殷璠、皎然、王昌龄、司空图在这方面均有重要贡献,尤其是司空图。他的"象外之象""味外之旨"的诗论可说是最早的意境理论。

唐诗是中国古典诗歌的最高峰,唐代的诗歌理论差可媲美。说是"差可",因为一般言之,理论的总结要稍迟于创作。尽管如此,唐代的诗歌美学不论就其丰富性还是就其深刻性来说,都是前无古人的,它为宋代诗歌美学的繁荣奠定了坚实的基础。

---

① 钱锺书:《谈艺录》,中华书局 1984 年版,第 2 页。

第二节　陈子昂："兴寄""风骨"

陈子昂（659—700），字伯玉，梓州射洪人，出身豪富家庭，年轻时，使气任侠。24 岁中进士，颇得武则天赏识，擢为麟台正字，后又任右拾遗。26 岁时，随乔知之军到过西北边塞，后又担任过建安王武攸宜的参谋，东征抵御契丹。38 岁，因不得志辞职还乡。射洪县令受武三思指使，诬害陈子昂，死年仅 41 岁。

陈子昂善诗，留存于今的有 120 余首，《感遇诗》38 首，《蓟丘览古》《登幽州台歌》是其代表作，他的诗作寄慨遥深，悲凉动人。其《登幽州台歌》中的这几句"前不见古人，后不见来者；念天地之悠悠，独怆然而涕下"堪称千古绝唱，千百年来赢得多少有志者的共鸣！

不过，陈子昂的贡献及对后世的影响主要还在现实主义诗论方面：他在《与东方左史虬修竹篇序》中所标举的横扫齐梁颓靡文风，倡导"兴寄""风骨"的诗歌革新主张，历代都给予很高的评价。唐代卢藏用在为《陈子昂文集》写的序言中说：

> 《易》曰："物不可以终否，故受之以泰。"道丧五百岁而得陈君。君讳子昂，字伯玉，蜀人也。崛起江汉，虎视函夏，卓立千古，横制颓波，天下翕然，质文一变。①

这种说法可能不是夸张。陈子昂的诗歌革新主张的确对后代有很大影响，李白、杜甫、白居易、元稹都接受陈子昂的主张，并且在创作上身体力行之，因而是否可以说，正是陈子昂诗歌革新理论为盛唐、中唐乃至晚唐诗歌的繁荣开辟了道路。唐以后，每次文坛、诗坛要扫荡形式主义浮艳文风时都会搬出陈子昂的理论来，陈子昂遂成为中国美学史、文学史上现实主义诗论、文论的一面旗帜。

陈子昂的《与东方左史虬修竹篇序》，原文如下：

---

① 卢藏用：《右拾遗陈子昂文集序》。

东方公足下：文章道弊五百年矣。汉、魏风骨，晋、宋莫传，然而文献有可征者。仆尝暇时观齐、梁间诗，彩丽竞繁，而兴寄都绝，每以永叹。思古人常恐逶迤颓靡，风雅不作，以耿耿也。一昨于解三处见明公《咏孤桐篇》，骨气端翔，音情顿挫，光英朗练，有金石声。遂用洗心饰视，发挥幽郁，不图正始之音，复睹于兹，可使建安作者相视而笑。解君云："张茂先、何敬祖、东方生与其比肩。"仆亦以为知言也。故感叹雅制，作《修竹诗》一篇，当有知音以传示之。

"文章道弊五百年矣"，追溯到东汉末年，而所针对的是"齐梁间诗"。陈子昂说批评齐梁间诗"彩丽竞繁，而兴寄都绝"，"逶迤颓靡，风雅不作"。"彩丽竞繁"是说它一味追求辞藻的华美与音韵的和谐。如李谔所说的："竞一韵之奇，争一字之巧。连篇累牍，不出月露之形，积案盈箱，唯是风云之状。"[1]齐梁间诗以"永明体"为代表。《南齐书·陆厥传》道："永明末，盛为文章。吴兴沈约，陈郡谢朓，琅邪王融，以气韵相推毂。汝南周颙善识声韵。约等文皆用宫商，以平上去入为四声，以此制韵，不可增减，世呼为永明体。"从诗的发展来看，从无格律走向格律是一种进步，永明体重声律，本无可厚非。"永明体"诗派中的沈约创"四声八病"之说，从声律学的角度，指出平头、上尾、蜂腰、鹤膝、大韵、小韵、旁纽、正纽等八种声病必须避免，以求诗歌音韵的和谐，这也没有错。问题不在这里，问题在齐梁间诗内容上的空虚与颓废。齐梁间诗人大多系宫廷、贵族的帮闲侍臣，他们写诗多以君王贵族的爱好为转移，题材狭隘，且多阿谀逢迎之词，甚至耽于艳情描写，诗篇流溢着靡靡之音。沈约就写过《梦见美人》《六忆》《携手曲》《夜夜曲》这类艳情作品。梁简文帝身体力行，带头写香艳诗，他自言："余七岁有诗癖，长而不倦。然伤于轻靡，时号'宫体'。"[2]"宫体诗"就这样形成了。显然，这种轻靡颓废的宫体诗与建安文学是格格不入的。建安文学的突出特点就是对社会现实的深刻反映及真情实感的自然流露。建安七子之一的王粲就

---

① 李谔：《上隋文帝书》。

② 姚察、姚思廉：《梁书·简文帝纪》。

是卓越的代表。他的《七哀诗》云："出门无所见，白骨蔽平原。路有饥妇人，抱子弃草间。顾闻号泣声，挥涕独不还。未知身死处，何能两相完？"对动乱的社会现实，有着深刻的反映，而渗透在诗行之中的哀痛悲愤又感人肺腑。建安文学不仅以反映社会现实深刻抒发情感真切见长，而且总体风格刚健明朗，梗概多气。刘勰在《文心雕龙》中曾这样表述建安文学的美学特色："观其时文，雅好慷慨，良由世积乱离，风衰俗怨，并志深而笔长，故梗概而多气也。"①

陈子昂明确指出"汉、魏风骨，晋、宋莫传"。这里他所使用的"风骨"概念，与刘勰在《文心雕龙》中作为美学范畴来谈的"风骨"是有所区别的。这里说的"汉、魏风骨"，就是指东汉末年及曹魏统治中国北方期间由曹操父子所代表的文学精神，亦即我们在上面所谈的建安文学精神。齐梁文学的弊病不在对形式美的讲究上，而在抛弃了以建安文学为代表的现实主义精神。浅薄而又庸俗的内容为华丽的形式所装饰，以致这形式也为之所牵累。

当然，全面地客观地评价齐梁文学，也并非全无是处。齐梁文学也有一些清新雅逸之作，如谢朓的山水诗，历来为人激赏。李白就有诗云："蓬莱文章建安骨，中间小谢又清发。""小谢"即谢朓。永明体诗人之一的鲍照，其诗奇健，在中国诗歌史上亦有比较高的地位，首创"四声八病"说的沈约也写过一些好诗。唐宋诗人在追求色彩华美、音韵和谐等方面或多或少受过齐梁诗人的影响且取得很好效果，这也是无可讳言之事。

陈子昂对齐梁诗风的批评只是针对它柔靡空虚、专注形式的不良方面，并非对齐梁文学的全盘否定。不少论者有所误解，这是需要说明的。

陈子昂用以批评齐梁文学的理论武器，其一是"汉魏风骨"，即汉魏以建安文学为代表的现实主义精神及刚健质朴的风格特色；其二则是以《诗经》为代表的"风雅""兴寄"传统。

"风雅"本义是指《诗经》中的三种文体：国风、大雅、小雅，引申则为由

① 刘勰：《文心雕龙·时序》。

风雅等诗作所体现的反映现实、干预政治、教化社会的精神。《毛诗序》云：
"风，风也，教也；风以动之，教以化之。……上以风化下，下以风刺上，主
文而谲谏，言之者无罪，闻之者足以戒，故曰风。……是以一国之事，系一
人之本，谓之风；言天下之事，形四方之风，谓之雅。雅者，正也，言王政之
所由废兴也。政有小大，故有小雅焉，有大难焉。"就《毛诗序》对风雅的解
释来看，"风"与"雅"其实质是一样的。只是"风"侧重于"教"，"雅"侧重
于"正"；"风"更多地侧重于伦理，"雅"更多地侧重于政治。

"兴寄"中的"兴"本是《诗经》的一种艺术手法。"诗可以兴"，孔安国
注曰："兴，引譬连类。""引譬连类"就必另有所寄托。儒家解释《诗经》都
非常注重诗背后的象征的或者说隐喻的意义，比如《关雎》一篇字面上是讲
青年男女恋爱，而儒家诗论则认为是喻"后妃之德"。《文心雕龙》解"比兴"，
说："比者，附也；兴者，起也。附理者切类以指事，起情者依微以拟议。起
情故兴体以立，附理故比例以生。比则畜愤以斥言，兴则环譬以托讽。""畜
愤以斥言"，"环譬以托讽"，是说诗应该暴露现实，对社会上的不良现象应
该愤慨，应该批判，哪怕是对于君王，也应有所讽谏。清代程廷祚说："汉儒

唐三彩

言诗,不过美刺二端。国风、小雅为刺者多,大雅则美多而刺少。"①"刺"即"讽",可见《诗经》的传统就是反映现实,干预现实。陈子昂慨叹齐梁间文学"兴寄都绝""风雅不作",就是说它抛弃了《诗经》的现实主义传统。

"兴寄",来自儒家诗教"比兴"说和"美刺"说。"比兴"不只是一个艺术手法问题,它还要求有深意,有讽喻。汉郑玄说:"比,见今之失,不敢斥言,取比类以言之;兴,见今之美,嫌于媚谀,取善事以喻劝之。"这样"比"就成了"刺","兴"就成了"美"。美刺换言之就是批评赞美,只不过其批评多取讽喻,较为含蓄。

"兴寄",重在寄,即要求诗歌、文章有寄托。"兴"是情兴,"寄"是意蕴。"兴寄"与"风骨"内在相通,都强调诗文应有深刻的内容、丰富的情韵。如果说兴象重在审美,那么兴寄则重在教化。

陈子昂对齐梁文学的批判亦是针对唐初的浮艳诗风的。唐初文坛,诗歌的主要创作倾向,仍沿袭六朝华艳之风。《新唐书·杜甫传》云:"唐兴,诗人承陈、隋风流,浮靡相矜。至宋之问、沈佺期等,研揣声音,浮切不差,而号'律诗',竞相袭沿。"魏徵对此深为不满,曾经予以批评:"竞采浮艳之词,争驰迂诞之说,骋末学之博闻,饰雕虫之小技,流宕忘返,殊途同致。"②在当时,魏徵的批评未能起到扭转诗风的作用,浮艳诗风仍在蔓延。做过宫廷侍臣的诗人上官仪热衷于宫廷诗写作,其诗绮错婉媚,充斥浮词艳句,人多仿效,谓为"上官体"。沈佺期、宋之问对诗的格律有很大贡献,但亦醉心于应制诗,点缀升平,献媚权贵,虽然也有一些较好的诗作,但总的来说,仍未脱离六朝诗风。初唐四杰王勃、杨炯、卢照邻、骆宾王在冲破六朝诗风方面有很大贡献,文坛已经出现勃勃生机。他们的作品杜甫给予很高评价,说对他们的诋毁是"不废江河万古流"。但是,六朝的颓靡影响还没有彻底扫除。陈子昂倡导诗歌革新,主张效法"汉魏风骨",注重"兴寄""风雅",则对形式主义的残余进行了大扫荡,可说是开一代诗风。

---

① 程廷祚:《诗论·再论刺诗》。
② 魏徵:《群书治要序》。

陈子昂赞赏左史虬的《咏孤桐篇》，说是"骨气端翔，音情顿挫，光英朗练，有金石声"。这可视为他的审美理想。"骨气端翔"，这即是刘勰说的"风骨"："结言端直，则文骨成焉；意气骏爽，则文风清焉。""言情顿挫、光英朗练"，即是讲情采、声韵，说的是感情充沛，辞采华美，音韵铿锵，掷地作金石声。陈子昂所赞赏的这种诗风在盛唐诗歌中得到了充分的体现！

第三节 孔颖达："情志一也"

孔颖达（574—648），字仲达，冀州衡水人，唐初著名的经学家。太宗时为文学馆学士，后迁国子博士。《新唐书·孔颖达传》载："初，颖达与颜师古、司马才章、王恭、王琰受诏撰五经义训凡百余篇，号义赞，诏改为正义云。"

孔颖达在美学上的重要贡献是对"诗言志"的新解释。孔颖达说：

在己为情，情动为志，情志一也。[1]

诗者，人志意之所之适也。虽有所适，犹未发口，蕴藏在心，谓之为志，发见于言，乃名为诗，言作诗者所以舒心志愤懑而卒成于歌咏。故《虞书》谓之"诗言志"也。包管万虑，其名曰"心"。感物而动，乃呼为"志"。"志"之所适，外物感焉。言悦豫之志，则和乐兴而颂声作，忧愁之志，则哀伤起而怨刺生。《艺文志》云，哀乐之情感，歌咏之声发，此之谓也。正经与变同名曰"诗"，以其俱是"志"之所之故也。[2]

"诗言志"是中国最古老的诗论。《尚书·舜典》云："诗言志，歌永言，声依永，律和声。"说"诗言志"出自尧舜时代恐不妥，那时还未有声律。罗根泽先生推断是周代的话，证据有二："一，雅颂的作者，虽然没有明言'诗言志'，但已显示'诗言志'的意义，读诗者自然可以归纳出这一句考语。二，《左传·襄公二十七年》，文子告叔向已云：'诗以言志。'《庄子·天下篇》

---

① 《春秋左传正义》卷五十。
② 《毛诗正义》卷一。

亦谓：'诗以道志。'《荀子·儒效》亦谓：'诗言是其志也。'可见此说的产生很早了。"① 罗根泽先生还认为"诗言志"中的"志"，有两种，一种是"圣道之志"，一种是"性情之志"，并说荀子说的"诗言志"是言"圣道之志"，袁枚说的"诗言志"是言"性情之志"。

罗根泽先生的说法是对的，笔者认为应该加以补充的是，还有一种"圣道"与"性情"结合之志。荀子谈"诗言志"时，可能没有考虑到情。他是这样说的：

> 圣人也者，道之管也。天下之道管是矣，百王之道一是矣，故《诗》《书》《礼》《乐》之道归是矣。《诗》言是，其志也；《书》言是，其事也；《礼》言是，其行也；《乐》言是，其和也；《春秋》言是，其事也。②

这里说的"《诗》言是，其志也"，其意思是：《诗经》所说的是圣人的意志。《毛诗序》谈"诗言志"就涉及情感。它前面说："诗者，志之所之也，在心为志，发言为诗。"紧接着又说"情动于中而形于言"。所以尽管"志"与"情"在《毛诗序》作者看来是两个不同的概念，但却是相关而且相通的。刘勰的《文心雕龙》在谈"诗言志"时比较多地结合谈情：

> 大舜云："诗言志，歌永言。"圣谟所析，义已明矣。是以"在心为志，发言为诗"，舒文载实，其在兹乎？……人禀七情，应物斯感，感物吟志，莫非自然。③

> 昔诗人什篇，为情而造文，辞人赋颂，为文而造情。何以明其然？盖风雅之兴，志思蓄愤，而吟咏情性，以讽其上，此为情而造文也……④

在刘勰的美学思想中，"志"是指志向、思想，与情是有区别的，但"志思蓄愤"，这"志"又可以生发、蓄藏情感。"志"通"情"。所以他谈"诗言志"，竟谈到"为情而造文"去了。

尽管刘勰、《毛诗序》作者已经很注重情与志的关系，甚至于几乎要将

---

① 罗根泽：《中国文学批评史》第一册，上海古籍出版社 1984 年版，第 36 页。
② 《荀子·儒效》。
③ 刘勰：《文心雕龙·情采》。
④ 刘勰：《文心雕龙·明诗》。

"诗言志"说成"诗言情"了,但是他们毕竟没有走到这一步,完成这一步的是孔颖达。

孔颖达对情志关系的理解与刘勰有所不同,首先,他将情看成是更根本的,"在己为情,情动为志";其次,他进而以明确的语言说:"情、志一也。"这样,"诗言志"即"诗言情"。如果说,"志"是"圣道",那么这"圣道"正是出于"性情","圣道"即"性情"。

"情动为志"又如何化而为诗,孔颖达的分析也有深刻之处。他的思路基本如下:

"感物而动,乃呼为'志'。""志"是外物所感。这种看法同于《乐记》《毛诗序》《诗品》《文心雕龙》。"志"蕴藏在心中,还不能叫作诗,只有"发见于言",才名为诗。是不是志都可以发见于言而成诗呢? 孔颖达不这样看,他认为"作诗者所以舒心志愤懑而卒成于歌咏"。"愤懑"就不是一般的志,而是一种蕴心志于其内的情感了。写诗在孔颖达看来就是舒"愤懑"。这种观点似同于司马迁的著文"舒愤懑"说。不过,这里说的"愤懑"含义较宽,不只是愤怒怨恨之情,还包括欢悦喜乐之情,因为孔颖达还谈到,"言悦豫之志,则和乐兴而颂声作"。

孔颖达用新的观点解释"诗言志",强调了诗的抒情功能,体现出唐人对诗的审美本质有了进一步的认识。

第四节　李白:"天然去雕饰"

李白(701—762),字太白,自号青莲居士,祖籍陇西成纪,先世在隋末因罪徙居西域,出生于中亚碎叶,5岁随父迁居四川彰明青莲乡。

李白自小聪慧过人,不仅遍览群书,而且爱好剑术。其一生充满浪漫色彩。《酉阳杂俎》云:"李白名播海内,玄宗于便殿召见,神气高朗,轩轩然若霞举,上不觉忘万乘之尊,因命纳履。白遂展足于高力士,曰:'去靴。'力士失势,遽为脱之。"李白一生好壮游,祖国名山大川,几尽游遍,每游必有诗作。嗜酒如命,醉中写诗,尤其精彩。杜甫《饮中八仙歌》云:"李白一

李白像

斗诗百篇，长安市上酒家眠。天子呼来不上船，自称臣是酒中仙。"李白一生也颇具悲剧色彩，虽志存报国，却终不得重用。玄宗召其进宫，只不过是为杨贵妃写写歌词而已；永王璘，慕其名声，请入幕府，致使李白蒙冤获罪。① 而当李白闻李光弼率大军征讨史朝义，请缨杀敌，想真正干一番大事业之时，他已年过花甲了。因病，最后不得不从投军的中途折回，长叹"天夺壮士心，长吁别吴京"。

李白的诗歌是中国诗歌艺术的高峰，他的成就不仅是空前的，即使到现在，也无人超过他。李白将中国古典诗之美创造到极致。正如郑振铎先生所说的：

> 白的诗，纵横驰骋，若天马行空，无迹可寻。若燕子追逐于水面之上，倏忽西东，不能羁系。有时极无理，像"白发三千丈"，有时又似极幼稚可笑，像"愿餐金光草，寿与天齐倾"，但那都无害于他的诗的纯美。他的诗如游丝，如落花，轻隽之机，却不是言之无物；如飞鸟，如流星，自由之机，却不是没有机辙；如侠少的狂歌，农工的高唱，豪放

① 李璘系唐肃宗李亨弟，封为永王。756 年，李璘以抗敌平乱为号召，由江陵率师东下，过庐山时，坚请李白入幕府。李白以为报国时机到了，接受邀请。然李璘的真正目的是夺取李亨的皇位。不久李璘的军队被消灭，李白因此获罪下狱。出狱后被判长流夜郎。759 年，行至巫山遇赦放还。

之极,却不是没有腔调。他是蓄储着过多的天才的。随笔挥写下来,便是晶光莹然的珠玉。在音调的铿锵上,他似尤有特长。他时诗篇几乎没有一首不是"掷地作金石声"的。尤其是他的长歌,几乎个个字都如"大珠小珠落玉盘",吟之使口齿爽畅,若不可中止。①

唐代的美学思想最为突出地表现在诗歌艺术中,诗可以说是唐代美学的代表。它所取得的成就既是空前的,又是绝后的。李白,这位被后世誉为"诗仙""青春诗人"的伟大诗人,是盛唐美学思想的集中体现者。

李白为人为诗最突出的特点是本色、真诚,因而他的诗具有一种天然的美、本色的美,而这正是李白的美学主张。

李白不是诗论家,他的美学主张也是通过诗来表达的。其中最能体现李白美学思想的是《古风》二首:

其 一

大雅久不作,吾衰竟谁陈?王风委蔓草,战国多荆榛。龙虎相啖食,兵戈逮狂秦。正声何微茫,哀怨起骚人。扬马激颓波,开流荡无垠。废兴虽万变,宪章亦已沦。自从建安来,绮丽不足珍。圣代复元古,垂衣贵清真。群才属休明,乘运共跃鳞。文质相炳焕,众星罗秋旻。我志在删述,垂辉映千春。希圣如有立,绝笔于获麟。

其 二

丑女来效颦,还家惊四邻,寿陵失本步,笑杀邯郸人。一曲斐然子,雕虫丧天真。棘刺造沐猴,三年费精神。功成无所用,楚楚且华身。大雅思文王,颂声久崩沦。安得郢中质,一挥成斧斤。

李白在这两首诗中表达的美学思想很丰富,大致可以归纳出这样几点:

一、对《诗经》"风雅"传统的肯定

"大雅久不作,吾衰竟谁陈","大雅思文王,颂声久崩沦。"诗人慨叹这种传统已经衰微,很想振作。尽管他写诗时高唱:"我本楚狂人,凤歌笑孔

---

① 郑振铎:《插图本中国文学史》第2册,作家出版社1957年版,第319页。

丘。"但并不等于他对儒家学说的全然抛弃,这点我们下面还要谈到。就《诗经》传统来说,李白认为那种重视诗的教化功能的文学观还是应该继承的。"我志在删述,垂辉映千春。"明显地以新时代的孔子自居,志在删述出一部新的《诗经》。

李白手迹

二、对屈骚传统的肯定

"正声何微茫,哀怨起骚人。"李白对屈原是景仰的。"屈平辞赋悬日月,楚王台榭空山丘。"① 他的创作多方面受屈原的影响,不仅有爱国主义精神,还有浪漫主义创作方法。"哀怨起骚人",强调的是"哀怨"这种情感对诗歌创作的动力作用,亦可以看作是司马迁的"舒愤懑"说的继承。

三、对建安风骨的肯定

"自从建安来,绮丽不足珍。"这种观点与陈子昂的诗歌革新主张完全一致。"绮丽不足珍",是对齐梁间"彩丽竞繁"的浮艳文风的批判。李白对齐梁文学当然不是全然否定,他批判的只是内容空虚、格调低下,一味追

---

① 李白:《江上吟》。

求华美形式的浮艳,而对其中的精华则是大量吸取了的。这不仅从他对谢朓的赞赏可以看得出来 ①,而且从他的作品本身也可看得出来。对建安文学,他是肯定的,他推崇并吸收的是"建安风骨",即那种深刻反映现实、抒发心志、刚健质朴、慷慨多气的艺术品格。

四、对儒家文质统一观的肯定

"文质相炳焕,众星罗秋旻。"李白认为文与质不仅应该统一,而且必须统一。二者互相作用,还能生发出一种璀璨的光辉,一种新的美来。"文质彬彬"最早是孔子提出来的,是儒家文论的传统,这亦可看成是李白对儒家文论这一传统的肯定。

五、对道家天然清真观的肯定

"圣代复元古,垂衣贵清真。""一曲斐然子,雕虫丧天真。""清真""天真"都指的是自然、本色。这种美学观明显地来自道家。

六、对创造精神的肯定

"丑女来效颦,还家惊四邻。寿陵失本步,笑杀邯郸人。"这里用了"东施效颦""邯郸学步"两个典故,批评艺术创作中一味模仿的陋习,主张在学习、吸收前人和同代人优秀成果的基础上别出心裁地创造。

从以上六点来看,这是一个相当完整的文艺美学思想体系。从这个体系可以清楚地看出李白的思想是兼容儒、道诸家为一体的。这一点似乎比较多地为人所忽视。其实,在《代寿山答孟少府移文书》中他将自己的思想讲得很清楚:

> 近者逸人李白自峨眉而来,尔其天为容,道为貌,不屈己,不干人。巢由以来,一人而已。乃刬蟠龟息,遁乎此山。仆尝弄之以绿绮,卧之以碧云,嗽之以琼液,饵之以金砂。既而童颜益春,真气愈茂,将欲倚

---

① 李白《宣州谢朓楼饯别校书叔云》:"蓬莱文章建安骨,中间小谢又清发。"

剑天外，挂弓扶桑。浮四海，横八荒，出宇宙之寥廓，登云天之渺茫。俄而李公仰天长吁，谓其友人曰：吾未可去也。吾与尔，达则兼济天下，穷则独善一身。安能餐君紫霞，荫君青松，乘君鸾鹤，驾君虬龙，一朝飞腾，为方丈、蓬莱之人耳，此则未可也。乃相与卷其丹书，匣其瑶瑟，申管、晏之谈，谋帝王之术。奋其智能，为辅弼，使寰区大定，海县清一。事君之道成，事亲之义毕，然后与陶朱、留侯，浮五湖，戏沧州，不足为难矣。

李白毕竟不是出家的道徒，亦不是真正的隐士，他的确具有比较多的道家与道教的思想，但亦深受儒家思想的熏陶。中国知识分子普遍具有的"达则兼济天下，穷则独善其身"的人生哲学，李白也具有。如果说在人生哲学上，李白的主导面仍应认为是儒家思想的话，那么，在他的艺术哲学即美学思想上，倒是道家思想占主导地位。

儒家美学主善，道家美学主真；儒家美学主社会，道家美学主自然。李白的美学思想如果不只是从他的表述还结合他的创作来看，道家美学分明占着主导地位。他在《古风》中谈到的"垂衣贵清真"，具有明显的道家与道教色彩。

在《经乱离后天恩流夜郎忆旧游书怀赠江夏韦太守良宰》一诗中，李白用一生动的比喻将"清真"之美表达得更为清楚：

　　　　览君荆山作，江鲍堪动色。

　　　　清水出芙蓉，天然去雕饰。

"清水出芙蓉，天然去雕饰"作为一种审美理想，它的实质是真。因而"清真"之美，首先美在感情的真率、心地的真诚。读李白的诗作，给人的强烈感受首先就在这里。"仰天大笑出门去，我辈岂是蓬蒿人。"[①] 其情沛然而起，其辞脱口而出，情辞帖然一致。那副十分得意、无比自信，而又对未来充满希望的神态简直如在面前。李白的每首诗都是如此，他毫不掩饰自己的情感，敢爱、敢恨、敢怨、敢骂，爱得痴情，骂得痛快，而又无一不是美妙

----

① 李白：《南陵别儿童入京》。

诗句。就像"岑夫子、丹丘生，将进酒，杯莫停"这样率直的召唤，也闪耀着动人的光辉。李白是豪放的，但也能缠绵："桃花潭水深千尺，不及汪伦送我情。"[1] "我寄愁心与明月，随君直到夜郎西。"[2] 无论是豪放，还是缠绵，其情都是真率的。

"清真"美体现在创作过程中则往往为脱口而出，少加斟酌。这是一种凭灵感、凭才气、凭挚情创作的心理状态。李白写诗往往如此。这种创作心态，一直为历代诗人激赏。清代诗论家赵翼说：

> 李青莲自是仙灵降生。司马子徽一见，即谓其有仙风道骨，可与神游八极之表。贺知章一见亦即呼为"谪仙人"。放还山后，陈留采访使李彦允为请于北海高天师授道箓。其神采必有迥异乎常人者，诗之不可及处，在于神识超迈，飘然而来，忽然而去，不屑屑于雕章琢句，亦不劳劳于镂心刻骨，自有天马行空，不可羁勒之势。[3]

赵翼是将李白神化了，但他说的创作心理并不只李白才有，苏轼说他的创作亦是如此："吾文如万斛泉源，不择地而出，在平地滔滔汩汩，虽一日千里无难。"

"清真"美体现在作品风格上则是清新自然。"清水出芙蓉，天然去雕饰"，说的就是这种清新自然的艺术风格。这种风格，历来为诗评家所称道。明代谢榛说："自然妙者为上，精工者次之。"[4] 清薛雪说："不去纤响，惟务雕缋，仅同百衲琴，拼凑虽工，胶滞清音，究非上品。《易》云：'风行水上，涣。'乃天下之大文也。"[5]

"清真"美在境界上是与道家视为人生最高境界的"道"相通的。这种"道"既是宇宙之本体，也是生命之本体，它是万物之奥秘所在，亦是生命之奥秘所在。"清水出芙蓉"的美，美在清纯，美在率真，美在自然，美在生意

---

[1] 李白：《赠汪伦》。
[2] 李白：《闻王昌龄左迁龙标遥有此寄》。
[3] 赵翼：《瓯北诗话》。
[4] 谢榛：《四溟诗话》。
[5] 薛雪：《一瓢诗活》。

盎然，美在自由奔放。

早在南朝钟嵘的《诗品》中就有这样的话："谢诗如芙蓉出水，颜诗如错采镂金。""谢"指谢灵运；"颜"指颜延之。钟嵘倡导"清水出芙蓉"的美，但这种美在南朝实属寥寥，就是谢灵运的诗，也不是首首都当得起"如芙蓉出水"的。"芙蓉出水"这种美只有在盛唐才得以充分实现。不仅有李白为它的代表，还有岑参、高适、王昌龄、孟浩然、韦应物……可以说，"清水出芙蓉"是盛唐时代共同的审美理想。

第五节　杜甫："转益多师"

杜甫（712—770），字子美，河南巩县人，其祖杜审言乃武则天时期著名诗人。

杜甫像

杜甫横跨盛唐、中唐两个时期，他的最好的诗作写在中唐，堪称中唐诗坛第一人。与李白相比，杜甫的创作尤见出时代的、个人的特色。如果说李白的自由奔放、天马行空是盛唐兴盛气象的卓越代表的话，那么，杜甫的深厚丰富、沉郁顿挫则是中唐变乱年代的真实体现。在创作方法上，李白无疑应划归浪漫主义，而杜甫则是典型的现实主义，李白凭才气写诗，诗思如潮，与风云并驱；杜甫靠功力写诗，"吟安一个字，捻断数茎须。""为人性僻耽佳句,语不惊人死不休。"① 李白写诗重情思,艺术上几乎不加考虑,而艺自随情而来,"不用力而着手生春"②。杜甫写诗,情思、艺术兼顾,不只提炼情感思想,也极重视格律辞藻。他的诗在诗艺上,最为精工周密,无懈可击。他重音律,自称"晚节渐于诗律细",故而律诗最佳,李白写诗,基本上是一种风格:豪放与清新。杜甫写诗,则风格丰富,虽然中年以来的诗以沉郁见长,但实不只沉郁,豪放者有之,清新者有之,绮丽者有之,旷达者有之,奇僻者亦有之。杜甫的诗可谓体势、风格大备,思想性、艺术性兼具。孙仅《读杜工部诗集序》云:"公之诗,支而为六家:孟郊得其气焰,张籍得其简丽,姚合得其清雅,贾岛得其奇僻,杜牧、薛能得其豪健,陆龟蒙得其赡博,皆出公之奇偏。""是知公之言诗,公之余波及尔。"这种评价很对。后世誉杜甫为"诗圣"是恰当的。

就美学思想来看,李白的主要成分是道家、道教的审美观,杜甫则主要是儒家的审美观。除此以外,杜甫的美学思想还具有兼容并包、广取博收、融会贯通的特色。这主要表现在"不薄今人爱古人""转益多师是汝师"的美学观点上。杜甫的美学思想主要见之于《戏为六绝句》。录之如下:

庾信文章老更成,凌云健笔意纵横。今人嗤点流传赋,不觉前贤畏后生。

王杨卢骆当时体,轻薄为文哂未休。尔曹身与名俱灭,不废江河万古流。

纵使卢王操翰墨,劣于汉魏近风骚。龙文虎脊皆君驭,历块过都见尔曹。

才力应难夸数公,凡今谁是出群雄?或看翡翠兰苕上,未掣鲸鱼碧海中。

不薄今人爱古人,清词丽句必为邻。窃攀屈宋宜方驾,恐与齐梁作后尘。

---

① 杜甫:《江上值水如海势聊短述》。
② 赵翼:《瓯北诗话》卷一。

未及前贤更勿疑,递相祖述复先谁? 别裁伪体亲风雅,转益多师是汝师。

这六首绝句最能见出杜甫兼取并包、广采博收的美学观。首先是古今观。初唐陈子昂为扫荡齐梁浮艳柔靡的文风,提出恢复汉魏风骨的主张。“复古”说影响颇大。李白是陈子昂的积极响应者。他说:“梁、陈以来,艳薄斯极,沈休文又尚以声律。将复古道,非我而谁与!”① “复古”就反对齐梁浮艳文风来说是有积极意义的,但对复古如果不抱正确态度,其片面性也是很明显的,“古”不一定都比“今”好,而且复古也是为了“今”。杜甫提出“不薄今人爱古人”,这种态度就比较全面、妥当。

我们先看“今”。杜甫对当今的作家有许多评论,他善于发掘当今诗人创作上的长处,给予恰当的评价。他对李白有很高的评价。他说:“白也诗无敌,飘然思不群。”② “笔落惊风雨,诗成泣鬼神。”③ 这种评价不是庸俗的吹捧,而是基于对李白创作特点及创作成就的深刻把握。他说:“李侯有佳句,往往似阴铿。”④ “清新庾开府,俊逸鲍参军。”⑤ “敏捷诗千首,飘零酒一杯。”⑥ “近来海内传佳句,汝（指薛华）与山东李白好。何刘沈谢力未工,才兼鲍照愁绝倒。”⑦ 杜甫对陈子昂很是钦敬,他对陈子昂的评论是:

有人继骚雅,哲匠不比肩。公生扬马后,名与日月悬。⑧

杜甫虽然其创作风格不同于王维、孟浩然,但他对这两位以描写自然景物见长、风格清新的诗人亦有很高的评价。如赞扬王维的诗:“最传秀句寰区满,未绝风流相国能。”⑨ 深情怀念孟浩然:“复忆襄阳孟浩然,清诗句

① 孟棨:《本事诗》引李白句。
② 杜甫:《春日忆李白》。
③ 杜甫:《寄李十二白二十韵》。
④ 杜甫:《与李十二白同寻范十隐居》。
⑤ 杜甫:《春日忆李白》。
⑥ 杜甫:《不见》。
⑦ 杜甫:《苏端薛复筵简薛华醉歌》。
⑧ 杜甫:《陈拾遗故宅》。
⑨ 杜甫:《解闷》。

句自堪传。"①

杜甫对古人亦善于学习。他无疑也是推崇《诗经》风雅传统的,"别裁伪体亲风雅"。"风雅"是最高的圭臬,"别裁伪体"都要以之为标准。对屈原、宋玉,他情有独钟,明确表白"窃攀屈宋宜方驾"。在《送覃二判官》一诗中,他说:"迟迟恋屈宋,渺渺卧荆衡。"又在《咏怀古迹》中说:"摇落深知宋玉悲,风流儒雅是吾师。"对汉魏诗歌,陈子昂、李白均有很好评价,杜甫亦有所评论,并表示钦敬,如:

> 李陵苏武是吾师。②
>
> 草玄吾岂敢,赋或似相如。③
>
> 赋料扬雄敌,诗看子建亲。④
>
> 文章曹植波澜阔。⑤
>
> 子建文笔壮。⑥

对六朝诗歌,杜甫的态度不同于陈子昂,也有别于李白。陈子昂对六朝诗歌基本上持否定的态度。李白稍好一些,他推崇南朝的个别作家如谢朓、鲍照、陶潜等,但总的态度还是批评得多。杜甫对六朝文学似乎肯定得多。这可能是所处的时代比之陈子昂要晚,就是与李白相比,也小十余岁,对于齐梁间形式主义的流毒已经没有初唐、盛唐那种强烈的感受了。事实上,经过陈子昂、李白等与齐梁绮丽文风的斗争,这种文风虽不能说消除殆尽,但基本上已没有什么影响了。在这种背景下,反倒能更客观地评价齐梁文学。齐梁文学在艺术上的追求,它的清词丽句,它的音律美,对于杜甫来说很有吸引力,因为杜甫也是一位在艺术上精益求精的诗人,他也很讲究语言的色彩美、音韵美。在许多诗篇中,杜甫毫不掩饰地表达他对六朝

---

① 杜甫:《解闷》。

② 杜甫:《解闷》。

③ 杜甫:《酬高使君相赠》。

④ 杜甫:《奉赠韦左丞丈》。

⑤ 杜甫:《追酬高故蜀州人日见寄》。

⑥ 杜甫:《别李义》。

诗人的由衷赞赏：

> 谢朓每篇堪传诵。①

> 高岑殊缓步，沈鲍得同行。②

> 赋诗何必多，往往凌鲍谢。③

> 焉得思如陶谢手。④

> 熟知二谢能将事，颇学阴何苦用心。⑤

> 庾信平生最萧瑟，暮年诗赋动江关。⑥

　　总的来讲，杜甫对南朝诗歌肯定得多，不过，也不能说一概肯定，对齐梁的浮艳文风，他也有所警惕。他说的"恐与齐梁作后尘"，就是希望在吸取齐梁"清词丽句"优点的同时，不要落入浮艳绮靡之中。

　　对初唐四杰的诗歌，当时社会的舆论，批评的不少。初唐四杰为王勃、杨炯、卢照邻、骆宾王四位诗人。他们一方面力图摆脱齐梁文风的影响，如杨炯在《王勃集序》中说以前的文坛"骨气都尽，刚健不闻"，可见他们也是不喜欢浮艳诗风的。事实上，他们的创作特别是王勃的诗作尚能在一定程度上触及社会弊端，抒发郁勃不平的感慨，从而显现出一种深沉的、积极的进取精神来。但另一方面，他们又仍然承袭了梁、陈的风格，故王世贞说："卢、骆、王、杨，号称四杰。词旨华靡，固沿陈、隋之遗；翩翩意象，老境超然胜之。五言遂为律家正始。内子安稍近乐府，杨、卢尚宗汉、魏。宾王长歌，虽浮艳，亦有微瑕，而缀锦贯珠，滔滔洪远，故是千秋绝艺。"⑦ 王世贞的评论比较客观。杜甫是很不赞成全盘否定初唐四杰的，他针对当时"轻薄"之徒对王、杨、卢、骆的哂笑，写诗反击，认为王、杨、卢、骆他们在文学上的成就是不朽的，而那些一味贬低初唐四杰的文人倒是不值一谈，这正是："尔

---

① 《寄岑嘉州》。

② 《寄彭州高三十五使君适虢州岑二十七长安参三十韵》。

③ 《遣兴》。

④ 《江上值水如海势聊短述》。

⑤ 《解闷》。

⑥ 《春日忆李白》。

⑦ 王世贞：《全唐诗说》。

曹身与名俱裂,不废江河万古流。"

　　杜甫对文学的发展有一个比较深刻的认识,在《偶题》一诗中,他对文学发展的规律和后人对前人应持的态度做了一个警策的概括:

　　　　前辈飞腾入,余波绮丽为。

　　　　后贤兼旧制,历代各清规。

　　后人总是要向前人学习,在前人创造成就的基础上发展,但后人又总是要有新的发现、新的创造。"历代有清规",这"清规"中必然有对前一代"清规"的某些吸取,同时又必然有对前一代"清规"的某些突破。社会就这样前进着,历史就这样发展着。文学亦如此。"前辈飞腾入","后贤兼旧制"。岂有他哉?

　　关于诗歌创作本身的美学规律,杜甫亦有一些重要建树,最为重要的是关于创作准备的论述。杜甫有名句:"读书破万卷,下笔如有神。"[①] 读书对于从事文艺创作的确是非常重要的,从书中可以汲取思想营养,也可汲取艺术技巧。要做优秀诗人,不多读书、读好书、会读书不行。杜甫将读书的重要性提到"下笔"是否"有神"的高度,暗含着一个观点,那就是:写诗不能只凭才气,还要凭功力,功力中很重要的内容就是文化知识的积累和对前人的诗歌技巧的学习。杜甫不否认才气,不否认灵感,这从他对李白"斗酒诗百篇"的高度赞赏可以证明,但杜甫也很重视功力,功力是要靠学习得来的。事实上,李白尽管才气过人,也不只凭才气写诗,李白自称"五岁诵六甲,十岁观百家,轩辕以来,颇得闻矣。常横经籍诗书,制作不倦于今"。只是因为李白才气特别地超出常人,所以其功力的一面被忽视了。

　　杜甫重视读书,同时又重视即事。杜甫说:"即事会赋诗。"[②]"即事"为从实际生活出发。生活是创作的源泉。杜甫的诗歌创作,众所周知,从安史之乱开始到入蜀前这段成就最高。其原因就是安史之乱一下子将诗人打

---

① 杜甫:《奉赠韦左丞丈》。

② 杜甫:《西阁曝日》。

入了生活的底层，作为一名流亡逃难者，他与普通老百姓一同感受国破家亡的痛苦，亡命的生涯使他看到了许多过去从未看到过的社会现实，诗人的诗的琴弦被强烈地震响了。它奏出的声音与时代同一脉搏，与社会同一节奏：高亢而又悲愤。杜甫最为优秀的作品《悲陈陶》《悲青坂》《洗兵马》和"三吏""三别"等就写于这个时期。杜甫在回忆这段生活时说："曾为掾吏趋三辅，忆在潼关诗兴多。"①

杜甫在唐代诗人中是集大成者，他的美学思想也体现出这一点。他重内容，亦重形式；他讲才情，又讲功力；他以儒家思想为主体，又兼容他家；他取汉魏风骨，又采六朝清丽；他"不薄今人"，又"爱古人"；他"转益多师"，又自成一家。丰富多彩、浓厚严谨、万千气象，使得他在中国文学史上的实际影响超过李白。元稹在为他写的墓志铭中准确地揭示了他在文学史上应处的地位："至于子美，盖所谓上薄风、骚，下该沈、宋，古傍苏、李，气夺曹、刘，掩颜、谢之孤高，杂徐、庾之流丽，尽得古今之体势而兼人人之所独专矣。使仲尼考锻其旨要，尚不知贵，其多乎哉？苟以为能所不能，无可不可，则诗人以来，未有如子美者！"② 此言极是。

第六节　白居易：美、刺、兴、比

白居易（772—846），字乐天，晚居香山，自号香山居士。做过秘书省校书郎、左拾遗、杭州刺史、太子少傅、刑部尚书等官，有《白氏长庆集》。

白居易是继杜甫之后又一位伟大的现实主义诗人。白居易的诗突出特点是晓畅明快，朗朗上口，内容上又多反映现实，因而传播甚广。他在《与元九书》中说："自长安抵江西，三四千里，凡乡校、佛寺、逆旅、行舟之中往往有题仆诗者，士庶、僧徒、孀妇、处女之口每每有咏仆诗者。"

白居易是唐代新乐府运动的发起者和骨干分子。所谓新乐府是相对于

---

① 杜甫：《峡中览物》。
② 元稹：《唐故工部员外郎杜君墓系铭并序》。

白居易像

汉乐府而言的,它用新题材创作而播之乐曲。新乐府可沿用乐府旧题,也可"即事名篇,无复倚旁"①,如杜甫的《悲陈陶》《哀江头》《兵车行》《丽人行》。新乐府运动的实质是弘扬《诗经》的"美刺"精神,反映现实并干预现实。白居易《新乐府序》云:

> 序曰:凡九千二百五十二言,断为五十篇。篇无定句,句无定字,系于意,不系于文。首句标其目,卒章显其志,诗三百之义也。其辞质而径,欲见之者易谕也;其言直而切,欲闻之者深诚也;其事核而实,使采之者传信也;其体顺而律,可以播于乐章歌曲也。总而言之,为君、为臣、为民、为物、为事而作,不为文而作也。

很显然,这是一种彻底为人生的艺术观。白居易身体力行,写了大量的新乐府诗。他将自己写的诗分成四类:一是讽谕诗,反映现实并有政治内涵的诗,包括题为新乐府的诗。二是闲适诗,这些诗是"或退公独处,或移病闲居,知足保和,吟玩情性"②的诗。三是感伤诗,属于"有事物牵于外,情理动于内,随感遇而形于叹咏"③的诗。四是杂律诗。白居易非常看重第一类诗。

---

① 元稹:《乐府古题序》。
② 白居易:《与元九书》。
③ 白居易:《与元九书》。

　　白居易是极富儒家传统精神的知识分子，他信守儒家的"穷则独善其身，达则兼济天下"的人生信条。在美学领域，他为复兴先秦儒家的风雅传统作出了重大贡献。白居易论诗，推崇《诗经》，彪炳"六义"，而归结为"美、刺、兴、比"。

　　"美、刺、兴、比"四字中又重在"美""刺"，"美、刺"二者又以"刺"为重，体现出一种强烈的现实批判精神。美刺精神源于《诗经》。经孔子修订编辑而成的《诗经》中，也有少数诗谈到了作诗的目的。在比较明确的 11 例中，有 8 例为讽即"刺"，3 例为颂即"美"。①11 例中，讽占多数，决不是偶然的。而且 3 例颂也带有讽的意味，这种情况符合《诗经》的实际，《诗经》305 篇诗歌中，大多数诗歌具有不同程度的对现实的批判作用。显然，在商、周时代，用诗的形式讥刺现实是一种社会共识。《国语》中一条材料也许可以作为辅证。《国语·周语上》载：

　　　　为川者决之使导，为民者宣之使言。故天子听政，使公卿至于列士献诗，瞽献曲，史献书，师箴，瞍赋，矇诵，百工谏，庶人传语，近臣尽规，亲戚补察，瞽史教诲，耆艾修之。而后王斟酌焉，是以事行而不悖。

　　到汉代，"美刺"传统得到继承。清代程廷祚说："汉儒言诗，不过美刺二端。"②《毛诗序》论诗，涉及美刺：

　　　　故诗有六义焉，一曰风，二曰赋，三曰比，四曰兴，五曰雅，六曰颂。上以风化下，下以风刺上，主文而谲谏，言之者无罪，闻之者足以戒，故曰风。……雅者，正也，言王政之所由废兴也。……颂者，美盛德之形容，以其成功告于神明者也。

　　继《毛诗序》后，东汉经学家郑玄也用美刺论诗。他说："论功颂德，所以将顺其美；刺过讥失，所以匡救其恶。"③郑玄还将赋、比、兴三种艺术手法与美刺联系起来，认为"赋之言铺，直铺陈今之政教善恶"；"比见令

---

①　统计数据引自《中国历代文论选》第一册，上海古籍出版社 1979 年版，关于《诗经》的说明，见该书 12 页。
②　程廷祚：《诗论·再论刺诗》。
③　郑玄：《诗谱序》。

之失,不敢斥言,取比类以言之";"兴见今之美,嫌于谄谀,取善事以喻劝之。"① 看来,郑玄的观点是,赋兼美刺两种作用,比则为刺,兴则为美。

初唐的孔颖达对郑玄的观点予以阐发,不过,他也有不同的观点,认为"美刺俱有比兴",不同意郑玄将比与兴分别派属于刺与美。

白居易谈诗的美刺又不同于郑玄与孔颖达。郑玄、孔颖达有一个共同点,那就是联系"六义"(风、雅、颂、赋、比、兴)来谈美刺,将"六义"看作是实现美刺的手法。白居易则不怎么考虑它们的关系,他着重谈的是美刺本身。白居易的文章中明确地涉及美刺概念的重要句子有:

> 仆数月来,检讨囊箧中,得新旧诗,各以类分,分为卷首。自拾遗来,凡所适所感,关于美刺兴比者,又自武德讫元和因事立题,题为《新乐府》者,共一百五十首,谓之讽谕诗。②

> 且古之为文者,上以纽王教,系国风;下以存炯戒,通讽谕。故惩劝善恶之柄,执于文士褒贬之际焉;补察得失之端,操于诗人美刺之间焉。今褒贬之文无核实,则惩劝之道缺矣;美刺之诗不稽政,则补察之义废矣。③

这些明确谈到美刺的句子都不谈美刺与"六义"的关系。它强调的是美刺的"惩劝善恶"和"稽政"的作用即伦理的和政治的作用。

白居易对美刺理论的新贡献主要见之于三个方面:

第一,将美刺的具体内容归结为"补察时政""泄导人情"两个方面。白居易云:

> 洎周衰秦兴,采诗官废,上不以诗补察时政,下不以歌泄导人情。用至于谄成之风动,救失之道缺。于时六义始刓矣。④

> 上可裨教化,舒之济万民;下可理情性,卷之善一身。⑤

---

① 郑玄:《诗谱序》。
② 白居易:《与元九书》。
③ 白居易:《策林六十八》。
④ 白居易:《与元九书》。
⑤ 白居易:《读张籍古乐府》。

非求宫律高，不务文字奇，惟歌生民病，愿得天子知。①

故国风之盛衰，由斯而见也；王政之得失，由斯而闻也；人情之哀乐，由斯而知也。然后君臣亲览而斟酌焉；政之废者修之，阙者补之；人之忧者乐之，劳者逸之。所谓善防川者，决之使导；善理人者，宣之使言。故政有毫发之善，下必知也；教有锱铢之失，上必闻也。则上之诚明何忧乎不下达？下之利病何患乎不上知？上下交和，内外胥悦。②

从这些论述来看，白居易谈美刺侧重于政治，他希望以诗为媒介，让下情上知，上诚下达，不仅沟通统治者与被统治者的思想情感，而且还要实现"上下交和，内外胥悦"的政治局面。显然，白居易充分认识到了艺术的交际功能，并且从他的立场出发，将这种交际功能引到政治的方向。

重视艺术的交际功能不始于白居易，《乐记》就有这方面的论述。《乐记》说："乐者为同，礼者为异。同则相亲，异则相敬。"认为音乐有一种沟通人们的情感，在一定程度上填平等级差异的功能。白居易的观点也许来自于《乐记》或者说受《乐记》的启发。白居易的贡献是比《乐记》谈得具体，而且不只谈情感沟通，也谈到认识上的沟通，具有较大的说服力。

白居易认为诗上可以"补察时政"主要是利用艺术的反映功能。只要是真实地反映了现实的艺术作品，对于接受者均有一定的认识作用。白居易倡导的乐府诗，"非求宫律高，不务文字奇，惟歌生民病，愿得天子知"。其为最高统治者服务的功利性是很鲜明的。作为最高统治者的天子，了解人民的痛苦，也就会同时了解政治上的废缺，从而采取措施，"政之废者修之，阙者补之"。

白居易认为诗可以"泄导人情"。这"泄导人情"包括艺术的宣泄功能与教化功能二者。所谓宣泄功能是讲艺术可以将接受者的某些不良情绪宣泄出去，从而使身心恢复健康。白居易说的"泄"即是"宣泄"，"导"即为教化。用白居易在《策林六十八》中的说法即是"惩劝善恶"。白居易对张

---

① 白居易：《寄唐生》。

② 白居易：《策林六十九》。

籍乐府诗的教化功能给予很高的评价。他说:"读君《学仙》诗,可讽放佚君;读君《董公诗》,可诲贪暴臣;读君《商女》诗,可感悍妇仁;读君《勤齐》诗,可劝薄夫谆。"①

第二,白居易将实现诗歌美刺作用的关键归之于真。这里包括两个方面:事真、意诚。

白居易在《新乐府序》中曾谈到过"辞质而径""言直而切""事核而实""体顺而肆"四点,这四点中前三点即是讲真。在《策林六十八·议文章碑碣词赋》一文中,白居易又说:

> 为文者必当尚质抑淫,著诚去伪,小疵小弊,荡然无遗矣,则何虑乎皇家之文章,不与三代同风者欤?

这里谈到"尚质抑淫"与"著诚去伪"两个方面,前一个方面是讲事真,后一个方面是讲意诚。所谓"质",即朴质,白居易要求用朴质的文风反映事物的本来面貌,他认为"淫辞丽藻生于文,反伤文",这伤文,伤的是文的真实性。所谓"诚",即真诚,这是就作者的写作态度而言的。只有怀着真诚的心,"为君、为臣、为民、为物、为事而作",才能从根本上做到真实地反映生活。

第三,白居易认为诗歌的美刺作用必须有它的不同于别的文体的特点。在《与元九书》中,白居易说:

> 感人心者,莫先乎情,莫始乎言,莫切乎声,莫深乎义。诗者:根情、苗言、华声、实义。上自贤圣,下至愚騃,微及豚鱼,幽及鬼神,群分而气同,形异而情一,未有声入而不应,情交而不感者。

白居易这里说的诗的几个重要因素:"根情、苗言、华声、实义"关乎诗的审美本质。这几个因素中,"情"是摆在第一位的。"义"在情中,是情之实。情义统一,亦即情理统一,这是诗的内容。"言"与"声"是诗的形式,它犹如一株植物的"苗"是显示于外的,它必须绰约多姿,美妙动人。诗作为语言的艺术,它必须讲究语言的美,包括色彩的美、结构的美、音韵的美。

---

① 白居易:《读张籍古乐府》。

白居易认为，只要真正做到了"根情、苗言、华声、实义"，那诗没有不感人的。诗的美刺作用说到底是借助于诗的审美功能来实现的。白居易关于诗的"美刺兴比"的理论是先秦儒家诗教说的重要发展，代表唐代儒家美学的最高峰。在当时与以后都产生了很大的影响。晚唐诗人皮日休在《正乐府序》中说"诗之美也，闻之足以观乎功；诗之刺也，闻之足以戒乎政"，明显地见出白居易的影响。

第 五 章
唐代诗歌美学（下）

　　唐朝诗歌美学一方面见之于创作上，不少作家有自己独特的美学追求，并且将这种追求概括为一种美学主张，亦如上章所述。另一方面见之于诗歌审美的本体论的构建上，这种构建更具美学的意义。因为这种理论构建关涉到诗歌是什么，诗歌审美是什么，以及进一步关涉到美是什么。由诗歌审美本体论的探求发展到一般的审美本体论的探求，其意义就不限于诗了。这是唐朝诗歌美学对于中国美学最为重要的贡献。

第一节　意象说

　　意象是中国美学的基本范畴。中国美学的范畴体系可以说以此为中心展开。举凡比兴、兴象、意境、境界、形神、情景、虚实、隐秀、文质、文道等范畴都从不同层面说明意象。

　　"意象"一般溯源于《易传》，但《易传》并未将"意象"作为一个完整的概念来使用，而它谈到了"意"与"象"的关系。

　　《易传》中讲的"象"，又分两种：一种是自然之象如说"在天成象，在地成形，仰则观象于天，俯则观法于地"。这里的"象"都是客观存在的事物形象。另一种是卦象，这是"圣人"根据自然之象创造的符号，《系辞上传》

云："圣人有以见天下之赜，而拟诸其形容，象其物宜，是故谓之象。"这"象"即"象其物宜"，它就是自然之象的反映。但圣人造象的目的不是为了给自然之象写照，而是为了表达他对宇宙、对人生的看法，《系辞上传》说得很清楚："圣人立象以尽意，设卦以尽情伪。"这样，圣人所造之卦象就兼有既为自然写形，又为圣人达意两方面的功能，这"象"实就是意象。

将"意象"作为一个概念来使用，首先见之于刘勰的《文心雕龙·神思》：

> 是以陶钧文思，贵在虚静，疏瀹五藏，澡雪精神，积学以储宝，酌理以富才，研阅以穷照，驯致以怿辞，然后使玄解之宰，寻声律而定墨；独照之匠，窥意象而运斤；此盖驭文之首术，谋篇之大端。

文中的"意象"，钱锺书先生说实即"意"之一字，盖骈文行文不单，"窥意象"正所以"偶寻律"。这个说法当然有道理，但恐怕未见得符合刘勰的原意。"运斤"这是比喻，指文学创作中的传达。传达之前，作家头脑中存在的不能只是抽象的"意"，而应该是一个融意于象中的"意象"。尽管刘勰用上了"意象"这个概念，但对"意象"的重要性显然没有足够的重视。在鸿篇巨制、体系详备的《文心雕龙》中，"意象"没能设专章论述，甚至连一两句文字也没有。上面所引文字用了"意象"概念，但只是一带而过，目的根本不是谈"意象"。

"意象"作为一个美学范畴，获得重视是在唐代。在唐代的文论、诗论、画论中，"意象"已普遍使用。例如：

（1）殷璠的《河岳英灵集》："佳句辄来，唯论意象。"

（2）王昌龄的《诗格》："诗有二格，一曰生思：久用精思，未契意象。"

（3）司空图的《二十四诗品·缜密》："意象欲生，造化已奇。"

（4）张怀瓘的《文字论》："探彼意象，如此规模。"

以上诸例，虽然没有解释"意象"的含义，但显然都是将意象当作艺术的本体来使用的。

意与象的关系，唐人没有专门加以论述，但有些诗论已经有所涉及。

诗僧皎然的《诗式》没有用"意象"这个概念，但实际上，整个《诗式》

讨论的就是意象。在《用事》一节，他说：

> 评曰：时人皆以征古为用事，不必尽然也。今且于六义之中略论
> 比兴：取象曰比，取义曰兴，义即象下之意。

皎然这里谈到何谓比兴，在他看来，"比"主要解决"象"的问题，"兴"主要解决"义"的问题。而"义"又即"象下之意"。"比"与"兴"的结合，就是"象"与"意"的结合。那么，在意象结构中，"意"与"象"各处于什么地位呢？皎然认为"意"在"象下"。所谓"下"，在这里就是"中""里"的意思，那就是说，"意"融于"象"中，它属于隐；"象"则是呈现在外的，它属于显；"象"是具体物象，故它是"实"；"意"是抽象意绪，故它是"虚"。艺术的魅力就正在这显隐实虚的相互关系之中。

皎然在《诗式》中还特别谈"重意"问题。所谓"重意"，就是指诗句具有多重意蕴。在有限的形象中寄寓最为丰富的意蕴，这是诗人的追求。它的审美效果必然是使意象更丰盈，更灵动，更耐人寻味。皎然说：

> 两重意已上，皆文外之旨，若遇高手如康乐公览而察之，但见性情，
> 不睹文字，盖诣道之机也。向使此道尊于儒，则冠六经之首；贵之于道，
> 则居众妙之门；精之于释，则彻空王之奥。①

从皎然所举的重意的诗例来看，其意象都具有一个共同的特点，那就是"旨"溢文外，意余于象。这是必然的。凡成功的艺术意象其"象"总具有一种难以确指的模糊性、发散性。比如皎然所举的曹子建的"高台多悲风，朝日照北林"，其形象所启示的意味十分丰富：政局的险恶，世道的艰难，人心的叵测，这一切早就超出有限的形象，足以使历代无数的士人产生共鸣。

皎然所谈的是诗，其理适用于一切艺术。《太平广记》卷二一三谈到著名画家张萱时，说：

> 《乞巧图》《望月图》皆绡上幽闲多思，意余于象。

钱锺书先生解释此句：

---

① 皎然：《诗式·重意诗例》。

　　陈师道《后山集》卷 19《谈丛》："韩幹画走马，绢坏，损其足。李公麟谓：'虽失其足，走自若也。'"失其足，"象"已不存也；走自若，"意"仍在也。张画出于有意经营，韩画乃遭非意耗蚀，而能"意余于象"则同。①

(唐) 韩幹：《牧马图》

　　由此亦可见，意象结构中，意是灵魂，只要"意"在，即使"象"不全，此作仍不失生气。反之尽管"象"全，然"意"无，或"意"残，则"象"也就没有灵气了。

　　"意象"，包含情与景的统一。进入诗的"意"，不只是理，还有情，它是情与理的统一，而且理在情中，以情胜。这一点，魏晋南北朝的诗论已经讲得很清楚了。刘勰讲的"为情而造文"，这"情"，就含有理。"象"在诗中大多表现为"景"。关于情与景的统一，唐代的诗论亦有广泛涉及。王昌龄的《诗格》谈诗的"十七势"，就大多属于情与景的结合问题，如说：

　　　　感兴势者，人心至感，必有应说，物色万象，爽然有如感会。

---

① 　钱锺书：《管锥编》第 2 册，中华书局 1979 年版，第 719 页。

含思落句势者，每至落句，常须含思，不得令语尽思穷。或深意堪愁，不可具说。即上句为意语，下句以一景物堪愁，与深意相惬便道。仍须意出成感人始好。

理入景势者，诗不可一向把理，皆须入景语始清味。理欲入景势，皆须引理语入一地及居处。所在便论之，其景与理不相惬，理通无味。

景入理势者，诗一向言意，则不清及无味；一向言景，亦无味；事须景与意相兼始好。凡景语入理语，皆须相惬，当收意紧，不可正言。景语势收之便论理语，无相管摄。①

王昌龄在论诗的"十七势"时，多处提及"景语"与"理语""意语"相惬，认为这样，才能"感人"，才能获得"清味"。他的这些看法，在宋、明、清得到发展。宋代的范晞文提出"情中之景""景中之情"②说，情景的关系就不只是"相惬"，而是融为一体、不可分拆了。明代的谢榛说"景乃诗之媒，情乃诗之胚，合而为诗"③，对"景"与"情"的关系提出新的理解。景与情就不是并列同等的关系，情是诗歌意象的本体，景只是催情而生的触媒罢了。显然，谢榛是重情的。清代李渔的看法同于谢榛，认为"情是主，景是客。说景即是说情，非借物遣怀，即将人喻物"④。王夫之不怎么强调情景何者为主，何者为客。他强调的是情景"妙合无垠"，"巧者则有情中景，景中情"。⑤其基本观点系对范晞文《对床夜语》所说的生发。

从以上的大致介绍来看，意象理论唐代基本已经确立，但成熟则在明、清。"意象"与"兴象"相通，"兴象"亦即意象，但意象范围宽泛。"兴象"重在"兴"，即所描绘的形象与"起情""寄意"大有关系，是一种较为特定的意象。"意象"与"意境"亦相通。凡"意境"均为"意象"，但"意象"不

① 以上引文均见 [日] 遍照金刚:《文镜秘府论·地卷·十七势》，据罗根泽、王利器等研究，"十七势"乃王昌龄《诗格》残存。

② 范晞文:《对床夜语》卷二。

③ 谢榛:《四溟诗话》。

④ 李渔:《窥词管见》。

⑤ 王夫之:《姜斋诗话》。

一定是"意境"。"意象"一般来说，较为看重主观情致与客观物象相统一的完整性，"意境"则看重在意象结构中所见出的主观情致的幽远、深刻。换句话说，它看重的是意象的人生境界。

第二节　兴象说

"兴象"的提出在"意境"理论的发展史上占有重要地位。"兴象"的提出者是唐代诗人殷璠。殷璠生卒年不详，《全唐诗》有他的小传："璠，丹阳人，处士。"其他无所考。

殷璠编有《河岳英灵集》，选录王维、王昌龄、储光羲等 24 位诗人的作品，分为上、下卷。选者对每位诗人都有简洁精辟的评论。在《河岳英灵集序》和评语中，殷璠提出"兴象"这一概念：

> 都无兴象，但贵轻艳。[1]
>
> 既多兴象，复备风骨。[2]
>
> 无论兴象，兼复故实。[3]

殷璠对"兴象"的含义没有解释，就他的使用来看，"兴象"似乎是一种评诗的标准，它与"轻艳"相对，但又不同于"风骨""故实"。

后人对"兴象"的运用，更多地将"兴象"当作一种艺术形象，当然不是一般的艺术形象，而是一种特殊的艺术形象。

明人胡应麟说："盛唐绝句，兴象玲珑，句意深婉，无工可见，无迹可寻。"[4] 清人纪昀评王维《登辨觉寺》诗，说："兴象深微，特为精妙。"又评王维《辋川闲居》，说："三四自然流出，兴象天然。"[5] 这些地方用的"兴象"都是指艺术形象。不管是把"兴象"当作评诗的标准，还是当作一种特殊的艺

---

① 殷璠：《河岳英录集序》。

② 殷璠：《河岳英录集·评陶翰》。

③ 殷璠：《河岳英录集·评孟浩然》。

④ 胡应麟：《诗薮·内篇》卷六。

⑤ 纪昀：《瀛奎律髓刊误》。

术形象,理解这一概念的关键在"兴"。顾名思义,"兴象"是"兴"的形象。

"兴",最早在《周礼·春官》中出现:"太师教六诗:曰风、曰赋、曰比、曰兴、曰雅、曰颂。"《毛诗序》称"六诗"为"六义":"诗有六义焉:一曰风,二曰赋,三曰比,四曰兴,五曰雅,六曰颂。"关于"六义"的解释,众说纷纭,其中又以"兴"的解释分歧最多。大体上,对"兴"的解释可以分成两类:

第一,将"兴"主要理解成诗的意蕴,别有寄托。汉代经学家郑众云:"比者,比方于物也。兴者,托事于物。"① 晋挚虞说:"兴者,有感之辞也。"② 钟嵘云:"文已尽而意有余,兴也。"③ 刘勰说:"比则畜愤以斥言,兴则环譬以

(唐)张萱:《捣练图》(局部)

---

① 郑玄《周礼·大师》注引,见《周礼注疏》卷二十三。
② 挚虞:《文章流别论》。
③ 钟嵘:《诗品·序》。

托讽。"① 陈子昂说的"兴寄"，也是取"兴"为诗之意蕴这个意义。

"兴"作为诗之意蕴，它有两个特点：其一，它与"美刺"紧密联系，有时它简直是"美刺"的代名词。刘勰说，"讽兼比兴"，"讽刺道丧，故兴义销亡"。② 其二，它须有所因借，就是说，"兴"所指向或所揭示的意蕴不是直言之的，而是曲言之的，它必"托事于物"，或借此言彼，或借彼言此。朱熹说"兴则托物兴词"③，"托"是它喻理言情的一个重要特点。尽管"兴"在表达事物意蕴的方式上有特点，但似不宜将"兴"仅看成一种表意的方式。

"比"与"兴"都关系到诗之意蕴，但它们所关系到的意蕴有所区别。刘勰说："起情故兴体以立，附理故比例以生。"④ 按刘勰的看法，"兴"的功能主要是"起情"，"比"的功能主要是"附理"。

第二，将"兴"主要理解成艺术手法。何晏《论语集解·阳货》引孔安国说："兴，引譬连类。"王逸《楚辞章句·离骚》云："《离骚》之义，依诗取兴，引类譬谕。"可见"兴"是一种"取譬引类"的手法。就这一点而言，它似与"比"相同，事实上，"比"与"兴"往往不可分，既是"比"，又是"兴"。但尽管二者都有借他物以言此物的特点，还是有所区别的。上引郑众的话："比者，比方于物也；兴者，托事于物。"既为比，所比之物与被比之物应有所相似，不然不好作比。但"兴"的要义在"托"——"托事于物"。所托之事与被托之物不需要相似，只要有某种相关，能让人理解就行了。除此以外，唐代的皎然还发现"比""兴"有个区别。他说："取象曰比，取义曰兴，义即象下之意。凡禽鱼草木人物名数，万象之中，义类同者，尽入比兴。"⑤ 按皎然的说法，"比"重在"象"，"兴"重在"义"，"比"求其相似，"兴"求其义同。

作为艺术手法，"兴"还有一个重要功能，那就是"起"。刘勰说"兴者，

①　刘勰：《文心雕龙·比兴》。

②　刘勰：《文心雕龙·比兴》。

③　朱熹：《楚辞集注·离骚经第一》。

④　刘勰：《文心雕龙·比兴》。

⑤　皎然：《诗式》。

起也"，又说"起情，故兴体以立"。① 孔颖达也说："兴者，起也，取譬引类，起发己心。"② 宋胡寅在《与李叔易书》中引李仲蒙说云："叙物以言情谓之赋，情物尽也；索物以托情谓之比，情附物者也；触物以起情谓之兴，物动情者也。""兴"作为诗的发端，朱熹说得最为清楚："兴者，先言他物以引起所咏之词也。"③

作为诗的发端，兴不仅能起情，还能定韵，增加诗的音韵美、节奏美。另外，它还能渲染一种气氛，或创造一种背景，以突出中心。这在诗美的创造上无疑具有一定的意义。

"兴"的以上各种解释不管是偏于内在意蕴方面的，还是偏重于艺术手法方面的，都可以兼容，而不互相排斥。事实上，在《诗经》中，"兴"的多种功能均存在。总括"兴"的多种功能，"兴"具有以下几种特性：（1）形象性；（2）情感性；（3）音乐性；（4）暗示性；（5）多义性。在这五种特性中，情感性与暗示性是最为重要的。"情感性"是它与"比"的重要区别，"比"与"兴"都有形象性，但"比"的形象用于"附理"，"兴"的形象用于"起情"。与"赋"相比，"赋"的特点是"直陈其事"④，而"兴"则是"婉而成章"⑤，"依微以拟议"⑥。"兴"是曲写其事的，以"隐"为工。正因为"兴"是隐的，所以它的艺术效果往往是"文已尽而意有余"⑦。

如果以上的理解不错的话，殷璠说的"兴象"也就可以大致揣摩它的含义了。"兴象"作为诗歌品评的标准，讲的是这样一种诗的形象：情感丰盈，寓意深婉，耐人寻味。"兴象"重在情，重在婉，重在隐。正因为如此，殷璠认为，好的诗只有"兴象"还不够，还要加上"风骨""故实"，以增加艺术形象义理的一面、刚健的一面、明朗的一面。这是殷璠的本意。

---

① 刘勰：《文心雕龙·比兴》。
② 孔颖达：《毛诗正义》。
③ 朱熹：《诗集传》卷一。
④ 朱熹：《楚辞集注·离骚经第一》。
⑤ 刘勰：《文心雕龙·比兴》。
⑥ 刘勰：《文心雕龙·比兴》。
⑦ 钟嵘：《诗品·序》。

　　"兴象"作为艺术形象或者说艺术境界的理论，其意义更为重大。它是意象理论向意境理论发展的一个重要的中间环节。意象理论只是为意境理论奠定了一个基础，它强调了"意"与"象"的统一，主观与客观的统一，但对"意"与"象"并没有作出更为深刻的规定。"兴象"说突出了情感的地位，发展了"意象"说。在前文对"兴"的诸种功能的介绍中，"起情"是基本的，"兴"可说是审美情感的中国式的说法。说"兴"，不说"情"，因为这情是因事、因物而起的，且与此事、此物相连。所谓"诗兴"，无非是指缘事、缘物而引起的诗人的情感，如杜甫七律《峡州览物》所说："曾为掾吏趋三辅，忆在潼关诗兴多。"

　　"兴"既因物而起就必带"象"，故称"兴象"。"兴象"即"情象"，是一种审美形象。它不是"理象"，那是认知图解，而是不加名理思考的直觉的情感与物象融为一体的艺术形象。

　　"兴象"，不仅重"情"，而且重"隐"，它含义丰富，不仅"义在象下"，而且往往意在象外。这一条尤其重要。"意境"优于"意象"，就在这里。司空图谈诗，说是"象外之象，景外之景"①，"味外之旨"②，看重的也就是"隐"。从以上二点来说，"兴象"是"意象"向"意境"过渡的中介。

　　"兴象"说也存在一定的局限性，这是由"兴"的某些含义带来的。"兴"作为《诗经》"六义"之一，它是实现教化的重要手段。儒家所推崇的教化，是政治性的，伦理性的，所谓"发乎情"，"止乎礼义"是也。这样一种狭隘的社会功利性在一定程度上妨碍艺术审美价值的充分实现。再者，"兴"往往是作为"象征"来运用的。"象征"有一定的审美意义，但"象征"的审美意义也有相当的局限性，因为象征物与被象征物的关系往往是一对一的。这种单线的直接指向，尽管也是含蓄的、隐秘的，但审美情趣就打了很大的折扣，艺术形象所应具有的丰富性、模糊性就给冲淡了，与之相应，艺术形象的审美魅力也给削弱了。

---

① 司空图：《与极浦书》。
② 司空图：《与李生论诗书》。

第三节　意境说（一）

意境理论的建构亦在唐代。

意境理论是中华诗学的精华，它与典型论同是世界艺术理论宝库的双璧。如果说，典型论主要是西方美学对人类的贡献，那么，意境说则纯然是中华美学的丰硕成果，是中华民族对人类的伟大贡献。

意境理论的关键在"境"，因而此理论又称"境界"说。

关于"境"，就辞源学角度考察，它的本义是指地域。《说文解字》云："境，疆也。"《荀子》云："入境观其风俗。"这"境"即为地域。"境"也借"竟"字以代替之。如《礼记·曲礼上》云："入竟而问禁。"这"竟"即为"境"。

（唐）周昉：《内人双陆图》

"竟"，在《说文解字》中训为"乐曲尽为竟"。段玉裁注为："曲之所止也，引申凡事之所止，土地之所止皆曰竟。""界"为边界，《说文解字》释云："界，竟也。"段玉裁注："乐曲尽为竟，引申为凡边竟之称。"

从辞源学角度考察"境"字，我们发现，"境"不仅能表示空间，还能表示时间。"乐曲尽为竟"就是指乐曲存在的时间。这个发现非常重要，因为作为美学范畴的"意境"或"境界"就有时空两重意义。另外，我们还发现，"境"不仅能表示具象的物质的实存（用作"地域""处所"），而且也能表示抽象的心理的感受。乐曲是声音，它的存在固然是物质的、客观的，但它在人心里引起的感受却是心理的、主观的。乐曲的存在是境界，乐曲在人心里产生的影响亦是境界。强调这一点，对我们理解美学范畴的"意境"或"境界"同样很有意义，因为美学范畴的意境同样兼有物质与心理、客观与主观两重意义，而且主观心理的意义更为重要，它是意境的本质。

《庄子·逍遥游》已经在抽象的主观心理层面运用"境"这个概念了："定乎内外之分，辨乎荣辱之境，斯已矣。"这"境"就是指精神状态。

有学者说，"意境"或"境界"一词来自汉译的佛经，并且具体地说，东晋佛陀跋陀罗所译的《华严经》，后秦鸠摩罗什译的《法界体性经》，北魏菩提流支译的《入楞伽经》《无量寿经论》，昙摩流支译的《如来庄严智慧光明入一切佛境界经》，梁僧伽婆罗译的《度一切诸佛境界智严经》，真谛译的《中边分别论》《唯识论》等都出现了"境界""法界""境"等词语。不错，佛经中的确用了这些词语，但需要说明的是，佛经之所以采用"境界"这词来表示佛性，是因为"境界"原本就具有表示精神世界的功能。

意境理论的建构吸取了多方面的营养，其中最主要的是老庄的"道"论，其次是《易传》和魏晋玄学的"言""意"之辨，再次是佛教的境界说。除此以外，儒家的"比兴"说、"风雅"说对意境理论的建构亦有重要意义。关于这些学说与意境的关系，我们将在相关的章节论述，此不赘述。

意境作为美学范畴是有一个发展过程的。

就意境的内涵来说，魏晋南北朝的形神论、风骨论、情采论以及唐代普遍盛行的意象论、兴象论都为它的建构提供了很好的理论准备。

就意境这个词的使用来看，最早把"境"的概念引入艺术理论中的是汉末的蔡邕。他的论书著作《九势》云："此名九势，得之虽无师授，亦能妙合古人，须翰墨功多，即造妙境耳。"嵇康《声无哀乐论》云："美有甘，和有乐；然随曲之情，尽乎和域；应美之口，绝于甘境。"梁简文帝萧纲《玄虚子赋》亦云："心溶溶于玄境。"刘勰《文心雕龙》的《论说》篇，用佛教的"境"来论文："动极神源，其般若之绝境乎。"

唐初经学家孔颖达也说到"境"。他在释"乐者，音之所由生也，其本在人心之感于物也"时说："物，外境也，言乐初所起，在于人心之感外境也。"① 以上"境"的用法，已接近于艺术境界，但尚未把"境"自觉地作为一个重要的审美范畴确定下来。把"境"自觉地当作审美范畴来使用的，在唐代，一是王昌龄，二是皎然，三是刘禹锡，四是司空图。他们对意境理论的建构各自有独特的贡献。

最早使用"意境"这个概念的是盛唐诗人王昌龄。王昌龄（？—约756），字少伯，江宁（今南京）人，一说太原人，还有说京兆（今陕西西安）人的。王昌龄擅长七言绝句，有"诗家天子"美誉。《新唐书·艺文志》载王昌龄有《诗格》二卷。学术界一直有人认为此书是后人伪托，真伪待考。日本僧人遍照金刚著的《文镜秘府论》中论诗十七势和论文意的四十余则文字，罗根泽疑为王昌龄《诗格》真本残存。今从罗说。"意境"这一概念出现在王论"诗有三境"的文字中：

> 诗有三境，一曰物境：欲为山水诗，则张泉石云峰之境，极丽绝秀者，神之于心，处身于境，视境于心，莹然掌中，然后用思，了然境象，故得形似。二曰情境：娱乐愁怨，皆张于意而处于身，然后驰思，深得其情。三曰意境：亦张之于意而思之于心，则得其意矣。②

王昌龄这里说的"意境"还不能等同于我们现在说的美学范畴的"意境"，但他提出了"意境"这个概念。我们说它还不能等同于作为美学范畴

① 孔颖达：《乐记正义》，见《礼记正义》卷三十七。
② 王昌龄：《诗格》，见《诗学指南》卷三，乾隆敦本堂刊本。

王昌龄像

的"意境"，主要是他对"意境"的解释不完善。王昌龄说的"诗有三境"，实是三类诗：一类是山水诗，重在写景，故其境为"物境"；二类是抒情诗，重在抒情，故其境为"情境"；三类是言志诗，重在写意，故其境为"意境"。王昌龄虽说没有将"意境"的本质特点揭示出来，但揭示了"境"的某些比较重要的性质：其一，"境"是"象"与"心"统一的精神境界。"象"虽取之于物，但反映到心。"象"为心所重塑，则成为情与意的寄托了，因而其"象"不是"物象"而是"心象"。其二，"境"之"象"，既得物之形似，又得物之神似。其三，"境"之"心"，既得其深情，又得其意真。

　　王昌龄对"意境"理论的贡献不仅在于他最早使用了"意境"这个概念，而且还在于他比较深入地论述意境创造过程中"心""物"二者的关系：

　　　　夫置意作诗，即须凝心，目击其物，便以心击之，深穿其境。如登高山绝顶，下临万象，如在掌中。以此见象，心中了见，当此即用。如无有不似，仍以律调之定，然后书之于纸。会其题目，山林、日月、风景为真，以歌咏之。犹如水中见日月，文章是景，物色是本，照之须了见其象也。

　　　　夫作文章，但多立意，令左穿右穴，苦心竭智，必须忘身，不可拘束。思若不来，即须放情却宽之，令境生。然后以境照之，思则便来，来即作文；如其境思不来，不可作也。①

————————————

① 见《文镜秘府论·论文意》。

此两段话是否为王昌龄所说，尚有争论，今从罗根泽所说。

王昌龄的这两段文字详尽地论述了诗境创造的过程。首先是心理上的准备。这包括两个方面：一是"凝心"，全神贯注，精神高度集中；二是"忘身"，将功名利禄、成败得失全然抛开，甚至忘怀自身的存在。这种情况正如《庄子》中所写梓庆削木鐻，为"不敢怀庆赏爵禄"，"不敢怀非誉巧拙"，"忘吾有四肢形体"。"忘身"是"凝心"的保证。王昌龄说，"思若不来，即须放情却宽之，令境生"。只有自由的心态才能创造空灵的意境。

至于如何进入诗境的创造，王昌龄提出几个重要环节：

第一，"立意"。立意不易，须"左穿右穴，苦心竭智"才可得之。"意"是创境的指导思想，也是境之灵魂，自然十分重要。

第二，"穿境"。穿境，先是"目击"，即深入细致地观察所要描绘的对象以准确地把握对象之"形"。然后是"心击"，"心击"即是用情感去体察对象、用思想去理解对象，以深入地把握对象之"神"。这个过程，王昌龄用"登高山绝顶，下临万象，如在掌中"来比喻，其结果则是"以此见象，心中了见"。

第三，"即用"。就是将已活跃于心中的形象书之于纸。在传达的过程中，以诗的格律去组织语言，使之具有音韵美、结构美。

王昌龄在谈诗的境界创造时用"目击""心击""深穿"这样冲击力很强的字眼是有深意的。"击""穿"的对象是物象，"击""穿"的主体是诗人。这就强调，诗境不是一般的对物象的反映，而是诗人主观的感觉和心灵对物象的改造、再创造。王昌龄在谈诗的"三格"时亦强调了这一点。他说："搜求于象，心入于境，神会于物，因心而得。"[①] 可见，诗境实是诗人心灵之境。

王昌龄认为诗境"犹如水中见日月，文章是景，物色是本，照之须了见其象也"。这个观点十分重要。这比喻说明诗境是一个空明灵透的境界、主客相融的境界、其美无比的境界。王昌龄的这个比喻，使我们联想到宋

----

① 王昌龄：《诗格》，见《诗学指南》卷三，乾隆教本堂刊本。

代严羽将诗境比作"空中之音,相中之色,水中之月,镜中之象"①。的确,这样的诗境必然是言有穷而意无限。

第四节　意境说（二）

中唐诗僧皎然对意境理论的建构有重要贡献。皎然（约720—约795）,字清昼,名昼,湖州人,一说吴兴人,他自称是谢灵运的十世孙。皎然幼负异才,早岁在杭州灵隐寺受戒出家。出家后,除诵习佛典外,兼攻子史经书,尤擅吟咏,其诗高逸超迈,为时所重,所交游者有颜真卿、韦应物、卢幼平、吴季德、李萼等当时著名文人。颜真卿为湖州太守时曾集文士撰《韵海镜源》一书,皎然应邀参与其事。皎然的著作据唐释福琳《唐湖州杼山皎然传》载,有《杼山集》10卷、《儒释交游传》、《内典类聚》40卷、《号呶子》10卷、《诗式》5卷、《诗议》1卷、《诗评》3卷等。

皎然对诗歌艺术有精深的研究。在他论诗的著作中多处用到"境"这个概念。由于皎然本是僧人,深研佛典,他对诗境的阐释具有较为明显的佛教色彩。不过,皎然也并不只用佛教的境界说来谈诗境,也用儒家、道家的一些观点来谈诗。

皎然的诗论并没有专门的段落论述诗境,我们只能从他论诗的文字大略地了解他对诗境的看法。在《诗式序》中他对诗有一个总的看法:

> 夫诗者,众妙之华实,六经之精英,虽非圣功,妙均于圣。彼天地日月、元化之渊奥、鬼神之微冥,精思一搜,万象不能藏其巧。其作用也,放意须险,定句须难,虽取由我衷,而得若神授。至于天真挺拔之句,与造化争衡,可以意冥,难以言状,非作者不能知也。

皎然对诗的这个总的看法,把诗神秘化了,但透过神秘的表述,有一些基本观点还是可以把握的:第一,诗是人类文明的精华,"虽非圣功,妙均于圣"。第二,诗是诗人创造性劳动的结晶。第三,诗人的创造据自天工,又

---

① 严羽:《沧浪诗话》。

巧夺天工,堪"与造化争衡"。第四,诗人的创造"虽取由我衷,而得若神授",是理性与非理性共同的产物。皎然对诗的总的看法即是他所认为的诗的本体。很显然,皎然把诗的本体定位在诗人创造这个层面上,这与刘勰将诗的本体定位于"道""经"大不一样。

皎然十分看重诗人创造性的精神活动,认为这种活动"可以意冥,难以言状"。皎然关于诗歌境界的种种理论就建立在这个总的看法基础上。换言之,皎然认为诗的境界就是诗人创造的境界,它犹如佛教中所说的"独影境",是想象的产物。尽管诗境中有种种生动的景物描绘,但并非实相,而是虚相。在《诗议》中,皎然将这一观点表述得很清楚。他说:

> 夫境象不一,虚实难明,有可睹而不可取,景也;可闻而不可见,风也;虽系乎我形,而妙用无体,心也;义贯众象而无定质,色也。凡此等,可以对虚,亦可以对实。

"境象"即诗境,"虚实难明",这是因为诗中所描绘的种种景物"可睹而不可取",正如宋代严羽所说的"水中之月,镜中之象"。这是"意境"最为重要的特点,它是空灵的,而不是质实的。正是因为空灵,它万取一收,一以当十,意味无穷,恰如嵇康《赠秀才入军》诗中所描述的:"目送归鸿,手挥五弦。俯仰自得,游心太玄。"从这个角度讲,诗境是虚的,但诗境"可以对虚,亦可以对实",因为诗境中所描绘的种种景物又是生机盎然的。皎然说:"高手述作,如登荆巫,睹三湘鄢郢山川之盛,萦回盘礴,千变万态,或极天高峙,崒焉不群,气腾势飞。"[1]他十分赞赏谢灵运的名句"池塘生春草""明月照积雪",不就是因为这诗句特别明丽可感吗?

对诗境亦实亦虚、虚实互生的重要特点,皎然极为看重。在《诗议》中他还说:"固须绎虑于险中,采奇于象外;状飞动之句,写冥奥之思。""象外",指实通向虚,为实中之虚。"象外"之说,后来在司空图的《二十四诗品》中有更深入的论述。值得我们注意的是,对于"象外",皎然的要求是"奇",不能平淡,不能一般,而要奇警超拔,想落天外,这就要下一番功夫了。"冥

---

① 皎然:《诗式·明势》。

奥之思"，自然是虚了，但这虚，又寄寓在"飞动"的景物之中，这可谓虚寓于实。皎然论诗境也多处用到"味"这个概念，诸如"才多识微者，句佳而味少"①"如杨林积翠之下，翘楚幽花，时时开发，乃知斯文，味益深矣"②。"味"是中国美感论中独特的范畴，"味"的对象是"意"，因而又叫"意味"。"味"所品的审美对象，总是比较虚，比较丰富，比较微妙。司空图云"文之难，而诗之尤难。古今之喻多矣，而愚以为辨于味，而后可以言诗也"③。诗为什么特别强调品味？因为诗境比文境要虚得多。诗有没有味，是衡量诗有没有境界的一个重要标准。宋张戒云："大抵句中无意味，譬之山无烟云，春无草树，岂复可观？"④皎然拈出"味"这一概念来评诗，正说明他十分重视诗境中虚的特点。

　　虚实结合而实质为虚，这是意境的本质性特征。皎然较之王昌龄更为充分地揭示了这一点。皎然对意境这一特点的认识很可能借助于佛教的境界说。佛教讲空无，它的境界是一种非有非无的虚空之境。《大毗婆沙论》说："境，通色，非色，有见，无见，有对，无对，有为，无为，相应，不相应，有所依，无所依，有所像，无所像，有行相，无行相。"《金刚般若波罗蜜经》云："一切有为法，如梦幻泡影，如露亦如电，应作如是观。"《说无垢称经·声闻品》亦云："所起影象，如水中月，如镜中象。"皎然在谈诗境时虽然没有直接引用佛经，但受其影响还是比较明显的，他在谈诗的"重意"时，明确地说："贵之于道，则居众妙之门；精之于释，则彻空王之奥。""道""众妙之门"，来自《老子》；"释""空王之奥"，则属佛教。应该说，道家的"道"论、释家的"空"论都是皎然诗境说的源头，但二者比较，皎然更多地从佛教吸取营养，他在"文章宗旨"一节谈谢灵运的诗时就只谈谢"通内典"（即佛典），得"空王之道"（即佛道），不谈道家思想对谢灵运的影响。

　　"意境"中"意"与"境"的关系，皎然认为意是起主导作用的。他说："夫

① 皎然：《诗议》。
② 皎然：《诗式·明势》。
③ 司空图：《与李生论诗书》。
④ 张戒：《岁寒堂诗话》卷上。

诗人造极之旨,必在神诣,得之者妙无二门,失之者邈若千里。"① 将诗人在诗中寄寓的"意",称之为"神诣",既见出此意精微玄远,又见出此意在诗中所处的灵魂地位。皎然在谈到诗之十九体时说:

> 静　非如松风不动,林狄未鸣,乃谓意中之静。
>
> 远　非如渺渺望水,杳杳看山,乃谓意中之远。

"松风不动,林狄未鸣","渺渺望水,杳杳看山"均是"境",这"境"何以能体现出"静""远"的意味呢? 这是因为此境中的意是静的、远的。这境不过是"意中之静""意中之远"罢了。

"境"由"意"定。"境"为"意"之体,"意"为"境"之灵。这是皎然对"意"与"境"关系的基本看法。

皎然重意。他主张诗中之意丰富含蓄,"两重意已上,皆文外之旨"②,不仅意在象中,而且意在象外。他说:"作者措意,虽有声律,不妨作用,如壶公瓢中自有天地日月。"③ 诗中所写虽是有限,却能从有限中见出无限。

皎然重势,势实为动态之意。势最能见出意的力度、强度。皎然认为好诗,应是"气腾势飞"④,"一篇之中,后势待起,前势似断,如惊鸿背飞,却顾俦侣"⑤。一个作品,如能做到既有意,又有势,且"意有盘礴","势有通塞"⑥,则必然是"气象氤氲"⑦。皎然在谈诗格时颇为欣赏"跌宕格",所谓"跌宕格",就是那种意丰势遒且饶变化往往出人意外的诗格,皎然说这种诗"其道如黄鹤临风,貌逸神王,杳不可羁"⑧。

对于"情"与"境"的关系,皎然亦有论述。自汉魏以来,对于情感在诗中特别重要地位已有不少论述,唐人论诗亦重在情致,但一般只是谈到

---

① 皎然:《诗式·序》。

② 皎然:《诗式·重意诗例》。

③ 皎然:《诗式·明作用》。

④ 皎然:《诗式·明势》。

⑤ 皎然:《诗式·作用事第二格》。

⑥ 皎然:《诗式·作用事第二格》。

⑦ 皎然:《诗式·诗有四深》。

⑧ 皎然:《诗式·跌宕格二品》。

"情"与"景"的关系，殊少谈"情"与"境"的关系。"情"与"景"的关系大致可以归之于"情"与"境"的关系，但后者不能等同于前者，"境"远较"景"丰富，"境"比之"景"，更多主观的色彩，更具形而上的意味，尽管它的外在形象也往往是"景"。皎然在《诗式》《诗议》以及诗歌作品中多处谈到了"情"与"境"的关系：

> 缘境不尽曰情。①
>
> 诗情缘境发，法性寄筌空。②
>
> 为依炉峰住，境胜增道情。③

皎然提出"诗情缘境发""境胜增道情"的观点很值得注意。"诗情缘境发"中的"境"是呈现在诗人眼前的景物，不说它是"景"，而说是"境"，是因为这景在诗人的观照下已经不是纯客观之物而是兼有主观色彩之物了，它不是自在的自然景物，而是自为的审美对象。诗人为这一审美对象所吸引，其情感必然为之生发，这就是"诗情缘境发"之意。"境胜增道情"，"道情"非"世情"，是得道者之情。这情含有理。说"境胜"则不是一般之境，而是佳境。佳境不只是生发诗情，还能启迪心智，领悟禅理，使诗情升华为含有深刻哲理的有道之情。皎然这里说的是"境"对"情"的激发作用。

"情"产生之后反过来又有助于"境"的创造。这境就不是呈现在诗人眼前并映现在诗人心中的物境了，而是经过诗人心灵重新创造过并形之于文的诗境。这境是很美的，比物境更美。它的美就在于这境以情为地，不是"景"而是"情"成为它的本体了。而且这情也不是抽象的只存在于诗人心中的情，而是外化为境、具象为景的情。这外化为境的情又是那样的含蓄、绵邈、耐人寻味；除此外，这情这境又借清词丽句予以表达，亦倍增其美妙了。

这样，"缘境不尽曰情"就成了评诗的一大审美标准。

《诗式》主要是讨论诗歌创作法则的著作，因而皎然较少谈意境或境界

---

① 皎然：《诗式·辨体有一十九字》。

② 皎然：《秋日遥和卢使君游何山寺宿杨上人房论涅槃经义》。

③ 皎然：《夏日与綦毋居士昱上人纳凉》。

的审美特性,而更多谈意境或境界的创造。皎然将这一工作叫作"取境"。"取境"实际上是确立诗的品格、境界,它是关系诗的全局的事,皎然说:

> 夫诗人之思初发,取境偏高,则一首举体便高;取境偏逸,则一首举体便逸。①

皎然提出辨体 19 个字,实是取境 19 个字。就他个人的审美趣味来说,他是主张取境要高、要逸的。何谓高? "风韵朗畅曰高";何谓"逸"? "体格闲放曰逸"。这实际上是道家、禅宗的审美理想。

道家、禅宗的审美理想都崇尚自然,皎然亦如此,他把"不用事"奉为诗的第一格,就是"不用事"的诗。他称道的也是"语似用事,义非用事"。皎然之所以不主张诗中过多"用事"和为"用事"而"用事",是因为偏重"用事",势必影响真性情的抒发,其诗就不真、不自然了。他喜欢曹植的诗,是因为曹植的诗"不由作意,气格自高",他特别推崇谢灵运,也是因为谢灵运的诗"为文真于情性,尚于作用,不顾词彩而风流自然"②。要求诗具"自然"之质,是不是就不要加以修饰、不要苦思了呢? 皎然的回答是:

> 评曰:或云,诗不假修饰,任其丑朴,但风韵正、天真全,即名上等。予曰:不然。无盐阙容而有德,曷若文王太姒有容而有德乎? 又云,不要苦思,苦思则丧自然之质。此亦不然。夫不入虎穴,焉得虎子? 取境之时,须至难至险,始见奇句。成篇之后,观其气貌,有似等闲不思而得,此高手也。有时意静神王,佳句纵横,若不可遏,宛如神助。不然,盖由先积精思,因神王而得乎! ③

可见,皎然说的"自然"不是"不假修饰,任其丑朴",反过来,倒是要加以修饰,使之尽善尽美的。皎然主张"取境"时,从"至难至险"入手,因为只有这样,才能获得奇句。这样做,当然是苦思了。可见,皎然不仅不反对苦思,而且提倡苦思。那么皎然说的"自然"是什么呢? 他说的"自然"不是创作的态度和创作的过程,而是作品的审美效果,正是努力追求"自

---

① 皎然:《诗式·辨体有一十九字》。

② 皎然:《诗式·文章宗旨》。

③ 皎然:《诗式·取境》。

然"，方能获得"自然"。"自然"正是"修饰""苦思"的产物。只是由于这种"修饰"达到非常高明的程度，不见斧凿之痕迹，且恰到好处，让人不见其修饰；同样，体现在创作过程中的苦思也因为丝毫不在作品中见出，让人误以为"有似等闲不思而得"。皎然强调"取境"，要"至难至险"、臻善臻美，是深知创作艰苦之言。

皎然认为有时也会出现灵感："意静神王，佳句纵横，若不可遏，宛如神助。"的确，处有灵感状态，创作变得轻松愉快了。但是，这灵感虽是"宛如神助"，但并非真的是神助，这是诗人"先积精思"的酬报，只是这酬报采取了一种特殊的形式以致让人迷惑了。

皎然深懂艺术辩证法，他关于"诗有四不""诗有四深""诗有二要""诗有二废""诗有四离""诗有六迷""诗有六至"的观点都非常可取。这亦可以看作是对诗境的艺术美品评，今将"诗有六迷""诗有六至"录之如下：

诗有六迷：

以虚诞而为高古；以缓慢而为淡汗；以错用意而为独善；以诡怪而为新奇；以烂熟而为稳约；以气劣弱而为容易。①

诗有六至：

至险而不僻；至奇而不差；至丽而自然；至苦而无迹；至近而意远；至放而不迂。②

第五节　意境说（三）

唐代意境理论的建构，集大成者是唐末诗人、诗论家司空图。

司空图（837—908），河中虞乡（今山西永济市境内）人。据《旧唐书》，司空图于咸通十年（869）登进士第，曾为王凝幕僚，辟为上客，召授殿中侍

---

① 皎然：《诗式·诗有六迷》。

② 皎然：《诗式·诗有六至》。

御史。唐僖宗广明元年（880）擢为礼部员外郎。司空图所处的时代，唐王朝已快走到尽头了，天下大乱，农民起义蜂起，黄巢军攻下长安，僖宗出逃宝鸡，司空图从之不及，退还河中，后隐居不出。僖宗后，局势更加混乱，唐王朝的颓败也更加明显。司空图对唐王朝已失望至极，朝廷几次征召，都不愿出山。好在唐昭宗对司空图有所理解，不为难他，其诏书曰："司空图俊造登科，朱紫升籍，既养高以傲代，类移山以钓名，心惟乐于漱流，仕非专于禄食。匪夷匪惠，难居公正之朝，载省载思，当徇栖衡之志，可放还山。"司空图于是隐居中条山之王官谷。司空图思想观念兼儒道二家，晚年更倾向于道，生性放达。据说，他避祸隐居中条山时，"预为寿藏终制"，有朋友来看他，他将朋友引到土坑之中，赋诗对酌，朋友或有难色，他则劝之曰："达人大观，幽显一致，非止暂游此中，公何不广哉？"唐王朝灭亡的第二年（908）他"闻辉王（即唐哀帝）遇弑于济阴，不怿而疾，数日卒"。

（唐）周昉：《簪花仕女图》（局部一）

司空图工诗善文，有《司空表圣文集》10卷、《诗集》3卷行世。与皎然一样，司空图没有论诗歌意境的专文，他的一些见解散见在他的文章中，虽然多是片言只语却非常深刻。

一、"象外之象""景外之景"

"象外"这个概念在司空图之前有人说过,比如皎然就讲过"采奇于象外";皎然之后,《太平广记》一书也说过"意余于象"。这些虽都展露出一种美学的闪光,但均是行文所至,一笔带过。中唐的刘禹锡倒是比较重视"象外"这个概念的。他在《董氏武陵集纪》一文中说:

> 片言可以明百意,坐驰可以役万景,工于诗者能之。……诗者其文章之蕴邪?义得而言丧,故微而难能,境生于象外,故精而寡和。

刘禹锡虽然也只是说了一句"境生于象外",但这一句在文中处于突出的地位。它非常深刻地揭示了意境的本质特征。原来意境的"境"不在象内,而在象外,这实在是石破天惊之说。乍一听似乎荒谬,细思之,则觉非常深刻。意境之所以不同于一般意象,高于一般意象,其重要原因就在这里,不能说象内就没有境,但只有这个境不能说是意境,意境的妙处就在由象内通向象外,从有限中见出无限,因此,"象外"的那个"境"才是意境的本质所在。

司空图的"象外"之说较刘禹锡有新的发展。在《与极浦书》中,司空图说:

> 戴容州云:"诗家之景,如蓝田日暖,良玉生烟,可望而不可置于眉睫之前也。"象外之象,景外之景,岂容易可谈哉?然题纪之作,目击可图,体势自别,不可废也。

司空图认为好诗应该是"象外"还有"象","景外"还有"景",相对于诗内所写的"象""景",这"象外之象""景外之景"是虚。然而这虚的象、虚的景又是活生生地存在着的,只是它不呈现在诗面上,而呈现在欣赏者的脑海中。好的诗句必然会引发欣赏者的想象,从而让欣赏者去创造出一个远比诗歌所描绘的景象广阔得多、丰富得多的甚至生动得多的图画来。司空图特别推崇的诗人王维、韦应物,他们不少的诗就具有这样特色。如韦应物的《滁州西涧》:"独怜幽草涧边生,上有黄鹂深树鸣。春潮带雨晚来急,野渡无人舟自横。"画面非常鲜明,任何读者都可以在头脑中想象出诗中所描绘的图景来。如果是稍有些生活阅历、文学修养的读者,在读到诗句"野渡无人舟自横"时,还会发问:为什么会是"野渡"?这舟已是多少时候没有人来开动了,它该破旧不堪了吧!不知桨片可还齐整?上一次过河的是什么人?又会有什么人来过河……如此一想,自问自答,头脑中就会呈现出许多图景来,这些图景都是诗中没有的,它就是"象外之象""景外之景"了。

司空图谈的二十四诗品,差不多每一品都有"象外之象""景外之景"。如"雄浑"这一品,"荒荒油云,寥寥长风";"冲淡"这一品,"阅音修篁,美曰载归";"纤秾"这一品,"窈窕深谷,时见美人";"沉著"这一品,"脱巾独步,时闻鸟声"……这些用作比喻的形象都能让读者生发出许多想象来。

"象外"与"象内"的关系又是怎样的呢?司空图说:"超以象外,得其环中。"这个比喻十分精当。这里说的"环"是户枢,即门臼,它是圆的。《庄子·齐物论》云:"枢始得其环中,以应无穷。"可见"象外"的天地虽然广阔,亦变化无穷,其根基却是在"象内"。"象内"在一定程度上制约、规定着"象外",而"象外"大大地丰富、补充着"象内"。"象外"好比飞在天空的风筝,"象内"则是放风筝的人,只要风筝不断线,风筝不管飞得多高、多远,总还在放风筝人的掌握之中。

诗境的虚实关系,尽管在此之前皎然、王昌龄也都谈过,但数司空图谈得最深刻、最透辟。

二、"味外之旨""韵外之致"

在《与李生论诗书》中,司空图有两段十分重要的论"味外之旨""韵外之致"的文字:

> 文之难,而诗之尤难。古今之喻多矣,而愚以为辨于味而后可以言诗也。江岭之南,凡足资于适口者,若醯,非不酸也,止于酸而已;若鹾,非不咸也,止于咸而已。华之人以充饥而遽辍者,知其咸酸之外,醇美者有所乏耳。彼江岭之人,习之而不辨也,宜哉。
>
> 诗贯六义,则讽谕、抑扬、渟蓄、渊雅,皆在其间矣,然直致所得,

以格自奇。前辈编集，亦不专工于此，矧其下者耶！王右丞、韦苏州澄澹精致，格在其中，岂妨于遒举哉？贾浪仙诚有警句，视其全篇，意思殊馁，大抵附于蹇涩方可致才，亦为体之不备也，矧其下者哉！嘻！近而不浮，远而不尽，然后可以言韵外之致耳。

　　……盖绝句之作，本于诣极，此外千变万状，不知所以神而自神也，岂容易哉？今足下之诗，时辈固有难色，倘复以全美为工，即知味外之旨矣。①

应该指出，最早从美感这一角度提出"味"这一概念的是钟嵘的《诗品》。钟嵘说："五言居文词之要，是众作之有滋味也。"颜之推在《颜氏家训·文章》中也说："至于陶冶性灵，从容讽谏，入于滋味，亦乐事也。"宗炳从山水美的欣赏角度提出"澄怀味象"。唐代谈艺术的文章中，提到"味"的很多，其中最为精辟的是司空图的诗论、文论。其他还有刘知几、刘禹锡等。刘知几在《史通·叙事》中云："文而不丽，质而非野，使人味其滋旨，怀其德音。"刘禹锡在《答柳子厚书》中说："余吟而绎之，顾其词甚约，而味渊然以长。"从味觉谈艺术，不只是个通感问题（将视觉、听觉化成味觉），它还充分体现出中国人对美感的一种特殊理解：

从渊源来说，中国人的审美可能先从味觉开始或者说饮食是中国人最早的审美对象。《说文解字》释美字为"羊大为美"，可作证明。

味觉较虚，不如视听觉实，可见中国人审美比较注重精神的层面。"味"最早出现在老子的著作中，"以味无味"形式出现，最大的"味"是"无味"。"无味"是"道"的重要特性。"味无味"即为悟道。由这看来，味作为美感范畴，它以"悟道"作为最高层次。"道"是无限的，故美感的最高境界应是余味无穷（"味外之旨"）。

清初钱谦益提出"香观说"，说："观诗之法，用目观不若用鼻观。"并说："诗也者，疏瀹神明，淘汰秽浊，天地间之香气也。"② 此说因缺乏文化传统

---

① 司空图：《与李生论诗书》。

② 钱谦益：《香观说书徐元叹诗后》。

作凭借，没有什么影响。

司空图的贡献不是在提出以"味"评诗，而是在独出心裁地拎出个"味外之旨"即"味外之味"的问题来。司空图说江岭之南的人如若喝醋（醯）只知道其酸而已，吃盐（醝）只知道其咸罢了，主要原因是习惯了。如果饥肠辘辘的中原人来吃酸、咸的食物，则可品出这咸、酸之外，还有别的醇美的滋味。司空图认为这个"味外之旨"才是最美的。他将这一比喻用之于诗，亦认为诗之美，美在"味外之旨"。

"味外之旨"亦即"韵外之致"，它指的是诗境中潜在尚未发掘出来的意味，发掘者不是诗人，而是读者。诗人是藏宝人，读者是挖宝者。值得指出的是诗境里潜在的意义与读者发掘的意义不是画等号的，读者发掘的意义虽源于作品之潜存，但经过读者的理解、发挥，已经大为丰富、大为发展了。打个比方来说，诗人在诗里只是播下一颗种子，而读者收获的却是鲜花与果实。

优秀的作品不应该将一切宝藏全摆在地面上，而应该有所潜藏；它应该播下较多的种子，以让读者收获更多的鲜花与佳果。

含蓄不应只属于某一类作品，含蓄只有程度上的差别，所有的作品都应有几分含蓄。

这就是刘勰讲的"隐"："隐也者，文外之重旨者也。""夫隐之为体，义主文外，秘响旁通，伏采潜发，譬爻象之变互体，川渎之韫珠玉也。"[1]

这也就是皎然讲的"重意"："两重意已上，皆文外之旨。"[2]

司空图虽然将含蓄列为二十四诗品中的一品，但其他二十三品也都具有含蓄的成分。就是"豪放"，也是"由道返气，处得以狂"，"真力弥满，万象在旁"，内在的东西仍然是主要的；即使是"实境"，也要求"情性所至，妙不可寻"。

"象外之象""景外之景"与"味外之旨""韵外之致"恰好构成一对。

① 刘勰：《文心雕龙·隐秀》。
② 皎然：《诗式·重意诗例》。

　　总之，两条标准：一条是"象外之象""景外之景"；另一条是"韵外之致""味外之旨"。两条标准都把重点放在"外"（"象外""味外"），这正是司空图的深刻之处。

　　艺术形象的构成是情与景的统一（象与韵的统一，景与味的统一），景为情之景，情为景中情。能做到这样，已是很不错的了，艺术美就产生于这二者高度的统一中。但高级的艺术美不应止于此，而应能见出景外之景、味外之味。这样就应有两个统一：景与情的统一，景外之景与味外之味的统一。

　　艺术形象应是一个开放系统，从有限见出无限。

　　这实际上已经揭示出意境的基本特点了，只是司空图还未将此特征归之于意境。

　　按司空图的意思，诗的意境是一个虚实相生的多层面的生命活动体。它的基础是诗内之景与诗内之味的统一，即实在的象与意的统一，它的上层是景外之景与味外之味的统一，即虚拟的象与意的统一。实在的象与意的统一由诗人完成，外化为诗的语言；虚拟的象与意的统一由读者完成，内化为诗的想象。

　　"诗内之景"与"诗内之味"均是"实"，然二者相对来说，"诗内之景"是实中之实，"诗内之味"是实中之虚。

　　"景外之景""味外之味"相对于"诗内之景"与"诗内之味"来说是虚。然它们二者相对来说，又可以分出虚实："景外之景"是虚中之实，"味外之味"是虚中之虚。

　　意境内部这样丰富而又有序的虚实相生关系使意境成为奇妙的能动体，它犹如大自然，犹如生命。它是一个精致缜密的小世界，却又是一个千变万化的大天地。

三、"思与境偕"

　　司空图在《与王驾评诗书》中说：

　　　　王生寓居其间，浸渍益久，五言所得，长于思与境偕，乃诗家之所尚者。

什么是"思与境偕",学者们的说法不完全一样,关键是对"思"与"境"的理解不同。笔者认为"思"是诗人的构思,这"思"同于王昌龄在诗格中所说的"取思",皎然说"诗不要苦思","苦思"就是艰苦地构思。有的学者将"思"说成"审美情思""艺术灵感和艺术想象"都过于浮泛。构思包括创作意图的确定,艺术形象的提炼,审美情感的投入等,其核心是艺术形象的设计。"思"显然属于主观的方面。"境"按王昌龄说法有"物境""情境""意境"三种,不管是哪种境,它都以可视可闻的物质形象为基础。它侧重于客观方面。当然,已经成为可供诗人寄情寓意的境实际上不是客观事物了,它已成为诗人的主观映象,说它侧重于客观方面,是说它的来源主要源自客观。

在艺术构思过程中,诗人的创作意图能不能充分体现为意境,这就要看"思"与"境"的相互作用了。自然,"思"在二者的关系中一般来说是主导的,但"境"对"思"的反作用亦不可低估,在某种情况下,"境"对"思"甚至会起到决定性的作用。经过一段奇妙的二者互相作用的过程,"思"与"境"达到了和谐,优美的艺术意境出现了。

从"思与境偕"这一命题来看,司空图认为意境是主观与客观愉快邂逅,相互融合,高度和谐统一的产物。

四、"妙造自然""着手成春"

司空图《二十四诗品》的描述、论议中有不少语句涉及意境的审美本质及创造。按司空图的看法,诗的意境既来自自然,又超出自然,它是"妙造自然",换句话说,它是经诗人创造的第二自然。

自然本身是很美的,"意象欲生,造化已奇"[①],可见,"造化"的奇妙是"意象"生发的源泉。但"意象"毕竟不是"造化"的刻板摹仿。这种摹仿是永远无法赶上"造化"的,正如黑格尔所说:"靠单纯的摹仿,艺术总不能和

---

① 司空图:《二十四诗品·缜密》。

自然竞争；它和自然竞争，那就像一只小虫爬着去追大象。"① 意象是一种创造，是诗人以自然为素材，以"造化"为楷模与借鉴的再创造。司空图说是"妙造自然"②，妙造自然达到很高水平，那意象就是意境了。

司空图深受老庄哲学影响，他的"妙造自然"说有着浓厚的道家意味。他认为"妙造自然"的关键，不是造出自然之形来，而是造出自然之神即生命来。

他认为自然之神、之生命就是"道"。"道不自器，与之圆方"③，"道"就在千变万化的自然之中，因此，真实地写出大自然的形貌、精神，就是体现了"道"："风云变态，花草精神，海之波澜，山之嶙峋。俱似大道，妙契同尘，离形得似，庶几斯人。"④ 司空图之所以特别推崇"天放"的美、"自然"的美、"天然"的美，就是因为这种天放、自然的境界，正是"道"的境界。司空图的"意境"说主要来自道家思想，他对二十四种诗品的赞颂描绘俨然就是一曲道家的天地自然之歌，一首多声部的"道"颂。它是绚丽多姿的："采采流水，蓬蓬远春"，"碧桃满树，风日水滨"；又是冲淡飘逸的："素处以默，妙机其微"，"落落欲往，矫矫不群"；它是高古典雅的："畸人乘真，手把芙蓉"，"落花无言，人淡如菊"；又是自然朴素的："俯拾即是，不取诸邻"，"遇之自天，泠然希音"；它是雄浑豪放的："大用外腓，真体内充"，"天风浪浪，海山苍苍"；又是秀婉清奇的："月明华屋，画桥碧阴"，"晴雪满汀，隔溪渔舟"……它是多种对立的统一，总体是和谐的："饮之太和，独鹤与飞"，"天地与主，神化攸同"。

"俱道适往，着手成春。""道"即为"春"，春即为"道"。司空图的境界说就是这样充满哲理的意味、生命的意味。换句话说，司空图所推崇的境界既是哲理的境界又是生命的境界。后世正是按这种思路去理解"意境"的。

---

① ［德］黑格尔：《美学》第 1 卷，商务印书馆 1979 年版，第 54 页。

② 司空图：《二十四诗品·精神》。

③ 司空图：《二十四诗品·委曲》。

④ 司空图：《二十四诗品·形容》。

第六节 诗 品 说

风格是艺术成熟的标志，也是艺术美特色呈现的标志。唐代诗歌是唐代文化的代表，犹如万马奔腾的头马，对于推动整个唐代文化的发展起着极其重要的作用。风格作为一个美学概念，也首先在诗歌创作中提出。在唐代，论述诗歌创作风格最为重要的著作是司空图的《二十四诗品》。

《二十四诗品》是一部用诗体写成的诗歌理论著作 [①]。"品"，在中国古代，有二义：一义是作动词用，相当于论，与论相较不同的是，它具有浓郁的审美意味，是在审美感受中的论述。另一义则是作名词用，指位。这位可以有级别，也可以没有级别。南朝梁时，有钟嵘著《诗品》，将汉末盛行的"九品论人，七略裁士"的做法用于论诗，钟嵘《诗品》中的"品"兼动词、名词二义，而以动词义为主。《诗品》相当于"诗论"或"论诗"。司空图的《二十四诗品》的"品"则明显地是作名词用的。"二十四诗品"就是二十四种不同类的诗。这二十四种诗品是没有上下等级之别的。这就区别于钟嵘的《诗品》，钟嵘论诗及诗人，是按艺术成就的高低分为上中下三等的。唐代不仅用品论诗，也用品论书论画，张怀瓘论画与书有神、妙、能三品说，朱景玄说神、妙、能三品外还有逸品，这神妙能逸诸品是有高下之分的。司空图论诗品，似乎没有这种高下概念。二十四种诗品地位是平等的。这种做法可能与唐代诗歌极为繁荣，风格极为丰富，无法论及高下有关。

《二十四诗品》论列了雄浑、冲淡、纤秾、沉著、高古等二十四个"品"，对自汉至唐的诗歌风格进行了系统而简练的总结和描述。下面，我们就结合唐代的诗歌创作来对这二十四个"品"做一些简要的分析和引申：

雄　浑

大用外腓，真体内充。返虚入浑，积健为雄。具备万物，横绝太空。

---

① 关于《二十四诗品》是否为司空图所作，学界有人质疑，笔者认为否定为司空图所作，证据不力。其实，此书为司空图所著。《五代诗话》第二卷就明确地说："表圣（司空图）论诗有二十四品。"

荒荒油云，寥寥长风。超以象外，得其环中。持之匪强，来之无穷。

雄浑这种风格，重要的是"真体内充"，因而能"返虚入浑"。气势雄强是因为"积健"，虽超以象外，却得其"环中"。此种风格显然强调的是真体，内力。唐代的诸多诗歌都具有这种品质，其中，比较充分地体现这种风格的诗人是李白和杜甫。李白的真体主要为道；杜甫的真体主要为仁，一近道家，一为彻底的儒家。

冲 淡

素处以默，妙机其微。饮之太和，独鹤与飞。犹之惠风，荏苒在衣。
阅音修篁，美曰载归。遇之非深，即之愈稀。脱有形似，握手即违。

冲淡这种风格明显地属于道家，素、默、妙等词均是道家常用语。此种风格的关键处在"妙机其微"。道机微妙，尽在眼前的山水中，也尽在诗人和读者的心境中。"阅音修篁，美曰载归"准确地描绘出此种美感的特点。清代杨廷之《诗品浅解》云："言自竹下过，明玕微动，其声清和，其美致有欲载之以归而不可得者。"其实，不是"欲载之以归而不可得者"，就是"载归"了。正如孔子听韶乐，三月不知肉味。那美浸染感官透入心灵化为血液，吞吐为气息了。

司空图晚年好道，于道家深有体会。此品，就其形象之美、比喻之切而言胜过诸品。唐代道教盛行，好道的诗人很多，能充分体现此种风格的当为王维。

纤 秾

采采流水，蓬蓬远春。窈窕深谷，时见美人。碧桃满树，风日水滨。
柳阴路曲，流莺比邻。乘之愈往，识之愈真。如将不尽，与古为新。

春光明媚，美人如云。这生动形象的描绘，不外乎是要说明纤秾这种风格，崇尚的是感性形象的美——视觉的美、听觉的美等。唐人尚美，诸多的诗人包括李白、杜甫、白居易均有这种作品，但最能体现纤秾风格的诗也许是唐代诗人张若虚的《春江花月夜》，这诗写得太美了，兹引数句如下：

春江潮水连海平，海上明月共潮生。

滟滟随波千万里，何处春江无月明！

> 江流宛转绕芳甸，月照花林皆似霰；
>
> 空里流霜不觉飞，汀上白沙看不见。
>
> 江天一色无纤尘，皎皎空中孤月轮。
>
> 江畔何人初见月？江月何年初照人？
>
> 人生代代无穷已，江月年年只相似。
>
> ……

纤秾这种美也不只是感性形象美，司空图说"乘之愈往，识之愈真"，就意味它思想性很强，能让人深入地品味，不尽地捉摸，而且不断地有新的体会。《春江花月夜》就是这样的好诗。

沉 著

> 绿杉满屋，落日气清。脱巾独步，时闻鸟声。鸿雁不来，之子远行。
>
> 所思不远，若为平生。海风碧云，夜渚月明。如有佳语，大河前横。

沉著，从诗句意象来看，这沉著似乎并不是常用来说杜甫诗作的"沉郁"，这里的"沉"，是指沉着，有内涵，气态从容。这里的"著"，是指厚重，虽厚重，但不粘，不滞。脱巾独步，应有所思，时闻鸟声，应有安慰。鸿雁不来，音讯断绝，思中带忧。所思不远，应是新鲜的，仿佛就在昨天，然这思联系为"平生"，意思是此情关涉一生，就极为厚重了。大河前横，佳语难递。思绪如织，不知所终。此沉著风格主要见之于思乡、怀友一类诗。杜甫、柳宗元、刘禹锡等均写过此类诗，风格大体上就是沉著。

高 古

> 畸人乘真，手把芙蓉。泛彼浩劫，窅然空踪。月出东斗，好风相从。
>
> 太华夜碧，人闻清钟。虚伫神素，脱然畦封。黄唐在独，落落玄宗。

高古，多见于游仙诗。高古，在司空图看来，突出的特点是要见出"虚伫神素，脱然畦封"的味道，即要对人世间有所超越：历尽劫波，看破红尘，了断生死，无喜无哀，如《庄子》中所写的畸人，虽"畸于人而侔于天"。唐代道教发达，游仙诗很多，李白、王维、孟浩然、顾况是写游仙诗的高手，他们的游仙诗，高古中还有人间烟火味，而像吴筠、司马承祯这样的道士，他们写的游仙诗，就真个是"黄唐在独，落落玄宗"了。

典　雅

玉壶买春，赏雨茆屋。坐中佳士，左右修竹。白云初晴，幽鸟相逢。
眠琴绿阴，上有飞瀑。落花无言，人淡如菊。书之岁华，其曰可读。

典雅，不只是属于道家，儒家也讲典雅。只是，司空图所理解的典雅，
更多的是具有道家意味。诗中所描绘的意境，像是隐士的生活环境。赏
雨，赏竹，赏云，赏鸟，赏瀑，赏花……就在人与自然景观的情感交流中，
实现了两者审美心理上的合一。人即是雨，即是竹，即是云，即是鸟，即是
瀑，即是花……唐诗中，要论典雅，王维当为首位，其次，该是韦应物了，
白居易评韦应物的诗说是"高雅闲淡"。不过，典雅不只属于他们，唐代绝
大多数诗人写过典雅的诗，仅就诗来说，张九龄的《感遇》其实堪为典雅之
典范。

洗　炼

犹矿出金，如铅出银。超心炼冶，绝爱缁磷。空潭写春，古镜照神。
体素储洁，乘月返真。载瞻星辰，载歌幽人。流水今日，明月前身。

洗炼，作为一种风格，当为简洁而精神。司空图仍然是侧重于道家的
角度来阐述洗炼的，他强调"超心"，这让我们想到《庄子》所说："今以天
地为大炉，以造化为大冶，恶乎往而不可乎？"另，贾谊《鹏鸟赋》亦云："且
夫天地为炉兮，造化为工，阴阳为炭兮，万物为铜。合散消息兮，安有常则？
千变万化兮，未始有极。忽然为人兮，何足控抟？化为异物兮，又何足患？"
这样一种风格与典雅应是异曲同工。

劲　健

行神如空，行气如虹。巫峡千寻，走云连风。饮真茹强，蓄素守中。
喻彼行健，是谓存雄。天地与立，神化攸同。期之以实，御之以终。

劲健这种风格，更多地属于儒家。司空图强调此种风格的劲健在于它
的内核之真之强，由于诗人"饮真茹强"方能让诗作显现出"行神如空，行
气如虹"的气势。唐代诗人中韩愈可视为这种风格的代表。司空图在《题
柳柳州集后序》中有对韩愈诗作的评价。他说："尝观韩吏部歌诗累百首，
其驱驾气势，若掀雷揭电，奔腾于天地之间，物状奇变，不得不鼓舞而徇其

呼吸也。"

绮　丽

　　神存富贵,始轻黄金。浓尽必枯,淡者屡深。雾余水畔,红杏在林。
月明华屋,画桥碧阴。金樽酒满,伴客弹琴。取之已足,良殚美襟。

　　绮丽,在中国文化中,本来自富贵,为有形的财富,很难说只属于儒家,
是一种普适的社会观念,司空图据道家思想,给予解释。既然此富贵非凡
人之富贵,乃神人之富贵,自然各种有形之财富根本就不在乎了。所以,事
实上,司空图说的富贵是一种精神上的充实、一种自由与快乐。此种状态
的美,说是绮丽,那是现象上的,如红杏在林,但实质恬淡。此种境界如苏
轼所说:"发纤秾于简古,寄至味于澹泊","外枯而中膏,似澹而实美",它
的由来,必先为纤秾,后经过提炼升华,才达此境。此亦如苏东坡所说:"凡
文字少小时须令气象峥嵘,五色绚烂,渐老渐熟,乃造平淡,其实不是平淡,
绚烂之极也。"唐代诗人达到绮丽境界者甚多。像钱起的《谷口书斋寄杨补
阙》:"泉壑带茅茨,云霞生薜帷,竹怜新雨后,山爱夕阳时。闲鹭栖常早,
秋花落更迟。家僮扫罗径,昨与故人期。"句句有景,色彩华艳,当然是绮丽,
但细品此诗,清新透脱,实是恬淡。

自　然

　　俯拾即是,不取诸邻。俱道适往,着手成春。如逢花开,如瞻岁新。
真与不夺,强得易贫。幽人空山,过雨采苹。薄言情语,悠悠天钧。

　　自然,在这里也可称为一种风格,一种境界。自然的实质是"俱道",
何谓道？即老子所说的"自然"。老子云:"人法地,地法天,天法道,道法
自然。"司空图在此所描绘的所有景色均为自然,即所谓"俯拾即是"。"花
开""岁新"这样的美景,都不是求的,而是"逢"的,只需去"瞻"好了。司
空图在这里体现出的审美观从哲学基础来说属于道家,却又是艺术美的普
适法则。凡艺术美,均以自然为美。李白就非常推崇自然之美。他在《古风》
中说:"自从建安来,绮丽不足珍。圣代复元古,垂衣贵清真。""清真"即为
自然。在《经乱离后天恩流放夜郎忆旧游书赠江夏韦太守良宰》中又说:"览
君荆山作,江鲍堪动色。清水出芙蓉,天然去雕饰。"

含 蓄

不著一字，尽得风流。语不涉己，若不堪忧。是有真宰，与之沉浮。

如渌满酒，花时返秋。悠悠空尘，忽忽海沤。浅深聚散，万取一收。

含蓄这种风格虽然自古有之，但并不突出，汉代的乐府还是直抒胸臆为多，包括刘勰的《文心雕龙》在内，其"隐秀"章虽然也涉及了含蓄的问题，但"隐秀"是就艺术的一般规律言的，不属于论述含蓄这种风格。因此，司空图或许是最早将含蓄列为一种风格的美学家，这与他崇尚"象外之象""味外之旨"有很大关系。到宋代，含蓄的地位突出了，成为诸多艺术风格中最好的艺术风格，甚至成为中华艺术美的特殊处，后发展成为一种审美传统。唐代自觉地追求含蓄的诗人不是很多，尽管他们都写过含蓄风格的作品，特别是在盛唐。比较自觉地追求含蓄风格的诗人，主要是李贺、李商隐两位，他们都是晚唐的诗人。李贺的含蓄，字面形象怪诞难解，背后的意思其实并不深邃；李商隐的含蓄，字面形象精致易明，背后的意思就难以捉摸了。他们的风格对于后世产生重大影响，某种意义上，他们的含蓄成为后世此类风格所追求的典范。

豪 放

观花匪禁，吞吐大荒。由道返气，处得以狂。天风浪浪，海山苍苍。

真力弥满，万象在旁。前招三辰，后引凤凰。晓策六鳌，濯足扶桑。

"观化"又作"观花"，据原文表达的意思，应该是"观化"。《庄子》中说了诸多的化："物化""大化"等，均是指自然界的变化。司空图强调豪放这种风格主要还不在于它所反映的对象体积巨大、力量雄伟，而在于作者自身的"真力"，而这种真力是"由道返气"的结果。"处得以狂"，按杨廷芝《诗品浅解》的说法，意思是"言其实有所得，则自狂也。由道返气就内言，处得以狂就外言"。"三辰"指日月星，这种"前招三辰，后引凤凰"的境界，在李白的诗中得到了突出的体现。所以，这段关于豪放的文字，实是就李白的诗作提炼出来的。

精 神

欲返不尽，相期与来。明漪绝底，奇花初胎。青春鹦鹉，杨柳池台。

碧山人来,清酒满杯。生气远出,不著死灰。妙造自然,伊谁与裁?

精神,作为一种艺术风格,让现代人感到奇怪。所以,当代有学者认为这不是指艺术风格,而是在讲艺术创作原理。我们倒是觉得是指艺术风格。这种风格的特点是生气勃勃,充满青春活力。这种活力从何而来,从自然而来,所以,"精神"是从"妙造自然"而来。司空图提出这种风格,也是因为从李白的诗作中受到了启发。李白是中国古代最为杰出的青春诗人,青春概念在这里不是指年龄,而是指活力,精神活力。"碧山人来"就出自李白的《山中问答》。而"明漪绝底,奇花初胎",简直就是针对着李白诗作的风格说的。

缜 密

是有真迹,如不可知。意象欲生,造化已奇。水流花开,清露未晞。

要路愈远,幽行为迟。语不欲犯,思不欲痴。犹春于绿,明月雪时。

缜密,当代也有学者认为这不是说艺术风格,而是说艺术构思。怎么不是说风格?如果《二十四诗品》有那么几品不是说风格,那还能说是诗品吗?缜密,无非是说,作诗比较理性,注重思想,注重结构,也注重用语。唐代虽然是重感性的时代,但不是说就不重理性。作诗也一样,有的诗人,比较重灵感,诗句如泉水一般自心灵冒出;有的诗人则不依赖灵感,其诗句则多是一字一句精心推敲出来的。前一种诗人多是主要凭才情写诗,后一种诗人当然也有才情,但他不只凭才情,也凭功力写诗。李白属于前一种诗人,杜甫属于后一种诗人。缜密这种艺术风格是就杜甫的创作实际提炼出来的。杜甫是中国古代最突出的"苦吟"诗人。他自诩:"吟安一个字,捻断数茎须。""为人性僻耽佳句,语不惊人死不休。"

疏 野

惟性所宅,真取弗羁。拾物自富,与率为期。筑室松下,脱帽看诗。

但知旦暮,不辨何时。倘然适意,岂必有为。若其天放,如是得之。

疏野,也是道家的生活方式,移作诗的风格,其精神是相通的。这种风格与自然、冲淡、飘逸都是一类的,所不同在于所强调的重点。自然重在然,冲淡重在淡,飘逸重在逸,而疏野则重在野。野,不是胡作非为,而是释放天性即天放。这类诗在唐代也是比较多的，如果要找一个代表，孟浩然可能最为合适。

清　奇

娟娟群松，下有漪流。晴雪满汀，隔溪渔舟。可人如玉，步屟寻幽。

载行载止，空碧悠悠。神出古异，淡不可收。如月之曙，如气之秋。

清奇风格，也属于道家。用清、奇二字概括，可能重在清。儒家、道家均讲清，二者相通，但有重要不同。儒家的清，重在正，正，要求以己合律，律指儒家的礼。合礼即合律，即为正。道家的清，重在真。真，要求以己合道，道为自然，人之自然即人自身，所以，真实质是以己合己。正，失己得礼；真，返己得道。真，实质是寻找自我。"清奇"一品所描写的种种畸行，实是真行。也许因为它与世俗不符，故称之为奇，这奇实就是畸。

委　曲

登彼太行，翠绕羊肠。杳杳流玉，悠悠花香。力之于时，声之于羌。

似往已回，如幽匪藏。水理漩洑，鹏凤翱翔。道不自器，与之圆方。

委曲这种风格，顾名思义，它的表达是比较委婉、徐缓的，这一是因为所反映的对象比较复杂，需依次慢慢道来，抽丝剥茧，才能说得明白；二是情感比较缠绵，需回环往返，反复言说，方得曲尽其致。这种风格与含蓄相近，但不是含蓄，含蓄是本来可以说清楚，而有意不说清楚，让人去捉摸，从捉摸中得到乐趣；委曲是本来就说不清楚，却又想尽量说清楚，希望不让人误解。李商隐的那些让人有些费解的诗，有些可算含蓄，有些则属于委曲。委曲的美，如"杳杳流玉，悠悠花香"，其美感微妙悠长。其实，好诗均需要不同程度的委曲，哪怕事情本不复杂，情感也很单纯。就审美来说，曲着说总是比直着说有魅力。当然，这也要看文体，像词这种韵文，较之同为韵文的诗和曲，就更要注意曲着说。刘熙载说："昔人论词要如娇女步春。"

实　境

取语甚直，计思匪深。忽逢幽人，如见道心。清涧之曲，碧松之阴。

一客荷樵，一客听琴。情性所致，妙不自寻。遇之自天，泠然希音。

实境，就是直说，这大体上是指那些直抒胸臆的作品。直说也能产生美。

不是因为直说本身怎么样,而是直说的对象本就是美的,所以,这种直说是"忽逢幽人,如见道心"。尽管直说的对象是美的,直说,还必须是"情性所致",不矫情,是什么就说什么;而且必须有个性,有自己,不蹈袭,不摹仿,"遇之自天"。东施效颦,不管效的对象多么美,都是丑的。李白不少诗属实境这种风格,像著名的《赠汪伦》,明白如话,但因掏的是真心,抒的是真情,千古之下,仍感人至深。

悲　慨

　　大风卷水,林木为摧。适苦欲死,招憩不来。百岁如流,富贵冷灰。

　　大道日丧,若为雄才。壮士拂剑,浩然弥哀。萧萧落叶,漏雨苍台。

　　悲慨,比较好理解。这种风格自古就有。杜甫有一些诗当为悲慨代表,如《登高》,不仅悲,且壮矣;不仅慨,且以慷矣。其中有云:"无边落木萧萧下,不尽长江滚滚来。"以自然之景状内心之悲慨,让人读之怦然心动不已。悲慨这种风格的诗李白也有,沉着不如杜甫,但豪放过之。

形　容

　　绝伫灵素,少回清真。如觅水影,如写阳春。风云变态,花草精神。

　　海之波澜,山之嶙峋。俱是大道,妙契同尘。离形得似,庶几斯人。

　　形容,是指在写作上比较追求生动、细致,形神兼得。从司空图的种种比喻来看,他希望抓住一些最能见出事物本质或者说精神的细节,最好是动态的细节,如"水影"。司空图讲的"形容",其"容"不是复制,克隆式的复制得出的"似"未必"似",而艺术性的"离形",倒往往"得似",不仅有神似,而且也有形似。如顾恺之画裴叔则,《世说新语·巧艺》云:"顾长康(顾恺之)画裴叔则,颊上益三毛,人问其故,顾曰:'裴楷俊郎有识具,正此是其识具。看画者寻之,定觉益三毛如有神明,殊胜未安时。'""益三毛"可谓"离形",然因为这"离形",裴楷的"识具"显现出来了,应该说也更像裴楷了。

超　诣

　　匪神之灵,匪机之微。如将白云,清风与归。远引若至,临之已非。

　　少有道契,终与俗违。乱山乔木,碧苔芳晖。诵之思之,其声愈希。

超诣，是一种很高的境界了，堪称之为天地境界，作为诗的一种风格，它指的是一种自然而然的极致。这中间不见人工，不见神力，一切均为天机。就好像白云与清风一样。值得我们注意的是，这种境界虽有形可睹，却通向无限，不可把握，唯有心会。"远引若至，临之已非"。这种境界，就其不可把握来说，可以说是玄，但它并不是空幻的，它有旨归，这旨归就是道。《老子》云"大音希声"，这超诣的境界就是大音希声。唐代有诸多达到超诣境界的作品，当然，最为突出的还是李白的某些诗作，脍炙人口的《蜀道难》《梦游天姥吟留别》就是。虽然司空图论超诣的立足点是道家哲学，但是，严格说来，超诣似还不能简单地归为道家的审美理想，而应该说是一切艺术的审美理想。以儒家立身的诗人，其诗作也是可以达到超诣境界的。

飘　逸

落落欲往，矫矫不群。缑山之鹤，华顶之云。高人惠中，令色氤氲。
御风蓬叶，泛彼无垠。如不可执，如将有闻。识之期之，欲得愈分。

飘逸属于道家，这种风格的重要特点是逸，逸为超越，具体来说，此种风格基本上已经没有人间烟火气了。杨廷之《诗品浅解》释此诗云："缑山之鹤，凭虚而来，羽化登仙。华顶之云，卷舒自若。高人顺其心之自然，无隔无阂，飘然意远。"飘逸是自然的，不可力求，若有人"识之期之"，则"欲得愈分"。说起来有些玄，然在道家看来，这完全是可以理解的。

旷　达

生者百岁，相去几何。欢乐苦短，忧愁实多。何如尊酒，日往烟萝。
花覆茅檐。疏雨相过。倒酒既尽，杖藜行歌。孰不有古，南山峨峨。

旷达，在这里表现为一种"乐天知命"的人生态度，但并不消极。作为艺术风格，其作品所表现出来的情调，一是对生活的热爱，二是对自然的热爱。陶渊明的诗其基本风格是旷达。类似陶渊明诗风的，在唐代，最重要的有孟浩然。

流　动

若纳水輨，如转丸珠。夫岂可道，假体如愚。荒荒坤轴，悠悠天枢。
载要其端，载同其符。超超神明，返返冥无。来往千载，是之谓乎？

流动,在这里有两个要点:一是动感,不是说在作品中只能表现动态,不能表现静态,问题是要有流动感。二是道感。天地万物均在运动,这运动的根本是道。司空图强调"坤轴""天枢"的作用,"坤轴""天枢"就是道。中国艺术在时空二维,特别重视的是时这一维,空间的存在表现为时间的存在,而时间的存在表现为空间的变化。"来往千载,是之谓乎"作为此诗的最后一句有画龙点睛的意义。杨振纲《诗品解》引《皋兰课业本原解》云:"上天下地曰宇,往古来今曰宙,知者乐水,逝者如斯,鱼跃鸢飞,可以见道,皆动机也。"

司空图生活在中晚唐,可以说,他这部《二十四诗品》一方面是他个人审美情趣的反映,另一方面也是唐代诗歌审美情趣的总结。《二十四诗品》与其说论述的是二十四种诗歌风格,还不如说论述的是二十四种从诗歌中体现出来的审美情趣。概括一下,大体上我们可以见出如下几个重要特点:

第一,二十四品全是论诗歌风格的,不是如某些学者所说,其中一些是论述创作规律的。这二十四种风格,是诗的风格,不是诗人的风格。一诗人多能作多种风格的诗。

第二,唐代的审美情趣是非常丰富的,不要说一般的阳刚之美、阴柔之美这样的概念无法概括,就是按中国古代学派诸如儒家、道家、禅宗的观点,将它派属入某家某派也很难。从司空图的表述来看,他主要是就人们的审美感知与心理体认这两个方面来表述的。也就是说,一是看它对人的视觉以及其他感觉的审美冲击力,二是看它对人的思想情感所引起的波澜。如雄浑和冲淡,前者感觉冲击力强,后者感觉冲击力小,如此,反映出冲击力来源物之不同。两种风格对人的情感与思想的影响是不同的。前者强而重,后者柔而淡。同属于一个类型的风格,如雄强、豪放,虽然对人的感觉冲击力均是强的,但是强的具体情况不一样,于人心理上产生的滋味也不一样。这种主要从审美心理上来对诗歌风格进行阐述并分类的特点,说明司空图的《二十四诗品》具有开拓的意义。

第三,就司空图所述的情况来看,我们大体上可以按时空力度(大小)、画面色彩(艳素)、情感波澜(巨细)、思想趋向(世俗与自然)等四个维度为之分类，就中往往两两相对，但不是严格的两两相对，如冲淡既可与纤秾相对，也可与雄浑相对。另外，也不是都能找到相对，如超诣，就不能找到相对的诗品。

第四，就总体思想倾向来看，司空图是站在道家立场来总结诗歌的风格的，且不说司空图的政治观如何，就审美来说，他无疑是倾心、认同道家的。他基本的美学观就是：美在自然（自然而然）。二十四诗品几乎无一不是对这一观点的表述，所谓二十四品，不过是自然的二十四品罢了，自然有多少形态，有多少情状，多少特征能够为人所感知，那就有多少诗品。

二十四诗品，全是取自然景象来晓谕诗歌风格的。先秦曾有以自然比德一说，到唐代，不仅是比德，而且比美了。有唐一代是道家发展得最好的一个时期，它对中华民族的深层影响，是通过对文人的影响来实现的。司空图早岁也许更多地奉行儒家哲学，而在历经黄巢之乱后，他的思想完全移到道家立场，执意不去朝廷为官是一表征。而就审美来说，他彻底地服膺自然，在他看来，自然才是全能的，全美的，而且是世界上所有美的根源。所有的艺术作品包括诗歌虽然具体所写不都是自然物，但精神上都是效法自然的，是自然精神在艺术中的体现。

尽管二十四诗品的具体形态及意味不一样，但我们仍能看到它们的根本是共同的。这根本就是对自然的认同，对生命的认同。不论哪一种诗品都充满着活力，充满着生机。所以，美在自然，还应进一步理解成美在自然生机。

第五，虽然司空图也许不能作为整个唐代审美意识的代表人物，但能在相当程度上反映唐代的审美趋向。从诗歌创作的实际来看，初唐至盛唐，审美情趣儒道并举、多元化，李白与杜甫分别为道家和儒家审美情趣的代表，双峰并峙，难分高下；二水分流，时分时合。进入中唐以后，逐渐地道家审美情趣占上风，然儒家仍然强劲，重要诗人有韩愈。到晚唐，应是道家稳居上风，韩愈这样的人物再也看不到了。这种创作态势是不是具有一定的规律性，反映出中华审美某种走向呢？

第六，司空图的二十四诗品排列遵循自然展现的方式，自然展现，不拘格套,随心所欲,虽然张弛有度,但这度不是呆板的、简单重复的。它就像是自然界的山脉有高有低,但高低不等;亦如河流,有曲有直,但不是曲直相当。最后一品为流动,将人的视线引向远方,将心灵引向无限,直如"江流天地外,山色有无中"。二十四诗品以诗的方式论诗,其论超卓,其诗优异,是论之奇葩,也是诗之奇葩。

司空图的诗论及诗,一直得到学界的高度评价。《五代诗话》例言中云:"唐末人品以司空表圣为第一。其论诗亦超玄箸,如所云:'味在酸咸之外'及'采采流水,蓬蓬远春''落花无言,人淡如菊'等语,色相俱空,已入禅家三昧。"清代王渔洋称司空图的诗为晚唐人之冠。

第 六 章

《文镜秘府论》的诗歌美学思想

　　谈到唐代诗歌意境理论的发展，《文镜秘府论》这部著作是必须要说到的。我们在上几节谈到唐代诗人王昌龄、皎然对意境理论作出了巨大贡献，而这些人的著作大多在中国早已佚失，而恰好保留在《文镜秘府论》之中。

　　中国的诗歌理论发展，大体上，在先秦至汉，主要为教化论，持论"诗言志"。魏晋，诗的审美意识觉醒，持论"诗缘情"。南北朝齐梁间，诗的审美意识发展，诗的形式美受到重视，创"四声八病"说，持论"诗依律"。唐，诗的审美意识趋向完善，一方面，声律仍然盛行；另一方面，诗的内容与形式相统一的意境理论受到重视。此二者不表现为对立的冲突状况，而是追求两者的统一，其代表性的诗人为杜甫。《文镜秘府论》在一定程度上反映了唐代诗歌理论的全貌。它不仅保存较多的关于意境的理论资料，还保存了比较系统的声律理论。

　　《文镜秘府论》是日本僧人空海（弘法大师，遍照金刚）旅唐期间研究中国诗歌创作的一部理论专著。这部著作将其放在中国美学史中来谈，是比较特殊的。这不仅是因为它保存了一些在中国已经失传了的诗歌理论史料，而且是因为这部书也确实揭示了中国诗歌美学某些重要的美学规律。尽管我们在上面的有关章节中已经谈到过这本书，还是有必要集中谈一谈它的特殊贡献。

空海（774—835），俗姓佐伯，赞岐国多度郡屏风浦（今日本香川县善通寺）人，佛教法号空海，亦名遍照金刚，死后追封为弘法大师。人民文学出版社1975年版的《文镜秘府论》署名为：[日本] 遍照金刚；中国社会科学出版社1983年版的《文镜秘府论校注》署名为：[日] 弘法大师原撰。唐德宗贞元二十年（804），空海随日本遣唐使藤原葛野麿来唐，敕配住西明寺，西明寺是玄奘法师仿天竺祇园精舍创建的，空海在这里学习，条件自然是再好不过的了。空海在长安学习期间，不仅遍访高僧大德，而且与许多诗人交往；不仅研习佛教经典，还研习中国书法、文学，特别是诗歌。元和四年（809）四月，空海离开长安回国，回国前，他还去越州谒见神秀大师，于神秀处得《金师子章》及《缘起六相》一卷。

空海归国后，继续他在中国已开始了的有关中国文化的研究，整理了许多中国书法、文章集，如《书刘希夷集献纳表》（包括王昌龄《诗格》一卷）、《奉献杂书迹状》（包括《德宗皇帝真迹》一卷、《欧阳询真迹》一卷）、《王昌龄集》一卷、梁武帝《草书评》一卷、王右军《兰亭碑》一卷，此外，还撰写了《篆隶万象名义》三十卷、《文镜秘府论》六卷。弘仁十一年（820），他将《文镜秘府论》摘要，编为《文笔眼心钞》。

《文镜秘府论》这个书名，也是值得品味的。所谓"文镜"，意谓是书为文章之龟镜，可以照出文章之优劣；所谓"秘府"，即谓是书为文章之奥府，包含了许多做文章的奥秘。

《文镜秘府论》是唐代一部难得的比较成系统的诗歌理论专著，它的重要价值，首先在它保存了一些中国已经失传的重要的诗论。唐人的诗论，专书少见，零星言论，见之于典籍，也寥若晨星。空海游学于唐，获得刘善经的《四声指归》、崔融的《新唐诗格》、王昌龄的《诗格》、元兢的《髓脑》、皎然的《诗议》、刘勰的《文心雕龙》等，在著作《文镜秘府论》时，将上述书籍内容纳入，只是他没有一一写明出处，因而后人来读这部著作，就弄不清楚，哪些属于上述人士的言论，哪些属于空海自己的思想。

《文镜秘府论·序》谈到了他编撰此书的由来和宗旨：

> 贫道幼就表舅，颇学藻丽，长入西秦，粗听余论。虽然志笃禅

默,不屑此事。爰有一多后生,扣闲寂于文囿,撞词华乎诗圃,音响难默,披卷函杖;即阅诸家格式等,勘彼同异,卷轴虽多,要枢则少,名异义同,繁秽尤甚。余癖难疗,即事刀笔,削其重复,存其单号,总有一十五种类,谓声谱,调声,八种韵,四声论,十七势,十四例,六义,十体,八阶,六志,二十九种对,文三十种病累,十种疾,论文意,论对属等是也。配卷轴于六合,悬不朽于两曜,名曰文镜秘府论。庶缁素好事之人,山野文会之士,不寻千里,蛇珠自得,不烦旁搜,雕龙可期。①

由此可见,空海编撰此书的初衷是为想学习写诗的人提供一个教材,此书实际上相当于诗作法则或诗歌通论。既然是教材性质的书,空海就将当时流行的有关作诗法则类的书找来,发现"卷轴虽多,要枢则少,名异义同,繁秽尤甚",于是,剔除繁秽,取其精华,"削其重复,存其单号",加以整理,录入此书。这样说来,它录入唐代一些重要的诗论是完全可以理解的,但绝不是没有选择地收入,而是有所甄别,有所选择,而且经过整理、加工的,因此,这本书的总体,实际上反映的是空海的美学思想。

第一节 诗歌和声律:和、顺

诗歌声律问题,首先涉及的是诗的形式美重不重要。在此书的序言中,空海谈到了这个问题。他认为:"大仙利物,名教为基,君子济时,文章是本也。"② 显然,他接受的是儒家的教化说,强调文要利国利民。但文章,特别是作为艺术品种之一的诗歌,与其他的文章是不一样的。空海说:

文以五音不夺、五彩得所立名,章因事理俱明、文义不昧树号。因文铨名,唱名得义,名义已显,以觉未悟。三教于是分镳,五乘于是并辙。于焉释经妙而难入,李篇玄而寡和,桑籍近而争唱。游夏得闻之日,屈宋作赋之时,两汉辞宗,三国文伯,体韵心传,音律口授。③

---

① [日]遍照金刚:《文镜秘府论·天卷·序》。
② [日]遍照金刚:《文镜秘府论·天卷·序》。
③ [日]遍照金刚:《文镜秘府论·天卷·序》。

(唐) 韩滉:《文苑图》(局部)

空海强调文讲究"五音""五彩",也就是说他讲究形式美。这是具审美价值的文学作品与其他文字形态的文章最根本的区别。《文心雕龙·情采》说:"立文之道,其理有三:一曰形文,五色是也;二曰声文,五音是也;三曰情文,五性是也。五色杂而成黼黻,五音比而成韶夏,五情发而为辞章,神理之数也。"儒、道、佛三教分立及不同的社会影响,与它们的传达方式有关系,佛经"妙而难入",道家著作"玄而寡和",只有儒家,因为切近民间,故"桑籍近而争唱"。这说明传达的方式是重要的,对于诗歌来说,它的形式是重要的,诗的形式美中音韵占重要地位,故必须讲音律。

在"四声论"一章中,这种观点才得以展开。"四声论",学界一般认为即隋代刘善经的《四声指归》①。此文在中国已不传,唯见于此。

"四声论"较为集中地谈到了诗歌的形式美。

---

① 参见 [日] 弘法大师原撰,王利器校注:《文镜秘府论校注》,中国社会科学出版社 1983 年版,第 74 页。

　　论云，经案陆士衡文赋云："其为物也多姿，其为体也屡迁，其会意也尚巧，其遣言也贵妍，暨音声之迭代，若五色之相宣。"又云："丰约之裁，俯仰之形，因宜适变，曲有微情，或言拙而喻巧，或理朴而辞轻，或袭故而弥新，或沿浊而更清；或览之而必察，或研之而后精，譬犹舞者赴节而投袂，歌者应弦而遣声。"文体周流，备于兹赋矣。陆公才高价重，绝世孤出，实辞人之龟镜，固难得之文名焉。至于四声条贯，无闻焉尔。①

　　所谓其"其会意也尚巧，其遣言也贵妍"，就是说，诗讲究形式美，音声迭代，五色相宣，丰约之裁，都是形式美的具体显现。这里，也涉及声律，所谓"譬犹舞者赴节而投袂，歌者应弦而遣声"。不过，在陆机的时代，"四声条贯，无闻焉尔"，声律问题还没有引起重视。晋代挚虞、李充等论文，也没有谈到"四声"。

　　是不是"四声"没有建立起来，文学就没有了形式美呢？ "四声论"说：

　　纵复屈宋奋飞于南楚，扬马驰骛于西蜀，或升堂擅美，或入室称奇，争日月之光，竦凌云之气；敬通平子，分路扬镳；武仲孟坚，同途竞远；曹植王粲孔璋公干之流，潘岳左思士龙景阳之辈，自诗骚之后，晋宋已前，杞梓相望，良亦多矣。莫不扬藻敷荂，文美名香，飅采与锦肆争华，发响共珠林合韵。然其声调高下，未会当今，唇吻之间，何其滞钝！②

　　文章说，屈原、宋玉、扬雄、司马相如、曹植所处的时代没有"四声"，自然，"其声调高下，未会当今"。然而，他们都"文美名香"。此话的意思很明显，诗文之美与声律没有必然的联系。

　　沈约等将"四声"创立出来后，褒贬不一，"四声论"的立场，看来还是贬大于褒。文中引甄定伯批评"四声"的话："若计四声为纽，则天下众声无不入纽，万声万纽，不可止为四也。"即使是沈约，写诗也未必都合律。而且"四声"不是那样好学的，像梁武帝萧衍这样博洽通识之人，竟然也不识

―――――――――――

① ［日］遍照金刚：《文镜秘府论·天卷·四声论》。
② ［日］遍照金刚：《文镜秘府论·天卷·四声论》。

"四声"。他曾问中领军朱异,何为四声,朱异答云:"天子万福,即是四声。"萧衍说:"天子寿考,岂不是四声也。"刘善经引这个典故,反对"四声"之意是很明显的。

空海将"四声论"录入《文镜秘府论》,应该说是同意此文观点的,值得我们注意的是《文镜秘府论》"论病"一章,有一段非常重要的话:

> 夫文章者之兴,兴自然起;宫商之律,共二仪生。是故奎星主其文书,日月焕乎其章,天籁自谐,地籁冥韵。葛天唱歌,虞帝吟咏,曹王入室摛藻之前,游夏升堂学文之后,四纽未显,八病无闻。虽然,五音妙其调,六律精其响,铨轻重于毫忽,韵清浊于锱铢。故能九夏奏而阴阳和,六乐陈而天地顺。和入理,通神明,风移俗易,鸟翔兽舞。自非雅诗雅乐,谁能致此感通乎! ①

"论病"一章是否也出自刘善经,抑或王昌龄、皎然,学界没有人说,估计是空海自己的观点。

(唐)韦偃:《双骑图》(局部)

---

① [日]遍照金刚:《文镜秘府论·西卷·论病》。

空海认为大自然是有它的声音的,这声音为它的本性使然,即"天籁自谐,地籁冥韵"。天籁、地籁无疑是最美的声音。发声是自然本能,也是人之本能,"葛天唱歌,虞帝吟咏,曹王入室摘藻之前,游夏升堂学文之后,四纽未显,八病无闻"。是啊,那个时候根本没有什么"四声八病"之说,这些发声,哪里虑及什么声律? 然而它们都是美的。

当然,也不要完全否定声律,"五音妙其调,六律精其响"。但是,不要忘了,声律说到底,还是来自自然:"宫商之律,共二仪生。"写诗作文,要讲声律,然声律的最高准则是自然。写作实践中,既合声律,又合自然,这是最好的,如果不合声律,然合自然,那么,就应舍声律,取自然。

空海强调声律之美的根本是:"九夏奏而阴阳和,六乐陈而天地顺"。这观点与《乐记》"大美与天地同和"是一致的。阴阳和,天地顺,美在和顺!

第二节 诗歌的生命:势、体

《文镜秘府论》的"地卷"论体势,是这部著作最为精彩的篇章。它论的诗歌的体势,涉及诗歌的生命力,这里势与体虽同属诗的生命形式,但有些区别,势侧重于生命的动的倾向,体则侧重生命的静的状态。

空海将诗的势归纳为十七种,名曰十七势。这一章,中国学者认为是王昌龄《诗格》中语①。按空海《性灵集·书刘希夷集献表》云:"此王昌龄《诗格》一卷,此是在唐之日,于作者边偶得此书,古代《诗格》等,虽有数家,近代才子切爱此格。"看来,空海从唐携回王昌龄的《诗格》是真的,但"十七势"是否真的就是王昌龄写的,根据不是太足,罗根泽也没有断定,只是"疑为真本王昌龄诗格的残存"②。

即便是王昌龄《诗格》的残存,空海也将其录入,说明他是赞同、欣赏

---

① 参见 [日] 弘法大师原撰,王利器校注:《文镜秘府论校注》,中国社会科学出版社 1983年版,第 115 页。

② 罗根泽:《中国文学批评史》二,上海古籍出版社 1984 年版,第 30 页。

此说的。

这十七势是:(1)直把入作势,(2)都商量入作势,(3)直树一句、第二句入作势,(4)直树两句、第三句入作势,(5)直树三句、第四句入作势,(6)比兴入作势,(7)谜比势,(8)下句拂上句势,(9)感兴势,(10)含思落句势,(11)相分明势,(12)一句中分势,(13)一句直比势,(14)生杀回薄势,(15)理入景势,(16)景入理势,(17)心期落句势。

这十七势是如何入势的,虽然具体入势有些不同,但有一个共同的本质,就是,诗是一种生命形态,它的入势,活生生的,如腾龙,如飞凤,如游鱼,妖娆多姿。

不管哪种,其总体效果均应达到与读者心灵的沟通,当诗人的情感流入读者心灵,激起情感的波澜,进而启发思想,影响到生活时,这因诗而创造的世界不就充满了生气? 因此,诗的入势的关键就是把握住读者的情感的脉搏。十七势中"感兴势"和"心期落句势"虽然说的只是其中的两势,但它们的道理却是其他各势都相通的:

> 感兴势者,人心至感,必有应说,物色万象,爽然有如感会。
>
> 心期落句势者,心有所期是也。①

"感会"恰到好处地揭示中国美学主体与客体的关系,《文心雕龙》有许多类似的说法,如:"人禀七情,应物斯感,感性吟志,莫非自然。"② 中国美学强调主体与客体的沟通、认同、和谐是通过"感"来实现的,感才有应,才有会。"心期"与"落句"的关系,也属于主体与客体的认同。中国美学很看重"心"的预构作用,绘画中有"意存笔先"一说,与写诗的"心期落句"是相似的。

谈诗势,中国诗论中不是很多,清代王夫之的《薑斋诗话》谈到过"势":"论画者曰:'咫尺有万里之势。'一'势'字宜着眼。若不论势,则缩万里于咫尺,直是《广舆记》前一天下画耳。五言绝句,以此为落想时第一

---

① [日] 遍照金刚:《文镜秘府论·地卷·十七势》。
② 刘勰:《文心雕龙·明诗》。

义。唯盛唐人能得其妙,如'君家住何处,妾住在横塘。停船暂借问,或恐是同乡。'墨气所射,四表无穷,无字处皆其意也。"① 比较空海所谈的势,两者的区分是明显的,空海谈的是诗的入势,王夫之谈的是诗的总势,但二者也是相通的,谈的都是诗对人的精神冲击力、感染力。

《文镜秘府论》中有"十体"一章,此章题目后有注文"崔氏《新定诗体》开(原作"困")十种体,具例如后出右",据此,学者疑此文系唐代崔融所作,然此书的古抄本、三宝院本、无点本无此注文 16 字 ②,故而也不能断定是否为崔融所作。

"十体"即形似体、质气体、情理体、直置体、雕藻体、映带体、飞动体、婉转体、清切体、菁华体:

> 形似体者,谓貌其形而得其似,可以妙求,难以粗测者是。
>
> 质气体者,谓有质骨而作志气者是。
>
> 情理体者,谓抒情以入理者是。
>
> 直置体者,谓直书其事置之于句者是。
>
> 雕藻体者,谓以凡事理而雕藻之,成于妍丽,如丝彩之错综,金铁之砥炼是。
>
> 映带体者,谓以事相惬,复而用之者是。
>
> 飞动体者,谓词若飞腾而动是。
>
> 婉转体者,谓屈曲其词,婉转成句是。
>
> 清切体者,谓词清而切者是。
>
> 菁华体者,谓得其精而忘其粗者是。③

十体的表述实际上是说诗歌生命的十种状态。如果说势侧重于指生命的动态,体则侧重于指生命的静态。前者具有时间的意味,后者具有空间的意味。

---

① 王夫之:《薑斋诗话·夕堂永日绪论》卷二。

② 参见 [日] 弘法大师原撰,王利器校注:《文镜秘府论校注》,中国社会科学出版社 1983 年版,第 146 页。

③ [日] 遍照金刚:《文镜秘府论·地卷·十体》。

无须具体分析各体的生命状态,仅就这些名字和简洁的概括,我们发现,这些生命形态在很大程度上,类似于生活中的各色人等。诗如其人,不只在于诗是人的情感流出来的,从中可以看出人的情感,还在于每首诗都有特定的情感、特定的思想、特定的景观,特定的意象,因而是特定的风格,特定的个性,特定的体。此章云:"人心不同,文体各异。"① 极为精辟!

第三节　诗歌的本体:象、境

中国诗论有"诗言志"一说,无疑,志是诗的生命,《文镜秘府论》将诗之志分成六类:直言志、比附志、寄怀志、起赋志、贬毁志、赞誉志。② 显然,他谈志,是结合情的,情志合一,这切合中国古典美学传统,《尚书·虞书·舜典》说的"诗言志"包含有诗言情。朱自清在《诗言志辩》中说:"《左传》昭公二十五年云:'子太叔见赵简子。……简子曰:敢问何谓礼? 对曰:吉也闻诸先大夫子产曰:……民有好、恶、喜、怒、哀、乐,生于六气。是故审则宜类,以制六志。哀有哭泣,乐有歌舞,喜有施舍,怒有战斗。喜生于好,怒生于恶。是故审行信令,祸福赏罚,以制死生。生,好物也,死,恶物也。好物,乐也;恶物,哀也。哀乐不失,乃能协于天地之性,是以长久。'孔颖达《正义》说:'此六志,《礼记》谓之六情。在己为情,情动为志,情、志一也。'汉人又以'意'为'志',又说志是'心所念虑','心意所趣向',又说是'诗人志所欲之事'。情和意都指怀抱而言;但看子产的话跟子太叔的口气,这种志,这种怀抱是与'礼'分不开的,也就是与政治、教化分不开的。"朱自清认为,志既与情相联系,又与礼相联系,这种理解切合中国古代诗歌的实际。

《文镜秘府论》说的"六志",涉及事、物、理、德等多种社会因素。

涉及事的,如直言志:"谓的申物体,指事而言,不藉余风,别论其咏。"

---

① [日]遍照金刚:《文镜秘府论·南卷·论体》。

② [日]遍照金刚:《文镜秘府论·地卷·六志》。

起赋志："谓片论古事，指列今词，模春秋之旧风，起笔札之新号。"

涉及物的，如比附志："谓论体写状，寄物方形，意托斯间，流言彼处。"

涉及德的，如赞誉志："赞誉志者，谓心珍贱物，言贵者不如，意重今人，先贤之莫及。词褒笔味，玄欺丰岁之珠；语赞文峰，剧胜饥年之粟。"贬毁志："贬毁志者，谓指物实佳，兴文道恶，他言作是，我说官非。文笔见贬，言词致毁。"

涉及理的，如寄怀志："寄怀志者，谓情含郁抑，语带讥微，事例膏肓，词褒谲诡。"

所有这些，都涉及礼，德、理的重要标准是礼，以礼衡德，也以礼衡理。同时，这所有的志都涉及情，而且志就在情中，情志合一。

《文镜秘府论》言志，取志、情合一；言意，则取意、象合一。诗歌中的意可以看成是情志合一的形态，这种形态，它的存在方式是象，象从何而来，来自自然。空海说：

> 自古文章，起于无作，兴于自然，感激而成，都无饰练，发言以当，应物便是。①

> 诗本志也，在心为志，发言为诗，情动于中，而形于言，然后书之于纸也。②

这话的意思是，文章本就是感于自然而作的，所有的"言"其本质都是"应物"，因而借物象来代言，也就是题中应有之义。"诗本志也"，志因何感发，是物，被感发的志。"发言为诗"，诗又借用象，而且往往是感发志的象。于是，就有各种各样的诗歌意象。从意的维度，空海将它们归纳为九种：春意、夏意、秋意、冬意、山意、水意、雪意、雨意、风意。九种意，实际上是九类诗歌意象，这些意象，其象均来自自然，但与原生态的自然之象有了本质性的区别。它虽然还保持着自然象的形态和某些神韵，但实质却是人的心意的载体，是人的心意之象。

---

① ［日］遍照金刚：《文镜秘府论·南卷·论文意》。
② ［日］遍照金刚：《文镜秘府论·南卷·论文意》。

《文镜秘府论》为每一类意象列举了若干个具体的情境,每一情境独具特点。当然,这种列举是不可能穷尽所有的诗歌意象的。

在论十七势的文字中,《文镜秘府论》大量地涉及景、情、理三者的关系:

> 直树一句者,题目外直树一句景物当时者,第二句始言题目意是也。

> 直树三句,第四句入作势者,亦有题目外直树景物三句,然后即入其意,亦有第四第五句直树景物,后入其意,然恐烂不佳也。

> 理入景势者,诗不可一向把理,皆须入景语始清味;理欲入景势,皆须引理语入一地及居处,所在便论之,其景与理不相惬,理通无味。

> 景入理势者,诗一向言意,则不清及无味;一向言景,亦无味。事须景与意相兼始好。①

值得指出的是,这里用到的"景语"这一概念,在王夫之的《薑斋诗话》中成为重要的美学范畴。王夫之说:"不能作景语,又何能作情语邪?"②

《文镜秘府论》总结诗歌意象的种种创作方法,得出这样的结论:

> 夫诗工创心,以情为地,以兴为经,然后清音韵其风律,丽句增其文彩。如杨林积翠之下,翘林幽花,时时开发,乃知斯文,味益深矣。③

这种概括,一是涵盖诗歌意象的有机构成。内在:情(志)——兴;外在:象——词(音韵,文彩)。二是强调诗歌意象的审美效应是:味,而且是益深之味,味之无穷。

《文镜秘府论》也谈到了"境","论文意"一章中,说:

> 夫作文章,但多立意。令左穿右穴,苦心竭智,必须忘身,不可拘束。思若不来,即须放情却宽之。令境生。然后以境照之,思则便来,来即作文。如其境思不来,不可作也。

---

① [日]遍照金刚:《文镜秘府论·地卷·十七势》。

② 王夫之:《薑斋诗话·夕堂永日绪论》卷二。

③ [日]遍照金刚:《文镜秘府论·南卷·论文意》,这段文字,罗根泽先生疑出自皎然的《诗议》,今本《诗议》已残缺,此段所引文字仅见之于《文镜秘府论·南卷·论文意》。

　　夫置意作诗,即须凝心,目击其物,便以心击之,深穿其境。如登高山绝顶,下临万象,如在掌中。以此见象,心中了见,当此即用。①

　　这两段文字,学界疑出自王昌龄的《诗格》,我们在上面谈意境说时也引用过,不管是王昌龄的,还是空海的,两段文字表达的观点,是《文镜秘府论》中关于诗歌本体问题的有机组成部分,《文镜秘府论》中谈意,谈象,谈势,谈体,自然而然地通向谈境,因为正是境,融合了意和象,而呈现为体与势。境生,也就是诗歌形象之生,诗歌生命之生,诗歌创作最终归结到境的创造,而境也正是诗歌的最后完成,是诗美之本体所在。

　　《文镜秘府论》用大量的篇幅谈"声病","声病"涉及艺术形式美的问题,是一个重要问题。由于历史上重要的人物如陈子昂、苏轼都持批评的立场,声律在中国文学史上地位不高,这也影响到对《文镜秘府论》的评价。

　　"声病"涉及诗的声律,据《南史·庾肩吾传》:"齐永明中,王融、谢朓、沈约文章,始用四声,以为新变,至是转拘声韵,弥为丽靡,复逾往时。"《南史·沈约传》说,沈约撰《四声谱》,以为"在昔词人,累千载而不寤,而独得胸衿,穷其妙旨,自谓入神之作"。《南史·周颙传》又说周颙"始著《四声切韵》行于时"。从这些记载看,经沈约、周颙等人的努力,诗歌的声律学在这个时期建立起来了,主要是"四声""八病"说②,简称声病。沈、周等人提出的声律理论,受到许多诗人的欢迎,在诗歌创作中纷纷实践,实际效果应是很好的,沈约在《宋书·谢灵运传论》中说到声韵之美:"夫五色相宣,八音协畅,由乎玄黄律吕,各适物宜。欲使宫羽相变,低昂舛节,若前有浮声,则后须切响,一简之内,音韵尽殊,两句之中,轻重悉异,妙达此旨,始可言文。"

　　唐代设进士科,以诗赋取士,既以诗赋取士,讲声律。《唐会要》卷七十六《制科举》记载一次皇帝亲自主持的考试,云:"天宝十三载十月一

────────────

① ［日］遍照金刚:《文镜秘府论·南卷·论文意》。
② 《南史·陆厥传》云:"汝南周颙善识声韵,约（沈约）等文皆用宫商,将平上去入四声,以此制韵,有平头、上尾、蜂腰、鹤膝。五字之中音韵悉异,两句之内角徵不同,不可增减,世呼为永明体。""八病"为平头、上尾、蜂腰、鹤膝、大韵、小韵、旁纽、正纽。

日，御勤政楼，试四科举人，其辞藻宏丽，问策外，更试赋各一道。"这诗规定用的齐梁体，也就是要依据沈、周他们制定的声律。沈亚之《与京兆试官书》："去年始来京师，与群士皆求进，而赋以八咏，雕琢绮言与声病，亚之习未熟，而又以文不合于礼部，先黜去。"① 这位沈亚之就这样与仕途无缘了。当然，这也引起了一些人的质疑，贾至《议杨绾条奏贡举疏》中说："今考文者以声病为是非，而惟择浮艳，岂能知移风易俗，化天下之事乎？"② 这样的声音自然不足以动摇声律的地位。

唐代诗坛研习声律成风，许多大诗人自小就学习诗律，元稹《叙诗寄乐天书》云："稹九岁学赋诗，长者往可数。年十五六，粗识声病。"杜甫学习声律下过很深的功夫，他自述"诗律群公问"③，虚心向人请教；又说"后贤兼旧列，历代各清规，法自儒家有，心从弱岁疲"④，学得很辛苦；但他坚持不懈，"觅句新知律"⑤，"遣词必中律"⑥，直至"晚节渐于诗律细"⑦。杜甫研习声律，不能说是为了科举，而是为了诗，为了诗之美。在杜甫看来，诗之美是不能不讲究声律的。对此，白居易、元稹是给予肯定的。白居易说："杜诗最多，可传者千余篇，至于贯穿今古，觑缕格律，尽工尽善，又过于李白焉。"⑧ 元稹在《唐故工部员外郎杜君墓系铭并序》中写道："铺陈终始，排比声韵，大或千言，次犹数百，词气豪迈，而风调情深，属对律切，而脱弃凡近。"⑨

空海的《文镜秘府论》是在这种背景下写的，作为一本诗歌通论，或作诗指南，他不能不花大量的篇幅来介绍"声病"，并论对属。在"论病"一章，

---

① 《沈下贤文集》卷八。

② 《全唐文》卷三百六十八。

③ 杜甫：《承沈八丈东美除膳部员外阻雨未遂驰贺奉寄此诗》。

④ 杜甫：《偶题》，见《杜工部集》卷十五。

⑤ 杜甫：《又示宗武》，见《杜工部集》卷十六。

⑥ 杜甫：《桥陵诗三十韵因呈县内诸官》，见《杜工部集》卷一。

⑦ 杜甫：《遣闷戏呈路十九曹长》，见《杜工部集》卷十三。

⑧ 白居易：《与元九书》，见《白氏长庆集》卷四十五。

⑨ 元稹：《唐故工部员外郎杜君墓系铭并序》，见《元氏长庆集》卷五十六。

空海说:"颜约以降,兢融以往,声谱之论郁起,病犯之名争兴;家制格式,人谈疾累;徒竞文华,空中拘检,灵感沈秘,雕弊实繁,窃疑正声之已失,为当时运之使然。"这种评述很得体,"徒竞文华,空中拘检,灵感沈秘,雕弊实繁,窃疑正声之已失",这几句明确地指出追求声病的弊端。

声律的建立,让诗的形式美得到更好的彰显,这是诗歌艺术的一种进步,也是人们审美生活的一种进步。但是,形式毕竟只是形式,它是为内容服务的,当然也受制于内容。形式若适合于内容,形式则有助于内容的传达;形式若不适合于内容,则不仅妨碍内容的传达,还可能伤害内容。任何事物在其发展过程中,都可能产生偏差。沈约等创造的"四声八病"说也不例外。因此,自它产生之日起,批评的声音不断,最早是钟嵘的批评,说是"使文多拘忌,伤其真美"①。唐代,批评的声音很多,殷璠说:"齐梁陈隋,下品实繁,专事拘忌,弥损厥道。夫能文者,匪谓四声尽要流美,八病咸须避之,纵不拈二,未为深缺。"② 宋代亦如此,大学者苏轼嘲弄声律,云:"蜂腰鹤膝嘲希逸,春蚓秋蛇病子云。醉里自书醒自笑,如今二绝更逢君。"③ 明清两代,反对声病之声不断,但是,一个不容改变的事实是,声律一直传承下来,它并没有因为有大量的反对之声而被淘汰。这一事实说明,声律仍然是有生命力的,只要运用得当,它有助于创造诗歌艺术的美。

《文镜秘府论》的内容主要是两大块:声律,意境的创造。也许在空海而言,做这种安排,只是从写诗本身出发,但实际上它集中反映了唐代的诗风的全貌,而且显示出从尚声律到尚意境的转变。也许这是《文镜秘府论》最重要的美学贡献。

空海撰的《文镜秘府论》不仅是唐代一部重要的美学著作,而且也是中日文化交流的一个重要成果。

唐代,中国有鉴真法师东渡日本,传播佛法;日本则有空海来中国学习中国文化。空海之前,有著名的日本学人晁衡(701—770),又名朝衡,原

① 钟嵘:《诗品·序》。
② 殷璠:《河岳英灵集叙》。
③ 苏轼:《和流杯石上草书小诗》。

名阿倍仲麻吕，唐开元五年（717）随日本第九次遣唐使来中国，就读于太学，后在唐朝任职，唐天宝十二年（753）随日遣唐使藤原返国，海上遇巨风未果，返长安继续任职，官至北海郡开国公，病殁于唐。与空海同来的还有著名的僧人、日本法华宗的始祖最澄，日本著名的书法家、平安"三笔"之一的橘秀才。空海在唐写有诗歌，留存有二：

> 在唐观昶法和尚小山

> 空海

> 看竹看华本国春，人声鸟哢汉家新。

> 见君庭际小山色，还识君情不染尘。

> 留别青龙寺义操阇梨

> 空海

> 同法同门喜遇深，游空白雾忽归岑。

> 一生一别再难见，非梦思中数数寻。

两诗表现空海对中国朋友的深厚情谊。空海回国时，中国朋友亦有诗赠空海，且录四首：

> 送空海上人朝谒后归日本

> 朱少端

> 禅客祖州来，中华谒帝回。

> 腾空犹振锡，过海素浮杯。

> 佛法逢人授，天书到国开。

> 归程三万里，后会信悠哉！

> 奉送日本国使空海上人、橘秀才朝献后却还

> 昙清

> 异国桑门客，乘杯望斗星。

> 来朝汉天子，归译竺乾经。

> 万里洪涛白，三春孤岛青。

> 到官方奏对，图像列王庭。

> 奉送日本国使空海上人、橘秀才朝献后却还

鸿渐

禅居一海隔,乡路祖州东。

到国宣周礼,朝天得僧风。

山冥鱼梵远,日正蜃楼空。

人至非徐福,何山寄信通。

奉送日本国使空海上人、橘秀才朝献后却还

郑壬

承化来中国,朝天是外臣。

异方谁作侣,孤屿自为邻。

雁塔归殊域,鲸波涉巨津。

他年续僧史,更载一贤人。

何止是续僧史,空海的成就要载入,就是修中国美学史、中国文学史,空海的名字也要载入!

第七章

中国美学的唐诗品格

　　唐诗的价值,学术界早有定论:它是中国古代诗歌空前绝后的高峰。唐诗不仅是中国诗歌的代表、典范,而且是唐朝文化的标志,中国美学精神的旗帜。孕育于史前、奠基于先秦、成长于两汉魏晋南北朝的中华美学到唐代才长成参天大树,开出最为灿烂的花朵,可以说,是唐诗及唐朝诗学构建了中华美学的主要精神、核心理论和基本品位。唐诗和唐朝诗学对其他艺术的深层次影响,不仅奠定了中国艺术以诗为灵魂的传统,而且奠定了中国审美意识以诗为旗帜的传统,深刻而广泛地影响着中华民族的生活方式与审美观念。中国诗歌的优良传统虽然不是唐代建立的,却是在唐代稳定、成熟乃至强大的。唐诗,毫无疑问是中华民族精神的乳浆。唐诗及唐朝诗学参与构建了中华民族的光辉品格。

第一节　构建"教美合一"的艺术宗旨论

　　中华民族有很好的诗歌传统。一般将此传统追溯到《诗经》和《楚辞》。《诗经》产生于春秋之际,是孔子亲自整理的一部诗歌集,其《国风》原为民歌,那就是说,在《诗经》成书以前就有诸多的诗在民间流传了。周朝有采诗的制度,朝廷派人去民间搜集诗歌,名曰采风。周朝廷通过这种方式了解民情。这是一种非常好的民主政治的方式，得到孔子肯定。孔子说："诗可以兴，可以观，可以群，可以怨。"① 兴、观、群、怨，归结到一点，就是审美教育，用《毛诗序》的话来说，即"教化"。它包括对上对下两个方面：上以风化下，下以风化上。所有的教育均通过"兴""观"这样的审美形式进行，是教育与审美的统一。《毛诗序》说的"诗言志"，这"志"内涵极为丰富，核心是家国之志。战国时爱国诗人屈原的作品也被后世视为诗的一个重要传统。屈原诗歌的灵魂是高昂的爱国主义精神。"屈骚"传统与《诗经》传统基本上是一致的，它们的共同点是寓教于美。教与美这两者，在中国的诗歌传统中，教是主体，美是载体。美是为教服务的。这一点非常明确。

孔子之后，中国诗歌的发展基本上沿着这条路线前进。中间也有好些时候偏离了这一路线，主要体现在处理教与美的关系的处理上，丢失了教，只存在了美。这种情况是儒家所不允许的。一旦出现这种情况，就有持正统儒家思想的人物出来大声疾呼，号召人们起来纠偏。唐朝存在的近三百年时间内，这种纠偏有过很多次，主要有三次：

第一次是初唐。初唐文坛上，占统治地位的是南朝以来的绮丽之风。这种绮丽之风很具诱惑性，即使是一代雄主李世民也难以完全摆脱它的诱惑，暇时也写那种齐梁风格的宫体诗，但他的头脑是清醒的，他明白："雕镂器物，珠玉服玩，若恣其骄奢，则危亡之期可立待也。"② 采取断然措施，以身作则，不再玩齐梁文学那种绮丽的文字游戏。由于唐太宗的身体力行，初唐的文风得到相当程度的改善。

第二次为盛唐唐高宗时期。这个时期，齐梁文风又有所泛滥。此时，一个扫荡旧弊的勇士出来了，他就是陈子昂。陈子昂在《与东方左史虬修竹篇序》中说："仆尝暇时观齐、梁间诗，彩丽竞繁，而兴寄都绝，每以永叹。思古人常恐逶迤颓靡，风雅不作，以耿耿也。"陈子昂起的作用不小。与他同一个时期的诗人卢藏用高度评价他的贡献，说："道丧五百岁而得陈

---

① 《论语·阳货》。

② 吴兢：《贞观政要·论俭约》。

君……崛起江、汉,虎视函夏,卓立千古,横制颓波,天下翕然,质文一变。"①
宋代宋祁充分肯定他的贡献,说:"唐兴文章承徐、庾余风,天下祖尚,子昂
始变雅正。"②

第三次是中唐德宗时期。代表人物为白居易。白居易长期坚持中国诗
歌中的乐府传统,创作反映民生且通俗易懂的诗歌,自名为"新乐府"。他
在为自己的新乐府诗结集所作的序中,明确地标明是:"为君、为臣、为民、
为物、为事而作,不为文而作也"③。中唐,除白居易外,还有元稹、韩愈、柳
宗元、刘禹锡等众多优秀诗人,很重视诗的社会服务功能。他们的诗艺术
性也很强,因而具有很大的社会感染力。

晚唐诗坛虽然齐梁之风又有所抬头,但坚持儒家寓教于美传统的诗人
不少,著名的有杜荀鹤、聂夷中、皮日休。他们敢于直面人生,写出不少反
映民间疾苦具有正面教育意义的好诗。除他们外,还有一些诗人,诗风淡泊,
或咏史,或言佛,似是超尘,其实,淡泊宁静之中同样跳动着为国为民的拳
拳之心。

"审教于美"理论初发于孔子的诗教论,建构于《毛诗序》的"言志"论。
这一理论虽然主导面是好的,但仍然有缺点、有不足。唐诗则不仅克服了
其缺点,补其不足;而且从总体上,将这一理论进行完善,并提升到空前的
高度,使之成为中国美学中的核心理论。唐诗的主要贡献有四:拓展了诗
歌创作的目的,丰富了诗歌吟咏的内容,重新阐述了"诗言志",提出了"寓
教于美"的途径。

一、关于诗歌创作的目的

儒家讲教化,具有鲜明的政治立场。《毛诗序》说诗能"经夫妇,成孝
敬,厚人伦,美教化,移风俗",这"五者"均为的是"用之邦国焉"。这种目
的论,虽然于统治者来说是有利的,但目的未免过于狭隘,于诗的发展不利。

---

① 卢藏用:《右拾遗陈子昂文集序》。
② 欧阳修、宋祁:《新唐书·陈子昂传》。
③ 白居易:《新乐府序》。

到唐朝，写诗的目的拓展了。诗人虽然也认为写诗要为统治阶级服务，但又认为写诗不只是为统治阶级服务。白居易提出要"为君、为臣、为民、为物、为事而作"。这"五为"中，只有"为君"是完全为统治阶级服务的。"为臣""为民"则要具体分析，因为包括了官僚和百姓。至于"为物、为事而作"，完全离开了文艺的思想教育功能，而强调文艺的科学认识功能了。所谓"为物、为事而作"，就是强调要正确地反映社会，让文艺真正成为历史的记录，成为时代的镜子。杜甫的诗正是因为正确而深刻地反映社会而被后世誉为"诗史"。不只是杜甫，诸多唐朝诗人是以这样态度写诗的，白居易就是一个突出的典范。

"为物为事而作"本也是中国诗歌的传统。白居易说："予历览古今歌诗，自《风》《骚》之后，苏、李以还，次及鲍、谢徒，迄于李、杜辈，其间词人，闻知者累百，诗章流传者巨万。观其所自，多因谗怨谴逐，征戍行旅、冻馁病老、存殁别离，情发于中，文形于外。故愤忧怨伤之作，通计今古，什八九焉。"① 这"谗怨谴逐，征戍行旅、冻馁病老、存殁别离"均是"事"——社会真实发生的故事。白居易将它着重提出来，不是强调教化，也不是强调善，而是强调"真"——真实的社会现实。"真"是艺术的灵魂，诗要以真实地反映社会现实为目的，而不能为了统治者的利益而歪曲社会现实。从唐诗的实际来看，当然不能排除有歪曲社会现实、曲意奉承统治者的诗作，但绝大部分诗作还是秉承真实反映社会现实的宗旨，坚持艺术的真实性原则，以真为善，以真为美。

二、关于诗歌的内容

正是因为写诗的目的拓展了，带来了诗歌天地的拓展。汉代以及汉代以前的诗，多以社会生活为内容。《诗经》的 305 篇全是社会生活诗。至汉朝这种现象有些改变，但改变不大。至魏晋南北朝，出现了山水诗，诗歌的天地才有了实质性的拓展。尽管南北朝时期，山水诗已经出现，但此时主

---

① 白居易：《序洛诗》。

（唐）李思训:《江帆楼阁图》

体还是社会生活诗。山水诗蔚为大观是在唐朝。

　　山水诗的大量出现并成为诗歌的主流,让儒家的"诗教"说在实践中发生了重要变化。社会生活诗以道德教化为宗旨,而山水诗重在审美愉悦。道德教化,重在道德,虽有审美,但审美不突出;审美愉悦,重在审美,虽含道德,但道德不突出。显然,诗到唐朝,审美价值突出了。唐诗突出审美,说明诗已经回到了自己的本位。艺术的本位应该是审美。需要说明的是,唐诗虽然以审美为本位,但这审美,仍然以真与善为基础,并以真、善为内涵,只是这种真与善的指向性虚化了。就是说,山水诗中的真,不是自然教科书;山水诗中的善,也不是道德原则的读本。无疑,这种审美也是教化,只是教化的内涵更丰富也更深刻了,它不只是单一的善的教化,也不是单一的真的教化,而是真善美一体化的教化。

三、关于诗歌的性质

关于诗歌的性质,儒家经典《尚书·舜典》云"诗言志"。《毛诗序》说:"诗者,志之所之也,在心为志,发言为诗。"这里,关键是如何理解"志"。《毛诗序》只是说"在心为志",而"心"是什么,并没有作出明确的解释。基于《毛诗序》强调诗的功能是"经夫妇,成孝敬,厚人伦,美教化,移风俗",更多的学者将"志"理解为理性的道德原则。唐初著名的经学家孔颖达说:"包管万虑,其名曰心。感物而动,乃呼为志。志之所适,外物感焉。言悦豫之志,则和乐兴而颂声作;忧愁之志,则哀伤起而怨刺生。"① 不仅道德原则是志,而且"悦豫""忧愁"之情也是志。然而道德原则是理性的,而"悦豫""忧愁"是情感的,理性与情感通称为"志"。而且,孔颖达更宁愿将"志"解释为"情"。他说:"在己为情,情动为志,情志一也。"② 众所周知,审美主要是情感在发生作用。正是由于以"情"释"志",这"诗言志"就成了"诗言情"。于是,基于理性的道德教化就向着基于感性的审美转化。这样,诗就自然而然地做到了"寓教于美"。历代的诗歌中,唐诗是最重情感的;也正是因为唐诗最重情感,唐诗才是审美的汪洋大海。明代诗歌的复古运动实质是批评宋代的以"理"为诗而崇尚唐朝的以"情"为诗。明代的诗歌复古运动历明朝始终,长达三百年,影响延续至清代,由此亦可见唐诗巨大而深远的影响力。

四、关于寓教于美的途径

寓教于美,怎样寓? 途径是什么? 唐朝以前,没有提出过成熟的理论。唐朝的诗学则提出了一系列的理论,主要有"兴象"论、"意象"论、"意境"论、"境"论。这些理论强调具有教化意义的"兴""意"必须物化为具有审美意义的"象"以成为"兴象"("意象");而"兴象"("意象")的提升则为

---

① 阮元校刻:《十三经注疏·毛诗正义卷一》上册,中华书局 1980 年版,第 270 页。

② 阮元校刻:《十三经注疏·春秋左传正义卷五十》下册,中华书局 1980 年版,第 395 页。

"境"。于是,"兴象"——"境"("意境")就成为寓教于美的途径,也成为教与美的本体。至此,"寓教于美"的美学理论就不仅完善了,而且升华了。

唐朝有 300 多年的历史。从初唐到晚唐,寓教于美的传统一直得到传承,没有中断。更重要的是,唐朝是中国诗歌的巅峰,涌现了一大批第一流的诗人。他们"审教于美"的诗歌创作实践取得了巨大的成就,成为后世诗人、文人的楷模,其中李白、杜甫、白居易更是中国文化史乃至世界文化史上丰碑。

唐朝文化中,诗的地位很突出,实际上处于主体地位。由诗而达整个文艺,由整个文艺达整个精神文化,由精神文化达整个唐代社会政治制度及其他种种方方面面,唐诗厥功伟矣!而唐诗之魂正在"审教于美"——教化与审美统一的审美观念,它不仅是中国美学的主要精神,也是中国政治文化、道德文化的重要精神。

第二节 构建"境象合一"的审美本体论

美学本体论,要讨论美的本质问题。关于美的本质问题有两种提问法:一种是直截了当地问"美是什么",然后问"美在哪里";另一种则先是问"美在哪里",然后问"美是什么"。西方美学多取第一种问法,而中国美学多取第二种问法。

关于美在哪里,中国从先秦开始就有着非常有价值的探寻。《老子》说:"有物混成,先天地生。寂兮寥兮,独立而不改,周行而不殆,可以为天地母,吾不知其名,强字之曰'道'。"[1]"道"是天地之母,当然也就是万物之本体包括美之本体。道是什么?《老子》没有做描述。但他说,道既是"无",又是"有"。"无"是无限地存在,"有"是有限的存在。"此两者,同出而异名,同谓之玄,玄之又玄,众妙之门。"[2]"妙"相当于今日美学说的"美"。按《老

---

[1] 《老子·二十五章》。

[2] 《老子·一章》。

子》的道论，美的本体在"道"。中国美学的本体论就建立在道论上。此后几千年对于美的本质的探寻基本上没有离开这一条道路。

南北朝时刘勰的《文心雕龙》提出"文"的概念。有两种"文"：一种是自然之文，另一种是人工之文。两者的本质都在"道"，即所谓"道之文"。"文"有"象"："傍及万品，动植皆文。龙凤以藻绘呈瑞，虎豹以炳蔚凝姿。云霞雕色，有逾画工之妙，草木贲华，无待锦匠而奇。"① 这就实际上提出了意象的理论，而且他也提出了意象概念："独照之匠，窥意象而运斤。"② 只可惜对于这一概念的重要性，他缺乏足够的重视，也许只是随机创造出来，目的是表达艺术创造中心与手的关系。

刘勰首先提出了"意象"的概念，为艺术的审美本体论奠定了第一块砖石。但是，刘勰只是提出"意象"概念，并没有对"意象"的构成以及它的特点做更深入的阐述。直到唐朝，才有众多的诗人、理论家为艺术本体论筑就了一座宏伟而完整的大厦。

首先是"兴象"的提出，这是盛唐诗人殷璠的贡献。他在他所编的唐代诗歌选本《河岳英灵集》中提出了"兴象"理论。殷璠的"兴象"较之刘勰的"意象"概念有很大发展。"意象"，顾名思义，是意与象的统一，而"兴象"则是兴与象的一。兴的基本功能为"起情"。明代诗论家陆时雍在《诗境总论》中说："诗人之妙，在一叹三咏，其意已传，不必言之繁而绪之纷也。故曰'诗可以兴'。诗之可以兴人者，以其情也。"《诗》之美首先在"兴"，因为"兴"起情。从理论上讲，应该不是"意象"而是"兴象"。

盛唐诗人王昌龄提出了"意境"概念。他说："诗有三境：一曰物境，二曰情境，三曰意境。"王昌龄说诗有"三境"——"物境""情境""意境"，"意境"只是其中之一。"三境"的分别在诗的内容：以写山水为主的，为物境；以抒情为主的，为情境；以表意为主的，为意境。这一说法与我们后来对于意境概念的理解差距太远，但王昌龄贡献了出"意境"这一概念，功不

① 刘勰：《文心雕龙·原道》。

② 刘勰：《文心雕龙·神思》。

可没,何况他在对"三境"的具体论述中也涉及意境的本质,如说"物境":
"欲为山水诗,则张泉石云峰之境极丽绝秀者,神之于心,处身于境,视境于心,莹然掌中,然后用思,了然境象。"① 这"处身于境,视境于心"堪称一语中的。

较王昌龄晚一点,诗僧皎然提出"境"这一概念。"境"这一概念最先来自佛教的翻译。皎然论诗,重视境的创造,境又称"境象",为虚与实的统一。境的核心在情,皎然说:"缘境不尽曰情"②,又说"诗情缘境发"③。此种说法较之王昌龄的"视境于心",深了一步,不是一般的概念"心",而是特殊的概念"情",为境象的灵魂。皎然引"境"入诗,既为写诗,也为参禅。诗境即禅境,禅境即诗境。皎然的境论开宋代严沧浪以禅论诗的先河。

晚唐诗人司空图在中国诗学构建上有重要贡献,他不独提出二十四则诗品,还提出了意境理论的核心思想——"象外之象""景外之景""味外之旨""韵外之致",遗憾的是,他没有提出意境这一概念,或者说将他的"四外"论与意境联系起来。其实,较他早的刘禹锡提出过"境生于象外",可惜他未尝注意。

现在,我们可以为唐朝的艺术审美本体论理出一条线索:盛唐殷璠提"兴象"说,为艺术本体论提出一个基础;王昌龄创"意境"名词,为艺术本体论做了概念上的准备;皎然创"境象"说,基本上完成了艺术本体论理论上的准备;中唐刘禹锡最早将"境"与"象外"明确联系起来;到晚唐,司空图创"四外"说,最终完成了中国艺术审美本体论的基本骨架。

中国的艺术审美本体论在骨架完成之后,宋元明清三代均只有充实,而没有重要的发展。近代,王国维在肯定唐代艺术本体论的基础上,确立"意境"为艺术审美的本体;另外,还提出"境界"说。境界说包含意境说,所不同的是,境界不只是艺术审美的本体,还是人生审美本体。有艺术境界,

① 王昌龄:《诗格》。
② 皎然:《诗式·辨体有一十九字》,齐鲁书社1986年版,第54页。
③ 皎然:《秋日遥和卢使君游何山寺宿扬上人房论涅槃义》。

还有人生境界。所以，境界被视为中华美学之审美本体。王国维纵览古今，说："言气质，言神韵，不如言境界。有境界，本也。气质、神韵，末也。有境界二者随之矣。"① 这其中提到"气质""神韵"均是唐朝以后，中国学者探索艺术本体论用过的概念。虽然中华美学在关于艺术本体论的探索中用过很多不同的概念，但最后在王国维这里，统归之于境界，这就等于为中国古代的审美本体论一锤定音。

第三节　构建"哲美合一"的审美范式论

中华民族长时期的审美实践与审美理论建树中，建构了属于自己的审美范式。是哪部著作最早成功地梳理中华民族的审美范式？是晚唐诗人司空图（837—908）所著《二十四诗品》。

"品"，在中国古代有二义，一义是作动词用，相当于论；另一义则是作名词用。作名词用，它有两义：品级、品种。传统品级法主要有两种，一种是用上、中、下等概念明确标明作品艺术成就的高低，另一种是用"逸""神""妙""能"等概念标明作品境界品位的高低。这些用于品级的概念不属于审美范式。涉及审美范式的是关于作品审美风格的概念系统。

司空图的《二十四诗品》的"品"是作为名词用的。作为名词的诗品，不是指诗歌艺术成就的品级，而是诗歌风格的品种。诗歌风格是没有高低之别的，只有特色的不同。司空图一共论述了二十四种诗歌风格，对这二十四种风格的内涵与特色做了精辟的分析。

二十四种风格是：（1）雄浑；（2）冲淡；（3）纤秾；（4）沉著；（5）高古；（6）典雅；（7）洗炼；（8）劲健；（9）绮丽；（10）自然；（11）含蓄；（12）豪放；（13）精神；（14）缜密；（15）疏野；（16）清奇；（17）委曲；（18）实境；（19）悲慨；（20）形容；（21）超诣；（22）飘逸；（23）旷达；（24）流动。

司空图的成功主要在于四点：

---

① 王国维：《人间词话·删稿十三》。

一、以审美哲学创品

审美范式作为审美品评的概念系统,既是经验的归纳,更是哲学的概括。司空图的《二十四诗品》不同于一般审美品评的地方,首先在于它的哲学高度。中华审美范式的构建溯源应达《周易》哲学。《周易》提出"阴阳""刚柔"两对相关联的概念,为审美范式的构建提供了理论基础。阴阳、刚柔概念两两相对,又两两相合;灵动多变,又秩序井然。司空图的诗品论,没有用到阴阳、刚柔的概念,但用到了它的精神。可以说,他灵活地运用了中国哲学去进行审美,并根据中国哲学的精神构建了具有中国哲学神韵的

《李白菩萨蛮》(见明刊本《诗余画谱》)

审美范式体系。

司空图论诗品，大体上按时空力度（大小）、画面色彩（艳素）、情感波澜（巨细）、思想趋向（世俗与自然）四个维度分类，这种分类中，体现出阴阳刚柔的意味。需要强调的是，司空图并不简单地套用阴阳刚柔论，而是形成了丰富的变化：（1）有固定的两两相对。如"冲淡"与"纤秾"、"典雅"与"自然"、"沉著"与"飘逸"、"缜密"与"疏野"。（2）有非固定的两两相对，表现为一与多相对。像"飘逸"，既可以与"沉著"相对，也可以与"雄浑"相对，或与"实境"相对。（3）不仅有对立的关系，还有交叉互含关系，即你中有我、我中有你的关系。如"雄浑"与"劲健"、"豪放"与"雄浑"、"疏野"与"清奇"、"冲淡"与"疏野"、"纤秾"与"绮丽"、"飘逸"与"旷达"、"高古"与"典雅"、"含蓄"与"委曲"、"自然"与"实境"等。它们许多地方是相近的：在相同中见相异，在相异中见相通，在相通中见相生。

中国哲学以儒道两家为主，儒家哲学侧重于伦理学，强调社会功利；道家哲学则侧重于本体论，崇尚道法自然。司空图个人在哲学上更倾心道家，但他论诗品多注重两家哲学的融会。比如论"冲淡"：

> 素处以默，妙机其微。饮之太和，独鹤与飞。犹之惠风，荏苒在衣。
> 阅音修篁，美曰载归。遇之匪深，即之愈希。脱有形似，握手已违。[①]

"素处以默，妙机其微"，是道家悟道的形象：平居恬淡，以默为守，参悟玄机，功到自成。然"饮之太和"，则出自儒家典籍《周易》。《周易》乾卦的《象传》有句云"保合太和乃利贞"。"太和"为天地之道。不说悟之，而说"饮之"，说明这道不是枯燥的说教，而是沁人肺腑的甘露。于是，道之妙成了道之美。这样，"冲淡"实际上是道家哲学与儒家哲学融会的产物。"冲淡"的实质是清。这清既有道家的清真，又有儒家的清正，合起来则是清高。

以美的哲学创品，以前是没有的，司空图是第一人。正是因为如此，他创的诗品具有哲学的高度。

---

① 司空图：《二十四诗品》。

二、以审美心理创品

司空图注重从审美感知与心理体认来构建审美范式：一是看作品对人的感觉冲击力；二是作品对人的思想情感冲击力。在按审美心理为诗歌建品时，司空图注意到如下两个方面：

（一）注意审美感知与审美情感及审美理解的关系

它们的关系有的成正比例，有的不一定成正比例，而且恰相反。"雄浑"和"冲淡"就是这样："雄浑"对人的感觉冲击力强，然而思想情感的冲击力不一定强；"冲淡"对人的感觉冲击力小，然而，它对人的思想情感的冲击力不仅强大，而且深刻、久远。

（唐）韩幹：《牧马图》

（二）注意同一类型审美范式其审美心理的细微区分

"雄浑""劲健""豪放"这三个范畴均属于西方美学之崇高、中国古典美学之壮美或者阳刚之美。但是，它们给予人的心理感受不一样：

雄浑：大用外腓，真体内充。……具备万物，横绝太空。荒荒油云，寥寥长风。①

　　劲健：行神如空，行气如虹。巫峡千寻，走云连风。……天地与立，
神化攸同。②

　　豪放：观花匪禁，吞吐大荒。由道返气，处得以狂。天风浪浪，海
山苍苍。真力弥满，万象在旁。③

　　"雄浑"，重在抟气，其力的方向由内到外，适宜表达那种外扩、爆发之
审美心理。"劲健"，重在冲刺，行得快、来得猛，其力的方向为水平前进，
适宜表达那种进取、冲击之审美心理。"豪放"，重在狂暴，掀天揭地，其力
的方向为全方位展开，适宜表达那种奔放、自由之审美心理。

　　西方美学中，与崇高相对的是优美，中国古典美学称之为秀美或阴柔
之美。属于这种审美范式的有自然、典雅、含蓄等。它们给予审美者的感
受均为轻柔、和谐、静谧、愉快，但审美心理又有细微不同：

　　自然：……俱道适往，着手成春。如逢花开，如瞻岁新。……幽人
空山，过雨采苹。④

　　典雅：玉壶买春，赏雨茅屋。坐中佳士，左右修竹。……落花无言，
人淡如菊。⑤

　　含蓄：不著一字，尽得风流。……悠悠空尘，忽忽海沤。浅深聚散，
万取一收。⑥

　　"自然"，重在"俱道"，道为自然：花是逢的，雨是过的。此种审美范式
适宜表达那种轻快舒徐之审美心理。"典雅"，重在修心：不贪富贵，淡如野
菊，不失高洁；不邀虚名，花落无声，自有情趣。此种审美范式适宜表达那
种脱凡绝俗之审美心理。"含蓄"，则重在巧构：虚实相生，显隐互见。创造

---

① 司空图：《二十四诗品》。
② 司空图：《二十四诗品》。
③ 司空图：《二十四诗品》。
④ 司空图：《二十四诗品》。
⑤ 司空图：《二十四诗品》。
⑥ 司空图：《二十四诗品》。

含蓄,需要智慧;欣赏含蓄,需要会心。此种审美范式适宜表达那种内敛沉稳之审美心理。

(三) 注意每一种审美范式中审美心理中的复杂而又奇特的构成

每一审美范式虽然从标题上可以看出它的特色,但细究其构成,就会发现它的审美心理是复杂的。比如:"实境"这一范式:

> 取语甚直,计思匪深。忽逢幽人,如见道心。清涧之曲,碧松之阴。
> 一客荷樵,一客听琴。情性所至,妙不自寻。遇之自天,泠然希音。[①]

"实境"顾名思义,它是真实的境界。真实,它会给人什么样审美心理呢? 从司空图的描述看,是甚为复杂又甚为奇特的。好比取语,直截了当,然一语中的,无须深入思考。又好比偶然遇见仙人,竟顿时悟道。至难化为至易,至繁变成至简。这种情状看似矛盾,如清涧之旁、碧松之下,"一客荷樵,一客听琴",一俗一雅,竟和谐地构成一幅画面。然而,就是这画面,泄露了天机。原来,这看似矛盾的构成中,有一个内在的一致性,那就是"天"——"自然"。"天"善于将表面上对立而内在相通的因素组合在一起,像"一客荷樵,一客听琴",似是俗雅相冲,实是俗雅一体,因为大俗即大雅,大雅即大俗。同样,至显即是隐,至巧即是拙,至奇即是常。当然,理论上如此,但实际生活中遇到这种情况极不容易,所以是"遇之自天,泠然希音"。《老子》言道,云"大音希声"。大音即道,道为自然,自然即天。悟道极难,又极易,一切全在心的修养。此修养在《庄子》,为"坐忘"。概而言之,"实境"其名为实,而本为虚。要体会实境之美,全在领悟虚境之美,只有化实为虚,才能得实境之美,而这一切又全在自然。

司空图的二十四则诗品,每一品中的审美心理构成都是复杂而又奇妙的,需要细细品味。

三、以自然审美创品

司空图的《二十四诗品》突出特点之一是用自然审美创品。二十四诗

[①] 司空图:《二十四诗品》。

品中,在标题上就能明显见出以自然审美创品的,有"雄浑""冲淡""纤秾""劲健""绮丽""自然""疏野""清奇""委曲""飘逸""旷达""流动",达十二品。其他十二品虽然题目不属于自然审美,其描述却属于自然审美。就是说,以自然审美来比喻非自然审美,如"精神"这一品。它的描述是:

> 欲返不尽,相期与来。明漪绝底,奇花初胎。青春鹦鹉,杨柳楼台。碧山人来,清酒深杯。生气远出,不著死灰。妙造自然,伊谁与裁?

此品说的是精神,然不直说精神,而是描绘了一系列的自然景物:"奇花""鹦鹉""杨柳";最后明确地点出,这精神好比"妙造自然",既具有自然的活力,又具有人的智慧。

中华民族哲学对自然情有独钟,不独道家哲学如此,而且儒家哲学及其他各派哲学亦如此。因此,以自然为喻,成了中华民族生活的表情达意的基本方式。这种审美方式虽然由来已久,可以远追上古,但成熟是在唐朝,而且是在唐诗中完成的,司空图则是从理论上将其提升到审美范式的高度。

四、以诗情画意创品

中国古代有以诗论诗的传统。司空图之前,有李白、杜甫、白居易均用诗论过诗,但用诗的形式如此全面系统地论述诗歌风格,司空图则是第一位。

以诗论诗,必须有诗情。诗情是美化了的情感。其美化不仅修饰了情感,使情感易于感染人;而且深化了情感,让情感具有思想的品位。要说明的是,情感的深化不是化情为理,而是将情感予以提炼升华,使之具有思想的指向性,让接受者自己去领悟情中之理。司空图的《二十四诗品》是以诗论诗的典范。

司空图的《二十四诗品》以诗论诗,不仅具有思想品位,而且具有绘画品位。原因何在?原因就在于诗中有画。司空图的著作中有不少优美的画面,如"采采流水,蓬蓬远春。窈窕深谷,时见美人。碧桃满树,风日水滨。

柳阴路曲,流莺比邻。"这是说的"纤秾"诗品,在我们头脑中出现的是一幅春意盎然的画面:流水、深谷、春山、碧桃、柳阴、流莺,加之美人,这是多么撩人春心的情景!

以画论品,这在中国也是传统。这一传统开创可以追溯到魏晋南北朝,但成形同样是在唐朝,而司空图的《二十四诗品》也是典范。

司空图以诗论诗创造了诸多佳句,后来成为中国古代美学的著名命题,如:

> 超以象外,得其环中。("雄浑")
>
> 脱有形似,握手即违。("冲淡")
>
> 如将不尽,与古为新。("纤秾")
>
> 玉壶买春,赏雨茆屋。("典雅")
>
> 俱道适往,着手成春。("自然")
>
> 不著一字,尽得风流。("含蓄")
>
> 妙造自然,伊谁与裁?("精神")
>
> 意象欲出,造化已奇。("缜密")
>
> 道不自器,与之圆方。("委曲")
>
> 遇之自天,泠然希音。("实境")
>
> 俱是大道,妙契同尘。("形容")
>
> 远引若至,临之已非。("超诣")①

司空图以诗的方式论诗,其论超卓,其诗优异,是论之奇葩,也是诗之奇葩。他建构的二十四则诗品,以审美哲学创品,以审美心理创品,以自然审美创品,以诗情画境创品,建构了中国美学"哲美合一"的审美范式体系。不仅在理论建构上,他稳居第一,而且他所创建的二十四诗品成为中华美学著名的审美范式,历经数千年而生命力强劲;直到今日,还在人们的审美生活中得到运用。

---

① 司空图:《二十四诗品》。

第四节　构建"诗性为本"的审美品位论

在艺苑之中,诗本来只是品种之一。到底以何种艺术为其主导艺术,不同民族是不一样的。在中国,无疑是诗占据主导地位。这种格局的形成,始于孔子论诗。但孔子所代表的儒家在先秦百家之中只为一家。汉朝中期汉武帝独尊儒术,经过董仲舒等儒家学者解释过的儒学终于成为国家意识形态。尽管如此,它的影响主要还是在政治上、道德上。艺术上,经过儒家解释过的孔子诗教说虽然开始发挥作用,但这种作用主要在诗歌创作上,对于诗的影响正负面均有,并没有促进诗的繁荣。至于对其他艺术,儒家诗教说也没有起到明显的促进作用。倒是在分裂动荡的魏晋南北朝,艺术因为在一定程度上摆脱了儒家诗教说的控制,反而有了长足的进步。尽管如此,诗、画、乐等主要艺术也都没有取得重大的成就。在唐朝,由于政治、经济、文化等诸多因素的汇聚,艺术实现了全面的繁荣。这其中,诗歌的成就最大,成为唐代文化的主流。唐诗对于其他艺术产生了重大影响:

首先,对于乐舞曲的影响。中国自古以来,诗乐舞为一家。诗为词,乐为曲,舞则以曲为节奏而高蹈。先秦,诗开始独立,至汉代基本独立,但仍与乐、舞有着密切的关系,因为绝大多数的乐是有词的,因此诗称为歌行。到唐代则发生重要的变化,歌行外,还出现古、近二体。宋代的学者郑樵说:"古之诗曰歌行,后之诗曰古近二体。歌行主声,二体主文。诗为声也,不为文也……二体之作,失其诗矣。纵者谓之古,拘者谓之律。一言一句,穷极物情,工则工矣,将如乐何?"① 古、近二体的出现,说明诗更具独立性。但是,古、近二体还是可以歌唱的,尤其是近体中的绝句。在唐代,有一个有趣的现象,诗人以自己的诗能谱成曲演唱而骄傲而光荣,唐人薛用弱的《集异记》中还记载了一事:高适、王昌龄、王之涣三人在旗亭偶遇歌女在表演。当歌女相继演唱完王昌龄、高适的诗之后,王之涣急了。

①　郑樵:《通志略·正声序论》。

之涣曰："佳妓所唱，如非我诗，终身不敢与子争衡，不然，子等列拜床下。"须臾妓唱："黄河远上白云间，一片孤城万仞山。羌笛何须怨杨柳，春风不度玉门关。"之涣挪揄二子曰："田舍奴，我岂妄哉？"

这种情况在过去少见的，而在唐朝很普遍。唐代第一号大诗人李白进入宫廷，很大程度上因唐玄宗喜爱音乐，需要人为之写词。《旧唐书》载："玄宗度曲，欲造乐府新词，亟召白，白已卧于酒肆矣。召入，以水洒面，即令秉笔，顷之成十余章，帝颇嘉之。"[①]据李濬《松窗杂录》的记载，著名的《清平乐》就是李白为杨贵妃乐舞作的词：

> 会花方繁开，上乘照夜白，太真妃以步辇从。诏特选梨园弟子中尤者，得乐十六色。李龟年以歌擅一时之名，手捧檀板，押众乐前欲歌之。上曰："赏名花，对妃子，焉用旧乐词为。"遂命龟年持金花笺宣赐翰林学士李白，进《清平调》词三章。白欣承诏旨，犹苦宿酲未解，因援笔赋之。[②]

唐代诗人多通晓乐律。大体上，不通乐律者也作不好诗。李白深通乐律，故他的诗入曲的很多。值得一提的是，唐朝诗人不少喜欢舞蹈，李白尤其喜欢剑舞，还喜欢率性起舞。他在《东山吟》中说："白鸡梦后二百岁，酒酒浇君同所欢。酣来自作青海舞，秋风吹落紫绮冠。"唐朝诗人创作了大量配合舞蹈表演的歌词，最著名的是刘禹锡的《竹枝词》。刘禹锡写了多首《竹枝词》。有唐一代，乐舞诗写得最多的要数白居易和元稹。

唐诗进入乐舞，对于音乐以及舞蹈的影响不是形式上的，而是精神上的、审美品位上的。宋代学者郑樵说"乐之本在诗"，并以《诗经》中《关雎》为例："《关雎》之声和而平，乐者闻之而乐其乐，不至于淫；哀者闻之而哀其哀，不至于伤，此《关雎》之美也。"[③]明代王骥德论曲，公然提出作曲"须先熟读唐诗"；并提出有"诗人之曲"与"书生之曲"之别，强调要以"诗人之曲"为榜样。他以唐朝诗人为例："昔人谓孟浩然诗，讽咏之久，有金石宫

---

① 刘昫等：《旧唐书·列传第一百四十下·李白》。

② 李濬：《松窗杂录》。

③ 郑樵：《通志略·昆虫草本略第一序》。

商之声；秦少游诗，人谓其可入大石调，惟声调之美，故也。惟诗尚尔，而矧于曲，是故诗人之曲，与书生之曲、俗子之曲，可望而知其概也。"① 孟浩然的诗入曲，之所以为"诗人之曲"，是因为他的诗有深刻的内涵，可供"讽咏"；而秦少游的诗，只能算是"书生之曲"，他的诗思想性弱，虽然有美，但"惟声调之美"。正因为有郑樵、王骥德这样的学者大力推崇，更兼众多艺术家在从事乐舞的实践时自觉地引唐诗入艺，从而把乐舞的审美品位给提升到了诗的高度。于是，唐诗的精神遂成为乐、舞、曲的灵魂。

唐诗对绘画的影响也是巨大的。宋代的苏轼说："味摩诘之诗，诗中有画；观摩诘之画，画中有诗。"② 这种现象在唐代较为普遍，不独王维然。我们要讨论的是，诗画互相影响，到底影响什么。就画对诗的影响来说，主要是让诗具有更好的画面感；而就诗对画的影响来说，则主要是对画的精神品位的提升。两者相比，画对诗的影响是表面的，而诗对画的影响是内在的。

唐代著名画家张彦远关于人物画有一个总的看法，他说：

> 记传所以叙其事，不能载其容；赋颂有以咏其美，不能备其象；图画之制，所以兼之也。故陆士衡云："丹青之兴，比雅颂之述作，美大业之馨香。宣物莫大于言，存形莫大于画。"此之谓也。③

张彦远将图画的作用与记传、赋颂并列，它们共同的使命是赞颂那些体现了中华民族精神的人物（当然，在统治者看来，主要是帝王将相）。按张彦远的看法，承担这一使命，记传与赋颂均不如图画。那么，图画为什么优于记传与赋颂呢？这是因为图画能将记传、赋颂的长处综合于其内，而补上记传与赋颂均没有的形象。张彦远此说，表面上看，似是图画高于记传和赋颂，但细思则发现如果没有将记传和赋颂的长处兼之于内，图画则徒然为象而已，根本无法担负"美大业之馨香"的重任。因此，是赋颂和记传给予图画以内容、以精神、以灵魂，图画只是将这一内容、精神、灵魂转化为可感的形式。

---

① 王骥德：《曲律·论声调》。

② 苏轼：《东坡题跋·书摩诘蓝田烟雨图》。

③ 张彦远：《历代名画记·叙画之源流》。

人物画是如此，山水画其实也是如此。中国山水画的要求，一是写形，二是写神。形，要求画得像；而神，则要求画出山水的精神来。形、神二者，何者更重要？中国画的回答是清楚的：神更重要。东晋画家顾恺之早就提出"以形写神"的理论。他说："一象之明昧，如悟对之通神。"① 南朝画家宗炳也说"山水质有而趣灵"②。为了突出神，画家不惜在一定程度上牺牲形：或简形，或虚形，或变形。这种做法，诗也有。司空图在论"形容"这一品时说"离形得似"，这"似"指神似。这就是说，在以形写神、神似胜于形似这一点上，诗与画是相通的。值得我们注意的是，在求形似上，诗要向画学习，力求诗中外在有更生动的形象，让"诗中有画"；而在求神似这一点上，画要向诗学习，力求画内在有更有深刻的意蕴，让"画中有诗"。

（唐）佚名：《骑马人物图》

---

① 张彦远：《历代名画记·叙画之源流》。

② 宗炳：《画山水序》。

　　应该说,对于任何艺术作品来说,外在形象与内在意蕴都很重要。但艺术作品,到底是内容决定形式还是形式决定内容? 虽然这两者具有互相决定性,但一般来说,内容还是第一位的。所以,诗与画的相互影响,诗对画的影响更大。唐代更是如此。虽然唐代的绘画也很发达,但相较于诗,终逊一筹。不论是社会地位,还是实际影响,诗都位于画的前面。唐画在中国文化领域内的地位只能说是局部性的,而唐诗在中国文化领域内的地位则是全局性的。唐诗不独是唐代文化的旗帜,而且是中国文化的旗帜。

　　唐诗对其他艺术的影响,建构了中国艺术以诗为魂的优秀传统。中国人的审美意识以诗性为本位,称之为"诗性本位"。诗性本位,主要有四:

　　一是诗意。诗意,指诗的思想性,即《尚书》说的"志"。唐人重视的"志"为"雅正",雅正于发端于《诗经》,成大气于唐诗。李白非常推崇雅正,他在《古风五十九首》中,开篇即说"大雅久不作,吾衰竟谁陈",慨叹"正声何微茫,哀怨起骚人",明确表示"文质相炳焕,众星罗秋旻。我志在删述,垂辉映千春。"杜甫亦云:"别裁伪体亲风雅","恐与齐梁作后尘"。①

　　二是诗情。唐人看重的诗情是真实、爽朗、健康、豪迈之情,如杜甫《戏为六绝句》中所云"凌云健笔意纵横"。

　　三是诗美。唐人看重的诗美是真切、清纯、天然之美。如李白赠江夏太守韦良宰的诗中所说:"清水出芙蓉,天然去雕饰。"② 又如杜甫所云"清词丽句必为邻"③。

　　四是诗格。唐人重视的诗格为"骨气"。唐朝著名诗人陈子昂提出"骨气"论,他要求文章"骨气端翔,音情顿挫,光英朗练,有金石声"。"骨气"也可以分为"骨"与"气"两个概念。崇"骨"尚"气"始于两汉魏晋南北朝。曹丕论文,曰:"文以气为主。"④ "气",含思想和情感,思情合一,实指一种生命精神。此生命精神旺盛,积极进取。刘勰论文,强调"风骨"。"风骨"

---

① 杜甫:《戏为六绝句》。

② 李白:《经乱离后天恩流夜郎忆旧游书怀赠江夏韦太守良宰》。

③ 杜甫:《戏为六绝句》。

④ 曹丕:《典论·论文》。

由"风"与"骨"两个概念联缀而成。"风"重情感,"骨"重思想。"骨"与"气"相通。概言之,就是思想端正,情感充沛,气势雄强,富有感染力。用刘勰的话来说,就是"结言端直""意气骏爽""刚健既实""辉光乃新"。陈子昂的"骨气"论实际上是曹丕"气"论、刘勰"风骨"论的发展。"骨气"论在唐诗中的具体体现主要是:气吞山河的英雄气概、志效国家的功业意识、真爱深情的侠肝义胆、豪迈旷达的乐观自信、一往无前的奋发图强。概括起来,就是两个词:青春、英雄。唐朝是青春的时代、英雄的时代、诗歌的时代。讲究血性,崇尚情义,光明磊落,爱国爱家是唐人的风尚。而唐诗则是这个时代有声有色的绘画,是这个时代响遏行云的壮歌。

唐人无疑是古代中国人活得最好的时代。唐人的精神、唐人的风尚、唐人的品性全都写在唐诗中。唐诗因之而辉煌灿烂,而气壮山河,而光耀千古,而美不胜收。唐诗的审美力量不仅深刻地影响到其他艺术,而且深刻地影响中国全社会,影响中国历史以及未来,成为中华民族最为可贵的优秀传统。正是唐诗,铸就了中国艺术乃至整个中国文化的"诗性"品格;正是唐诗,缔造了中华民族永远旺盛的青春气概。

第 八 章
唐朝"古文"美学

　　唐代的古文运动是与诗歌改革运动同时兴起的美学思潮。诗歌改革运动针对的是齐梁的浮艳文风，倡导的是质朴刚劲的汉魏风骨。古文运动则不仅批判六朝的浮艳文风，锋芒所向还直达汉代的骈文。在倡导质朴刚劲的文风方面，它与诗歌改革运动是完全一致的。诗歌改革运动力主继承发展《诗经》的兴刺传统，古文运动同样高扬的是儒家的道统。可以说，这两大美学思潮的基本精神都是儒家的教化主义。这一事实充分说明，儒家美学在唐代仍然占据主导地位，且充满蓬勃的生机。

　　"古文"是和"骈文"相对立的概念。骈文讲究排偶、辞藻、音律、用典，它滥觞于西汉，而盛行于六朝，直到初唐，考试取士仍用骈文。这种文体不仅造就了一种崇尚形式华丽的浮艳文风，而且严重束缚思想的自由表达，影响对社会现实的深刻而又充分的反映，妨碍文章教化功能的实施，与儒家崇尚内容、崇尚质朴、崇尚劲健、崇尚教化的美学精神格格不入，这种弊病发展到唐代，与唐帝国的政治、经济发生严重冲突，它直接影响到唐帝国的政权巩固和经济发展。因而自初唐起，就有不少有识的知识分子站出来疾呼要扫荡这种浮艳的文风。他们打的旗号是要恢复先秦的古文。古文的特征是散行、单句，不拘格式，文风质朴，显然在表达思想方面优胜于骈文。

　　唐代的古文运动虽然可上溯到初唐，甚至六朝末，但真正形成高潮并取得巨大成功还是在中唐。韩愈是唐代古文运动中最有影响、功绩最大的人物，其次是柳宗元。韩柳之后的裴度、李翱、皇甫湜也都有重要贡献。

唐代古文运动在美学上的意义主要在于：第一，在文学的审美功能与教化功能的关系上，再次强调教化重于审美，审美服从教化。这从韩愈的"文以为理"说、柳宗元的"文以明道"说可以充分看出。第二，在文学的内容与形式的关系上，重申内容决定形式。这从古文家们的文质观可以看出。第三，质朴、刚健、清新的文风建立。这一点尤显得重要。郭绍虞先生说："古文运动有两种意义，一是内容上的革新，变南朝言之无物专事涂泽的作风改为有内容有思想的作品；又一是形式上的革新，变南朝讲究骈俪讲究声律的技巧，改为直言散行接近口语的作品。总之重在'变浮靡为雅正'。"①

以上三点又可以统一为一个命题，即"文道合一"。

第一节　古文运动前：魏徵、王昌龄、柳冕

古文运动虽然兴于中唐，但实际上，初唐就开始了。在古文运动旗手韩愈、柳宗元前，有魏徵、王昌龄、柳冕等人的论文道合一的一些观点，可以看作是古文运动的先声。

一、魏徵

开国功臣魏徵（580—643）是既重道又重文的，在《隋书·文学传序》中，他说："《易》曰：'观乎天文，以察时变，观乎人文，以化成天下。'《传》曰：'言，身之文也。言而不文，行之不远。'故尧曰则天，表文明之称；周云盛德，著焕乎之美。"他认为："江左宫商发越，贵于清绮；河朔词义贞刚，重乎气质。"他主张将这两者统一起来，"各去其短，合其所长"，这样，就"文质彬彬，尽善尽美矣"。

---

① 郭绍虞：《中国文学批评史》，上海古籍出版社1979年版，第127—128页。

二、王昌龄

王昌龄（690—756）在文道论上有重要贡献。他说：

> 或曰：夫文字起于皇道，古人画一之后方有也。先君传之，不言而天下自理，不教而天下自然，此谓皇道，道合气性，性合天理，于是万物禀也，苍生理焉。尧行之，舜则之，淳朴之教，人不知有君也。后人知识渐下，圣人知之，所以画八卦，垂浅教，令后人依焉，是知一生名，名生教，然后名教生焉。以名教为宗，则文章起于皇道，兴乎《国风》耳。自古文章，起于无作，兴于自然，感激而成，都无饰练，发言以当，应物便是。①

王昌龄的观点显然不同于上述的王通等。王通将文归之于"言志"即阐扬儒家纲常礼仪的需要，也就是说将文之本归之于儒家的人伦之道。而王昌龄则将文之本归之于"皇道"，这里所用的"皇"是最大最高的意思，"皇道"就是最大最高的道，这最大最高的道是什么呢？不是三纲，不是五常，也不是仁礼，而是"气性""天理"，气性、天理在这里为"自然"——《老子》哲学说的自然。这种"合气性""合天理"的道即为自然之道，用今天的概念来表述，就是自然规律。天地万事万物包括人伦社会莫不需要依据它而生。那个时候，人们也有歌咏，那歌咏是人们从内心自然发出的，没有修饰，也不需要修饰，全然是天然的。

由此，他提出一个极为重要的观点："自古文章，起于无作，兴于自然，感激而成，都无饰练，发言以当，应物便是。"

美在哪里？美在自然，美在天工，美在真。人工的修饰均不需要了。

王昌龄站在皇道的立场上全面地肯定了"道"（只是皇道）而否定了"文"（文饰）。

然而，王昌龄其实又是很重视文（文饰）的，众所周知，他写诗很重视格律、音韵，他著有《诗格》《诗中密旨》二书，全是讲声韵的。既然起于皇

---

① 王昌龄：《论文意》。

道的文章包括诗歌不需要修饰，为什么后来竟重视起文采、声韵了呢？按王昌龄的看法，主要是人心不古了。远古圣人基于大家都能自觉地遵守皇道，实施的是无为而治；而后来的帝王基于大家不能自觉地遵守皇道，实施的是有为而治，有为而治，就需要教化，教化需要理论，这理论即所谓"名教"。文章应名教之需而产生，已不是自然的产物。既然是名教的产物，就不能不按照名教的需要而有所加工了，这就必然要文，如孔子所说，言之无文，行而不远。此为一方面。

另一方面，王昌龄谈到文的需要，还跟文章的抒情功能相关。王昌龄虽然承认文章有阐扬名教的功能，但他并非认为文章只有这一功能，他在叙述文章史时，说孔子传于游、夏，游、夏传于荀卿、孟轲，荀、孟传于司马迁，司马迁传于贾谊。"谊谪居长沙，遂不得志，风土既殊，迁逐怨上，属物比兴，少于风雅，复有骚人之作，皆有怨刺，失于本宗。"这里说的"本宗"为"皇道"，由皇道产生的文章是没有怨刺的，由名教产生的文章就有怨刺了。怨刺为情，情在文章的写作中具有特殊重要的作用，实际上它才是文章产生的原动力。所以，王昌龄说："诗本志也，在心为志，发言为诗，情动于中，而形于言，然后书之于纸也。"言需要饰，只有饰才能更好地表达情，表达志，于是，就不能不讲究文采，讲究声律。这样，由道又导向文，最后还是道与文的统一。

三、柳冕

柳冕是古文运动重要人物之一，他的时代，略早于韩愈。柳冕，生卒年不详，字敬叔，曾做过史馆编修、太常博士、吏部郎中、婺州刺史、御史中丞、福建观察使等官职。柳冕在古文运动中之所以值得设专节介绍，是因为他的理论主张与韩愈相比，有它的特色。主张文道合一这是一切古文家都赞成的，但在道与文二者，各有所侧重。韩愈当然也重视道，在文道关系上，也是将"道"摆在首位的，但他也看重"文"，在他古文运动理论中，"文"这方面贡献甚为突出。柳冕则不怎么谈"文"，他特别地看重"道"。柳冕谈"道"又侧重于教化，这与韩愈又有所不同，韩愈当然并不忽视教化，但他说的"道"主要是儒家经籍中的思想。他的文道关系侧重于文章内容与形式的关系，这与柳冕所理解的文道关系主要是文章与教化的关系是不同的。

(唐)韩滉:《文苑图》(局部)

柳冕的基本观点是"文章本于教化"。这体现在他的许多文章中，如：

> 文章本于教化，形于治乱，系于国风，故在君子之心为志，形君子之言为文，论君子之道为教。[1]

> 文章之道不根教化，则是一技耳。当时君子耻为文人，语曰："德成而上，艺成而下。"文章，技艺之流也。[2]

把文章"之本""之道"定为"教化"，这显然是《毛诗序》的观点，只是《毛诗序》说的是诗，柳冕说的是文章。柳冕的"文章"概念比韩愈的"古文"概念大，韩愈说的"古文"仅是散文，柳冕说的"文章"则包括诗在内，是一切文字作品的总称。事实上，柳冕论述教化是不离开诗的。比如，他在《与滑州卢大夫论文书》中说：

> 屈宋以降，则感哀乐而亡雅正，魏晋以还，则感声色而亡风教，宋

---

① 柳冕:《与徐给事论文书》。
② 柳冕:《谢杜相公论房杜二相书》。

齐以下，则感物色而亡兴致。教化亡则君子之风尽，故淫丽形似之文，皆亡国哀思之音也。自夫子至梁陈，三变以至衰弱。

柳冕论述屈、宋以来，教化衰微，包含一些糊涂的乃至片面的观点。他将"感哀乐""感声色""感物色"与"亡雅正""亡风教""亡兴致"联系起来，似乎前者是后者的原因。这就只看到现象没看到实质，是美学上的一种倒退，或者说是一种反美学的观点。魏晋以来的文学，教化功能的确有某种程度的衰微，这一现象从美学上讲未见得就是坏事。魏晋以来的文学对"哀乐""物色""声色"的重视虽然有导致文风柔靡浮艳消极的一面，但其积极的一面更应注意，它正是审美觉醒的表现。卢照邻《南阳公集序》说："江左诸人，咸好瑰姿艳发。精博爽丽，颜延之急病于江、鲍之间；疏散风流，谢宣城缓步于向、刘之上。"这话其实是不错的。

柳冕不否认情感在文学中的作用，他说："夫文生于情，情生于哀乐，哀乐生于治乱，故君子感哀乐而为文章，以知治乱之本。"[1] 但柳冕谈情并不是立足于文学的审美功能上的，他看重情，是因为情与礼相通，"礼者教人之情而已"[2]，而且"天生人，人生情，圣与贤在有情之内"[3]。"文"固然生于"情"，但"情"最终还是生于"治乱"，"治乱"才是最重要的，最根本的。

从"文章本于教化"的基本观点出发，柳冕还谈到了文与道的关系问题：

故在心为志，发言为诗，谓之文，兼三才而名之曰儒。儒之用，文之谓也。言而不能文，君子耻之。及王泽竭而诗不作，骚人起而淫丽兴，文与教分而为二。以扬马之才则不知教化，以荀陈之道则不知文章，以孔门之教评之，非君子之儒也。夫君子之儒必有其道。有其道必有其文。道不及文则德胜。文不及道则气衰。文多道寡，斯为艺矣。语曰："文质彬彬，然后君子。"兼之者斯为美矣。昔游夏之文章，与夫子之道

---

① 柳冕：《与滑州卢大夫论文书》。
② 柳冕：《答荆南裴尚书论文书》。
③ 柳冕：《答荆南裴尚书论文书》。

通流,列于四科之末,此艺成而下也。①

按柳冕的观点,"文"与"教"本应是统一的,因为"文"即是用言语表达的心志,在心的"志"即是儒家之道。这样说来,"文"也是"道"的外在表现。儒者需要"文",是因为可以通过"文"言道,教化大众。故"儒之用,文之谓也"。"文"与"教"是统一的,"文"与"道"也应是统一的。"君子之儒必有其道,有其道,必有其文。"可是由于"王泽竭",《诗经》的传统得不到发扬,"骚人"们追逐"淫丽",以致"文与教分而为二"。这就出现两种"文"与"道"不相统一的现象:或"道不及文则德胜",或"文不及道则气衰"。柳冕特别指出"文多道寡,斯为艺矣",明显地表现出重道的倾向。

"文多道寡"中的"文"指的是形式美。"道"指的是作品教化功能,"文多道寡"就是形式的审美重于思想内容的教化。在《与徐给事论文书》中,柳冕将这一点讲得更为透彻:

> 《易》云:观乎人文以化成天下,此君子之文也。自屈宋以降,为文者本于哀艳,务于恢诞,亡于此兴,失古义矣。虽扬马形似,曹刘骨气,潘陆藻丽,文多用寡则是一技,君子不为也。

柳冕这里说的"文多用寡"即"文多道寡"。他讲《易经》说"观乎人文以化成天下","人文"的重要性就在于"化成天下"。"文"是为"化"服务的,然而自屈原、宋玉以后,为文者竟将"哀艳"视为文之本,追求恢诞,以取悦读者,而将"比兴"丢掉了。柳冕轻蔑地把这种为文看作"一技",认为君子是不为的。在《答杨中丞论文书》中,他说,这种"形似艳丽之文兴而雅颂比兴之义废,艳丽而工,君子耻之,此文之病也"。

柳冕论文时也谈到"文"与"气"的关系:

> 无病则气生,气生则才勇,才勇则文壮,文壮然后可以鼓天下之道。②

> 善为文者发而为声,鼓而为气。直则气雄,精则气生,使五彩并用

---

① 柳冕:《答荆南裴尚书论文书》。

② 柳冕:《答杨中丞论文书》。

而气行于其中。故虎豹之文蔚而腾光,气也;日月之文丽而成章,精也。精与气天地感而变化生焉。①

这两段文字都强调了"气"在为文中的重要性。柳冕说的"气"不是指文气,而是指为文者的志气,类似于孟子讲的"浩然之气"。实际上,这"气"就是指儒家的人生哲学,用"气"来表示,只是强调它的生命力量。"气"虽然是从为文者心中生发出来的,但它并非为文者先天固有,它是为文者研习圣贤之道的产物。就在此处所引文字的前面,柳冕说:"君子之文,必有其道。道有深浅,故文有崇替。"被为文者接纳进入心志的"道",因感天地之"精"而"气生",因其自身之"真诚"而"气雄"。这气贯于文章之中,就使文章焕然生辉,犹如"虎豹之文蔚而腾光"。

柳冕在这里提出几个很重要的观点:

第一,存在于作家心中的志气是为文的最高统帅。

第二,作家的志气在为文中转化为文气。

第三,转化为文气的作家的志气不仅影响作品的思想内容,还影响作品的文采、形式美。

第二节　韩愈(上):"文所以为理"

古文运动的旗手首为韩愈。

韩愈(768—824),字退之,河南河阳人,唐德宗贞元八年(792)考中进士,累官至吏部侍郎,故后世称为韩吏部。韩愈是中唐最重要的诗人、散文家。唐代的古文运动至韩愈与柳宗元,可谓大功告成。在古文运动中,韩、柳通常并称,但实际上,韩的作用、贡献超过柳。柳对古文运动的贡献主要在其创作实践上,韩则不仅在创作实践上身体力行之,而且利用他的地位、影响,大声疾呼,在古文理论上贡献尤多。

韩愈与柳宗元为人均刚直不阿,但韩愈较柳宗元要刚烈得多,勇敢

① 柳冕:《答衢州郑使君论文书》。

得多,也乐观得多。韩愈"觝排异端,攘斥佛老"甚为激烈。唐宪宗元和十四年(819)韩愈谏迎佛骨,触怒宪宗,几至送命。尽管如此,韩愈仍意志不衰。

韩愈倡导古文运动,并不顺利,据皇甫湜的《韩文公墓志铭》说:"先生七岁好学,言出成文。及冠,以传圣人之道。人始未信,既发不掩,声震业光,众方惊爆而萃排之。乘危将颠,不懈益张,卒大信于天下。"据韩愈自己说,他开初学习古文而写的文章也是遭人讥笑的,然韩愈不仅不以为然,而且"毁之则以为笑,誉之则以为忧"[1]。那种"天将降大任于斯人"的使命意识和矢志不渝、百折不挠的气概真个是:"障百川而东之,回狂澜于既倒。"[2] 李汉在《昌黎先生集序》中评价韩愈在古文运动中的贡献:"先生于文,摧陷廓清之功,比于武事,可谓雄伟不常者矣。"这种评价是非常恰当的。

韩愈是纯正的儒家信徒,他是排斥道家、佛教思想的,这点也是他与柳宗元的一大区别。柳宗元的思想虽然以儒家为主干,但也吸收道家与佛教的思想。韩愈在古文运动中大谈"志在古道",这"道"是儒家之道即孔孟之道。"道"在中国哲学中是个很宽泛的概念。儒家、道家都讲道,但各家的"道"是不同的。这牵涉到对唐代古文运动的纲领"文以明道"的理解。我们知道,六朝的刘勰在《文心雕龙》中专辟"原道"一章,大谈文原于道,那"道"是指自然之道。刘勰在《文心雕龙》"宗经"一章谈"宗经",那"经"则是儒家的人伦之道了。"经"是儒家的经典。韩愈讲"道",则全然摒弃道家的"自然之道"。在《原道》一文中,他说:

> 博爱之谓仁,行而宜之之谓义。由是而之焉之谓道。足乎己无待于外之谓德。其文《诗》《书》《易》《春秋》,其法礼乐刑政。

并且明确地表示:"吾所谓道也,非向所谓老与佛之道也。"这种儒家的道统是怎样传递承续下来的呢? 韩愈说:"尧以是传之舜,舜以是传之禹,禹以

---

① 韩愈:《答李翊书》。

② 韩愈:《进学解》。

是传之汤,汤以是传之文武周公,文武周公传之孔子,孔子传之孟轲,轲之死不得其传焉。"① 韩愈认为儒家道统到孟轲就断了。显然,在他看来,秦、汉、魏晋、南北朝直至隋唐,这么长的时间,儒学都未能发扬光大,甚至有些衰微了。韩愈正是从继承儒家道统、弘扬儒学精神这个意义上积极从事古文运动的。

儒家美学有个重要的传统就是文道合一,文以载道。这个传统比较注重文艺的伦理教化功能,注重文艺的内容雅正,注重文艺家自身的道德修养,注重文风的刚健质朴。这是一种以社会为本位的文艺观。它与种种形式主义、唯美主义、颓废主义、个人中心主义的文艺观是针锋相对的。这种文艺观自孔子奠定,成为中华古典美学的主流。一旦它受到削弱,就会有儒家的知识分子起来捍卫,而每次兴师,大体都打着复古的旗号。中华美学史上有过好几次复古运动,尽管每次的具体背景不一,但基本精神都是一致的。

韩愈在捍卫儒家美学传统方面的一些言论,虽然比较缺乏创见,但意义仍然是十分重大的。比如他在文学内容形式关系上对内容重要性的强调:"本深而末茂,形大而声宏。"② "养其根而俟其实,加其膏而希其光,根之茂者其实遂,膏之沃者其光晔。"③ 又比如他对作家道德修养的注重:"所谓文者,必有诸其中,是故君子慎其实。实之美,其发也不掩。""行峻而言厉,心醇而气和。"④ "仁义之人,其言蔼如也。"⑤

以上这些言论影响虽然很大,但不是韩愈对古文运动的主要贡献。韩愈在古文运动中的突出贡献是在处理文道关系时新的视角、新的出发点。表面上看来,韩愈对文道关系的认识似乎与他同时代的柳冕以及早些时候的陈子昂、元结、萧颖士、李华、独孤及、梁肃等没有什么不同,但如果稍微

---

① 韩愈:《原道》。
② 韩愈:《答尉迟生书》。
③ 韩愈:《答李翊书》。
④ 韩愈:《答尉迟生书》。
⑤ 韩愈:《答李翊书》。

仔细一点加以比较,当发现:

第一,对文章的教化功能,韩愈不像柳冕等强调得那么突出。在他的著作中看不到"文章本于教化"这样的话。他虽然说过:"读书以为学,缵言以为文,非以夸多而斗靡也。盖学所以为道,文所以为理也。"[①] 这似乎是说文的功能就是载道,与后来的道学家对文道关系的认识没有什么不同,其实这里有个重要的分别。郭绍虞先生独具慧眼,发现韩愈谈文道关系有一个非常重要的出发点——"文"。"文"虽然可用来明道,但"文"并不等于"道",并非明了"道","文"就不要了。郭绍虞的原话是这样的:

> 那么,文道合一,是不是和后来道学家的见解相一致呢? 不。道学家批评韩愈是因文而及道,所谓因文而及道,是说古文家的目标在学文,学文既久,则才于道也有所得。而道学家的目标就在求道,于道有得,则得鱼忘筌,也就不重在文。所以第一步,着手之处就不一样。再有,"为文"的作用,在道学家看来是载道,在古文家说来是明道。载道则文是道的工具,明道则文是道所流露。就是说,目标还重在作文,不过不作言之无物的文而作学道有得之文罢了,不作轻薄之文而作言行相顾之文罢了。[②]

郭绍虞的看法是精辟的。正是韩愈的"文道合一"是"因文而及道",韩愈的文道合一思想才是美学的。虽然,在韩愈这里,尚不能说文是目的,但文至少不是工具。文作为合道之文,也是主体,正所谓形式即内容;道无文而不成其为道,整个论述,强调的是文。也正因为如此,韩愈的文道论不是道学的而是美学的。

第二,柳冕他们谈文道统一看重的是道,似乎有了道,自然就有了文,因而无须讲究文,而韩愈谈文道统一则比较地看重文,并不是有了道,就自然有了文,因而还需要下功夫学习文,锤炼文。韩愈自述其学文的经过:

---

① 韩愈:《送陈秀才彤序》。

② 郭绍虞:《中国文学批评史》,人民文学出版社 1979 年版,第 132 页。

愈之所为不自知其至犹未也？虽然，学之二十余年矣。始者非三代两汉之书不敢观，非圣人之志不敢存，处若忘，行若遗，俨乎其若思，茫乎其若迷。当其取于心而注于手也，惟陈言之务去，戛戛乎其难哉！其观于人，不知其非笑之为非笑也。如是者亦有年，犹不改，然后识古书之正伪，与虽正而不至焉者，昭昭然白黑分矣。而务去之，乃徐有得也。当其取于心而注于手也，汩汩然来也。其观于人也，笑之则以为喜，誉之则以为忧，以其犹有人之说者存也。如是者亦有年，然后浩乎其沛然矣。吾又惧其杂也，迎而距之，平心而察之，其皆醇也，然后肆焉。虽然，不可以不养也。行之乎仁义之途，游之乎诗书之源，无迷其途，无绝其源，终吾身而已矣。①

韩愈这里陈述了学文过程及体会。就学习的内容来看，他是兼顾"仁义""诗书"二者或者说"道""文"二者的，目的不只是为了得道，还为了作文。就学习的范围来看，"非三代两汉之书不敢观，非圣人之志不敢存"。可见围绕的是儒家圣贤之道这个核心，而又有相当的广度。在《进学解》中韩愈说他"口不绝吟于六艺之文，手不停披于百家之编"，"贪多务得，细大不捐"，"沉浸酿郁，含英咀华，作为文章，其书满家"。可见他读书的面是非常之大的。就学习的方法来说，他将领略古书之精髓与自己的写作结合起来。他读古书先是"茫乎其若迷"，然后能识其"正伪"，能辨析优缺点，"昭昭然白黑分矣"。在《进学解》中，他评论古书："周诰、殷盘，佶屈聱牙；《春秋》谨严，《左氏》浮夸，《易》奇而法，《诗》正而葩，下逮《庄》《骚》，太史所录，子云、相如，同工异曲。"这些评论一语中的，可见功夫之深。更重要的，他将读书所得化为修养与能力，用于自己的写作，用他的话来说，"乃徐有得也。当其取于心而注于手也，汩汩然来也。"就其学习所达到的境界来说，他由开初之"难"，而到最后之"肆"，已进入自由的境界："行之乎仁义之途，游之乎诗书之源，无迷其途，无绝其源。"可谓文思不绝，"从心所欲不逾矩"，写作已达化境。

---

① 韩愈：《答李翊书》。

　　韩愈对"文"是有追求的,他的古文理论其中重要的一部分是有关文体的主张,这是他古文理论的精华,尤值得我们高度重视。

　　从语言来说,他从用词与语法两方面建立他的"古文"标准:一是"惟陈言之务去",要求语言新鲜活泼,有生命力;二是"文从字顺各识职"①,要求文句妥帖自然,清楚地表达思想感情。韩愈不仅这样说,也身体力行之,他的散文,其语言都是很有生气的,这是一种融化古人语言同时又比较接近口语的书面语言。

　　从文体风格来说,韩愈崇尚奇异。他说:

　　　　夫百物朝夕所见者,人皆不注视也。及睹其异者,则共观而言之。夫文岂异于是乎?汉朝人莫不能为文,独司马相如、太史公、刘向、扬雄为之最。然则用功深者,其收名也远。若皆与世沉浮,不自树立,虽不为当时所怪,亦必无后世之传也。足下家中百物皆赖而用也,然其所珍爱者,必非常物。夫君子之于文,岂异于是乎? ②

　　这段话很能见出韩愈的美学追求,他所竭力追求的是"非常物",是"异"。这"非常物""异"不只是李翱所说的"其尚异者,则曰文章辞句奇险而已"③,还包含有出类超群的意思。韩愈是一位特别重视独创性的作家,他的诗歌、散文均有此特点。他的诗有意地求险,求深,求不平凡,可谓气势奇崛,险语迭出。他为文倒是平易潇洒,但很有气势,很有力度。苏洵说:"韩子之文,如长江大河,浑浩流转,鱼鼋蛟龙,万怪惶惑,而抑遏蔽掩,不使自露;而人望见其渊然之光,苍然之色,亦自畏避不敢迫视。"④ 韩愈诗文向来被评之为:奇,异,怪,雄。这的确是韩文一大特色,但韩愈也并没有走到极端,为奇而奇,为怪而怪。他在《答刘正夫书》一文中说过这样一段话:

　　　　又问曰:"文宜易,宜难?"必谨对曰:"无难易,惟其是尔。"

---

① 韩愈:《南阳樊绍述墓志铭》。
② 韩愈:《答刘正夫书》。
③ 李翱:《答朱载言书》。
④ 苏洵:《上欧阳内翰第一书》。

"惟其是尔",这"是",刘熙载说有二义:"曰正,曰真"①,这"正"即合乎儒家之道,可说是"善"。这"真"即合乎事理之真。韩愈所追求的文体之美,就建立在善与真的基础之上。

第三节　韩愈(下):"不平则鸣"

自司马迁提出"诗三百篇,大抵贤圣发愤之所为作"以来,东汉的王逸,齐梁的钟嵘、刘勰等都对此命题有所阐发,但基本上都没有超出司马迁所谈的高度。但无疑,此命题已经引起后代文人的注意。韩愈在《送孟东野序》及《荆潭唱和诗序》《送高闲上人序》等文中又谈及这个问题。韩愈提出"物不得其平则鸣""欢愉之辞难工,而穷苦之言易好"等新观点,将"抒愤懑"

(五代) 顾闳中:《韩熙载夜宴图》(局部)

---

① 刘熙载:《艺概·文概》卷一。

这一美学思想大大推进了一步。

第一，从"物不得其平则鸣"谈到人"不得已而后言"，将创作动因定于社会的矛盾冲突在作家情感领域的反映。在《送孟东野序》的开头，韩愈写道：

> 大凡物不得其平则鸣，草木之无声，风挠之鸣，水之无声，风荡之鸣，其跃也或激之，其趋也或梗之，其沸也或炙之。金石之无声，或击之鸣。人之于言也亦然。有不得已者而后言，其歌也有思，其哭也有怀。凡出乎口而为声者，其皆有弗平者乎！

"物不得其平"是讲矛盾冲突。矛盾是事物运动的根本原因。草木、水其本身是不会发声的，它的发声是风"挠之""荡之"的产物。同样，人之所以要发声，要谈话，也是因为出现了矛盾，不得不说。韩愈将创作动因归之于"不平"，即矛盾，无疑较之司马迁等看问题要深刻得多。韩愈特别强调人"有不得已而后言，其歌也有思，其哭也有怀"。"不得已"，是说矛盾发展到了必须解决的程度，体现在创作中，就是讲人的情感给充分调动起来了，情感在心中积蓄、汹涌，必须借语言、借歌哭以宣泄，这就是创作的发生。从"物不得其平则鸣"到人"不得已而后言"，韩愈实际上是阐明了这样两个观点：创作是主客观矛盾的产物；创作是作家、艺术家情感的宣泄。

韩愈还谈到作家、艺术家"不得已而后言"，"其歌也有思，其哭也有怀"，这"思""怀"即是思想，是理。韩愈的意思是：创作虽然是情感的宣泄，但这情感是渗透了思想的情感，情中有理。

韩愈强调"不得已而后言"还包含有这样的意思：文艺创作是真情实感的产物，情感不真，为创作而创作，那是无病呻吟，决然写不出好作品来。

第二，"不平则鸣"不只是"抒愤懑"，各种情感包括欢喜的情感都可以成为创作的动因。韩愈在《送孟东野序》中讲了许多的"鸣"："伊尹鸣殷"；"周公鸣周"；"周之衰，孔子之徒鸣之"；"楚，大国也，其亡也，以屈原鸣"；"秦之兴，李斯鸣之"；"臧孙辰、孟轲"等"以道鸣"；"扬朱、墨翟"等"以其术鸣"。这许多的"鸣"，事件不一，情感不一。他还谈到李翱、张籍两人之鸣："抑不知天将和其声，而使鸣国家之盛耶，抑将穷饿其身，思愁其心肠，而使自鸣其不幸邪?"这"鸣国家之盛"和"秦之兴,李斯鸣之"显然不是抒愤懑。

在《送高闲上人序》中他谈到著名草书家张旭的草书:

> 往时张旭善草书,不治他技,喜怒窘穷、忧悲愉佚、怨恨思慕、酣醉无聊,不平有动于心,必于草书焉发之。观于物,见山水崖谷、鸟兽虫鱼、草木之花实、日月列星、风雨水火、雷霆霹雳、歌舞战斗,天地事物之变,可喜可愕,一寓于书。

这里谈到各种不同的情感均可成为创作的动因。由此看来,韩愈的"不平则鸣"比起司马迁的"抒愤懑"要全面一些。

第三,韩愈专门讨论了"善鸣"的问题。所谓"善鸣",用来指文艺创作,那就是说什么样的创作比较好。韩愈没有明确地对此做出理论概括,但他做了许多列举,从这些列举,我们可以做些大致的归纳:

(1)"善鸣"从根本上讲是"郁于中而泄于外",是"不得已而后言","其歌也有思,其哭也有怀",因而,"善鸣"必须有一真情实感,而且已经到了不吐不快的地步。

(2)"善鸣"要考虑其鸣适得其时,也就是切合时代、社会的需要。韩愈打了个比方:"以鸟鸣春,以雷鸣夏,以虫鸣秋,以风鸣冬"等,并指出:"其于人也亦然。"

(3)"善鸣"其内容:大多是关涉国家兴亡、社会发展、人民幸福的大事。韩愈举了许多善鸣者,其中有唐、虞、咎陶、禹、夔、夏王太康的五个兄弟、伊尹、周公、老聃、孔子、屈原、庄周、孟轲、墨翟、荀卿、孙武、韩非、苏秦、张仪、李斯等。这些人或者是圣贤,或者是大政治家、大军事家、大哲学家,他们的"鸣"的都不只是一己之悲欢。

(4)"善鸣"要借最合适的工具。韩愈说金、石、丝、竹、匏、土、草、木这八者是"物之善鸣者",这八种器物是八种乐器。由此也可推测,韩愈认为"善鸣"也应考虑传达的手段。就文章来说,就不能不注意文辞的选用、结构的安排。

第四,韩愈特别谈到了"欢愉之辞难工,而穷苦之言易好"。这个观点见之于《荆潭唱和诗序》:

从事有示愈以《荆潭酬唱诗》者，愈既受以卒业，因仰而言曰：夫和平之音淡薄，而愁思之声要妙；欢愉之辞难工，而穷苦之言易好也。是故文章之作，恒发于羁旅草野。至若王公贵人，气满志得，非性能而好之，则不暇以为。

韩愈这个观点于后世影响很大。欧阳修在为其好友梅圣俞诗集作序时就大谈这个观点，并且概括出诗"穷者而后工"的命题。长期以来，人们一般都能接受这事实，但对于这事实产生的原因则说法不一。钱锺书先生在《诗可以怨》一文中征引了古人对此的许多解释，可供我们参考。钱先生说：

为什么会有"难工"和"易好"的差别呢？一个明末的孤臣烈士和一个清初的文学侍从尝试地作了相同的心理解答。张煌言说："甚矣哉！'欢愉之辞难工，而愁苦之音易好也！'盖诗言志；欢愉则情散越，散越则思致不能深入；愁苦则其情沉著，沉著则舒籁发声，动与天会。故曰'诗以穷而后工'，夫其境亦然也。"（《国粹丛书》本。《张苍水集》卷一《曹云霖诗序》）陈兆仑说得更简括："'欢娱之词难工，愁苦之词易好。'此语闻之熟矣，而莫识其所由然也。盖乐主散，一发而无余。忧主留，辗转而不尽。意味之浅深别矣。"（《紫竹山房集》卷四《消寒八泳·序》）。这对"难工"和"易好"的缘故虽然不算解释透彻，而对欢乐与忧愁的情味很能体贴入微。①

笔者认为，"欢愉之辞难工，而穷苦之言易好"，原因可能是多方面的：欢乐这种情感比较趋向感性，不易深刻；愁苦这种情感则比较趋向理性，易于深刻；再者，从情感的感应接受的规律来看，人们比较容易同情愁苦，而不太容易同情欢乐。因而表现愁苦的作品哪怕艺术上比较粗糙，只要感情真挚也能取得良好的艺术效果；而表现欢乐的作品，尽管在艺术上用了很大的功夫，也难以取得理想的艺术效果。

---

① 钱锺书：《钱锺书论学文选》第六册，花城出版社 1990 年版，第 156—157 页。

第四节 柳宗元:"文以明道"

古文运动的第二旗手为柳宗元。

柳宗元(773—819),字子厚,河东(今山西永济)人。唐德宗贞元九年(793)考中进士,因参与王叔文集团的政治改革,遭到旧势力打击,贬官为邵州刺史,再贬为永州司马。唐宪宗元和十年(815),改任柳州刺史。四年后死于柳州,年仅46岁。柳宗元是中唐重要的诗人、散文家,在唐代古文运动中,他是仅次于韩愈的重要人物,历史上,通常"韩柳"并称。

韩、柳处同一时代,二人也是好朋友,尽管二人的政治主张、哲学思想、诗文风格均有一些不同,但在古文运动上,其基本主张是相同的。韩愈在许多文章中表示"文道合一"的主张,并且强调"道"的首要地位:"愈之志在古道,又甚好其言辞"[1],"愈之所以志于古者,不惟其辞之好,好其道焉耳"[2],"学古道则欲兼通其辞,通其辞者,本志乎道者也"[3]。

柳宗元这方面的观点与韩愈一致,且对于文道关系谈得更为深刻:

> 始吾幼且少,为文章以辞为工。及长,乃知文者以明道,是固不苟为炳炳烺烺、务采色、夸声音而以为能也。[4]

提出"文以明道",是柳宗元的一个重要贡献,韩愈虽然说过类似的话,但没有概括成这样的命题。

柳宗元说的"道"较韩愈说的"道"要宽一些,韩愈的"道"专指儒家之道,佛老排除在外,柳宗元的"道"却悄悄地纳进了老庄。

对于"文"的功用,他也做了明确的概括:

> 文之用,辞令褒贬,导扬讽谕而已。[5]

---

① 韩愈:《答陈生书》。

② 韩愈:《答李秀才书》。

③ 韩愈:《题哀辞后》。

④ 柳宗元:《答韦中立论师道书》。

⑤ 柳宗元:《杨评事文集后序》。

(五代) 顾闳中:《韩熙载夜宴图》(局部)

作于圣,故曰经,述于才,故曰文。文有二道:辞令褒贬,本乎著
述者也;导扬讽谕,本乎比兴者也。①

这两段话实是对"文以明道"的说明。柳宗元说文有二道即二用:"辞
令褒贬""导扬讽谕"。前者"本乎著述",后者"本乎比兴",可见他说的"文"
不只是散文,还包括韵文 (诗歌)。"褒贬""讽谕"用词虽不同,但说的都是
赞扬与批评两个方面。"褒贬""讽谕"比之"教化"要具体,比之"美刺"要
宽泛。

柳宗元讲的"道"虽然也纳入老庄思想,但他取老庄的主要还是文辞,
"道"之主体还是儒家之道。他在文章中多次谈到孔子,谈到仁义,他说:"圣
人所以立天下,曰仁义。"② 柳宗元的"道"与韩愈的"道"还有个不同,那就
是比较务实,主张"利于人,备于事"。这方面,柳宗元的言论较多,如:

圣人之道,不穷异以为神,不引天以为高,利于人,备于事,如斯

---

① 柳宗元:《杨评事文集后序》。

② 柳宗元:《时令论》。

而已矣。①

　　以《诗》《礼》《春秋》之道,施于事,及于物。②

　　道之行,物得其利。③

　　意欲施之事实,以辅时及物为道。④

柳宗元与韩愈一样,认为要作好文,必须加强道德修养,人品与文品是统一的,文品决定于人品,他说:"大都文以行为本,在先诚其中。"⑤

与这个问题相关,在文章内容与形式关系问题上,他主张内容为主,反对轻视内容或内容失真欠善而专门追求形式美的做法:

　　夫为一书,务富文采,不顾事实,而益之以诬怪,张之以阔诞,以炳然诱后生,而终之以僻,是犹用文锦覆陷穽也。⑥

所谓"文锦覆陷穽",就是用华丽的形式掩盖其有害的内容,自然,这样的作品更应该遭到排斥。柳宗元还具体联系到《国语》,对《国语》的"文胜而言尨,好诡以反伦,其道舛逆"⑦ 进行尖锐的批判。而当时不少"学者以其文也,咸嗜悦焉"⑧,柳宗元为之甚为痛惜。他以大无畏的精神作《非国语》67 篇,指斥《国语》的种种谬误。书作完了,柳宗元还"累日怏怏不喜,以道之难明而习俗之不可变也"⑨,可见柳宗元对那种"好诡以反伦"的作品何等愤慨。

柳宗元重道但不轻文。柳宗元深知,要"明道"必须学好文,"道假辞而明,辞假书而传"⑩。因此,重道的结果不仅不是轻文反而是重文。事实上,

---

① 柳宗元:《时令论》。
② 柳宗元:《送徐从事北游序》。
③ 柳宗元:《与肖翰林书》。
④ 柳宗元:《与杨诲之第二书》。
⑤ 柳宗元:《报袁君陈秀避师名书》。
⑥ 柳宗元:《答吴武陵论非国语书》。
⑦ 柳宗元:《与吕道州温论非国语书》。
⑧ 柳宗元:《与吕道州温论非国语书》。
⑨ 柳宗元:《与吕道州温论非国语书》。
⑩ 柳宗元:《报崔黯秀才论为文书》。

柳宗元的文论以及他本人的写作实践都体现出重文的倾向。

"文"是不容易学到家的。

首先，是认真与刻苦。柳宗元说他自己："每为文章，未尝敢以轻心掉之，惧其剽而不留也；未尝敢以怠心易之，惧其弛而不严也；未尝敢以昏气出之，惧其昧没而杂也；未尝敢以矜气作之，惧其偃蹇而骄也。"① 这"两心""两气"——"轻心""怠心""昏气""矜气"都是为文之大患。柳宗元从主体的写作态度这一角度谈为文，的确抓住了关键。

其次，善于学习：既要旁搜杂取，广为取经；又要明辨深思，取其精华。他说：

> 当先读"六经"，次《论语》、孟轲书，皆经言。《左氏》、《国语》、庄周、屈原之辞，稍采取之；《穀梁子》《太史公》甚峻洁，可以出入；余书俟文成异日讨也，其归在不出孔子。②

这里，柳宗元说得比较小心，既要广泛地阅览，但旨归又应在孔子。在《答韦中立论师道书》一文，柳宗元则更深入地谈如何从古书中取其精华，并将其化为自己的血肉，而体现在写作之中：

> 本之《书》以求其质，本之《诗》以求其恒，本之《礼》以求其宜，本之《春秋》以求其断，本之《易》以求其动，此吾所以取道之原也。参之《穀梁氏》以厉其气，参之《孟》《荀》以畅其支，参之《庄》《老》以肆其端，参之《国语》以博其趣，参之《离骚》以致其幽，参之《太史公》以著其洁。此吾所以旁推交通而以为之文也。③

柳宗元谈学习古文，有个重要特点，就是将学习古文中所体现的"道"与其文辞表达结合起来，看古人是如何做到内容美与形式美统一的。在《杨评事文集后序》中，他比较集中地谈到了这一点："著述者流，盖出于《书》之谟、训，《易》之象、系，《春秋》之笔削，其要在于高壮广厚，词正而理备，谓宜藏于简册也。比兴者流，盖出于虞、夏之咏歌，殷、周之风雅，其要在

---

① 　柳宗元：《答韦中立论师道书》。

② 　柳宗元：《报袁君陈秀才避师名书》。

③ 　柳宗元：《答韦中立论师道书》。

于丽则清越,言畅而意美,谓宜流于谣诵也。""高壮广厚,词正而理备","丽则清越,言畅而意美",这美是兼顾内容与形式二者的,内容与形式实现了高度的和谐统一。

文与道的统一,审美与教化的统一,内容与形式的统一是柳宗元的审美理想。他的文章就是他这一审美理想的最好体现。为此,他不怎么讲究文章的做法,一任心灵自由抒发,也不认为有什么一定的师法。他说:"吾虽少为文,不能自雕斫,引笔引墨,快意累累,意尽便止,亦何所师法,立言状物未尝求过人。"[①]

正是从这一审美理想出发,他对文章的最高要求乃是:既深刻又明朗,既通畅又精练,以自然清新取胜。用他的话来说,就是:

> 抑之欲其奥,扬之欲其明,疏之欲其通,廉之欲其节,激而发之欲其清,固而存之欲其重。此吾所以羽翼夫道也。[②]

"奥""明""通""节""清""重",这是柳宗元"羽翼夫道"的六条审美标准,是他对"文"的六点要求。"奥"是深刻,要求文章力透纸背,层层深入;"明"是明朗,要求文章意义晓畅,气势轩昂;"通"是贯通,要求文章意气贯通,浑然一体,生气勃勃;"节"是精练,要求文章简洁警策,光英朗练,掷地作金石声;"清"是清新,要求文章自然透脱,潇洒可人,未有佶屈聱牙之状;"重"是厚重,要求文章用语凝重,风骨遒劲,颇有力度。

柳宗元为文有他自己的风格,但他并不以自己的风格为天下最好的风格,也不以自己的风格为标准去评论别人的作品。一般来说,柳宗元的文章以清新明快见长,不去追奇逐怪。他在《报袁君陈秀才避师名书》中也劝告陈秀才"慎勿怪,勿杂",不过这是就唯形式主义而言的,如果内容需要,其形式有些怪也无妨。韩愈的《毛颖传》流传开来后,其形式的怪颇为一些人所批评,裴度就曾指责韩愈"不以文为制,而以文为戏"[③],张籍也说是

---

① 柳宗元:《复杜温夫书》。
② 柳宗元:《答韦中立论师道书》。
③ 裴度:《寄李翱书》。

"苟悦于众，是戏人也，是玩人也"①。柳宗元却不这样看，他认为这篇文章"有益乎世"，其风格"若捕龙蛇，搏虎豹"，的确有些怪，不过人们的审美情趣是多样的，他说：

> 大羹玄酒，体节之荐，味之至者，而又设以奇异，小虫水草，楂梨橘柚，苦咸酸辛，虽蜇吻裂鼻，缩舌涩齿，而咸有笃好之者。文王之昌蒲菹，屈到之芰，曾皙之羊枣，然后尽天下之味，以足于口，独文异乎？韩子之为也，亦将弛焉而不为虐欤？息焉游焉而有所纵欤？尽六艺之奇味以足其口欤？而不若是，则韩子之辞若壅大川焉，其必决而放诸陆，不可以不陈也。②

柳宗元在这里所谈的不只是如何评价韩愈的《毛颖传》的问题，实际上他还提出了一个审美趣味的差异性、多样性问题。审美趣味的差异性、多样性正是文艺审美风格差异性、多样性的原因之一。

第五节　韩柳之后（上）："文""道"之争

韩愈、柳宗元的"古文"理论代表古文运动的最高成就。他们的"古文"美学思想大致可以概括成三句话：文道合一，文以明道，明道重文。其后，古文运动朝着重道与重文两条线索发展。

与韩愈同时代的裴度（765—839）是"重道"的代表人物，韩愈虽然也重道，但对"道"本身并没有说出什么深刻的东西来，给人的印象是：谈"道"往往虚晃一枪，而谈文则非常着力。从韩愈为文的实际看，他已是相当地追求技巧了。韩愈的弟子皇甫湜说韩的文章"毫曲快字，凌纸怪发，鲸铿春丽，惊耀天下"③，是有根据的。古文运动本是反形式主义的，然在反六朝繁密绮丽的形式主义文风的同时却又悄悄地滋生出另一种偏于怪奇的形式主义文风，这一事实颇耐人寻味。韩愈作为儒家的忠诚信徒，其继承

---

① 张籍：《上韩昌黎第二书》。
② 柳宗元：《读韩愈所著毛颖传后题》。
③ 皇甫湜：《韩文公墓志铭》。

(五代) 顾闳中:《韩熙载夜宴图》(局部)

道统的心愿无可怀疑,韩愈的重道是真诚的。但韩愈又是大文学家。作为大文学家,他又不能不重文,他深知"明道"是要靠"重文"来保证的;而且"文"的功能也不只是"明道"。仅是"明道",文从字顺就够了,又何需"毫曲快字""鲸铿春丽"? 实际上韩愈认为文有它自身的价值、非工具性的价值,即审美价值。这些韩愈虽然没有说出,但从其写作中充分体现出来。

裴度并不是文学家,作为道学家他也还不够,不过他倒是完全站在重道这一立场来谈文的。他认为为文的最高宗旨是"理身,理家,理国,理天下"①。至于"文",他认为只是传道的工具而已,"圣人假之以达其心,达则已,理穷则已"②。因此,"文"本身没有什么"高之、下之、详之、略之"的区别。"文之异,在气格之高下,思致之浅深,不在其碛裂章句,毁废声韵

① 裴度:《寄李翱书》。

② 裴度:《寄李翱书》。

也"①。裴度不主张下功夫学文,而认为有了"道"就有了文。用他的话说,"不诡其词而词自丽,不异其理而理自新"②,"意随文而可见,事随意而可行。此所谓文可文,非常文也。其可文而文之,何常之有?"③ 表面看来,似乎裴度在主张"自然成文",其实,裴度是以一种反审美的观点把"文"局限在作为"载道"工具,这无疑是一种倒退,有学者说,"裴度对于韩愈及其古文运动的批判,无疑还是切中时弊,具有积极意义的"④,恐怕不能这样说。

李翱是韩愈的大弟子,在重道与重文两条路线上被一些学者认为是重道的。说李翱重道并非没有根据,在《答朱载言书》一文中李翱明确地说:

> 吾所以不协于时而学古文者,悦古人之行也;悦古人之行者,爱古人之道也。故学其言,不可以不行其行;行其行,不可以不重其道;重其道,不可以不循其礼。

不过,李翱亦如他的老师韩愈一样,亦不轻文。他说得很清楚:"义虽深,理虽当,词不工者不成文,宜不能传也。"⑤

从李翱的写作实际来看,李翱对文的重视实不下于韩愈。韩愈重文还不至于搬弄偶对俪句,李翱却偏好这种骈俪文风。裴度在《寄李翱书》中就批评过他:"观弟近日制作,大旨常以时世之文,多偶对俪句,属缀风云,羁束声韵,为文之病甚矣。"

李翱的审美理想是文道合一。用他的话说:"文理义三者兼并。"⑥ 他批评两种倾向:一种是义浅词工:"义不深,不至于理,言不信,不在于教勤,而词句怪丽者有之矣";另一种是理是词粗:"其理往往有是者,而词章不能工者有之矣。"⑦

① 裴度:《寄李翱书》。
② 裴度:《寄李翱书》。
③ 裴度:《寄李翱书》。
④ 敏泽:《中国文学理论批评史》上册,人民文学出版社 1981 年版,第 388 页。
⑤ 李翱:《答朱载言书》。
⑥ 李翱:《答朱载言书》。
⑦ 李翱:《答朱载言书》。

以上这些，韩愈、柳宗元均以不同方式表达过，只是李翱谈得更明晰。李翱对于古文理论的真正贡献是"创意造言，皆不相师"[①]说。何谓"创意造言"？李翱说：

> 义深则意远，意远则理辩，理辩则气直，气直则辞盛，辞盛则文工。如山有恒、华、嵩、衡焉，其同者高也，其草木之荣不必均也；如渎有淮、济、河、江焉，其同者出源到海也，其曲直浅深、色黄白，不必均也。如百品之杂焉，其同者饱于腹也，其味咸酸苦辛，不必均也。此因学而知者也，此创意之大归也。[②]

> 仲尼曰："言之无文，行之不远。"子贡曰："文犹质也，质犹文也。虎豹之鞟，犹犬羊之鞟。"此之谓也。陆机曰："怵他人之我先。"韩退之曰："唯陈言之务去。"假令述笑哂之状，曰"莞尔"，则《论语》言之矣；曰"哑哑"，则《易》言之矣……吾复言之，与前文何以异也。此造言之大归也。[③]

从这两段文字看，他的"创意造言"，就是在义理上要有新见，在语言上也要有新词。一句话，反对摹仿，主张创新。

李翱在古文运动中应该算个折中派，他的观点比较全面、稳妥。韩愈的另一弟子皇甫湜则明显地属于重文这一路线，而且重的是奇异怪诞的文风，这是韩愈为文的一个侧面——崇尚矜奇一面的继承发扬。韩愈尚奇在他的许多诗文中有所表露。在《送穷文》中，他说："不专一能，怪怪奇奇。"在《醉赠张秘书》一诗中，他扬言："险语破鬼胆，高词媲皇坟。"

皇甫湜对韩愈尚奇之风极为推崇，在为韩愈写的墓志铭中大肆赞扬了一番，说是"精能之至，入神出天"。

皇甫湜尚奇，较之韩愈在理论上更为完备：

第一，皇甫湜将好奇与新联系起来，尚奇实为尚新。他说：

---

① 李翱：《答朱载言书》。

② 李翱：《答朱载言书》。

③ 李翱：《答朱载言书》。

意新则异于常，异于常则怪矣，词高则出于众，出于众则奇矣。①

这观点有可取之处，说明他并不是唯形式主义的，文之奇是出于意之新，新意需要奇文。这观点不错。缺点是忽视了新意也可用常文表达之。

第二，皇甫湜规定了他说的"奇"的含义，并指出奇"无伤于正"，即无伤于"道"。他说得很清楚：

夫谓之奇，则非正矣，然亦无伤于正也。谓之奇，即非常矣。非常者，谓不如常者；谓不如常，乃出常也。无伤于正而出于常，虽尚之亦可也。②

是的，"无伤于正而出于常"，有什么不可以的呢？他认为文奇未必伤于理，而且文奇有助于"通理"。一个作品，理为"至正"，文为"非常"，那就不朽了。

第三，皇甫湜认为文奇不仅"无伤于正"，而且有助于理的传达，理正文奇正是作品流传久远的原因所在。他说：

夫文者非他，言之者华也，其用在通理而已……以非常之文，通至正之理，是所以不朽也……秦汉以来至今，文学之盛莫如屈原、宋玉、李斯、司马迁、相如、扬雄之徒，其文皆奇，其传皆远。③

第四，皇甫湜认为出奇应以出之自然为贵，他举自然物为比喻："虎豹之文不得不炳于犬羊，鸾凤之音不得不锵于乌鹊，金玉之光不得不炫于瓦石，非有意先之也，乃自然也。"④

皇甫湜尚奇的主张后来有孙樵等人继承发展。按说，尚奇，从形式美角度言之，并没有错，美离不开新，离不开奇。从皇甫湜尚奇的言论来看，还不能说他是唯形式主义者，至于后来有人受他影响走到唯形式主义的路上去了，那是另一回事。

总括唐代的古文运动，虽然以"道"为旗号，但实以"文"为重心，这正

---

① 皇甫湜：《答李生第二书》。
② 皇甫湜：《答李生第二书》。
③ 皇甫湜：《答李生第二书》。
④ 皇甫湜：《答李生第二书》。

是魏晋文的自觉、审美自觉的发展。古文运动在创作实践上取得的成果尤其可观，散文这种文体形式过去都囿于各种实际功利，相对地忽视其审美功能，文体的审美意识不强。通过古文运动，涌现出一大批古文家，也涌现出一大批散文作品。自唐始，古文大步走上文坛，成为堪与诗歌媲美的一枝奇葩。古文运动中，尚道的裴度、李翱其影响还直达宋代的理学。

第六节　韩柳之后（下）："气""意"之论

古文运动中李德裕的"自然灵气"说别具一格。李德裕（787—850），略晚于皇甫湜。他虽不以文名，但其文论有相当影响。李德裕在《文章论》中提出："文之为物，自然灵气"。这是一个很有价值的美学观点，我们大致可以从两个方面把握他的这一观点：

一、"气"与"势"

李德裕说：

> 魏文《典论》称"文以气为主，气之清浊有体"。斯言尽之矣。然气不可以不贯，不贯则虽有英辞丽藻，如编珠缀玉，不得为全璞之宝矣。鼓气以势壮为美，势不可以不息，不息则流宕而忘返。亦犹丝竹繁奏，必有希声窈眇，听之者悦闻；如川流迅激，必有洄洑逶迤，观之者不厌。从兄翰常言"文章如千兵万马，风怡雨霁，寂无人声"。盖谓是矣。[①]

谈文气，首推曹丕，他认为"文以气为主"。曹丕说的"气"实是人的精神包括思想、学识、才能、情感、个性等诸多内涵，这与李德裕说的"气"大致是一样的。李德裕说"文之为物，自然灵气"，这"自然"不是指自然界，而是指"本然"，其意是：人的"灵气"是人本身所固有的。曹丕谈文气，注重的是"清浊"，从分类学的角度谈文章风格与人的气质、品格、学识的关系。李德裕则是从"气"的存在方式这一角度来谈气与文的关系。首先，他

---

① 李德裕：《文章论》，见《李文饶文集外集》卷三。

认为"气不可以不贯"。"贯",是"气"的动态。"贯"必有力,所以"贯"又可形成"势"。气要"贯",气必足,足需鼓,所以"鼓气"方可成"势"。李德裕说:"鼓气以势壮为美"。"势壮",即生命之力强劲、勃发,是一种阳刚的美。李德裕十分推崇这种美,这隐约可以见出《易传》美学思想的影响。《易传》云:"天行健,君子以自强不息。""天行健"即"势壮"。

　　刘勰的《文心雕龙》专辟"定势"一章。刘勰谈势,重在体势,他说:"夫情致异区,文变殊术。莫不因情立体,即体成势也。势者,乘利而为制也,如机发矢直,涧曲湍回,自然之趣也。"刘勰说的"势",其内涵与李德裕说的应是一致的,都是人的生命之力在文章中的体现。刘勰强调的是势之自然,李德裕强调的是气之贯通,似乎李说更能见出生命的运动、发展。

(五代) 顾闳中:《韩熙载夜宴图》(局部)

值得我们高度重视的是李德裕说的"势"是与"息"相联系的,"息",为停止,为静,作为气之动态体现的"势"怎么能"息"呢? 这正是李德裕思想深刻之处。他说:"势不可不息,不息则流宕而忘返。""息"看来是止,实不是止,而是为动"蓄势",让势贯通。

李德裕将"势"与"息"的辩证关系用于审美活动:"丝竹繁奏,必有希声窈眇,听之者悦闻";"川流迅激,必有洄洑逶迤,观之者不厌"。

李德裕关于"气""势"的观点代表了他那个时代的最高水平,可说前无古人。

二、"气"与"自然"

李德裕关于"气"与"自然"也有精彩的论述。他说:

> 文之为物,自然灵气。惚恍而来,不思而至。杼轴得之,淡而无味。琢刻藻绘,弥不足贵。如彼璞玉,磨砻成器。奢者为之,错以金翠。美质既雕,良宝斯弃。此为文之大旨也。①

这段文章称引甚多,也的确非常精彩。李德裕说"文之为物"系"自然灵气",这"自然"不是指自然界,前面已经说过。"灵气"在这里偏于指灵感。李德裕认为创作的灵感是"惚恍而来,不思而至",这揭示了灵感随机性、直觉性的特点。陆机说"应感之会,通塞之纪,来不可遏,去不可止"。是否李德裕受此启发? 不得而知。中华美学对灵感现象很早就给予注意,魏晋南北朝论述甚多。李德裕的贡献在突出"不思而至"。

由灵感,李德裕过渡到谈审美理想,他的审美理想是"淡而无味",明显地带有道家色彩。不过,也不能断定李就是道家,因为儒家也讲质朴,也讲平淡。李德裕反对"琢刻藻绘",对于时俗竞逐音韵颇为不满。他说:"文旨既妙,岂以音韵为病哉!"他的主张是"言妙而适情"。"情"是最重要的,言之妙只要适情,当然可以。可见他并非忽视语言之美。

唐代的古文运动到中唐韩、柳达到高潮,取得了很大成绩。但由于缺

---

① 李德裕:《文章论》。

乏富有才力的后继者,加之古文运动本身也存在一些缺点,比如对"道"的理解总还离不开政治、伦理的角度,对"文",又含有追逐形式美(尽管是奇崛之美)的倾向,因此齐梁文风就是到晚唐仍有一定影响。皇甫湜对于李生耻"浮艳声病之文"就委婉地劝过,说是你既然要考进士,就难免要写这种文字。又何必"徒涉而耻濡足"呢?① 可见当时官方仍重骈体文。晚唐的著名诗人杜牧(803—852)对后期的古文运动有重要贡献。杜牧在《答庄充书》中说:

> 凡为文以意为主,以气为辅,以辞彩章句为之兵卫。未有主强盛而辅不飘逸者,兵卫不华赫而庄整者。四者高下圆折步骤随主所指,如鸟随凤,鱼随龙,师众随汤武,腾天潜泉,横裂天下,无不如意。苟意不先立,止以文采辞句绕前捧后,是言愈多而理愈乱,如入阛阓,纷纷然莫知其谁,暮散而已,是以意全胜者,辞愈朴而文愈高;意不胜者,辞愈华而文愈鄙,是意能遣辞,辞不能成意。大抵为文之旨如此。

杜牧说"文以意为主",不说以道为主,这是很值得我们注意的。古文家们口不离"道","道"基本上是哲学的、政治伦理学的概念。"文以明道"很容易导致"工具论",文艺的任务只是阐说某一哲学的政治伦理学的观念——"道",文艺变成明道的工具。说"文以意为主"则不同,"意"虽然也据自道,或来自道,但它已经进入文艺家的精神世界,与他的气质、个性、情感、修养融为一体,成为充满生命意味的主体心理了。显然,"文以意为主"才是美学的命题。

杜牧说"文以意为主,以气为辅,以辞彩章句为之兵卫"②。这"气"是什么,杜牧没有说,从文义上来推测,"意"重在理,而"气"则重在情。刘勰说:"情之含风,犹形之包气"③,"气"作为生命的精神状态,情感的意味较浓(当然也不能说就是情)。杜牧虽然提出"以气为辅",但不重在论"气",因为"气"与"意"实际上是结合在一起的。他后面说的"意不先立,止以

---

① 　皇甫湜:《答李生第一书》。

② 　杜牧:《答庄充书》。

③ 　刘勰:《文心雕龙·风骨》。

文采辞句绕前捧后，是言愈多而理愈乱"，这"意"已含有"气"。在《答庄充书》中他还说过这样一句："实先意气而后辞句"，可见"意气"，在他的心目中时而分说，时而合为"意"。杜牧重"意"，认为："意全胜者，辞愈朴而文愈高；意不胜者，辞愈华而文愈鄙。"这种对内容与形式关系的理解其缺点是忽视了辞章相对独立的审美价值。但为了纠偏，这样讲是可以的。

杜牧虽然在文论中重意轻文，但在写作实践上并不如此，杜牧的文、诗都能做到文情并茂，是晚唐文学中的一枝奇葩。

第 九 章
唐朝乐舞美学

唐代初年实行开放的国策。这开放给整个社会带来了经济的发展、政治上的安定,同时,也带来文艺上的繁荣。其中,音乐的繁荣显得特别突出。唐代初年音乐政策的开放,表现在对内、对外两个方面。对内,主要是纠正儒家的音乐观,为音乐松开政治上的捆绑,让音乐回归自己的审美本位;吸收民间音乐入雅乐,建立起国乐系统。对外,则对外国、外境的音乐持开放的政策,不仅容许进入唐帝国的中心地区,而且吸收它们的成分进入以汉民族音乐为主体的音乐创作之中。于是,创作了大批优秀的乐曲、舞蹈。唐帝国的开放国策对于中华民族的艺术体系的建构作出了重要贡献。

第一节　乐 非 政 治

唐初,唐太宗与臣下有一次关于《玉树后庭花》的对话:

> 太宗谓侍臣曰:"古者圣人沿情以作乐,国之兴衰,未必由此。"御史大夫杜淹曰:"陈将亡也,有《玉树后庭花》,齐将亡也,有《伴侣》曲,闻者悲泣,所谓亡国之音哀以思。以是观之,亦乐之所起。"帝曰:"夫声之所感,各因人之哀乐。将亡之政,其民苦,故闻以悲。今《玉树》、《伴侣》之曲尚存,为公奏之,知必不悲。"尚书右丞魏徵进曰:"孔子称:

'乐云乐云,钟鼓云乎哉。'乐在人和,不在音也。"十一年,张文收复请重正余乐,帝不许,曰:"朕闻人和则乐和,隋末丧乱,虽改音律而乐不和。若百姓安乐,金石自谐矣。"①

这段对话鲜明地反映了太宗的音乐审美观念。李世民的基本观点是"古者圣人沿情以作乐,国之兴衰,未必由此"。这观点包含着两个重要思想:

一是"圣人沿情以作乐"。音乐以情为本。音乐的产生,是情使之。情为乐之本。一方面,人有情,需要抒发,于是寄托于音乐,抒情成为作乐之动力;另一方面,音乐中饱含情感,情感成为音乐的内容。儒家经典《乐记》说:"情动于中,故形于声,声成文,谓之音。"②唐太宗的观点与之相似。

二是"国之兴衰,未必由此"。这话的意思是音乐与政治是两码事,不能由音乐判定国家的兴衰状况,也不能将国家兴衰的责任推到音乐头上。在这个问题上,李世民与儒家的观点存在着尖锐的对立。《乐记》认为:"是故治世之音安以乐,其政和;乱世之音怨以怒,其政乖;亡国之音哀以思,其民困。声音之道,与政通矣。"李世民虽然承认音乐是情感的产物,但不认为国家的兴衰与音乐有必然关系,音乐决定不了国家的兴衰,它也不能作为国家兴衰的标志。换句话说,音乐与国家兴衰是两码事,"声音之道"与"政"并不通。

那又应怎样理解"亡国之音哀以思"?李世民说:"夫声之所感,各因人之哀乐。将亡之政,其民苦,故闻以悲。今《玉树》、《伴侣》之曲尚存,为公奏之,知必不悲。"

这里,又包含有诸多的思想:

人的哀乐由什么决定的?从根本上来说,是由人的生存状况决定的。但是,作为情感,它由外物感发。这外物就有两种情况,一是生活本身,如太宗所说,"将亡之政,其民苦";二是非生活本身的他物,如自然。自然景物可以引发人对某种实际生活的联想,故而让人生悲喜情感。一般来说,

---

① 欧阳修、宋祁:《新唐书·志第十一·礼乐第十一》。

② 《乐记·乐本》。

春光容易让人喜,而秋景容易让人悲。当然,这情与景的关系又因人而异。

人的情感不外乎喜、怒、哀、恶、欲这些类别,而引起同类情感的事物却是很多的。同为悲,可以因肃杀之景而生,也可以因人生某一不幸遭际而生。能不能因它们生的情均是悲,而将它们等同起来呢?李世民是不赞成的。

但是,这不同事物之间有没有影响呢?唐太宗认为,是有的。"将亡之政,其民苦"。因为苦,对于《玉树后庭花》这样凄婉的曲调就容易产生悲伤之情。

人的情感能不能受到音乐的影响,一方面固然与音乐的性质有关系,悲伤曲调的音乐易生悲情,欢乐曲调的音乐易生乐情;另一方面也与欣赏者自身的状况有关系。欣赏者自身的状况,一则在自身的素质等,另则在所处的时代、社会。李世民斩钉截铁地对臣下说:"今《玉树》、《伴侣》之曲尚存,为公奏之,知必不悲。"

李世民的认识是深刻的,他既注意到了事物间的区别,又注意到了事物间的联系。国之兴衰与乐之喜悲是完全不同的两件事。其区别是根本的,它们之间也有联系,这联系只是现象。李世民还注意到影响事物价值判断的两个方面:客观方面和主观方面。音乐的影响也决定于两个方面:客观方面,乐曲自身的性质;主观方面,欣赏者自身的状况。李世民为了替《玉树后庭花》解脱,强调欣赏者自身的情况在音乐欣赏中的主体地位,而忽视了音乐自身性质的作用,存在一定的片面性。

李世民的观点得到白居易的赞同。白居易说:

> 和平之代,虽闻桑间濮上之音,人情不淫也,不伤也。乱亡之代,虽闻《咸》《濩》《韶》《武》之音,人情不和也,不乐也。……若君政和而平,人心安而乐;则虽援簧桴,击野壤,闻之者必融融泄泄矣。若君政骄而荒,人心困而怨;则撞大钟,伐鸣鼓,闻之者适足惨惨戚戚矣。[①]

李世民的音乐无关于国之兴衰的观点与嵇康的"声无哀乐"论有些相似。嵇康的"声无哀乐"论,强调乐音本身没有情感,它只有声之高低轻重

---

① 《白居易全集·策林四·复乐古器古乐》。

快慢节奏等。李世民没有明说乐声有没有情感，只是说"悲悦在于人心，非由乐也"①。此话意在说明悲悦之情的由来，并没有否定乐中有情感的因素。

由音乐的移情作用，李世民谈到了音乐的建设。承上说，音乐之性质不决定于国之兴衰，那么，它决定于什么呢？李世民认为，决定于"人和"。他说："乐在人和，不在音也。""朕闻人和则乐和，隋末丧乱，虽改音律而乐不和，若百姓安乐，金石自谐矣。"

"乐在人和"，这一观点是深刻的。乐是为人服务的，是人决定乐，不是乐决定人。社会安定，人心和谐，人们不仅能创作出诸多和美的音乐，而且也能欣赏诸多不同情调的音乐。产生于亡国时代的音乐只有在"将亡之政"的背景下，才能发生摧毁人心的作用；而在健康的社会，它的这一作用被抑制了。所以，什么才是繁荣艺术的根本，李世民认为，建设一个美好的社会，让"百姓安乐"才是根本。

既然音乐之性质不决定于国之兴衰，那么，音乐也不应承担决定国之兴衰的责任。于是，李世民从根本上为《玉树后庭花》《伴侣》解脱了"亡国之音"的罪名。李世民的音乐思想是对儒家音乐思想的一个极大的突破。

李世民为《玉树后庭花》开脱罪名，是想让此乐舞继续为他服务，《玉树后庭花》凭什么赢得李世民的青睐呢？答案也是明确的，它具有强大的娱乐功能。李世民是充分肯定音乐的娱乐功能的，也许他认为音乐的基本功能就是娱乐，虽然他没有明确地这样说。

《玉树后庭花》产生于陈朝，作者为后主陈叔宝。《隋书·志十七·五行上》载："祯明初，后主作新歌，词甚哀怨，令后宫美人习而歌之。"典籍中仍存留陈叔宝所作词的片段："丽宇芳林对高阁，新装艳质本倾城。映户凝娇乍不进，出帷含态笑相迎。妖姬脸似花含露，玉树流光照后庭。花开花落不长久，落红满地归寂中。"② 从词可以看出，此曲是赞美宠妃张丽华的。关于张丽华，《陈书·列传一》中有记载："张贵妃发长七尺，鬒黑如漆，其光

---

① 吴兢：《贞观政要》卷七。这句本是在与祖孝孙讨论《玉树后庭花》时说的，但《旧唐书·志第八·音乐一》不载。

② 郭茂倩：《乐府诗集》，上海古籍出版社1998年版，第528页。

可鉴。特聪惠，有神采，进止闲暇，容色端丽。每瞻视盼睐，光采溢目，照映左右。常于阁上靓妆，临于轩槛，宫中遥望，飘若神仙。才辨强记，善候人主颜色。"乐曲编排也相当精美，有大量的宫女参加演出，场面华丽辉煌。

此曲作为"亡国之音"似乎成为定论，唐代诗人中有不少诗讽刺它。其中最有名的数杜牧的《泊秦淮》："烟笼寒水月笼纱，夜泊秦淮近酒家。商女不知亡国恨，隔江犹唱后庭花。"但是，它本身的美仍然有诸多的诗人予以描绘与赞美。李白在诸多诗中提到《玉树后庭花》乐舞或涉及"玉树""后庭花"等典故，如："天子龙沉景阳井，谁歌玉树后庭花。"[1]"昨夜梁园里，弟寒兄不知。庭前看玉树，肠断忆连时。"[2]"玉树春归日，金宫乐事多。后庭朝未入，轻辇夜相过。"[3]"别殿悲清暑，芳园罢乐游。一闻歌玉树，萧瑟后庭秋。"[4]也许李白的笔致还有些暧昧，其赞美似在言外。但牛殳的《琵琶行》对《玉树后庭花》的赞美与对陈后主及二妃的同情是毫不遮掩的。此诗曰："伤心忆得陈后主，春殿半酣细腰舞。黄莺百舌正相呼，玉树后庭花带雨。二妃哭处山重重，二妃没后云溶溶。"[5]

第二节　乐者乐也

《玉树后庭花》属于清乐[6]，系南朝旧乐，这类音乐多为娱乐类的乐舞。由于李世民说国之兴衰与音乐无关，因此，就有大量的清乐被保存下来。关于这一情况，《旧唐书·音乐志》多有记载：

清乐者，南朝旧乐也。永嘉之乱，五都沦覆，遗声旧制，散落江左。宋、梁之间，南朝文物，号为最盛；人谣国俗，亦世有新声。后魏孝文、

---

[1] 李白：《金陵歌送别范宣》。
[2] 李白：《对雪献从兄虞城宰》。
[3] 李白：《杂曲歌词·宫中行乐词》。
[4] 李白：《月夜金陵怀古》。
[5] 《全唐诗卷七百七十六·牛殳》。
[6] 关于"清乐""清商乐"，任半塘说："自隋以后，汉魏六朝所存之音乐统称曰'清商乐'，简称'清乐'。"见崔令钦撰，任半塘笺注：《教坊记笺注》，中华书局 2012 年版，第 54 页。

宣武，用师淮、汉，收其所获南音，谓之清商乐。隋平陈，因置清商署，总谓之清乐，遭梁、陈亡乱，所存盖鲜。隋室已来，日益沦缺。武太后之时，犹有六十三曲，今其辞存者，惟有《白雪》《公莫舞》《巴渝》《明君》《凤将雏》《明之君》《铎舞》《白鸠》《白纻》《子夜》《吴声四时歌》《前溪》《阿子》及《欢闻》《团扇》《懊侬》《长史》《督护》《读曲》《乌夜啼》《石城》《莫愁》《襄阳》《栖乌夜飞》《估客》《杨伴》《雅歌》《骁壶》《常林欢》《三洲》《采桑》《春江花月夜》《玉树后庭花》《堂堂》《泛龙舟》等三十二曲。①

这些音乐，《旧唐书·音乐志》一一进行了介绍，其中就有关于《春江花月夜》《玉树后庭花》《堂堂》的介绍，说此三曲"并陈后主所作，叔宝常与宫中女学士及朝臣相和为诗，太乐令何胥又善于文咏，采其尤艳丽者为此曲"②。

唐代宫室充斥着诸多艳歌丽舞。除了源自陈叔宝所作的几首乐舞外，还有一些比较著名的前朝乐舞，如上引文提到的《明君》。它为吴声，表现的是汉元帝时昭君出塞的故事。本来，这故事是悲凄的，但是，这部乐舞着力表现的不是昭君出塞这一重要的关涉国家安全的事件，而是昭君的美貌。核心情节是昭君"入辞"的一段："及将去，入辞，光彩照人，耸动左右，天子悔焉。汉人怜其远嫁，为作此歌。"乐舞为晋巨富石崇歌伎绿珠所编。绿珠为昭君编了一段唱词："我本汉家子，将适单于庭，昔为匣中玉，今为粪土英。"如此乐舞，完全是满足帝王淫乐心理的需要。就其消极情绪而言，应该说比《玉树后庭花》更盛。但由于它歌声曼妙，舞姿优雅，颇受唐代帝王喜爱。

唐代的宫廷舞蹈有软舞、硬舞之分。软舞为柔性的舞，硬舞为刚性的舞。《教坊记》云："《垂手罗》《回波乐》《兰陵王》《春莺啭》《半社渠》《借席》《乌夜啼》之属，谓之软舞；《阿辽》《柘枝》《黄麞》《拂林》《大渭州》《达摩支》之属，谓之健舞。"③硬舞多来自胡地，乐曲高亢激昂，穿云裂石，

---

① 刘昫等：《旧唐书·志第九·音乐二》。
② 刘昫等：《旧唐书·志第九·音乐二》。
③ 崔令钦：《教坊记》，中华书局 2012 年版，第 27—28 页。

震撼人心；软舞乐曲则婉约、轻柔、缠绵，有余音绕梁三日不绝之感。软舞、硬舞的区别不仅在其内容上，也在表演方式上。明代沈德符说："唐时教坊乐又有软舞……硬舞……又不专用女郎也……今世学舞者，俱作汴梁与金陵，大抵俱软舞。虽有南舞、北舞之异，然皆女伎为之；即不然，亦男子女装以悦客，古法渐灭，非始本朝也。"① 按沈德符的说法，软舞是由女人演的，男演员要进入，也必须化装为女人。这样要求，其目的是显然的，为了取悦于男性统治者。软舞多前朝旧曲，也有来自胡地或吸收胡地乐舞而创作的。软舞乐曲轻婉，舞姿曼妙，具有优美的品格。唐代诗人李群玉在《长沙九日登东楼观舞》中描绘他所看到的《绿腰》舞，"翩如兰苕翠，婉如游龙举"，"低回莲破浪，凌风雪萦风"，可谓风情万千。

　　两种不同的舞蹈风格的舞曲在唐代各自成其规模，说明唐代的乐舞已经达到相当高的水准，已经成熟。这种情况，与唐诗形成诸多流派是相一致的。这说明唐人在审美追求上达到了更高的水准。

　　唐代宫廷不仅保留大量的前朝旧曲，还自制新曲，以供自己娱乐的需要。其中，《春莺啭》是最为重要的一部。《春莺啭》的第一作者是唐高宗。据《教坊记》载："高宗晓音律，闻风叶鸟声，皆蹈以应节。尝晨坐，闻莺声，命歌工白明达写之为《春莺啭》。后亦为舞曲。"② 这首乐曲杨贵妃表演过，诗人张祜有诗记之：

　　　　兴庆池南柳未开，太真先把一枝梅。

　　　　内人已唱《春莺啭》，花下偬偬软舞来。③

　　这首诗提供了一些很重要的线索：此舞表演的地点为兴庆池，此为唐代宫苑园林；表演的方式为群舞，主舞为杨太真，她手里把着一枝梅花，居于舞池中央，婉转起舞；伴唱伴舞的为"内人"，即教坊年轻貌美的宫伎④，

① 崔令钦教坊记》，中华书局 2012 年版，第 30 页。

② 崔令钦撰，任半塘笺注：《教坊记笺注》，中华书局 2012 年版，第 179 页。

③ 《全唐诗·卷五一一之七二·张祜》。

④ 《教坊记》云："妓女入宜春院，谓之'内人'，亦曰'前头人'，常在上前头也。"《教坊记笺注》，中华书局 2012 年版，第 12 页。

他们边唱边舞，动作轻柔曼妙。此舞的性质为软舞。

《春莺啭》以精美的乐舞奉献给观众，其美妙的场景，出现在诸多诗人的笔下。和凝如此生动地描绘舞女们的表演："红玉纤纤捧暖笙，绛唇呼吸引春莺。霓裳曲罢君王笑，宜近前来与改名。"[1] 著名诗人元稹亦有诗赞美它："柔软依身着佩带，裴回绕指同环钏。佞臣闻此心计回，荧惑君心君眼眩。君言似曲屈为钩，君言好直舒为箭。巧随清影触处行，妙学春莺百般啭。倾天侧地用君力，抑塞周遮恐君见。翠华南幸万里桥，玄宗始悟坤维转。"[2]

《春莺啭》在唐朝时由日本的遣唐使带回日本，至今仍有舞图、乐谱遗存。它传到日本后，又名《和风长寿乐》《天长保寿乐》。一说"该舞由舞伎4—6人表演。乐曲则由游声、序、飒踏、入破、鸟声、急声六个部分组成"。《春莺啭》也传到朝鲜。朝鲜的《进馔艺轨》对《春莺啭》有记载，说此乐由唐高宗令白明达所作，关于表演形式，为"舞伎一人，立于席上，进退旋转不离席上而舞"。并附有图记，舞伎头戴花冠，着黄绡衫，束红绣带，足蹬飞头履。[3]

在唐代诸多的以审美为旨归的乐舞中，《春莺啭》有它的代表性。首先，它没有政治的、道德的内容，主要是歌颂春天的美。这样的乐曲在唐代可能只有《春江花月夜》堪与之相媲美。这首乐曲确也能激发人们热爱春光、珍惜时光之情。张易之的《出塞》诗就从《春莺啭》中获得灵感。诗云："一春莺度曲，八月雁成行。谁堪坐秋思，罗袖拂空床。"[4] 其次，它的音乐舞蹈确实很美。这样美的乐舞得以在唐代出现，说明唐代充分地认识到音乐的娱乐功能，如《乐记》所云"乐者乐也"。

唐帝国为所谓的"亡国之音"平反、在音乐创作上重视音乐的娱乐功能，均涉及一个重要的美学问题，那就是艺术中的政治以及伦理与审美的

---

① 《全唐诗·卷七百三十五之一·和凝·宫词百首之 一》。

② 《全唐诗·卷四百一十九之十一·元稹·和李校书新题乐府十二首·胡旋女》。

③ 均参见关也维：《唐代音乐史》，中央民族大学出版社2006年版，第70页。

④ 《全唐诗·卷八十之十二·张易之·出塞》。

关系问题。儒家在这个问题上是有偏颇的，它的偏颇主要在过于强调艺术中的政治及伦理的主导作用。儒家强调"诗言志"，这诚然不错，但将"志"理解得过于偏狭，似乎除了家国之志，儿女之情、山水之恋、生活之趣就不是志；《毛诗序》重教化，这诚然也不错，但将"经夫妇、成孝敬、厚人伦、美教化、移风俗"作为标杆，就可能导致对某些不符合这些要求的作品的扼杀。艺术与政治、伦理有关，但艺术也可以与政治、伦理无关，艺术具有自己独立的品位，艺术的品位是娱乐，娱乐的内核是审美。唐朝的统治者在这个问题上的处理是很得当的。他们一方面重视艺术的教化功能，这从他们重视《秦王破阵乐》这样的音乐可以充分见出；另一方面他们也很重视艺术的娱乐品位，这就从他们重视《春莺啭》这样的作品可以充分见出。在中国古代，对于艺术性质、价值的认识，处理得最为恰当的时代首推唐代。

第三节　崇文尚武

唐代的乐舞中，首出者应为《秦王破阵乐》。这首军功乐舞，充分体现唐帝国的英雄气概，是唐朝精神的最强音。其曲之由来，《旧唐书》有清楚的记载：

> 贞观元年，宴群臣，始奏秦王破阵之曲。太宗谓侍臣曰："朕昔在藩，屡有征讨，世间遂有此乐，岂意今日登于雅乐。然其发扬蹈厉，虽异文容，功业由之，致有今日，所以被于乐章，示不忘于本也。"尚书右仆射封德彝进曰："陛下以圣武戡难，立极安人，功成化定，陈乐象德，实弘济之盛烈，为将来之壮观。文容习仪，岂得为比。"太宗曰："朕虽以武功定天下，终当以文德绥海内。文武之道，各随其时，公谓文容不如蹈厉，斯为过矣。"德彝顿首曰："臣不敏，不足以知之。"①

---

① 刘昫等：《旧唐书·志第八·音乐一》四。

　　从这段文字看，《秦王破阵乐》在李世民登基前就有了①，那时，李世民为秦王。唐高祖的几个儿子，老大李建成已封为太子，协助李渊治理国家。李世民为二子，足智多谋，文武双全，主要率兵讨伐企图与唐帝国相抗衡或反叛唐帝国的军事势力，平定天下。据《新唐书》记载，《秦王破阵乐》产生于秦王破刘武周的战争中，它本来的作用是激励士气。李世民亲自作词，词曰："受律辞元首，相将讨叛臣。咸歌破阵乐，共赏太平人。"②那个时候，此乐纯为军歌，不是雅乐。李世民登基后，它进入雅乐，登上朝廷宴会之堂了。李世民对这首当年的军歌深有感情，他充分肯定这首破阵乐的意义：就当年来说，有激励作用——鼓舞士气；而就今天来说，有警示作用——以示不忘本。正是因为它有警示意义，唐太宗认为，这首乐舞，当今是可以演的，也应该演。但是，他对于封德彝过于夸大军功的话不予同意。封德彝赞美《秦王破阵乐》的壮观，说是"文容习仪，岂得为比"，其本意不过是想拍李世民的马屁而已，并无轻视文治的意思。李世民不是不明白这一点，他借封德彝的话题，只是想引出他治国的一番见解。他认为，"文武之道，各随其时"，就唐帝国来说，确是用武功定天下的；但是，这安天下却不能靠武功，而只能靠文德。

　　为此，他对《秦王破阵乐》进行改造。首先，令魏徵、虞世南、褚亮、李百药改制歌词，并更名《七德》之舞。从这来看，他是试图将文治的内容加入战舞，使这部乐曲的主题发生变化。随后，他亲自动手绘制《破阵舞图》："左圆右方，先偏后伍，鱼丽鹅贯，箕张翼舒，交错屈伸，首尾回互，以象战阵之形。"并令"吕才依图教乐工百二十人，被甲执戟而习之"。③从这编舞来看，此乐的本质并没有变化，它仍然是战争舞。而就其审美效果来看，"观

----

① 关于这乐舞的由来，《旧唐书·志第九·音乐二》说是"太宗所造也。太宗为秦王之时，征伐四方，人间歌谣《秦王破阵乐》之曲。及即位，使吕才协音律，李百药、虞世南、褚亮、魏徵等制歌辞。"而白居易的《七德舞》诗的序云："武德中，天子始作《秦王破阵乐》，以歌太宗之功业。"（《全唐诗》卷四二六）此"天子"似是唐高祖李渊。当然不会是李渊亲自操笔，而是他下令让臣下作此曲。两种说法似是第一种可信。

② 刘昫等：《旧唐书·志第八·音乐一》四。

③ 欧阳修、宋祁：《新唐书·志十一·礼乐十一》二。

者见其抑扬蹈厉,莫不扼腕踊跃,凛然震竦"。武臣列将自然更是心领神会,皆云"此舞皆是陛下百战百胜之形容"。这正是战争舞的效果。可见,唐太宗的这种改造,并没有让这曲战争乐舞发生根本性的变化。尽管如此,因为将乐舞名由"破阵乐"改为"七德"①,就给这场战争定了性,这不是野蛮的征讨,而是文明的开创。战争中太宗的所作所为,虽然是在指挥着军队杀人,却因为杀的是该杀的人,是在实施仁德。

为什么要这样:既然说在改,为什么又不彻底地改?原因有两个:主要原因是李世民的心中有战争情结。虽然他口中宣称"以文德绥海内",相信他也在理论上认定这是正确的;但是,他深知,这唐帝国完全不是靠文德得来的,而是靠武功打出来的。他不仅自始至终参加了这场打天下的战争,而且还是率领千军万马的统帅。他对战争其实是有深厚情感的。身经百战的他,在和平时期回首他所参加过的战争,可以说太伟大、太神奇、太值得回味,同时也可以说太恐怖、太残忍、不堪回首。诸多刻骨铭心的经历自然涌上心头:近乎疯狂的野蛮有之,近乎圣洁的大慈亦有之;洞触天开的奇思有之,濒临崩溃的绝望亦有之。种种超乎寻常的情感只有身处血肉横飞的战场上才能感受到。喜怒哀恶欲,那是平常时人们说的情感,在战场上它全变形了,变得不可理解,也不需要理解。各种人性逼到了底线,或者干脆说冲破了底线。人,不是人了。正是因为战争太残酷,所以,表现战争的歌舞,如果过于接近真实,就会污耳污目,严重地摧残人的审美感受。毕竟这是艺术,是要让人欣赏的,如果看不下去,过于难受,岂能起到它应起的作用?所以,从美学上来说,表现战争的艺术是要与真实的战争拉开一个隔离,化实为虚。对于李世民来说,也许更多的还不是从美学上考虑。他考虑的是这《破阵乐》如果过实,他的一部分部下难以接受。因为他的一些将领原本不属于他,而属于他的对手刘武周、薛举、王世充、窦建德等,是李世民将他们争取过来的。关于这一点,《新唐书》有具体的记载:

① 关于"七德",《左传·宣公十二年》云:"夫武,禁暴,戢兵,保大,定功,和众,丰财者也。"杜预注:"此武七德。"

太常卿萧瑀曰："乐所以美盛德形容，而有所未尽，陛下破刘武周、薛举、窦建德、王世充，愿图其状以识。"帝曰："方四海未定，攻伐以平祸乱，制乐阵其梗概而已，若备写禽获，今将相有尝为其臣者，观之有所不忍，我不为也。"①

《破阵乐》的种种修改，虽然也出自太宗的真实意愿，但也有一些出于无奈。太宗太懂战争了。他口中虽大谈文德，心中却顽强地说，不能忽视战争，不能弃置武力。打江山要靠武力，这守江山还是要靠武力。《秦王破阵乐》这换汤不换药的修改，真实的原因在这里。

唐太宗的音乐审美观念明显地表现为崇尚阳刚之美，崇尚事功之美。

太宗的音乐审美观念并没有能够为他的儿子高宗所继承。永徽二年（651）十一月，高宗祭祀于南郊，臣下奏言当演出《秦王破阵乐》。高宗则说："破阵乐舞者，情不忍观，所司更不宜设。"说此话时，"惨怆久之"②。于是，他将这部以歌颂军功为主题的乐舞打入冷宫。

高宗持此种态度原因有三：一是他个人的原因，高宗为人较为懦弱，生性善良。二是作品本身的原因，虽然《破阵乐》在太宗时代已经做了诸多修改，但仍然保留着诸多恐怖的场面。三是社会原因。到高宗执政时期，帝国政权已经稳固，除了边疆还有小规模战争外，基本上没有战事了。升平日久，易生淫乐之心，整个社会的审美风尚较太宗时有了变化，人们更喜欢轻曼优美的作品，战争舞蹈自然就不那么合乎人们的审美心理了。

时间很快过去 30 年。一次祭祀活动，改变了《秦王破阵乐》的命运。关于这件事，《旧唐书》上有记载：

三年（679）七月，上在九成宫咸亨殿宴集，有韩王元嘉、霍王元轨及南北军将军等。乐作，太常少卿韦万石奏称："破阵乐舞者，是皇祚发迹所由，宣扬宗祖盛烈，传之于后，永永无穷。自天皇临驭四海，寝而不作，既缘圣情感怆，群下无敢关言。臣忝职乐司，废缺是惧。依礼，

---

① 欧阳修、宋祁：《新唐书·志十一·礼乐十一》。
② 刘昫等：《旧唐书·志第八·音乐一》四。

祭之日，天子亲总干戚以舞先祖之乐，与天下同乐之也。今《破阵乐》久废，群下无所称述，将何以发孝思之情？”上瞿然改容，俯遂所请，有制令奏乐舞，既毕，上歆嘘感咽，涕泗交流，臣下悲泪，莫能仰视。久之，顾谓两王曰：“不见此乐，垂三十年，乍此观听，实深哀感。追思往日，王业艰难勤苦若此，朕今嗣守洪业，可忘武功？古人云：‘富贵不与骄奢期，骄奢自至。’朕谓时见此舞，以自诫勖，冀无盈满之过，非为欢乐奏陈之耳。”侍宴群臣咸呼万岁。①

这段文字很生动，很可能是真实情景的描述。弃置30年的《破阵乐》得以重启，是什么打动了高宗皇帝让他改变了对这曲乐舞的态度呢？细味韦万石的话，关于将《破阵乐》重新搬出来，他说了三个理由：一是《破阵乐》“是皇祚发迹所由”，应该演出，以“宣扬宗祖盛烈，传之于后，永永无穷”，也就是太宗当年说过的“示不忘于本也”。二是按礼，祭之日，皇帝应“亲总干戚以舞先祖之乐，与天下同乐之”。这第二个理由，太宗没有说过。礼需遵从，似乎这不算什么新理由，古往今来均如此。值得注意的是，此说是与天下同乐。这无异于说，《破阵乐》其实也可以作为欢歌来处理。虽然它是战争舞，可以让人情不忍观，但如果换一种眼光，或者说换一副审美心胸，也是可以让人快乐的。这第二点理由是深刻的，它触及艺术的本质。不管哪种艺术，悲剧还是喜剧抑或是正剧，它都应给人带来审美享受，审美享受的过程是丰富的。它可能只有快感，也可能既有快感又有痛感，快感与痛感并存或互化。但有一个基本点是必须肯定的，那就是审美享受的本质是让人愉悦的，愉悦的本质是情感得到宣泄，思想获得启迪，心理充盈着正能量。人们审美，能不能获得审美享受，即获得这种心理的正能量，不只是决定于艺术品的审美性质和审美质量，还决定于审美者的审美态度。高宗以前观《破阵乐》“情不忍观”“惨怆久之”，当然与《破阵乐》自身的审美内容与审美形式有关。这个作品因为内容与形式的原因，的确容易让人不忍观，容易让人惨怆，但如果能持正确的审美态度，在不忍观之时，实现

---

① 刘昫等：《旧唐书·志第八·音乐一》四。《贞观政要》卷七亦有这段文字，少数字句有异。

审美的超越，也不是不能化"惨怆"为愉悦的。韦万石向高宗进言时，唐帝国建国已经60年，观赏乐舞的人绝大多数没有战争的体验。观赏此舞时，头脑中所浮现的战争的情景早非实景，而只能想象了。欣赏者既然难以感同身受，这战争乐舞对欣赏者，在很大程度上就已不是战争的回忆，而是战争的游戏了。故韦万石讲的"与天下同乐"这一理由，应该说能打动高宗，也站得住脚。第三点理由是"发孝思之情"。对于高宗来说，这一点应是最能打动他的。

有许多理由助《秦王破阵乐》在唐代各种重要的礼仪场合重现。自此，《秦王破阵乐》在唐帝国再没有被弃置过。除了武则天为皇帝时，史书上没有明载是否用《秦王破阵乐》外，唐帝国后续的帝王均用《秦王破阵乐》。唐玄宗善音乐，在他当政时，《秦王破阵乐》与《太平乐》《上元乐》同为主要的演出曲目，规模很大，光擂鼓的宫女就多达数百人。白居易有诗赞《七德舞》即《秦王破阵乐》。诗云：

> 七德舞，七德歌，传自武德至元和。元和小臣白居易，观舞听歌知乐意，乐终稽首陈其事。太宗十八举义兵，白旄黄钺定两京。擒充戮窦四海清，二十有四功业成。二十有九即帝位，三十有五致太平。功成理定何神速，速在推心置人腹。亡卒遗骸散帛收，饥人卖子分金赎。魏徵梦见子夜泣，张谨哀闻辰日哭。怨女三千放出宫，死囚四百来归狱。剪须烧药赐功臣，李勣呜咽思杀身。含血吮创抚战士，思摩奋呼乞效死。则知不独善战善乘时，以心感人人心归。尔来一百九十载，天下至今歌舞之。歌七德，舞七德，圣人有作垂无极。岂徒耀神武，岂徒夸圣文。太宗意在陈王业，王业艰难示子孙。①

这首诗说明，《秦王破阵乐》直至中唐还在演出。自它诞生日算起，已历190年。值得说明的是，《秦王破阵乐》原有五十二遍，归入立部伎之中，当它修入雅乐更名为《七德》后，只留下两遍了②。白居易看到的是只有两

---

① 《全唐诗》卷四二六。
② 参见《旧唐书·志第八·音乐一》四。

遍的《七德舞》。居易观罢《七德》乐舞,是如何理解此乐舞的主题的呢?他说:"太宗意在陈王业,王业艰难示子孙。"王业具体为何?白居易理解为两个部分:一是战争,平定天下的战争。这方面,白居易描述得比较概括、简略。二是施德。这部分,白居易描写得比较具体。施德大部分与战争有关,包括厚葬阵亡者遗骸,抚恤将士遗属,厚赏部将军功等;也有一些德与战争无关,如放出宫女。战争的意义白居易没有说,施德的意义则归结为"以心感人人心归"。应该说,这种理解是符合太宗改编《秦王破阵乐》的本意的。

高宗时韦万石对《秦王破阵乐》意义的阐释较太宗自己的阐释是有拓展的,特别是提出"与天下同乐之""发孝思之情",已经拓展到审美领域去了。然白居易仍然将它归结到太宗的立场上,太宗说在和平时期表演此乐舞"示不忘于本",白居易说"王业艰难示子孙",完全一致。

虽然《秦王破阵乐》经太宗的改编主题于军功有所偏离,但军功仍然是文德的基础,这个基础不管怎样改,都变不了。应该说,《破阵乐》的本质还是军歌。唐代雅乐中,军歌不少。太宗时有《凯安》,高宗时有《一戎大定》,文宗时有《凯乐》。虽然这些军歌均为庆功乐舞,但军队的雄威仍然是要着力表现的。像《凯乐》,其演出的是:"凡命将征讨,有大功献俘馘者,其日备神策兵卫于东门外,如献俘常仪,其凯乐用铙吹二部,笛、筚篥、箫、笳、铙、鼓,每色二人,歌工二十四人。乐工等乘马执乐器,次第陈列,如卤簿之式。"[1] 场面很壮观。

重视军功,终唐都没有变。但是,唐代自开国日始,就很重视文德了。太宗在这方面有相当高的自觉意识,也亲自动手创作文舞。《旧唐书·音乐志》云:"庆善乐,太宗所造也。太宗生于武功之庆善宫,既贵,宴宫中,赋诗,被以管弦,舞者六十四人,衣紫大袖裙襦,漆髻皮履,舞蹈安徐,以象文德洽而天下安乐也。"[2] 至高宗,文武两个方面的乐舞齐备,且使用有明确

---

① 刘昫等:《旧唐书·志第八·音乐一》四。
② 刘昫等:《旧唐书·志第九·音乐二》四。

的章程。仪凤二年（677）年，太常少卿韦万石启奏高宗，曰："据贞观礼，郊享日文舞奏《豫和》、《顺和》、《永和》等乐，其舞人着委貌冠服，并手执籥翟。其武舞奏《凯安》，其舞人并着平冕，手执干戚。奉麟德二年（665）十月敕，文舞改用《功成庆善乐》，武舞改用《神功破阵乐》，并改器服等。"① 至于在祭祀庆典场合，是文舞在先，还是武舞在先，按礼官韦万石的说法应是有区别的。凡是以揖让得天下者，则先奏文舞，后奏武舞；而凡是以征伐得天下者，则先奏武舞，后奏文舞。唐帝国属于后一种情况，所以，在举行重要的祭祀和庆典活动时，先奏《神功破阵乐》（为《秦王破阵乐》的另名），后奏《功成庆善乐》。

值得补充的是，《秦王破阵乐》传于国外，远达吐蕃、日本、印度。《新唐书·列传一百四十六上·西域上》载："隋炀帝时，遣裴矩通西域诸国，独天竺、拂菻不至为恨。武德中，国大乱，王尸罗逸多勤兵战无前，象不弛鞍，士不释甲，因讨四天竺，皆北面臣之。会唐浮屠玄奘至其国，尸罗逸多召见曰：'而国有圣人出，作《秦王破阵乐》，试为我言其为人。'玄奘粗言太宗神武、平祸乱、四夷宾服状。王喜，曰：'我当东面朝之。'贞观十五年，自称摩伽陀王，遣使者上书。"② 此乐舞有多种版本保存在日本。"日本另有《皇帝破阵乐》及《秦王破阵乐》。其舞入《太平乐》故，又有《武德太平乐》《安乐太平乐》之别称。"③ 如此，则充分说明《秦王破阵乐》的影响是国际性的。

《秦王破阵乐》地位十分显赫。它作为唐代的第一乐曲，好比近世国家之国歌。它的重要地位及影响，最为突出地反映了唐朝的音乐审美观念，即重武尚文。这一思想并不是孤立的，而是整个唐代的审美倾向的表现之一。唐诗中边塞诗的突出地位，书法中阳刚派书法之执牛耳，都与音乐审美中崇尚军功之美相一致。

---

① 刘昫等：《旧唐书·志第八·音乐一》四。

② 欧阳修、宋祁：《新唐书·列传第一百四十六上·西域上》二〇。

③ 崔令钦撰，任半塘笺注：《教坊记笺注》，中华书局2012年版，第62页。

第四节 广纳胡乐

　　唐代在我国历史上开放度是最高的,周边的国家几乎都与唐代有交往。这其中,陆上与海上两条丝绸之路起了很大的作用。通过这两条通道,唐帝国与世界上诸多有较高文明的国家诸如罗马、印度联系在一起。不仅物质文化得以交易,而且精神文化也得以交流。各种源自世界上他民族的宗教如佛教、袄教、摩尼教、景教进来了,各种他民族创造的艺术也进来了。其中,乐舞以及相连带的乐器的进入,最为突出。乐舞的进入,对唐帝国君民的艺术生活产生了巨大影响。

（唐）吴道子:《天王送子图》

　　就帝国的宫廷音乐来说,高祖登极之后,继承隋制,用的主要是取自南朝的清商乐,后来逐步建立起自己的音乐体系。唐帝国宫廷音乐分为立部伎和坐部伎两个部分。立部伎是立着演奏的,坐部伎是坐着演奏的。就《旧唐书·音乐志》的介绍来看,立部伎有八部。这八部乐为《安乐》《太平乐》《破阵乐》《庆善乐》《大定乐》《上元乐》《圣寿乐》《光圣乐》。这八部乐中,《太平乐》来自天竺（今印度）、师子国（今斯里兰卡）等国。

　　《旧唐书》记载:“《太平乐》,亦谓之五方师子舞。师子鸷兽,出于西南夷天竺、师子等国。缀毛为之,人居其中,像其俯仰驯狎之容。二人持绳秉拂，为习弄之状。五师子各立其方色，百四十人歌《太平乐》，舞以足，持绳者服饰作昆仑象。"① 杜佑《通典》云："太平乐，亦谓之五方狮子舞……二人持拂为戏弄之状。五方狮子各衣五色，百四十人，歌太平乐，舞抃以从之。"段安节的《乐府杂录》将此乐舞归入"龟兹部"，描绘狮子彩绘的情况："戏有五方狮子，高丈余，各衣五色。每一狮子，有十二人。戴红抹额，衣画衣，执红拂子，谓之狮子郎，舞太平乐。"五方狮子分青赤黄白黑五色，由一百四十人载歌载舞，气氛热烈，场面宏大，震撼人心。

传入唐帝国的五方狮子代表着"五行"。黄色的狮子必居中心，因为在五行中，黄色为尊，代表皇权。黄狮子通常是不能单独舞的，要舞也只能供皇上观赏。据《唐语林》卷三："王维为大乐丞，被人嗾使舞黄狮子，坐是出官。黄狮子者非天子不舞也。后辈慎之。"

狮子舞在唐朝宫廷乐舞中还有大曲②，名《西凉伎》。相传为开元年间陇右节度使郭知运进献，为西域龟兹乐与河西走廊各族乐舞交融而成。虽然是另一部曲子，但均为舞狮子。白居易、元稹均有长诗《西凉伎》对舞蹈的场面做了生动的描绘。

立部伎中虽然只有《太平乐》这一部乐来自国外，但其他乐都有来自西域的曲调和乐器。坐部伎有《讌乐》《长寿乐》《天授乐》《鸟歌万寿乐》《龙池乐》《破阵乐》六部。这六部乐中"自《长寿乐》已下皆用龟兹乐，舞人皆着靴。惟《龙池》备用雅乐，而无钟磬，舞人蹑履"③。

除立部伎、坐部伎外，宫廷常用的管弦杂曲也多用来自国外的音乐，主要为西凉乐；至于鼓舞曲，则多用龟兹乐。

唐代传入中国的音乐，《旧唐书·音乐志》将它们概括成"四夷之乐"：

> 作先王乐者，贵能包而用之。纳四夷之乐者，美德广之所及也。

> 东夷之乐曰《靺离》，南蛮之乐曰《任》，西戎之乐曰《禁》，北狄之乐

---

① 刘昫等：《旧唐书·志第九·音乐二》四。
② 据《唐会要》卷十四"协律郎"条："大乐署掌教，雅乐、大曲三十日成；小曲二十日。"大曲是相对于小曲规模较大的融乐、舞、诗于一体乐曲。
③ 刘昫等：《旧唐书·志第九·音乐二》四。

曰《眛》。①

这"四夷"是唐帝国周边的国家，不只是四个国家。所以，"夷乐"实际上是很多国家的音乐的总称。"东夷乐"中有《高丽乐》《百济乐》；"南蛮乐"中有《扶南乐》《天竺乐》《骠国乐》；"西戎乐"中有《高昌乐》《龟兹乐》《疏勒乐》《康国乐》《安国乐》；"北狄乐"有鲜卑、吐谷浑、部落稽三国之乐。一般来说，源自南朝旧曲的商乐均较为柔靡、温雅，而来自"四夷"的乐舞均具有一种原始生命力的野蛮、强劲，具有强烈的感官冲击力。

这些来自异域的音乐不仅带来奇妙的乐舞，而且也带来奇异的装束，让中原的观众大饱眼福。像《高丽乐》，演员的着装是这样的："工人（即演员——引者注）紫罗帽，饰以鸟羽，黄大袖，紫罗带，大口裤，赤皮靴，五色绦绳。舞者四人，椎髻于后，以绛抹额。饰以金珰。二人黄裙襦，赤黄裤，极其长袖，乌皮靴，双双并立而舞。"② 又，"南蛮、北狄国俗，皆随发际断其发，今舞者咸用绳围首，反约发杪，内于绳下。"③

诸多的来自西域的音乐对于中原音乐的影响是不一样的。从史料上来看，影响最大的是龟兹音乐。龟兹的音乐特别有名，玄奘西行取经，路过龟兹，于龟兹的音乐很有感受。他在《大唐西域记》中说龟兹"管弦伎乐，特善诸国"④。据玄奘介绍，当时的"屈支国（龟兹），东西千余里，南北六百余里，国大都城周十七八里"⑤，是一个物产丰富、经济繁荣的国家。这个国家"文字取则印度，粗有改变"，人民信仰佛教。由于地处印度、西域与中原交通的中道上，西域诸国的乐伎东传中原时会聚于龟兹，导致龟兹音乐大盛。早在隋前的东魏西魏时代，龟兹音乐就传入中国。《隋书·音乐志》说："至隋有《西国龟兹》《齐朝龟兹》《土龟兹》等，凡三部。开皇中，其器大盛于闾闬。"⑥

---

① 刘昫等：《旧唐书·志第九·音乐二》四。
② 刘昫等：《旧唐书·志第九·音乐二》四。`
③ 刘昫等：《旧唐书·志第九·音乐二》四。
④ 玄奘：《大唐西域记·从阿耆尼国到素叶水城·屈支国》。
⑤ 玄奘：《大唐西域记·从阿耆尼国到素叶水城·屈支国》。
⑥ 魏徵：《隋书·志第十·音乐下》二。

到唐代,龟兹音乐对中原的影响更大。唐帝国宫廷内诸多重要大曲均受到龟兹音乐的影响。唐帝国宫廷燕乐立部伎八部乐曲"自《破阵乐》以下,皆雷大鼓,杂以龟兹之乐,声震百里,动荡山谷"[①]。坐部伎六部乐曲"自《长寿乐》已下,皆用龟兹乐"[②]。

　　唐朝宫廷乐舞中有好几部直接来自夷狄地区,《新唐书》载:"大历元年,又有《广平太一》乐。《凉州曲》,本西凉所献也。其声本宫调,有大遍、小遍。"[③]"贞元中,南诏异牟寻遣使诣剑南西川节度使韦皋,言欲献夷中歌曲。且令骠国进乐。皋乃作南诏奉圣乐。"[④]这些直接来自"夷狄"地区的曲目中,《伊州》比较有名。《新唐书》载:"天宝乐曲,皆以边地名,若《凉州》《伊州》《甘州》之类。后又诏道调、法曲与胡部新声合作。"[⑤]《乐府诗集》卷七十九引《乐苑》,更是明确说这部乐曲是"西京节度盖嘉运所进"。这部源自西域的乐曲在进入唐朝宫廷后,宫廷的乐师对它进行加工改编,杂融入道调、法曲等,从而使它成为一部优秀的宫廷燕乐大曲。王安潮认为:"从《乐府诗集》卷七十九录有《伊州》曲辞的句式、音韵特点可以看出,这是一部唐代诗风的曲辞。而其中的很多篇章都已证明为唐代诗人所作。这与唐玄宗喜欢约请当时著名的诗人为其大曲填词的史实相合。"[⑥]这一事实说明来自"夷狄"的乐曲是可以与汉文化进行融合而取得成功的。

　　如果我们稍许深入地研究一下唐帝国的最高统治者为什么那样喜欢"夷狄"音乐,就可发现这是有原因的。原因之一:来自"夷狄"地区的乐舞,有一个非常突出的特点,那就是质朴、刚健,充满着原始生命力。从人的审美心理来说,非常需要这样一种美。来自南朝旧曲的商乐,这方面远不如

---

① 刘昫等:《旧唐书·志第九·音乐二》四。
② 刘昫等:《旧唐书·志第九·音乐二》四。
③ 欧阳修、宋祁:《新唐书·志第十二·礼乐十二》二。
④ 欧阳修、宋祁:《新唐书·志第十二·礼乐十二》二。
⑤ 欧阳修、宋祁:《新唐书·志第十二·礼乐十二》二。
⑥ 王安源:《唐代大曲的历史与形态》,中央音乐学院出版社 2011 年版,第 225 页。

"夷狄"乐舞。于是，对夷狄乐舞的喜爱就成为一股不可抗拒的文化潮流。原因之二：唐帝国是从血泊中打出来的，它崇尚的精神不是轻柔曼妙的优美，而是刚健雄壮的崇高。夷狄音乐的蛮野与刚健在一定程度上符合了唐帝国精神建设的需要。

人们通常只是认为唐帝国是当时亚洲也许世界的第一强国，具有大国的气度与胸襟，对于凡是来中国做生意、旅游、求学或者献艺的人士均持欢迎的态度，这诚然是对的，但是，这不是主要的，主要的还是唐帝国自身的需要。需要总是第一位的。新兴的唐帝国需要具有蛮荒气息与原始生命力的"夷狄"之乐。出于这种需要，"夷狄"乐舞连同它所代表的文化以从来没有过的规模进入汉文化为主体的中原地区。于是，一场轰轰烈烈的华夏文化的新建设开始了！

第五节　《霓裳羽衣舞》

唐帝国广纳胡乐的做法，涉及民族艺术发展一个重要问题，那就是民族艺术发展要不要吸收其他民族艺术的养分。在中国，这一问题可以区分为两个不同的层面：一是汉民族艺术与少数民族艺术的关系；二是中国艺术与外国艺术的关系。这两个问题在中国是可以合并的。

按儒家观点，汉民族称之为夏，不仅境内的少数民族称之为"夷"；境外的其他民族，也被称为"夷"。儒家强调"夷"夏之别。孔子非常看不起"夷"，说："夷狄之有君，不如诸夏之亡也。"① "夷"夏之别是一个复杂的问题，此不辨，但其中涉及的艺术问题是可以说说的。艺术在文化中有它的特殊性。严格说来，艺术并不是政治，它也没有先进与落后之分。各民族的艺术均有自己的长处。因此，互相学习、取长补短是天经地义之事。尽管是天经地义之事，但唐代以前，中国境内各民族的艺术交流不是很普遍的，是唐代打破了这一樊篱，开启了华夏艺术与其他民族艺术互相学习

---

① 《论语·八佾》。

之风。

在音乐创作上，以汉民族音乐文化为主体，吸收他民族音乐文化成分，取得重大成功的作品是《霓裳羽衣舞》。《霓裳羽衣舞》是唐帝国精神文化的一面鲜艳旗帜，也是中华民族文化融合的一面鲜艳的旗帜。

《霓裳羽衣舞》在宫廷宴乐中为大曲。大曲是由数支曲段编组的结构复杂的乐舞，是一种融乐、歌、舞于一体的联合表演。此乐集中了唐帝国音乐的精华，显示出唐朝音乐审美所达到的最高成就。关于此曲的创作过程，有诸多不同的说法，其中《碧鸡漫志》卷三载：唐明皇梦游月宫，获得灵感，正想创作一首乐曲。此时，西凉都督杨敬述进婆罗门乐曲。此曲与唐明皇拟定的声调吻合。于是，他以月宫所闻为内容，以婆罗门乐曲为腔调，写成一个乐曲。

《霓裳羽衣舞》的创作过程，有两点值得重视：

第一，主体意识。唐玄宗创作此乐曲，依据的是一个游仙的梦境，基本思想属于道家及道教文化，这是中华民族自己的文化。《霓裳羽衣舞》的创作，就是以这一思想为主体的。

第二，海纳意识。以上关于《霓裳羽衣舞》产生的说法，肯定了乐舞的音乐元素主要来自西域。西域文化当时是各种少数民族的文化。这些少数民族建立的政权，有些依附于唐帝国，有些独立。更多的情况是，一段时间归属于唐帝国，在另一段时间脱离唐帝国。虽然政治上，少数民族政权与唐帝国的关系有分有合，但文化上一直进行着融合的过程。《霓裳羽衣舞》的创作过程，充分体现出唐帝国对于汉民族以外的他民族文化的尊重与吸纳。

《霓裳羽衣舞》作为多民族优秀文化融合的产物，它取得了非凡的成功。

《霓裳羽衣舞》体量庞大。关于它的段数，有数种不同的说法，《新唐书》说杨敬忠进献的《霓裳羽衣舞》有十二遍；南宋姜夔说他在长沙见到一个《霓裳羽衣舞》的残本，为十八阕；王国维在《唐宋大曲考》书中说《霓裳羽衣舞》共二十段；现代学人杨荫浏则认为这部乐舞为三十六遍。

《霓裳羽衣舞》的结构虽然复杂，演出形式却是灵活的。据史载，天宝四年(745)册立杨贵妃时,杨贵妃在木兰殿上的表演《霓裳羽衣舞》,用的是独舞的形式。而白居易在元和年间看到的《霓裳羽衣舞》则是双人舞的形式。

唐代诸多诗人非常喜欢《霓裳羽衣舞》。据沈括的《梦溪笔谈》记载:

> 《国史补》言:"客有《按乐图》示王维,维曰:'此《霓裳》第三叠第一拍也。'客未然,引工按曲乃信。"

王维对于《霓裳羽衣舞》熟悉到如此地步,可见喜爱之深。白居易也非常喜欢《霓裳羽衣舞》,自称"千歌万歌不可数,就中最爱《霓裳舞》"。他有长诗《霓裳羽衣歌·和微之》。此诗对乐舞表演全过程做了生动的描述,已经成为研究《霓裳羽衣舞》的重要资料。

从白居易的长诗以及其他文献,我们试着探讨《霓裳羽衣舞》的美:

其一,这部乐舞具有完整的结构。唐代的大曲由三个部分构成:(1)散序;(2)中序、拍序或歌头;(3)破或舞遍。虽然说三段结构是大曲的通例,但《霓裳羽衣舞》将这种结构的美发挥到了极致。从白居易的描绘来看,《霓裳羽衣舞》前半部分节奏是缓慢的,格调清徐、舒缓,这与这部乐舞表现月宫仙境的主题是契合的。逐渐进入高潮后,美妙张扬到了极致。结尾给人的审美感受好像看见一只彩凤从天空降落,收却双翅,向着青天长吟。

其二,舞女的服装与装束极为华美。据白居易的诗,"案前舞者颜如玉,不着人家俗衣服。虹裳霞帔步摇冠,钿璎累累佩珊珊。娉婷似不任罗绮,顾听乐悬行复止。"郑嵎《津阳门诗》写唐玄宗生日时,宫中演出《霓裳羽衣舞》,舞女的着装是"梳九骑仙髻,穿孔雀翠衣,佩七宝缨络"。

其三,音乐富有特色。《霓裳羽衣舞》的音乐最有特色的,是源自南朝的商调与源自印度的婆罗门曲的成功融合。关于《霓裳羽衣舞》音乐的美,白居易用"秋竹竿裂春冰拆""跳珠撼玉何铮铮"来比喻。王建有《霓裳辞十首》,其一曰:"弟子部中留一色,听风听水作《霓裳》。散声未足重来授,直到床前见上皇。"诗中"听风听水作《霓裳》"曾经引起诸多学者的猜想。有人还在龟兹找到一个名"千泪泉"的地方,说此是当年婆罗门曲灵感来源处。

其四，舞姿刚柔相济，充满魅力。白居易诗中描绘舞姿："飘然转旋回雪轻，嫣然纵送游龙惊。小垂手后柳无力，斜曳裾时云欲生。烟娥敛略不胜态，风袖低昂如有情。"从这些描写中我们可以看出，舞姿不是一味地柔、一味地软、一味地轻，它也有刚、有硬、有重，取的是刚柔相济之美。虽然诗中没有言明，此舞有着胡舞的因素；但从诗句中，我们能够感受到胡舞的韵味，甚至能够想象出类似敦煌壁画、克孜尔壁画中飞天的风采。

其五，精神境界高远深邃。这部乐舞创作立意，诸多资料认为是从玄宗幻游月宫仙境而来的。唐代崇尚道教，以神仙境界作为人生理想。

综合《霓裳羽衣舞》各方面的成就，此曲当得上唐代精神文化的一面旗帜。它在中华美学史上的地位堪与李白的诗歌、怀素的书法、王维的绘画相提并论。

《霓裳羽衣舞》的命运悲喜交并。应该说，在唐代，它的命运是好的，虽然玄宗之后，此乐舞很少演出，但偶尔还可以见到。《碧鸡漫志》载："宪宗（805—820）每大宴，间作此舞。文宗（826—840）诏大常卿冯定，采开元雅乐，制云韶雅乐及霓裳羽衣曲。是时四方大都邑及士大夫家，已多按习，而文宗乃令冯定制舞曲者，疑曲存而舞节非旧，故就加整顿焉。"[①] 五代，由于战乱，更重要的是江山易主，《霓裳羽衣舞》逐渐湮没，至宋代，《霓裳羽衣舞》已难觅其踪。大学者沈括在山西曾见《霓裳羽衣舞》残谱，竟然不知是否真实。南宋丙午年间，姜夔在长沙乐工的故书堆中发现商调《霓裳曲》18阕，然虚谱无词。近代学人吴梅曾整理过《霓裳羽衣舞》乐谱，并排练过这一乐舞。吴梅用的曲谱来自清代《长生殿》中的《霓裳》曲牌。这一曲谱与唐代的《霓裳羽衣舞》是不是相似，有多少相似，就难说了。中国近代音乐的先驱萧友梅曾根据白居易的《霓裳羽衣舞》诗，编出《新霓裳羽衣舞》。1923年12月，他亲自指挥北京大学音乐传习所管弦乐队演出过。此外，也

---

① 王灼：《碧鸡漫志》卷三。

还有人编出名为《霓裳羽衣曲》的乐曲,但均属现代人的作品,与唐代的《霓裳羽衣舞》没有多大关系了。

唐代的《霓裳羽衣曲》也许真成了绝响!此乐舞自诞生到现在,已过去1000多年,现代观众多么希望能一睹它当年的风采,相信这一天终会到来。

第 十 章
唐朝绘画美学

绘画在唐代高度繁荣，各种题材的画、各种画法在唐代都得到发展。首先是人物画，包括宗教人物画、仕女画及帝王将相画以崭新的面貌出现在画坛上，吴道子在人物画方面的光辉成就，为后世树立了难以企及的楷模。山水画方面以李思训为代表的金碧山水与以王维为代表的水墨山水辉映南北画坛。五代的荆浩、关仝在山水画上亦有新创，又出现了花鸟画大师徐熙、黄筌。曹霸的马、戴嵩的牛、张璪的松石都是历代传颂的典范。在绘画美学方面产生了一些重要著作，如王维的《山水论》《山水诀》，张璪的《绘境》，张怀瓘的《画断》，朱景玄的《唐朝名画录》，张彦远的《历代名画记》，荆浩的《笔记法》等。

第一节 品评等级

关于绘画有好几种不同的品评等级划分法。

一、张怀瓘

张怀瓘，生卒年不详，海陵（今属江苏）人，唐代画家、书法家、书画评论家，有《画断》，书已亡佚，在《历代名画记》中保留几条记录。张怀瓘另还著有《书断》，在《书断》中他提出评书可分神、妙、能三品，神品最高。与之相应，在《画断》中他也以"神"作为绘画的最高品级。他具体分析了顾恺之、陆探微、张僧繇几位著名的人物画家：

> 顾公远思精微，襟灵莫测。虽寄迹翰墨，其神气飘然在烟霄之上，不可以图画间求。象人之美，张得其肉，陆得其骨，顾得其神。神妙无方，以顾为最。喻之书，则顾、陆比之钟、张，僧繇比之逸少，俱为古今之独绝。岂可以品第拘？①

张怀瓘所评的顾恺之、陆探微、张僧繇系南北朝画家，后世誉为"六朝三杰"。三人中，顾恺之的画被评为"得神"，品级最高。顾恺之作画追求传神，每画人物或数年不点睛，人问其故，答曰："四体妍蚩，本无关于妙处，传神写照正在阿堵中。"②他论作画，借用嵇康诗云："手挥五弦易，目送归鸿难。"③陆探微作画，谢赫评论："穷理尽性，事绝言象，包前孕后，古今独立。"④他的人物画，张怀瓘说是："秀骨清像，似觉生动，令人凛凛若对神明。虽妙极象中，而思不融乎墨外。"⑤他的用笔亦与之相应，劲利"如锥刀"⑥。张僧繇的人物画也很生动，传说他画龙不点睛，因一点睛龙就飞去。他与陆探微的人物画造型上有所不同，陆是"秀骨清像"，张是"天女宫女，面短而艳"。在技法上，张僧繇采用印度的晕染法，相传他在南京一佛寺用此法画"凹凸花"，观者远望眼晕如凹凸，近视乃平。张僧繇作画注重用色，他用没骨法画青绿山水，画面颇为富丽。俞剑华先生说"其画法几近于西洋油画"。

张怀瓘用"得神""得骨""得肉"品评顾恺之、陆探微、张僧繇三画家的艺术成就，不仅涉及对三位画家的评价问题，而且提出了一套品评绘画

---

① 张怀瓘：《画断》，见张彦远《历代名画记》卷五引。
② 刘义庆：《世说新语·巧艺》。
③ 刘义庆：《世说新语·巧艺》。
④ 谢赫：《古画品录》。
⑤ 张怀瓘：《画断》，见张彦远《历代名画记》卷六引。
⑥ 张怀瓘：《画断》，见张彦远《历代名画记》卷六引。

的美学标准。这里且不说张怀瓘对三位画家的品评是否恰当，仅就这"三得"的含义来说，"得肉"主要是指形似，"得骨""得神"应都属神似，只是高下有别。

据张怀瓘《书断》，书有"神""妙""能"三品（详见下一章），也许张怀瓘在《画断》中也提出过评画的"神""妙""能"三品说。可惜的是《画断》一书已佚，仅存的片言只语又无此说，不好妄加推断。

（唐）吴道子：《天王送子图》（局部）

二、朱景玄

朱景玄（约 787—？），吴郡人，元和初应举，曾官翰林学士，著有《唐朝名画录》。《唐朝名画录》评论了 124 位画家，将他们分为神、妙、能、逸四品。除逸品外，神、妙、能三品又分为上、中、下三个等级。朱在《唐朝名画录》序中说：

> 古今画品，论之者多矣。隋梁以前，不可得而言。自国朝以来，惟李嗣真《画品录》空录人名，而不论其善恶，无品格高下，俾后之观者，

何所考焉。景玄窃好斯艺,寻其踪迹,不见者不录,见者必书,推之至心,不愧拙目,以张怀瓘《书断》神、妙、能三品,定其等格,上、中、下又分为三。其格外有不构常法,又有逸品,以表其优劣也。①

朱景玄最看重"神品","神品"中列为上等的只有吴道子一人。朱景玄大约是吴道子去世后十年出生的②。他没能见到吴道子。为了研究吴道子,他广泛调查吴道子的事迹。从景云寺一老和尚那里他得知:吴道子在景云寺画《地狱变相》,竟使"京都屠沽渔罟之辈,见而惧罪改业者,往往有之"③。吴道子的人物画,张彦远评论:"有八面生意活动。"④ 据说他十分重视眼神的刻画,长安菩提寺侍殿里有他画的《维摩经变相图》,其中的舍利佛画得极妙,说是"转目视人",赵景公寺画的那个执炉天女,也十分传神,说是"窃目欲语"。吴道子喜用夸张手法,而其效果不仅不失实,反而让人感到更为生动、逼真。张彦远说吴画的神怪"虬须云鬓,数尺飞动,毛根出肉,力健有余"⑤。列为"神品中"的有著名人物画家周昉,同样是杰出人物画家的韩干被列为"神品下"。朱景玄做这种区别是有道理的。在《唐朝名画录》中他说了这样一件事:

郭令公婿赵纵侍郎,尝令韩干写真,众称其善,后又请周昉长史写之,二人皆有能名,令公尝列二真置于坐侧,未能定其优劣。因赵夫人归省,令公问云:"此画何人?"对曰:"赵郎也。"又云:"何者最似?"对曰:"两画皆似,后画尤佳。"又问:"何以言之?"云:"前画者,空得赵郎状貌;后画者,兼移其神气,得赵郎情性笑言之姿。"令公问曰:"后画者何人?"乃云:"长史周昉。"是日遂定二画之优劣。

可见,朱景玄与张怀瓘一样,特别看重传神。朱景玄提出"逸品",是

---

① 见《王氏书画苑·王氏画苑》卷六。
② 采用王伯敏先生的说法,见王伯敏:《中国绘画史》,人民美术出版社1982年版,第210页。
③ 朱景玄:《唐朝名画录》。
④ 张彦远:《历代名画记》。
⑤ 张彦远:《历代名画记》。

(唐) 周昉:《簪花仕女图》(局部)

个重要贡献,过去没有人提过。"逸品"按他的理解是"不拘常法"。"不拘常法"即是创新。朱景玄很欣赏王维的作品,认为王维"画山水松石,纵似灵生,而风致标格特出""意在尘外,怪生笔端"。

三、张彦远

张彦远(815—907),字爱宾,河东 (今山西永济) 人,咸通三年任舒州刺史,乾符初官至大理寺卿。张彦远著有《历代名画记》10 卷,这是中国第一部重要的画史著作,张因之被誉为"画史之祖"。

《历代名画记》内容丰富,不仅记叙论述了历代重要画家、画作,而且也广泛地讨论了绘画理论、技法问题。尤其可贵的是,保存了许多今已失传的古代绘画史论资料。著名中国画论学者俞剑华先生曾将《历代名画记》的内容用一张图表来概括。此图表甚为简赅,特录之如下①。

张彦远在《历代名画记》中也提出品评绘画的等级问题,他将画品优劣的等级定为"自然""神""妙""精""谨细"五等,以"自然"为最高。张彦远说:"自然者为上品之上。"他说的"自然"就是自然而然,本色,真,亦即

---

① 此图表采自俞剑华:《中国绘画史》上册,商务印书馆 1955 年版,第 134 页。

```
                    ┌ 通史 ┌ 叙画之漂流
                    │      └ 叙画之兴废
                    │      ┌ 叙历代能画人名
              ┌ 画类┤ 专史┤
              │     │      └ 记两京外州寺观画壁
              │     └ 别史 ┌ 论传授南北时代
              │            └ 述古之秘画珍图
              │     ┌ 理论—论画六法
              │ 画法┤       ┌ 论画山水树石
历代          │     └ 技术—┤
名画 ┤        │            └ 论顾陆张吴用笔
记            │     ┌ 工具
              │ 画工┤ 榻写 ─ 论画工用榻写
              │     └ 装饰—论装背裱轴
              │     ┌ 鉴赏—论鉴识收藏阅玩
              └ 画鉴┤ 价值—论名画品第
                    └ 考证— ┌ 叙自古跋尾押署
                            └ 叙自古公私印证
```

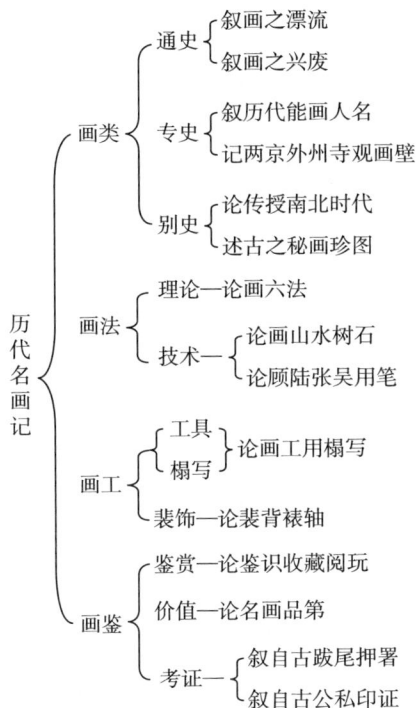

李白所说的"清水出芙蓉，天然去雕饰"。

对于这种事物本色的美，张彦远做过这样的表达：

> 夫阴阳陶蒸，万象错布。玄化亡言，神工独运。草木敷荣，不待丹碌之采；云雪飘扬，不待铅粉而白。山不待空青而翠，凤不待五色而綷。[1]

这种表达明显地带有道家和玄学的色彩，张彦远把"自然"视为"上品之上"，接下来就是"神"了。他说：

> 夫失于自然而后神，失于神而后妙，失于妙而后精，精之为病也，而成谨细。自然者为上品之上，神者为上品之中，妙者为上品之下，精者为中品之上，谨而细者为中品之中。[2]

---

[1]　张彦远：《历代名画记》卷二。

[2]　张彦远：《历代名画记》卷二。

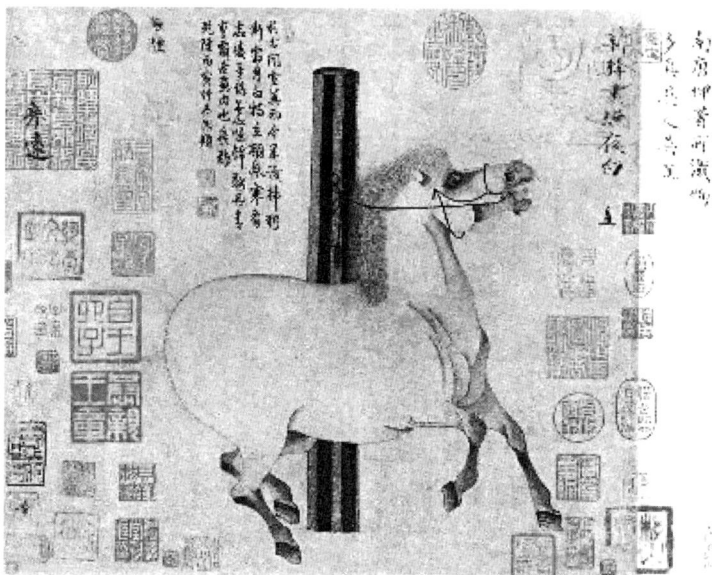

(唐) 韩幹:《照夜白图》

把"神"看作是"自然"之后,王世贞不理解,说:"画至于神而能事尽矣,岂有不自然者乎? 若有毫发不自然,则非神矣。"[1] 王世贞的批评是有道理的,但张彦远也并非不明白"神"亦可理解为"自然",他力主区别这两个概念,是想将天工与人工区别开来,"自然"是天工,"神"是人工。当然,人工如能达到天工之巧,那也就是"自然"了。也许是"自然""神""妙"三个概念实际相通,且接近,所以他将它们都划为上品。对于"精""谨细",张彦远不欣赏,他说:

> 夫画特忌形貌彩章,历历具足,甚谨甚细,而处露巧密。所以不患不了,而患于了。既知其了,亦何必了,此非不了也。若不识其了,是真不了也。[2]

这种专注于细枝末节即关注"了"的画法,其结果必然是忽视了突出特点,突出关键,因而不利于传神。处处追求形似必然以牺牲神似为代价,而

---

① 王世贞:《艺苑卮言》附录四,见《弇州山人四部稿》卷一五五。
② 张彦远:《历代名画记》卷二。

这种形似也未必是真形似，因为缺乏神似的形似是最大的不似。所以，张彦远说："既知其了，亦何必了，此非不了也。"

第二节　审美创造（上）

唐代的绘画理论非常丰富，许多有关绘画创作的论述大体上基于魏晋六朝画论，但亦有重大发展。其中最重要的莫过于张璪的"外师造化，中得心源"的命题了。

张璪，生卒年不详，字文通，吴郡（今江苏苏州）人，唐代重要的山水画家，最善画松石。传说，他作画时手握双管，一时齐下，一为生枝，一为枯枝。气傲烟霞，势凌风雨。他的画在当时就有很高声誉。朱景玄在《唐朝名画录》中记述他的山水画："高低秀丽，咫尺重深，石尖欲落，泉喷如吼……其近也，若通人之寒，其远也，若极天之尽。"

诗人符载对张璪的画十分欣赏，曾作《观张员外画松石序》，对张璪山水画的境界及他作画时的精神状态做了精辟的描述。他说：

> 员外居中，箕坐鼓气，神机始发。其骇人也，若流电激空，惊飚戾天，摧挫斡掣，㧑霍瞥列。毫飞墨喷，捽掌如裂，离合恍惚，忽生怪状。及其终也，则松鳞皴，石巉岩，水湛湛，云窈渺，投笔而起，为之四顾。若雷雨之澄霁，见万物之情性。①

张璪作画为何能达到如此境界？符载说：

> 当其有事，已知遗去机巧，意冥玄化，而物在灵府，不在耳目。故得于心，应于手，孤姿绝状，触毫而出，气交冲漠，与神为徒。②

这里，最重要的是"遗去机巧""意冥玄化""气交冲漠""与神为徒"。所谓"遗去机巧"，就是去除种种投机取巧的心理，去除种种"庆赏爵禄""非誉巧拙"③的功利念头，进入精神自由的境界。所谓"意冥玄化"，

---

① 符载：《江陵陆侍御宅宴集观张员外画松石序》。
② 符载：《江陵陆侍御宅宴集观张员外画松石序》。
③ 《庄子·达生》。

即是将主体的思想情感融进所画的对象之中去,心与物契,主客统一,"以天合天"①。所谓"气交冲漠",就是意气磅礴,与冲虚无垠的宇宙相交通。所谓"与神为徒",其神并非鬼神,而是天地精神,是道。《易传》云:"阴阳不测之谓神。""与神为徒"定然是心道合一,变化无穷。符载为张璪所折服,感叹说:"观夫张公之艺,非画也,真道也。"②

按符载的看法,张璪作画是道家精神的充分体现。张璪的画作已经失传,我们已无法睹其风采。他的绘画理论著作《绘境》亦已佚,但在张彦远的《历代名画记》中录下了他论画的一段重要文字:

> 初,毕庶子宏擅名于代,一见惊叹之,异其唯用秃毫,或以手摸绢素,因问璪所受。璪曰:"外师造化,中得心源。"毕宏于是阁笔。

这是对艺术创作主客关系最简赅的论述,也是最全面、最能见出中华美学特色的论述。

"外师造化",强调生活对艺术的作用,这是中国式的摹仿论。用"师"而不用"仿",颇耐人寻味。"师"是学习,"仿"是照抄。"师"虽不等于创造论,但含有创造论。在学习中叼以有所创造。"仿"却是反映论,不含创造论。"师造化"就是效法造化,像造化创造天地万物那样去创造。

"中得心源","心"指思想情感,用"源",说明艺术家主观的思想情感在创作中的重要性。值得我们注意的是,张璪虽然也认为"造化"很重要,但他不把"造化"说成是创作之源。"造化"与"心"二者,张璪更重"心"是不言而喻的。

艺术创作不外是再现、表现,然纯粹的再现或表现都是没有的,二者也不是一半对一半的相加,而是或偏重于再现,或偏重于表现。与之相关,在艺术理论中就有再现论、表现论。再现论的哲学基础是反映论,表现论的哲学基础是创造论。中华美学既重再现,又重表现,但表现似乎显得更为重要。也就是说,在涉及创作的主客体关系中,中华美学更看重主体心理

---

① 《庄子·达生》。
② 符载:《江陵陆侍御宅宴集观张员外画松石序》。

的作用。创作不是主体心理对客体物象的一种反映,而是主体心理以客体物象为基础的一种能动性的再创造。

<h2 style="text-align:center">第三节　审美创造(下)</h2>

张彦远关于绘画创作有很多精彩的观点,其中最重要的是"意存笔先"论和气韵论。

一、"意存笔先"论

张彦远多次谈到"意存笔先"的问题。但每次谈,角度不一样。他在论顾恺之用笔时,谈到了"意存笔先"。他说:

> 顾恺之之迹,紧劲联绵,循环超忽,调格逸易,风趋电疾,意存笔先,画尽意在,所以全神气也。①

张彦远认为,顾恺之的用笔之所以能做到运转自如,且"调格逸易",是因为"意存笔先"。这里的"先"不只是一个时间的概念,它还含有为主、"统帅"的意味,即王夫之说的"意犹帅也"。张彦远谈"意存笔先",接着说,"画尽意在"。"画尽意在",就是"味外之旨""韵外之致"。画理与诗理相通,诗是"言有尽意无穷",画是"画有尽意无穷"。将"意存笔先"与"画尽意在"联系起来,"意"是绘画中最重要的因素,它既在"笔先",又在"笔后",既在笔内,又在笔外。张彦远认为,作画如能做到以意为主,以意为帅,整幅画就"全神气"了,可见"意"是"神气"的根源。

张彦远重意,认为作画,意周是最重要的,笔可以不周,意是不能不周的。他说:

> 又问余曰:"夫运思精深者,笔迹周密,其有笔不周者,谓之如何?"
>
> 余对曰:"顾、陆之神不可见其朌际,所谓笔迹周密也。张、吴之妙,

---

① 张彦远:《历代名画记》卷二。

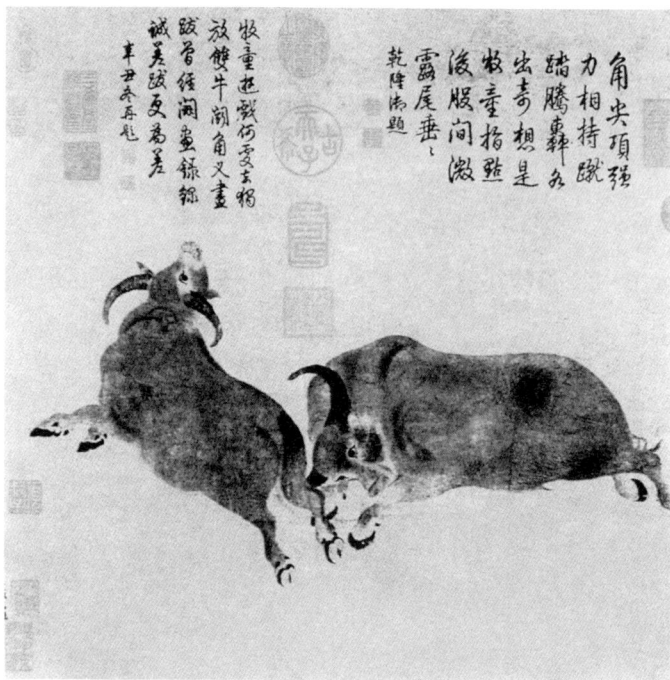

(唐) 戴嵩:《斗牛图》(局部)

笔才一二,象已应焉。离披点画,时见缺落,此虽笔不周而意周也。若知画有疏密二体,方可议乎画。"或者颔之而去。[①]

"笔不周意周",这是一个重要的美学观点,"笔不周",用笔有意留下空白,构图亦不可太满,太实,只要意周,自然可以让观赏者在领悟作者之意后在想象中将其完成。有限的、"不周"的"笔"可以见出无限的、"周"的"意";反过来亦可说,正是这无限的、"周"的"意",使得有限的、"不周"的笔生发出无穷的韵味。

中国绘画崇虚、崇简、忌满、忌实,这在文人画中尤其明显。张彦远的"笔不周意周"的观点影响深远。张彦远对吴道子的画极为推崇,认为吴道子作画是"意存笔先,画尽意在"的典范。吴道子作画"不用界笔直尺,而能弯弧挺刃,植柱构梁",有人对此不明白,问之于张彦远。张彦远是这样

---

① 张彦远:《历代名画记》卷二。

回答的：

> 守其神，专其一，合造化之功，假吴生之笔，向所谓意存笔先，画尽意在也。凡事之臻妙者，皆如是乎？岂止画也！与乎庖丁发硎，郢匠运斤，效颦者徒劳捧心，代斫者必伤其手。意旨乱矣，外物役焉，岂能左手划圆，右手划方乎？夫用界笔直尺，是死画也；守其神，专其一，是真画也。①

这里，张彦远用"守神专一"来解释"意存笔先，画尽意在"，这就不限于用笔了。"守神专一"，使我们很自然地想到老庄的哲学。"守神"的"神"，"专一"的"一"，都指"意"，但这"意"不同于一般的"意"，它与"道"相通，因而能"合造化之功"。"造化"是生机勃勃的，只要能把握造化的生意，又何须拘泥于物象的细枝末节呢？庖丁解牛，郢匠运斤，都是因为意与道通，从而得心应手的。吴道子不用界笔直尺，而又能"弯弧挺刃，植柱构梁"，这是因为他意与道通，进入"从心所欲不逾矩"的境界了。

二、气韵论

谢赫论画六法，首为"气韵生动"，张彦远就此做了许多论述：

第一，他用"骨气""神韵"来释"气韵"。他说，"古之画或能移其形似而尚其骨气"，"至于鬼神人物，有生动之可状，须神韵而后全"。② 这里说的"骨气""神韵"即谢赫说的"气韵"。张彦远用"骨气""神韵"释"气韵"，说明他重"骨"，重"神"。

第二，"气韵生动"与"重意""用笔"的关系。这一点，谢赫没有说，张彦远之前也没有人探讨过。张彦远认为："象物必在于形似，形似须全其骨气，骨气形似皆本于立意，而归乎用笔。"③ 这说明张彦远看重的还是主体的创造性活动。能不能传达出物象之形及其骨气，关键在画家的立意。"气

---

① 张彦远：《历代名画记》卷二。
② 张彦远：《历代名画记》卷一。
③ 张彦远：《历代名画记》卷一。

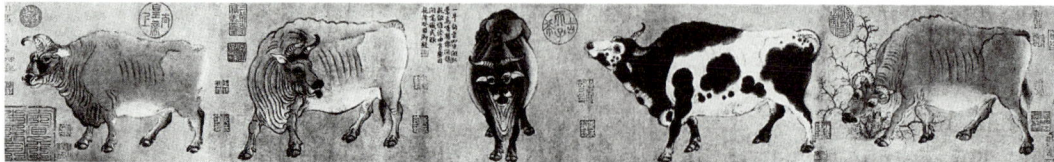

(唐) 韩滉:《五牛图》

韵"问题与"意存笔先"的问题合而为一。张彦远重立意但不轻用笔,因为任何立意最后都要"归乎用笔"。

三、"气韵"与"形似"

张彦远一方面认为"象物必在于形似",他是重形似的;另一方面又认为"形似须全其骨气","气韵不周,空陈形似,笔力未遒,空善赋彩,谓非妙也。"[1] 可见"气韵"比"形似"更重要。这些观点不算新鲜,张彦远的新贡献是:"今之画纵得形似而气韵不生,以气韵求其画,则形似在其间矣。"[2] "以气韵求其画",是说从传达人物或事物神韵、生气这个角度出发去作画,即以神写形。张彦远认为这种画法,不仅有了神似,也有了形似。顾恺之提出"以形写神"的理论,这里,张彦远又补充提出"以神写形"的理论,形神理论至此大备。形神论与气韵论本是两个不同的理论,张彦远将其合而为一,这亦是一个新贡献。

张彦远的美学思想儒道两家均有,其中道家美学主要用之于创作,他认为绘画的最高境界是"道"的境界,不仅创作需要体道,欣赏也要体道。他评顾恺之的画:

> 遍观众画,惟顾生画古贤得其妙理,对之令人终日不倦,凝神遐想,妙悟自然,物我两忘,离形去智,身固可使如槁木,心固可使如死灰,不亦臻于妙理哉! [3]

① 张彦远:《历代名画记》卷一。
② 张彦远:《历代名画记》卷一。
③ 张彦远:《历代名画记》卷二。

这里, 张彦远用的语言许多脱胎于《庄子》, 如"物我两忘, 离形去智, 身固可以使如槁木, 心固可如死灰", 可见张彦远深受道家哲学的影响。

第四节 审美风尚

唐朝绘画, 中唐以前以帝王功臣画和道释人物画为主, 注重画的教化功能。代表性画家有吴道子、尉迟乙僧、阎立本等, 山水画方面, 李思训、李昭道父子在青绿山水基础上创金碧山水。《图绘宝鉴》评道:"用金碧辉映, 为一家法, 后人所画着色往往多宗之。"金碧山水色彩明艳, 骨力劲健, 笔致细腻, 其风格可谓灿烂严整。这种风格与盛唐气象是一致的。

中唐以后, 历经安史之乱, 唐朝国力大衰, 社会风俗亦由崇尚富丽堂皇流于朴素清淡。知识分子们感于国势衰颓, 建功立业的功名心远较初盛唐时淡薄。与之相应, 寄情山水, 隐逸田庄, 吟诗作画遂成为不少知识分子的人生追求。此时禅宗大盛, 禅宗的超然、洒脱对知识分子影响很大。在这种背景下, 山水画由崇尚青绿山水、金碧山水转而崇尚水墨山水。时代的审美风尚发生了重要的变化。体现这一风尚变化的代表人物是王维。

王维(701—761), 字摩诘, 祁县人。他既是杰出的诗人, 又是优秀的画家。王维虽历官至尚书右丞, 位高权重, 但他醉心的是田园隐士生活。晚年他隐居辋川蓝田别墅, 终日谈禅论玄, 吟诗作画。他所画的《辋川图》, "山谷郁郁盘盘, 云水飞动", 张彦远说是"意出尘外"[①]。王维创"水墨山水", "笔墨婉丽", 恬淡清逸, 其风格迥异于李思训的金碧山水。

唐代喜欢作水墨山水的还有张璪, 张璪作画尤善用墨, 荆浩说他"气韵俱盛, 笔墨积微, 真思卓然, 不贵五彩"。张彦远评他的山水, 说是"高低秀丽, 咫尺重深"。画史一般认为张璪是创水墨渲染法的画家之一。

---

① 张彦远:《历代名画记》卷十。

　　王维、张璪之后，继续用水墨作山水画且卓有成就者有王墨。王墨创泼墨画法，信手挥洒，墨色淋漓，变化多端。中国画的笔墨表现功能又推进到了一个新的阶段。

　　著名的中国绘画史研究专家俞剑华认为："王维山水虽注重水墨，加意渲淡，然犹拘守规矩，笔墨谨严，迨至张璪或用秃毫，或以手摸绢素，'外师造化，中得心源'。画树尤为特出，能以手握双管，一时齐下而生枯各别，是为王维山水之第一次解放。……至王墨创泼墨之体，酒颠画狂，毫无绝墨，是为王维画之第二次解放。山水至此，已无复拘谨之迹，纯任画家个性，信手挥洒，皆成佳作。"①

　　水墨法在盛、中唐初兴，当时还不为人们所特别看重，但水墨山水的重大美学意义终于逐步显现出来。在上面所谈到的王维、张璪、王墨三位画家中，王维的重要地位是张璪、王墨二人无法相比的。王维的画在唐代评价并不是最高的，张彦远最为推崇的是吴道子、二李、张璪，而将王维放在后世不大知名的杨仆射、朱审、刘商一列。朱景玄的《唐朝名画录》，把吴道子、李思训、张璪的画列为神品，而将王维的画列为妙品，低一个等级。王维的画受到重视是宋代的事。苏轼对王维的画评价很高。他说："味摩诘之诗，诗中有画；观摩诘之画，画中有诗。"这一发现在中国美学史上意义重大。它不仅是对王维诗画创作最准确的评价，而且提出了中国绘画的审美走向问题。按苏轼的看法，这走向就是文学化，说得更准确一点，是诗化。诗是语言艺术，中国诗又重音韵，谱曲即能唱，故又是听觉艺术。诗重意境，讲究"象外之象""味外之旨""韵外之致"。诗又比较重思想内涵，重教化。总体来说，诗尚虚，境界空灵而又深邃。而画是视觉艺术，重写实，重感性。画中有诗，则画就由实通向了虚，通向了空灵，通向了深刻。有诗味的画必然有意境，有"象外之象""味外之旨""韵外之致"。另外，诗比较重主观，画比较重客观。画中有诗，主观意味必然大为加强，画的天地大为拓展了。

---

① 俞剑华:《中国绘画史》，商务印书馆1955年版，第111页。

　　画向诗发展比之诗向画发展意义更为重大。严格地说，"诗中有画"，只是"画中有诗"的陪衬。

　　画中有诗最切合中国文人的审美趣味，自然得到注重、发展。既然最好的画是如诗的画，那么只要能通向诗境就可以了，画面过于繁复，色彩过于辉煌，所画的对象过于坐实，都会在一定程度上影响画通向诗境。过繁就难以简，过艳就难以淡，过实就难以虚。从这个立场看金碧山水与水墨山水，水墨山水当然远胜于金碧山水，它比较容易通向诗境。

　　再者，中华美学非常看重自然，看重"道"，在艺术创作心理与艺术境界的追求上受道家影响很深。道家十分推崇自然，将自然看作"道"的别名，看作人生的最高追求。"人法地，地法天，天法道，道法自然。"老子这一言论不仅成了人生的圭臬法宝，也成了艺术创作的金科玉律。魏晋之际，玄学大盛，道家学说借玄风得到新的发展。刘勰的《文心雕龙》大谈"自然之道"，宗炳、王微力主"澄怀味象""澄怀观道"，他们都以达到与造化同功的境界为最高的追求。唐代诗歌美学中，以李白为代表的崇尚"天然""清真"的美学观占有主流地位。唐代的绘画美学，品评绘画等级，于"神""妙""能"三品外，又加"自然""逸"等品级，亦明显见出道家美学的重大影响。那么，崇尚"天然""恬淡"的审美理想又如何在绘画中得以体现呢？画家们终于找到了水墨画这一形式。无疑，在体现"自然""道"的境界方面，水墨画较之金碧山水、青绿山水是优越得多了。

　　出现于唐代的禅宗实是道家化了的佛教，有人说庄禅合流，这不是没有根据的。中唐以后，士大夫们爱好禅宗形成风气，这也在一定程度上推动了水墨画的发展。

　　对于水墨画的创造者问题，目前尚不能确定谁是最先创造者，准确地说，不会是某一个人而是一群人，但学界较多地认可王维。这是可以理解的。王维由于自身的优越条件使得他被历史地推为水墨画的开创者，又被明代董其昌视为"南宗"画的始祖。宋、元、明出现的文人画垄断中国画坛，而

(唐) 王维:《雪溪图》

这一画风实是王维水墨山水的发展。①

王维论山水画的理论著作有《山水诀》和《山水论》。它们的真实性一直有人怀疑，但谁也没有拿出有力的证据否定它是王维所作。其实，是不是王维所作不是最重要的，最重要的是它是否有重要的价值。笔者认为，这两篇托为王维所作 (姑且这么说) 的画论是十分重要的绘画美学论文，不

---

① 王维博学多才，诗、书、画、乐均妙，好佛，喜山水，且生活优裕。据《旧唐书·王维传》："维以诗名盛于开元、天宝间……尤长五言诗。书画特臻其妙，笔踪措思，参与造化，而创意经图，即有所缺，如山水平远，云峰石色，绝迹天机，非绘者之所及也。人有得《奏乐图》，不知其名，维视之曰：'霓裳第三叠第一拍也。'好事者集乐工按之，一无差，咸服其精思。维弟兄俱奉佛……得宋之问蓝田别墅，在辋口，辋水周于舍下，别涨竹洲花坞，与道友裴迪浮舟往来，弹琴赋诗，啸咏终日……在京师日饭十数名僧，以玄谈为乐。"

下于水墨山水画宣言。要点有：

第一，"画道之中，水墨最为上"。

《山水诀》的开首即写道：

> 夫画道之中，水墨最为上。肇自然之性，成造化之功。或咫尺之图，写百千里之景，东西南北，宛尔目前，春夏秋冬，生于笔底。

"画道之中，水墨最为上"这一命题带有革命的性质。水墨山水为什么最为上？《山水诀》认为是"肇自然之性，成造化之功"。这就是说，水墨山水最能体现自然的本性，最能见造化之神功。

水墨山水对大自然的描绘是高度概括的，这种概括是主观化的。"百千里之景"谁能见到？但人希望见到，于是就缩于"咫尺之图"；东西南北、春夏秋冬，按其实际，不能在同一方位、同一个时间一起见到，然中国的山水画可以做到，因为观画者希望见到，于是"东西南北，宛尔目前；春夏秋冬，生于笔底"。

显然，中国山水画是重表现的，它的再现是服从于审美意愿的再现，以表现为主旨的再现。

第二，中国山水画的隐逸意味。

中国山水画就其精神内涵来说，属于道家。它所体现的往往是那种既在红尘又超越红尘的隐逸情趣。王维写道：

> 回抱处僧舍可安，水陆边人家可置。村庄著数树以成林，枝须抱体；山崖合一水而瀑泻，泉不乱流。渡口只宜寂寂，人行须是疏疏。泛舟楫之桥梁，且宜高耸；著渔人之钓艇，低乃无妨。悬崖险峻之间，好安怪木；峭壁巉岩之处，莫可通途……①

中国山水画大都是这样一种意味：荒野，仍有人迹；险怪，但并无恐怖；在人间，却超越功利。

第三，中国山水画的程式。

中国山水画有一套程式，亦如中国别的艺术（如戏曲）一样。王维对这

---

① 王维：《山水诀》。

一套程式做了论述,如表现春夏秋冬,王维说:

> 春景则雾锁烟笼,长烟引素,水如蓝染,山色渐青。夏景则古木蔽天,绿水无波,穿云瀑布,近水幽亭。秋景则天如水色,簇簇幽林,雁鸿秋水,芦岛沙汀。冬景则借地为雪,樵者负薪,渔舟倚岸,水浅沙平。凡画山水,须按四时。或曰烟笼雾锁,或曰楚岫云归,或曰秋天晓雾,或曰古冢断碑,或曰洞庭春色,或曰路荒人迷,如此之类,谓之画题。①

程式化可以说是中国古代艺术的重要特点。中国的各种艺术无不是由一个个程式组合起来的。京剧可称为典型。程式是艺术经验归纳、提炼的产物,是艺术的规范化、有序化的体现。王维的两篇绘画文章提出了许多山水画的规范程式,对山水画的发展是个很大的贡献。

在中国绘画发展史上,唐代是个关键时期,这关键主要表现为二:一是由人物画为主到山水画为主。人物画的功能主要是教化,这一点,张彦远说得很清楚:"以忠以孝,尽在于云台。有烈有勋,皆登于麟阁,见善足以戒恶,见恶足以思贤,留乎形容,式昭盛德之事。具其成败,以传既往之踪。"②张还引陆士衡的话说:"丹青之兴,比雅颂之述作,美大业之馨香,宣物莫大于言,存形莫善于画。"引曹植的话说:"观画者见三皇五帝,莫不仰戴;见三季异主,莫不悲惋;见篡臣贼子,莫不切齿;见高节妙士,莫不忘食;见忠臣死难,莫不抗节;见放臣逐子,莫不叹息;见淫夫妒妇,莫不侧目;见令妃顺后,莫不嘉贵,是知存乎鉴戒者,图画也。"③现在绘画转到以山水画为主,图画的功能就发生变化了,山水画不可能具有张彦远所说的那样大的惩恶奖善的功能,它只能是娱情悦性而已,所以这种变化,意味着艺术自身的审美功能得到重视。二是山水画由青绿、金碧山水转到以水墨山水为主。这种转变意味着作为视觉艺术、造型艺术的绘画向作为语言艺术、音响艺术、想象艺术的文学吸取营养,这是最能体现中华美学传统的一种转变。绘画

① 王维:《山水论》。
② 张彦远:《历代名画记》卷一。
③ 张彦远:《历代名画记》卷一。

的文学化成为中国画本质性的特点。

　　以上所述的这些关键性的转变都集中在王维身上，故而王维成为中国绘画形成个性的重大转变时期的代表人物。王维的贡献决不只在他的绘画作品上，他的两篇绘画美学论著更值得高度重视。

第十一章
唐朝书法美学

　　书法在唐代得到长足发展。犹如诗在唐代取得空前绝后的伟大成就一样，书法在唐代也达到无可企及的高度。唐太宗李世民非常喜爱书法，酷爱王羲之的作品。由于他的提倡，唐代文人重视书法蔚然成风，遂有以颜真卿为代表的阳刚派书法出现。颜的书法既是盛唐精神的突出体现，又是公认的书法艺术的最高峰。"唐书尚法"，楷书、行书大备，法度谨严，风格多样。特别值得一说的是纯审美化的草书也在唐代取得最高成就。草书自由挥洒，于无法中见有法，将中国美学很为崇尚的线条美发挥到了极致。张旭、怀素的草书堪与李白的诗歌相媲美。

　　书法美学方面，李世民的《王羲之传论》、孙过庭的《书谱》、张怀瓘的《书断》以及欧阳询、李阳冰论书的言论均有重要的理论建树。

第一节　李世民："尽善尽美，其惟王逸少"

　　唐太宗李世民虽出于关中，然喜爱南朝文化。在书法上，他极力推崇王羲之。王羲之的《兰亭集序》是他至爱之物，千方百计搜寻得之，又为他随葬之物。王羲之的书法属于"姿媚"一路，韩愈便有"羲之俗书逞姿媚"的诗句。

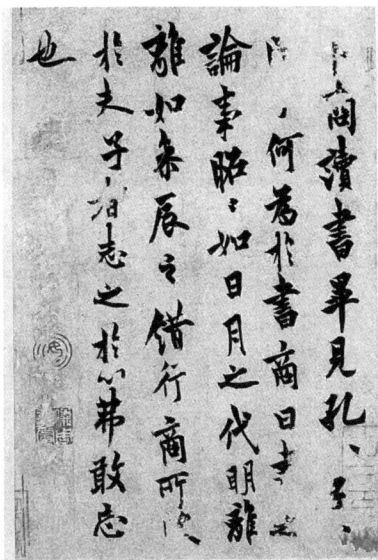

李世民书法

　　晋人"尚韵"，王羲之的书法堪为代表。李世民曾亲为王羲之作传论，从这个传论，也许我们能发现李世民喜爱王羲之书法的真正原因。《王羲之传论》是为史馆编纂《晋书·王羲之传》所作的论赞，这是一项十分严肃的工作，李世民撰写此文不排除吸收了臣下的意见，但应该说基本上是他的观点。传论全文如下：

　　　　书契之兴，肇乎中古，绳文鸟迹，不足可观。末代去朴归华，舒笺点翰，争相夸尚，竞其工拙。伯英临池之妙，无复余踪；师宜悬帐之奇，罕有遗迹。逮乎钟、王以降，略可言焉。钟虽擅美一时，亦为迥绝，论其尽善，或有所疑。至于布纤浓，分疏密，霞舒云卷，无所间然。但其体则古而不今，字则长而逾制，语其大量，以此为瑕。献之虽有父风，殊非新巧。观其字势疏瘦，如隆冬之枯树；览其笔踪拘束，若严家之饿隶。其枯树也，虽槎枿而无屈伸；其饿隶也，则羁羸而不放纵。兼斯二者，故翰墨之病欤！子云近出，擅名江表，然仅得成书，无丈夫之气，行行若萦春蚓，字字如绾秋蛇；卧王濛于纸中，坐徐偃于笔下；虽秃千兔之翰，聚无一毫之筋；穷万谷之皮，敛无半分之骨，以兹播美，非其滥名耶？此数子者，皆誉过其实。所以详察古今，研精篆素（隶），尽善尽美,其惟王逸少乎!观其点曳之工,裁成之妙,烟霏露结,状若断而还连;凤翥龙蟠,势如斜而反直。玩之不觉为倦,览之莫识其端,心慕手追,此人而已。其余区区之类,何足论哉! ①

这篇文章前面部分评论钟繇、王献之等人的书法,主要是批评其缺点,以反衬王羲之书法之美。我们先看他批评些什么:

他批评钟繇的是"其体则古而不今,字则长而逾制";批评王献之的是"字势疏瘦如隆冬之枯树","其笔踪拘束若严家之饿隶";批评萧子云的是"无丈夫气","无一毫之筋","无半分之骨"。

那么,他推崇王羲之的是什么呢?是体制"详察古今,研精篆素";是笔画"点曳之工,裁成之妙";是笔势"断而还连,凤翥龙蟠","斜而反直"。

把批评的与赞美的结合起来,可以看出,李世民推崇王羲之书法其实不在"姿媚",也不在"韵",而在"凤翥龙蟠"的笔势、"点曳之工,裁成之妙"的法度、骨力遒劲的大丈夫气概。

王羲之的书法在李世民的书论中,已经为李世民的美学思想改造过了。李世民的书法美学思想在他论书的其他文字中体现得更为鲜明。他说:

夫字以神为精魄,神若不和,则字无态度也;以心为筋骨,心若不坚,则字无劲健也;以副毛为皮肤,副若不圆,则字无温润也。所资心副相参用,神气冲和为妙。②

吾临古人之书,殊不学其形势,惟在求其骨力,而形势自生耳。③

这是李世民对书法美的理解,他认为书法美,美在"态度",美在"劲健",美在"温润",美在"骨力",美在"形势"。这数者之中,内在的"神"与"骨力"是最重要的。可见,李世民最为推崇的是书法的力之美,这就为以颜真卿为首的阳刚派书法日后崛起做了铺垫。

李世民对为书者的精神状态也有论述。他认为书法的审美效果与为书者的精神状态关系极大。他说:

① 房玄龄等:《晋书·列传第五十·王羲之》。
② 《唐太宗指意》,《佩文斋书画谱》卷五。
③ 《唐太宗论书》,《佩文斋书画谱》卷五。

　　欲书之时，当收视反听，绝虑凝神，心正气和，则契于妙；心神不正，字则欹斜；志气不和，书必颠仆。其道同鲁庙之器，虚则欹，满则覆，中则正。正者，和之谓也。①

　　李世民非常强调"绝虑凝神"和"心正气和"，认为这与字的好坏关系极大。"绝虑凝神"即为虚静。荀子说"虚壹而静"，老子讲"守静笃"，李世民这里又说"绝虑凝神"，其意思是一样的。书法是书者情感、气质、修养各方面品质的体现。为书时，只有精神贯注，全身心投入，书者内在的情感、气质、修养、思想才能凝聚笔端，借字而外化，并使字神采焕发，生机勃勃，见出生命的意味来。李世民除了强调心静外，还强调"心正气和"。"心正"是修养问题，涉及品德；"气和"则是在虚静的基础上，各种心理因素和谐共振，以形成一种饱满的、富有活力的创作心境。

　　李世民熟谙书法的辩证法。关于笔法，他不主张太过，而主张在对立的两极之中求得一种恰到好处的张力。他说："太缓者滞而无筋，太急者病而无骨。横毫侧管、则钝慢而肉多，竖笔直锋，则干枯而露骨。……粗而能锐，细而能壮，长者不为有余，短者不为不足。"② 这些论述虽不是很有新意，但还是比较精彩的，从总体上可以见出李世民追求中和的美学思想。

　　作为雄才大略的唐朝皇帝，李世民在书法上所体现出的美学观与其精神气概是一致的，那就是：兼容并取，刚柔相济，力韵相生，尽善尽美。

第二节　虞世南："字虽有质，迹本无为"

　　虞世南（558—638），字伯施，余姚（今属浙江省）人，初唐书法家，初仕陈、隋，入唐后深得唐太宗赏识，引为秦王府参军，官至秘书监。唐太宗称其有五绝：一曰德行，二曰忠直，三曰博学，四曰文词，五曰书翰。虞世南的书法成就很高，与欧阳询并称为"欧虞"，为"初唐四大家"（欧阳询、

---

① 《唐太宗论笔法》，《书法钩玄》卷一。
② 《唐太宗指意》，《佩文斋书画谱》卷五。

虞世南、褚遂良、薛稷）之一。史称，虞世南的书法禀王羲之七世孙僧智永传授，以柔秀见长，然柔中有刚，秀中含力，飘逸而见道家风味。董其昌在《画禅室随笔》中说："虞永兴尝自谓于'道'字有悟，盖于书发笔处出锋，如抽刀断水，正与太师锥画沙，屋漏痕同趣。"董其昌的眼光是敏锐的，虞世南的书法的确是在追求"道"的境界，而且他的书论也明确地道出了他对道家哲学的倾心。

虞世南在中国书法美学上的贡献主要是实现了唐人书法由"尚法"到"尚意"的转变。

写字是有法则的，魏晋南北朝时，卫夫人、王羲之、王僧虔、蔡邕、萧衍、庾肩吾等人就书法的"笔法""结字"等问题都有许多论述。隋代的书法家释智果有《心成颂》一篇，对书法的"结字"法则做了详尽的论述，为唐人"尚法"做了充分准备。初唐书法家欧阳询（557—641）在总结前人书法成果的基础上，作《八诀》《三十六法》。至此，书法的法度大备。欧阳询在初唐书坛享有很高的地位。贞观元年，唐太宗下诏设弘文馆，敕由欧阳询教授楷法，这样，唐人"尚法"形成风气。

虞世南也是唐太宗任命的在弘文馆教授楷法的"导师"之一，对于书法的各种法度、技巧当然十分精通，而且他也是"尚法"的。在《笔髓论》中，虞世南对行草的结体、用笔做了详尽的论述，比如他谈行书："行书之体，略同于真。至于顿挫盘礴，若猛兽之搏噬；进退钩距，若秋鹰之迅击。故覆腕抢毫，乃按锋而直引，其腕则内旋外拓，而环转纾结也。旋毫不绝，内转锋也，加以掉笔联毫，若石璺玉瑕，自然之理……"① 又如他谈草书："草即纵心奔放，覆腕转蹙，悬管聚锋，柔毫外拓，左为外，右为内，起伏连卷，收揽吐纳，内转藏锋也……"② 这样详细地论述用笔的技巧、方法，充分说明初唐对"法"的重视，说明虞世南也是"法"的制作者。

不过，虞世南虽重法但并不唯法。他在大谈字有法度的同时，又大谈

---

① 虞世南：《笔髓论・释行》。

② 虞世南：《笔髓论・释草》。

"字无常体""字无常定"：

> 或如兵阵，故兵无常阵，字无常体矣；谓如水火，势多不定，故云字无常定也。①

这是用自然界与人类社会的变动不居来借喻书法并无定法。

特别值得我们重视的是虞世南将"字无常体"随心而异提到道家宇宙观的高度来认识。他说：

> 字虽有质，迹本无为，禀阴阳而动静，体万物以成形，达性通变，其常不主。故知书道玄妙，必资神遇，不可以力求也。机巧必须心悟，不可以目取也。字形者，如目之视也。为目有止限，由执字体既有质滞，为目所视远近不同，如水在方圆，岂由乎水？且笔妙喻水，方圆喻字，所视则同，远近则异，故明执字体也。字有态度，心之辅也；心悟非心，合于妙也。②

虞世南从宇宙万物"达性通变，其常不主"来谈书无定法，"字无常体"，从"字虽有质，迹本无为"来谈书法创作中的自由境界。这就将书与"道"联系起来了。

虞世南从作书者的角度，谈"心悟"与"目取"的区别。"目取"的是"字形"，它是有限的，并受到字体的质滞；"心悟"的则是字神，它是无限的、自由的，不受字体的束缚。"心悟"与"目视"一对矛盾中，"心悟"是矛盾的主导方面，因而必然冲破字体的固定程式，而使字显出活泼的生意与崭新的形式来。

虞世南用"笔妙喻水，方圆喻字"来谈"心悟"与"目视"的关系、字神与字形的关系很为精彩。在虞世南看来，书法之妙全在于悟"道"，"学者心悟于圣道，则书契于无为"③。

这样，虞世南就从"尚法"转到了"尚道"即"尚意"。决定字好与不好的，看来就不是各种法度技巧了，而是书者的立意如何。他说得很清楚：

---

① 虞世南：《笔髓论·释草》。
② 虞世南：《笔髓论·契妙》。
③ 虞世南：《笔髓论·契妙》。

假笔转心,妙非毫端之妙,必在澄心运思至微至妙之间,神应思彻。又同鼓瑟纶音,妙响随意而生。握管使锋,逸态逐毫而应。①

由虞世南体现的这一转变,在中国书法发展史上意义十分重大,它促使中国书法步上一个新的台阶。道家哲学对书法美学的渗透,以致成为书法创作的指导思想,这种状况跟道家哲学对绘画美学的渗透十分相似。在共同的哲学基础及美学意味的基础上,这两门造型艺术的关系更加密切,由于书法是抽象的艺术,更便于抒写心灵,更能见出"无为"的意味,也就是说,更近"道",因而,绘画更热衷于向书法学习。古时的画家几乎无一不是书家。文学与书法、绘画有所不同,文学虽然也受道家哲学影响,但受儒家的影响更大、更多,可以说,文学基本上是儒家的领地,而绘画与书法自唐开始,道家的影响、渗透越来越多,逐渐地,绘画、书法基本上成了道家的领地了。这在中国艺术是一个很有意义也很有趣的现象。

第三节　孙过庭:"风骚之意"与"天地之心"

孙过庭(约648—约703),字虔礼,吴郡(今江苏苏州)人,一说陈留人。孙过庭是唐代重要的书法家、书论家。他做过右卫胄曹参军、率府录事参军等官。从陈子昂为他写的墓志铭可得知,他仕途坎坷,颇不得志,"四十见君,遭谗慝之议",晚年,贫病交加,"遇暴疾,卒于洛阳植业里之客舍"。

孙过庭工正行草诸书,尤以草书擅名。张怀瓘称赞他:"博雅有文章,草书宪章二王,工于用笔,儁拔刚断,尚异好奇。"② 他的关于书法的理论著作《书谱》,现存有他的草书墨迹,极为珍贵。刘熙载说:"孙过庭草书,在唐为善宗晋法。其所书《书谱》,用笔破而愈完,纷而愈治,飘逸愈沉著,婀娜愈刚健。孙过庭《书谱》谓'古质而今妍',而自家却是妍之分数居多,试以旭、素之质比之自见。"③ 可见,《书谱》作为书法作品也有极高的价值。

① 虞世南:《笔髓论·契妙》。
② 张怀瓘:《书断》。
③ 刘熙载:《艺概·书概》。

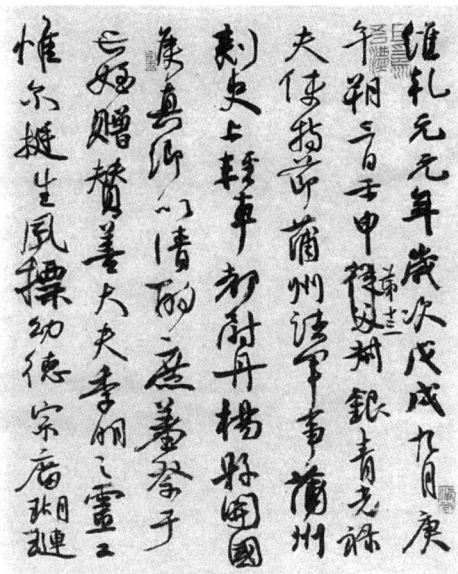

(唐)颜真卿:《祭侄稿》(局部)

《书谱》在中国绘画美学史上有重要的地位。在《书谱》中,孙过庭对书法的本质做了表现与再现统一但侧重于再现的概括。这具体体现在以下论述中:

> 观夫悬针垂露之异,奔雷坠石之奇,鸿飞兽骇之资(姿),鸾舞蛇惊之态,绝岸颓峰之势,临危据槁之形;或重若崩云,或轻如蝉翼,导之则泉注,顿之则山安,纤纤乎似初月之出天崖,落落乎犹众星之列河汉;同自然之妙有,非力运之能成;信可谓智巧兼优,心手双畅;翰不虚动,下必有由。一画之间,变起伏于锋杪;一点之内,殊衄挫于毫芒。

这段话侧重于再现。"同自然之妙有",就含有既再现自然之形,又再现自然之神两方面的意思。

但孙过庭实际上并不认为书法当如同绘画一样,是自然形貌之真实的再现,书法之再现自然,更多的、更重要的是自然的精神。自然的精神与人的精神在书法上是相通的,说得彻底一点是人的精神借自然的精神体现出来,因而书法最重要的是"达其情性,形其哀乐"。抒情才是书法的本质,孙过庭在评论前人的书作时说:

> 写《乐毅》则情多怫郁;书《画赞》则意涉瑰奇;《黄庭经》则怡怿

虚无;《太师箴》又纵横争折;暨乎兰亭兴集,思逸神超……岂知情动形言,取会风骚之意;阳舒阴惨,本乎天地之心。①

"取会风骚之意",强调作书要有充沛的情感,要有深厚的寄托;"本乎天地之心",强调作书要参透阴阳,体现出大自然的神韵。

孙过庭对篆、隶、草、章等书体的审美特点也有精到的认识。在《书谱》中,他说:

> 虽篆隶草章,工用多变,济成厥美,各有攸宜:篆尚婉而通,隶欲精而密,草贵流而畅,章务检而便。然后凛之以风神,温之以妍润,鼓之以枯劲,和之以闲雅。故可达其情性,形其哀乐。

孙过庭认为,书法虽然要遵从一般的法则,但法则的使用总是要体现出作书者的性格及其创造性的。因此,"虽学宗一家,而变成多体,莫不随其性欲,便以为姿:质直者则径侹不遒;刚狠者又倔强无润;矜敛者弊于拘束;脱易者失于规矩;温柔者伤于软缓;躁勇者过于剽迫;狐疑者溺于滞涩;迟重者终于蹇钝;轻琐者染于俗吏。斯皆独行之士,偏玩所乖"②。

虽然在孙过庭之前已有书论谈到审美主体的地位、作用了,但像孙过庭这样强调审美者个性的作用,似极少见。孙过庭这种观点为审美风格论奠定了基础。

强调个性必强调创造。创造就意味着对法则的灵活运用与某种意义上的突破。我们在上节谈到欧阳询书法时说过唐人尚法,关于为书的笔法、章法有许多规则。我们又谈到唐人亦尚意,虞世南的《笔髓论》体现出尚法向尚意的转变。孙过庭是尚意的。尚意并不是说不要法,尚意是说要不为法所拘,以意为主,意先笔后,法为意用,因意破旧法、创新法。孙过庭说:

> 今撰执、使、转、用之由,以祛未悟:执,谓浅深长短之类是也;使,谓纵横牵掣之类是也;转,谓钩环盘纡之类是也;用,谓点画向背之类

---

① 孙过庭:《书谱》。

② 孙过庭:《书谱》。

是也。方复会其数法，归于一途：编列众工，错综群妙；举前贤之未及，启后学于成规……①

这段话说得很清楚：各种关于用笔的说法，说来说去，都要"归于一途"，这"一途"就是灵活运用，所以"编列众工"实为"错综群妙"。在写字之时，那规则不应成为外在的约束，而只应成为内在的指挥，甚至可以违背成法而不失工巧。他说："泯规矩于方圆，遁钩绳之曲直；乍显乍晦，若行若藏；穷变态于毫端，合情调于纸上；无间心手，忘怀楷则，自可背羲、献而无失，违钟、张而尚工。"②

这"背羲、献而无失，违钟、张而尚工"，不仅体现出在"意""法"二者以"意"为主的观点，而且体现出孙过庭立足创造、敢于超越前人的思想，很值得重视。

关于作书的心态，孙过庭如虞世南一样，认为道家所倡导的悟道的心态最适合于作书。因此他也大谈"心悟手从，言忘意得"，并以《庄子》中的故事"庖丁三月，不见全牛"来作喻。孙过庭在这方面的贡献是他提出了著名的"五合""五乖"说：

> 书有乖有合，合则流媚，乖则雕疏，略言其由，各有其五：神怡务闲，一合也；感惠徇知，二合也；时和气润，三合也；纸墨相发，四合也，偶然欲书，五合也。心遽体留，一乖也；意违势屈，二乖也；风燥日炎，三乖也；纸墨不称，四乖也；情怠手阑，五乖也。③

孙过庭说的"乖""合"，是指书写时的心与手、情感与场景的乖违与应合。他认为这种乖合对字写得好坏关系极大，"五乖同萃，思遏手蒙；五合交臻，神融笔畅"。在"五合"之中，心态的"神怡务闲""感惠徇知"是最重要的。字要写得好，"时""器""志"三者中，"志"为首。他说："得时不如得器，得器不如得志。"④ "时"，场景也；"器"，纸笔墨也；"志"，心态

---

① 孙过庭：《书谱》。
② 孙过庭：《书谱》。
③ 孙过庭：《书谱》。
④ 孙过庭：《书谱》。

意向也。

孙过庭深谙学书为书的辩证法。关于为书他说了许多,上文我们已经谈到;关于学书,他提出"三时"说,亦颇为精彩:

> 若思通楷则,少不如老;学成规矩,老不如少。思则老而逾妙,学乃少而可勉。勉之不已,抑有三时;时然一变,极其分矣。至如初学分布,但求平正,既知平正,务追险绝;既能险绝,复归平正。初谓未及,中则过之,后乃通会。通会之际,人书俱老。①

孙过庭这段论述极为精辟深刻。所谓"思通楷则,少不如老",是讲对规则的融会贯通,灵活运用,少年不如老年,因为这需要一个过程,不是一下子就能达到的。这是讲创造;所谓"学习规矩,老不如少",是讲学习写字的规则法度,老年人不如少年人,因为少年人接受新事物快,摹仿能力强。这是讲学习。整个学书的过程,孙过庭用"平正"—"险绝"—"平正"三段论式来表达,体现出一个否定之否定的过程。最后的"平正"与最初的"平正"虽用同一个词,但已有质的区别了。而对学书的总体要求,孙过庭用"通会"一词来概括。"通会",融会贯通之谓也。

孙过庭的《书谱》是中国书法美学史上最重要的著作之一,其地位跟文学领域中刘勰的《文心雕龙》、司空图的《二十四诗品》,绘画领域中张彦远的《历代名画记》相当。中国的书法美学思想在唐代已经完善,孙过庭的《书谱》、张怀瓘的《书断》就是标志。

第四节 张怀瓘:"无声之音"与"无形之相"

张怀瓘,生卒年不详,约生活于唐开元至乾元年间,海陵(今江苏泰州)人。做过鄂州司马、翰林供奉等官。张怀瓘是唐代重要书法家、书论家。他工草书,兼善真书、行书、篆书、八分书。著有《书断》三卷、《评书药石论》一卷、《书话》一卷,另有《画断》一书,已佚。

---

① 孙过庭:《书谱》。

张怀瓘的书法美学思想很丰富，我们从三个方面予以评述。

一、关于书法美的本质

张怀瓘对书法的美有独特的认识。他说：

> 深识书者，惟观神彩，不见字形。若精意玄鉴，则物无遗照，何有不通。①

张怀瓘将书法之美定为"神彩"，甚至认为"深识书者"，只是欣赏书之"神彩"，连字形都给忽略了。这一观点很深刻。《易传》与玄学都有"得意忘象"之说，张怀瓘是观神忘形。书法之美就其本质来说不在其形而在其神。

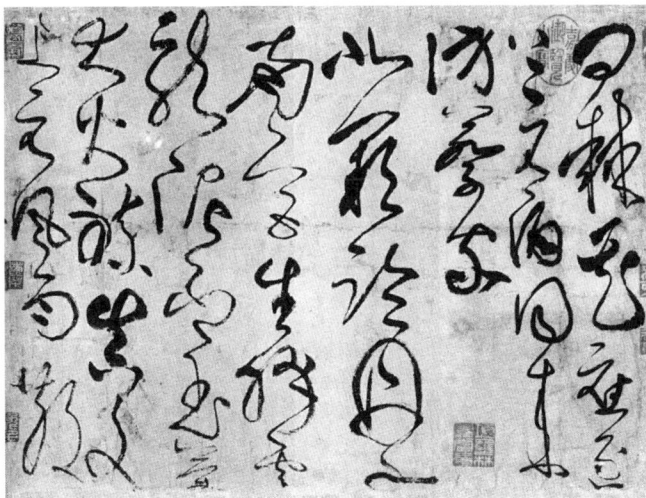

(唐) 张旭:《古诗四帖》

书法之"神"从何而来？张怀瓘认为来自书者之心。他说"从心者为上，从眼者为下"，"不由灵台，必乏神气"。② 书法是书家情感之外化，是其心灵之轨迹。书家的精神境界在很大程度上决定书法的品格。

---

① 张怀瓘:《文字论》。
② 张怀瓘:《文字论》。

从重神这一基本立场出发,张怀瓘认为书法"以风神骨气者居上,妍美功用者居下"①。"风神骨气"即"神彩","妍美"是指字形的漂亮,"功用"是写字的技巧。

张怀瓘进而将书法美在"神彩"的观点上升到道家哲学的高度,以道家视"道"为"无状之状""无物之象"的观点来认识书法美的本质,提出书法为"无声之音""无形之相"的新看法。他说:

> 翰墨及文章至妙者,皆有深意,以见其志,览之即令了然。若与面会,则有智昏菽麦,混白黑于胸襟;若心悟精微,图古今于掌握,玄妙之意,出于物类之表;幽深之理,伏于杳冥之间。岂常情之所能言,世智之所能测? 非有独闻之听,独见之明,不可议无声之音,无形之相。②

说书法是"无声之音",显然来自《老子》的"大音希声",然《老子》说的是"道"。书法在张怀瓘看来亦通"道",它也是"无声之音"。书法本是不发声的,说是声,是指心声,是情感,是思想。书法是不发声的心声。说书法是"无形之相",同样来自《老子》,《老子》说"道"是"无物之象"。与"道"不同的是,"道"的确是无形的,而书法是有形的,说它无形,是说书法之本质不在其形上,而在其神上,即我们前面所引的"深识书者,惟观神彩,不见字形。若精意玄鉴,则物无遗照"。

既然书法之美美在其神,所以观书要"心悟精微"了,"精微"即"神"。张怀瓘这种看法也似《庄子》,庄子说庖丁解牛"不以目遇而以神遇"。

字,我们知道,它是用来记录语言的,书法是字,但书法作为艺术,它的功能却不能归之于记录语言。张怀瓘独具只眼,将书法与记录语言的文字区别开来。他说:"书之深意,与文若为差别。"③区别何在?

> 文则数言乃成其意,书则一字已见其心,可谓简易之道。欲知其妙,初观莫测,久视弥珍。虽书已缄藏,而心追目极,情犹眷眷者,是为妙矣。④

---

① 张怀瓘:《议书》。
② 张怀瓘:《议书》。
③ 张怀瓘:《文字论》。
④ 张怀瓘:《文字论》。

　　"文"是用来记录语言的,往往需"数言乃成其意";"书"是用来传达情感的,只需"一字已见其心"。"文"表意是明确的,"书"传情是隐晦的,作为表意的"文"和作为传情的"书"都是符号,然而是两种不同性质的符号。"文"是认知符号,"书"是审美符号。

　　从以上的评价,可知张怀瓘对书法及书法美本质的认识是非常深刻的。

二、关于书法的创作

　　张怀瓘关于书法创作的论述已不局限于笔法、结字等具体技法的探讨,而多从哲学高度去谈它的基本原则。

　　(一) 关于师法自然

　　张怀瓘认为,要把字写好,最重要的是师法自然。师法自然,又不是简单地模仿自然物,而是取其"无为而用"之理。他说:

　　　　草书伯英创立规范,得物象之形,均造化之理。[1]

　　　　是以无为而用,同自然之功;物类其形,得造化之理。[2]

　　　　探于万象,取其玄精,至于形似,最为近也,字势生动,宛若天然,实得造化之姿,神变无极。[3]

　　(二) 关于艺术概括

　　张怀瓘认为书法也存在一个艺术概括的问题,书家从自然界观察到许多现象,融会于心,在从事书法创作时,将其观察所得,进行艺术概括,形之笔下。他说:

　　　　囊括万殊,裁成一相。或寄以骋纵横之志,或托以散郁结之怀[4]。

　　　　善学者乃学之于造化,异类而求之,固不取乎原本,而各逞其自然。[5]

---

[1]　张怀瓘:《议书》。

[2]　张怀瓘:《议书》。

[3]　张怀瓘:《六体书论》。

[4]　张怀瓘:《议书》。

[5]　张怀瓘:《议书》。

"囊括万殊,裁成一相"是一个非常深刻的美学命题,由"万殊"到"一相"即由自然到艺术。这个过程即艺术典型化的过程。"万殊"到"一相"不是量的变化,而是质的变化。正是由于"万殊"来自"一相",因此,这"一相"中就含有"万殊"。

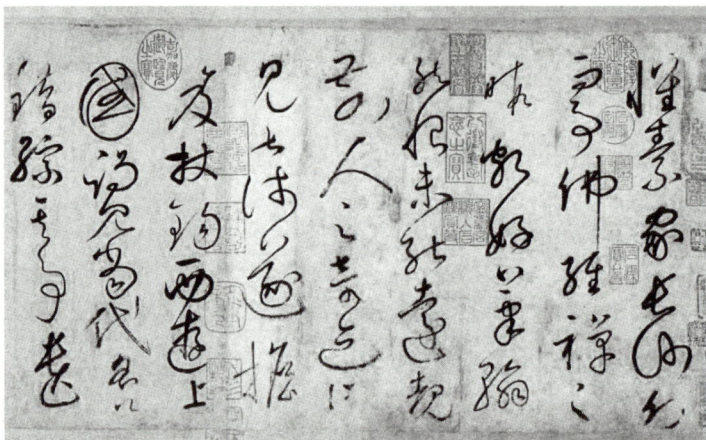

(唐) 怀素:《自叙帖》(局部)

张怀瓘还提出"异类而求之"。"异类"即"万殊"。张怀瓘强调"不取乎原本",而直接从大自然的千姿百态中领会书法之奥秘,这种美学观点体现出浓厚的道家色彩。

(三) 关于艺术法则

张怀瓘是讲法则的,重视向古人学习,他说:"故学真者不可不兼钟,学草者不可不兼张,此皆书之骨也,如不参二家之法,欲求于妙,不亦难乎!若有能越诸家之法度,草隶之规模,独照灵襟,超然物表,学乎造化,创开规矩,然不可不兼于钟、张也。"[1]"不习古本,今不逮古,理在不疑。如学文章,只读今人篇什,不涉经籍,岂成伟器?"[2]

但张怀瓘并不主张拜倒在古人脚下,对于法则更是不赞成死抱住不放。

---

① 张怀瓘:《六体书论》。

② 张怀瓘:《六体书论》。

他说:"为书之妙,不必凭文按本。"①"合而裁成,随变所适,法本无体,贵乎会通。"②

"随变所适",与《易传》中"唯变所适,不可为典要"一脉相承。张怀瓘对书法形象形成的过程亦有精彩的描述,他与孙过庭一样都很强调书写过程中心手相应。当然,这些论述大体上没有超出前人的水准。值得我们注意的是,他在谈书法形象形成的过程中提出了"意象"这一概念。"意象"这一概念过去只出现在诗论之中。张怀瓘将之移到书论,并突出书法的意象"飞动"的特色。他说:

> 仆今所制,不师古法,探文墨之妙有,索万物之元精,以筋骨立形,以神情润色。虽迹在尘壤,而志出云霄,灵变无常,务于飞动。或若擒虎豹,有强梁拏攫之形;执蛟螭,见蚴蟉盘旋之势。探彼意象,如此规模。忽若电飞,或疑星坠,气势生乎流便,精魄出于锋芒。③

张怀瓘谈书法"意象",重在"意",其"象"又重在"飞动",这与张怀瓘将书法美定为"神彩"是一致的。

三、关于书法的品评等级

张怀瓘说:

> 书有十体源流,学有三品优劣。今叙其源流之异,著十赞一论。较其优劣之差,为神、妙、能三品。④

根据这个标准,他将杜度、崔瑗、张芝、钟繇、皇象、索靖、王羲之、王献之等人的作品列为神品;将张昶、嵇康、宋文帝、王僧虔、萧子云、阮研、智永、欧阳询、虞世南、褚遂良等人的作品列为妙品;而将谢朓、庾肩吾、智果、孙过庭、薛稷等人的作品列为能品。

这里值得注意的是,他对王羲之的评价不是最高,将他排在索靖之后。

---

① 张怀瓘:《评书药石论》。
② 张怀瓘:《六体书论》。
③ 张怀瓘:《文字论》。
④ 张怀瓘:《书断序》。

他这样做，不是没有理由的。他说："逸少则格律非高，功夫又少，虽圆丰妍美，乃乏神气，无戈戟铦锐可奇，无物象生动可奇，是以劣于诸子。"① 这里主要是批评王羲之的草书缺乏力度。他还说："逸少草有女郎才，无丈夫气，不足贵也。"② 从这个批评亦可看出张怀瓘的美学趣味，他是崇尚阳刚之美的，这在唐代很有代表性。唐开元年间崛起的颜真卿的书法，以其雄伟苍劲之概在唐代书坛独树一帜，而且影响越来越大，终成中国书坛的主流派，王文治《论书绝句》云："曾闻碧海掣鲸鱼，神力苍茫运太虚。间气中兴三鼎足，杜诗韩笔与颜书。"张怀瓘写《书断》时可能颜真卿还未成名，否则，神品第一名非颜真卿莫属。

---

① 张怀瓘：《议书》。
② 张怀瓘：《议书》。

第十二章

禅宗美学（上）

东汉，佛教进入中国，在中国这块古老的土地上，顽强地生存着、发展着，这个过程是极其艰辛的，具有自身血脉传统与内在逻辑结构的中国文化坚决地抵御着外来文化的入侵，中国的最高统治者甚至几度动用行政力量灭佛，不少佛教徒为之献身。但是，佛教文化自身也具备着与中国文化相通、互补的因素，这些因素在与中国文化粘接上了之后，就插枝在中国文化这棵古老而又富有生命的大树上，蓬勃地生长，展枝舒叶，开花结果。由于毕竟是吸收了中国文化的营养，毕竟是将自己的枝插入中国文化的根上，实际上是借中国文化的根而立足于中国的大地，因此，传入中国的佛教虽然部分保留着从古印度带来的原生血液及其他各种因素，但实际上已经融入中国文化的血统之中去了，以致成为中国文化的一个重要组成部分，并且有资格与中国文化的两大主体（儒道）并列而成为儒道释三家。作为中国文化组成部分的中国美学自然也就相应地产生了名为佛教美学的一簇新花。这簇新花与中国固有的美学之花共同装点中国人的审美园林。传入中国的佛教自身又有诸多发展，形成诸多流派，每一流派均有自己的美学，下面我们介绍的禅宗是中国化的佛教中最重要的门派。

第一节　禅宗如何走向老庄

达摩西来，折苇渡江；嵩山坐禅，面壁九年。中国禅宗自此而始。由达摩而慧可，由慧可而僧璨，由僧璨而道信，由道信而弘忍，印度的禅学逐渐汉化。

慧能像

五代祖师各有成就，尤其是僧璨，其一套教义可以说已发中国禅宗先声，然而真正成就了佛教中国化的却是樵夫出身的慧能。他的一首著名偈语："菩提本无树，明镜亦非台，本来无一物，何处惹尘埃。"不啻一声惊雷，掀起了一场佛教革命。至此，中国化禅宗的最后一道帷幕正式拉开了。

尽管中华民族在其原始氏族社会时期亦如世界上其他民族一样笃信过巫术，也曾有过原始的宗教。但自进入文明社会后，中国人的宗教意识并没有得到强化。孔子的"不语怪力乱神"的思想对中华民族文化心理结构的形成产生深远的影响，《周易》的"乐天知命"的人生观在中国人的心田植下热爱生活、珍惜生命的牢固根基。基于此，中国人的宗教观念并不很强烈。汉代虽出现了披着老庄外衣的道教，但并没有赢得广大民众的普遍信仰。在普通民众的心目中，道教只不过是一种巫术，只有在需要的时候才去道观祈祷或请道士来装神弄鬼，热闹一番。对道教，可以说基本上持功利主义的态度。

汉代佛教传入中国，到唐代，虽历经数百年，中间也曾有统治者提倡过，但在中国的地位并不稳固，广大民众亦如对待道教一样地对待佛教。

慧能创立的禅宗南宗，从根本上改变了这种状况。慧能生于贞观十二年（638），原是樵夫，后到蕲州黄梅东山禅寺出家做了和尚，成为第五代禅宗大师弘忍的传人，后人称为六祖。慧能的成功根本原因在于使佛教与中国文化精神相结合，使之中国化，并且首先是世俗化。慧能所创立的南宗的教义用一句话来概括就是："即心即佛"，其主要理论大致可分四点：

第一，"一念修行，自身是佛。"①

这就是说，佛不在遥远的缥缈的彼岸，就在可触可见的此岸，而且就在自己身上，何须辛辛苦苦地去西天求什么佛，只要一念修行，就可以成佛了。越州大珠慧海禅师初参马祖（慧能大弟子怀让的弟子），有这样一段对话：

> 祖问："从何处来？"曰："越州大云寺来。"祖曰："来此拟须何事？"曰："来求佛法。"祖曰："我这里一物也无，求甚么佛法？自家宝藏不顾，抛家散走作么！"曰："阿那个是慧海宝藏？"祖曰："即今问我者，是汝宝藏。一切具是，更无欠少，使用自在，何假外求？"②

大珠禅师从马祖处开悟后，也以同样的话语去回答求他点悟的弟子。比如有人问他："师说何处度人？"他说："贫道未曾有一法度人。"再问他"即心即佛，那个是佛"，他答道："汝疑那个不是佛，指出看？"③ 这些话说得再明白不过了，佛就在自己身上，彼岸的神与此岸的人就合二而一了，异化了的人又回到了自身。

第二，"一念悟时，众生是佛。"④

这个理论是上一个理论的发挥。既然自身是佛，推而广之，就"众生是佛"了。慧能初见五祖弘忍时，弘忍说："汝是岭南人，又是獦獠，若为堪作佛。"慧能说："人虽有南北，佛性本无南北，獦獠身与和尚不同，佛性有何

---

① 《坛经·般若品第二》。

② 《五灯会元·大珠慧海禅师》。

③ 《五灯会元·大珠慧海禅师》。

④ 《坛经·般若品第二》。

差别?"① 慧能认为佛对一切人都是公正的,一切人的佛性都是一样的,佛犹如雨水,"一切众生,一切草木,有情无情,悉皆蒙润"②。

第三,"自心见性,皆成佛道。"③

慧能认为,人本都具有佛性,但在社会生活中因受各种污染,佛性被掩盖了,因此需要"明心",明心就可以见性,见性就可成佛。慧能再三向弟子们说,"菩提本自性"④,"见性是功"⑤,"佛向性中作,莫向身外求"⑥。对于禅宗,"心""性"很重要,要成佛,念经、坐禅其实都无关紧要,紧要的是修心练性。这样,佛教对于广大的民众就一点也不神秘了。

第四,顿悟成佛。

禅宗分南宗、北宗。禅宗南宗讲顿悟,"一悟至成佛地"⑦。禅宗北宗讲渐悟,主张坐禅,静心修炼。《坛经》记载原系北宗神秀的弟子志诚来向慧能求教。慧能问志诚,神秀平时是如何教诲弟子的。志诚说是"住心静观,长坐不卧"。慧能说他的方法不一样,随即作了一偈:"生来坐不卧,死去卧不坐,一具臭骨头,何为立功课。"⑧

以上几条理论其实一点也不深奥,中国的普通群众都很容易接受。特别是它的"自身是佛""众生是佛"两条理论,将宗教常有的神秘陌生全去掉了。讲求实际功利的中国老百姓自然很欢迎它。佛教就这样走向世俗化。

佛教禅宗在走向中国化的历程中,最注重从中国的传统文化中吸取营养。禅宗的"众生是佛"说,与儒家的"人皆为尧舜"说有类似之处,显然是受到了儒家这一学说的影响,此外,禅宗的"明心见性"说,与儒家的"修身"说,其内在意蕴是完全相通的。禅宗在发展过程中,受影响最大的还不

---

① 《坛经·行由品第一》。
② 《坛经·般若品第二》。
③ 《坛经·般若品第二》。
④ 《坛经·般若品第二》。
⑤ 《坛经·般若品第二》。
⑥ 《坛经·般若品第二》。
⑦ 《坛经·般若品第二》。
⑧ 《坛经·顿渐品第八》。

是儒家,而是道家。从某种意义上说,禅宗是披着袈裟的道家。如果说,禅宗与儒家的联系,使它更能为统治阶级,为下层人民所接受的话,那么,禅宗与道家的联系,则使它更为士大夫所喜爱。前者使它走向大众化,后者使它走向士大夫化。

禅宗的士大夫化是它由宗教走向审美的中介。

禅宗的道家化,主要表现在:

第一,禅宗的"空"与道家的"无"的结合。佛教讲"空",道家讲"无"。佛教的"空"与道家的"无"其实并不是一回事。佛教的"空"是对人生,对此岸世界的彻底否定,其本质是反动的。道家的"无"则是对宇宙本体性质的概括。"无"并不等于没有,而是无可定义、无可说明的意思。《老子》说:"道可道,非常道,名可名,非常名。无名,天地之始,有名,万物之母。故常无,欲以观其妙,常有,欲以观其徼。"① 天地之始,是不能加以定义、予以说明的,作为宇宙本体的"道",它的基本性质就是"无"。说道是"无",只能用反证法证明,因为用"有"无法说明道,无法定义道,那么只能说道是"无"了。"无"不是没有,而是不可定义。显然,佛教的"空"与道家的"无"不是一回事。但是佛教禅宗却试着用"无"去说"空",使佛教的"空"与道家的"无"统一起来。从《坛经》看,慧能说"空"不多,说"无"倒不少。他明确表示:"我此法门,从上以来,先立无念为宗,无相为体,无住为本。"② 慧能这"三无",实际上是禅宗教义的纲领,而这"三无"在内在意蕴上,与道家关于"无"的学说是相通的。道家认为作为宇宙本体的"道"是无象的,所谓"无状之状,无物之象"③,人的行为准则应是"无为",包括在思维上要"无知","塞其兑,闭其门"④,在行动上要"为无为,事无事,味无味"⑤。这些思想与"无念""无相""无住"是一致的。

---

① 《老子·一章》。
② 《坛经·定慧品第四》。
③ 《老子·十四章》。
④ 《老子·五十六章》。
⑤ 《老子·六十三章》。

第二，禅宗的"即心即佛"说与道家的"齐物论"有相通之处，实际上是将道家的"齐物"论发挥到了极致。道家认为"物无非彼，物无非是"，"方生方死，方死方生，方可方不可，方不可方可"，[①] 生与死、美与丑、贵与贱、富与贫都是一回事，就是像厉这样的丑女与西施这样的美人，从"道"这个根本来看，也是一样的。[②] 禅宗从另一角度发挥了这一思想。禅宗认为，生与死，有常与无常，它们的对立也不是绝对的。坚执于生与死，有常与无常的对立与区别，并不重要，关键的是你的心如何去看。大珠慧海禅师曾与弟子讨论过这个问题：

> 师曰："大德如否？"曰："如。"师曰："木石如否？"曰："如。"师曰："大德如同木石如否？"曰："无二。"师曰："大德与木石何别？"僧无对。良久，却问："如何得大涅槃？"师曰："不造生死业。"曰："如何是生死业？"师曰："求大涅槃，是生死业。舍垢取净，是生死业。有得有证，是生死业……"[③]

在大珠慧海禅师们看来，"大德"与"木石"无甚区别，生与死亦应作如

(五代) 石恪：《二祖调心图》(之一)

---

① 《庄子·齐物论》。

② 《庄子·齐物论》："厉与西施，恢恑憰怪，道通为一。"

③ 《五灯会元·大珠慧海禅师》。

是观。所谓"生死业"也不只是一种解释，百丈怀海禅师说得更透脱，他认为"往来生死，如门开相似"①。对待生死持这样一种超脱的态度，使我们想起了庄子对待妻子的死。

第三，禅宗吸收道家的自由、无为说，持一种自然、适意的人生态度。禅宗反对苦修，认为只要在普通的日常生活中听其自然地生活就可以悟道了。源律禅师问大珠慧海禅师，和尚修道，要不要用功？慧海禅师说："当然要用功。"又问："如何用功？"慧海说了八个字："饥来吃饭，困来即眠。"源律说："一切人都是这样的，与和尚用功有什么区别？"慧海说："不同。"源律问："什么不同？"慧海说："一般人该吃饭时不吃饭，百种思索；该睡觉时不肯睡觉，千般计较。所以不同。"② 这段对话很深刻，在禅宗看来，修行就是按照自然的规律（包括人性的规律）去生活，比如说，该吃饭时吃饭，该睡觉时睡觉，一切听之自然。一般人由于种种原因，不能很好地做到按自然规律生活，因而也不能悟道成佛。禅宗则要求自觉地去这样做。显然禅宗这样一种生活态度与道家是一致的。

第四，禅宗吸收道家"天人合一""物我两忘"的思想，认为佛在天地万物，主张人在与天地自然的情感交流之中悟道成佛，所谓"青青翠竹，总是法身，郁郁黄花，无非般若"，"是以解道者，行住坐卧，无非是道。悟法者，纵横自在，无非是法。"③

禅宗通过广泛地、富有创造性地吸收道家思想，不仅使其更好地走向中国化、士大夫化，而且使它走出神秘的巫术圈子，走向高层次的宗教哲学。"禅林的清静闲适、禅僧的机锋警语、禅理的深奥玄妙、禅家自我心理平衡的'悟'，都对士大夫们充满了诱惑力，他们纷纷向禅宗靠拢，以禅为雅。"④一方面，士大夫禅僧化，另一方面，禅僧也士大夫化。一时间，禅寺遍布中国南北，禅宗大为兴旺。苏轼曾有诗云："斫得龙光竹两竿，持归岭北万人

---

① 《五灯会元·百丈怀海禅师》卷三。
② 《五灯会元·大珠慧海禅师》卷三。
③ 《五灯会元·大珠慧海禅师》卷三。
④ 葛兆光：《禅宗与中国文化》，上海人民出版社 1986 年版，第 32 页。

看。竹中一滴曹溪水，涨起西江十八滩。"① 这是对禅宗南宗深广影响的生动写照。

第二节　禅宗如何走向审美

谈到禅宗，最令人津津乐道的是"世尊在灵山会上，拈花示众，是时众皆默然，唯迦叶尊者破颜微笑"② 的故事了。禅宗的著名典籍《五灯会元》的编者、宋代学者普济在《五灯会元》书前的题词就是：

> 世尊拈花，如虫御木，迦叶微笑，偶尔成文，累他后代儿孙，一一联芳续焰。大居士就文挑剔，亘千古光明灿烂。③

这个故事当然可以做多种理解，但是不管从哪种角度去理解，也不管如何理解，给人最直观、最普遍、最共同的感觉，就是"美妙"。它像一幅画，画面美丽，意味深长，魅力无穷。

禅宗本是宗教，宗教给人的感觉通常是神秘、恐惧。宗教也常运用绘画、雕塑、音乐、诗等艺术形式来宣传教义，但那种宗教艺术常常少给甚至不给人以美感，而是一种宗教的圣洁感，或者说崇高感，也就是说，宗教艺术常使人产生一种与神或上帝的疏远感、陌生感。当然，也有一些优秀的宗教艺术家尽可能地让宗教性的题材世俗化。比如将圣母马利亚塑造成人世间的母亲形象，将维纳斯描绘成一位生活中的大家闺秀。这种艺术，审美性超过宗教性，实际上，它是艺术，真正的艺术（fine art），而不是宗教或者说用艺术形式来表现的宗教。

禅宗也有它的艺术，诸如雕塑、建筑、绘画、文学等。这些艺术诚然也有相当世俗化、审美化了的。不过，我们说禅宗与别的宗教之不同，还不在这里。禅宗作为宗教，它具备宗教的基本特点，这点自不待言。不过，禅宗在其内在意蕴上都是通向审美的。禅宗的一些教义，特别是它的生活方式

---

① 苏轼：《东坡居士过龙光留一偈》。
② 《五灯会元·释迦牟尼佛》。
③ 《五灯会元·题词》。

具有浓厚的审美情趣，也正是基于此，它才那样地受到士大夫们的欢迎，以至成为一种高雅的生活情趣。宋代大文豪苏轼喜与禅僧交往，常以与禅僧斗机锋、讨论禅理为乐。《罗湖野录》记载了他与慧泉禅师的富有审美情趣的对话：

> 东坡遂问曰："如何是智海之灯？"泉遽对以偈曰："指出明明是什么，举头鹞子穿云过。从来这碗最希奇，解问灯人有几个。"东坡于是欣然。①

又，《东坡志林》记载有这样一个故事：

> 东坡食肉诵经，或云："不可诵。"坡取水漱口，或云："一碗水如何漱得？"坡云："惭愧，阇黎会得。"②

（五代）石恪：《二祖调心图》（之二）

这样的生活自然是高雅而又富有情趣的。唐、宋、明三代不少著名的知识分子喜爱禅悦，不能说只是附庸风雅，因为这种生活的确富有情趣。据《雪庵清史》一书介绍，当时的士大夫的生活有"清课""清供"二项，所谓"清课"是每天要做的事，所谓"清供"是书房里应摆设的物品。"清课"有：焚香，煮茗，习静，寻僧，奉佛，参禅，说法，作佛事，翻经，忏悔，放生……

---

① 《罗湖野录》卷三。

② 《东坡志林·诵经帖》。

"清供"有：佛书，道书，陶、白、苏文集，李贽的《焚书》《藏书》，传奇，蒲团，诗瓢，麈尾，禅榻……看！这样的生活何其潇洒，何其高雅！至于禅僧的生活，除了要在寺院奉行例行功课外，其他跟士大夫们也差不多。南方著名的佛教徒支遁在《咏怀诗》中高唱："晞阳熙春圃，悠缅叹时往。感物思所托，萧条逸韵上……愿投若人纵，高步振策杖。"临济慧照禅师说："道流佛法无用功处，只是平常无事，屙屎送尿，着衣吃饭，困来即眠。"① 正是因为修行人与平常人生活得差不多，不少禅僧在与士大夫的交往中也一样地吟诗作画，抚琴弄箫。其中也出现了好些颇有成就的艺术大师。

禅宗作为宗教，竟能如此地通向审美，这是世界文化史上的奇观。究其原因，还是跟禅宗走向老庄密切相关的。我们知道，道家的精神是中国艺术精神的主干，道家所崇奉的生活方式与生活境界，在很大程度上是具有审美色彩的。从佛教的本身或者说从原初的佛教来看，恰如范文澜先生所说的是"极端凶残极端野蛮"② 的，这样一种宗教怎么会演化成中国士大夫们所醉心的生活方式呢？中国的道家文化还有儒家文化又是如何将禅宗改造成审美的呢？具体来说，有这样几种"转化"。

第一，将内在的和外在的束缚转化为精神上的自由。

审美的愉快是自由的愉快，审美的本质是自由。没有精神上的自由是谈不上审美的。宗教本来对人的精神是压抑、摧残的，谈不上自由，自然也谈不上审美。禅宗受道家影响，极为推崇道家的"乘天地之正，而御六气之辩，以游无穷者"③ 的自由。就教义来看，禅宗的"即心即佛"说，"直指人心，见性成佛"说，把成佛的诀窍归之于人心的一种直觉感悟。这样，它既没有宗教常有的苦修、戒律，又没有俗人常有的功利性的烦恼、痛苦。它既超脱尘俗，又不离尘俗。这样一种宗教自然是自由的了。

禅宗发展到后期，成为狂禅，呵佛骂祖，走到了极端。作为一种宗教来说，这自然是走到尽头了。因为宗教毕竟是宗教，它需要有一种信仰做精

① 《临济慧照禅师语录》，《古尊宿语录》卷四。

② 范文澜：《中国通史》，人民出版社 1965 年版，第 561 页。

③ 《庄子·逍遥游》。

神的支柱，如果像德山宣鉴禅师那样，竟然可以任意辱骂"达摩是个老臊胡，释迦老子是干屎橛，文殊菩萨是担屎汉"，那也就不成其为宗教了。

尽管如此，禅宗在人的精神世界的开拓上比之其他任何宗教都要来得坚决、果敢，它是反对给人的心性套上种种枷锁的，铃木大拙先生说："禅在其本质上是了解人的存在之本性的艺术，它指出了从束缚到自由的道路……我们可以说，禅彻底而自然地解放了贮藏在每个人内部的一切能力，这些能力在一般的环境中是被束缚被扭曲的，以至于它们找不到任何适当的途径来活动。……因此，禅的目标就是要拯救我们，使我们免于疯狂或残废。这就是我说的自由，它使我们心中固有的一切创造性和仁慈的冲动得以任意活动。"① 禅宗对人心中固有的创造性和一切能力的解放，是它之所以能走向审美的根本原因。

第二，将渺茫的彼岸佛国移到此岸人间。

在谈到审美时，人们总很自然地想到著名的俄国学者车尔尼雪夫斯基的名言："美是生活。"的确，美就在于生活之中，离开了活泼泼的生活，还有什么美可言呢？车尔尼雪夫斯基说得好："对于人什么是最可爱的呢？生活；因为我们的一切欢乐，我们的一切幸福，我们的一切希望，只与生活关联……所以，凡是我们发现具有生的意味的一切，特别是我们看见具有生的现象的一切，总使我们欢欣鼓舞，当我们于欣然充满无私快感的心境，这就是所谓美的享受。"②

说禅宗由宗教通向审美，其中一个重要原因就是禅宗对生活的热爱与执着。我们说禅宗的超脱世俗，说的是超脱世俗中因功名利禄所带来的烦恼，对于世俗中自然生命的一面，禅宗非但不超脱，而且还是很执着的。像睡觉、穿衣、吃饭这些维持人的自然生命的一切，禅宗明确地予以肯定，所谓"困了即睡，饥了吃饭"，一切均从人的生活的自然需要出发。

禅宗一点也不把佛法神秘化。虽然作为佛教的一个宗派，它也宣讲佛

---

① ［日］铃木大拙：《禅宗与精神分析》，辽宁教育出版社 1988 年版，第 136 页。着重号为引者所加。

② 《西方美学家论美与美感》，商务印书馆 1980 年版，第 243 页。

国的神奇美妙,也供奉如来、迦叶这样的佛祖菩萨,但是它更多地而且很明确地表示在现实的世俗生活中也可以求到佛道,也可以成佛,所谓"搬柴运水,无非妙谛",关键是你的心能不能做到向善,能不能实现顿悟。慧能再三对弟子们说:"佛法在世间,不离世间觉;离世觅菩提,恰如觅兔角。"① 对于那些有心事佛的俗人,慧能认为,也无须出家修行,在自家做居士亦可。②

禅宗发展到后期,不但不提倡出世苦修,而且大力宣扬法法是心,尘尘是道,直指便是,远命即乖,所谓:"春有百花秋有月,夏有凉风冬有雪,若无闲事挂心头,便是人间好时节。"③ 禅宗的人生态度本来就是"适意""自然",讲究活得潇洒,到后期禅宗,狂禅风起,甚至追求"纵欲"了。除了名义上不能娶妻生子外,其他俗人可以享受的生活皆可以享受了。《罗湖野录》这样记载狂禅的生活:"手把猪头,口诵净戒,趁出淫房,未还酒债,十字街头,解开布袋",真是"事事无碍,如意自在"。④ 南宋学者张磁笃信禅宗,对禅僧们如此放荡无羁的生活不仅不指责,而且还编出这样一番大道理予以鼓吹:"若心常清净,离诸取著,于有差别境中能常入无差别定,则酒肆淫房,遍历道场,鼓乐音声,皆谈般若。"⑤

禅宗把佛国移到人间,在宗教史上不能说不是一场革命。从来的宗教总是要设置一个虚无缥缈的彼岸世界让人去做无休止的追求,而且总是将希望寄托在不可能看到的来生。禅宗不仅将佛国移到人间,而且将成佛的希望定在此生,同时,尽量简化甚至废弃修炼的各种清规戒律,让人充分地领略生活的乐趣。这种宗教其实已经没有多少宗教味了。但它有哲学,而且它的哲学与美学是相通的。禅宗实际上是一种带有一定理想色彩的生活方式,一种生活情趣,它所鼓吹的美完全不是出世的,而是入世的。在这点

---

① 《坛经·般若品第二》。
② 《坛经》:"善知识,若欲修行,在这家亦得,不由在寺。"
③ 《无门关》。
④ 《罗湖野录》卷一。
⑤ 《居士传》卷三十一。

上，禅宗倒是更多地吸收了儒家的人生哲学。

第三，将难以忍受的声色禁锢化为林下风流。

张竹坡曾经这样描绘禅僧的生活："幽深清远，自有林下风流。"① 好个"林下风流"，这正是禅僧生活的生动写照。

"天下名山僧占多。"凡山水佳丽处必有禅寺。这一现象颇耐人寻味。禅僧的爱好山水，大致来说，原因有二：其一是悟道之便。在禅宗看来，宇宙中的一切无一物不含佛性，优美的自然山水，更是佛性凝聚得最多的地方，在这样的环境修行，容易获得灵感，容易顿悟，参禅悟道本是一种无目的的合目的性的活动，而大自然的活动似乎也体现出一种无目的的合目的性，因此，就在这花开花落、月升日落之中似乎也能窥见佛法的奥秘。在禅宗的灯录之中，记载有大量的借自然山水参禅悟道的事例。这里信手摘引数则：

> 潞州渌水和尚，僧问："如何是祖师西来意？"师曰："还见庭前华药栏么？"僧无语。②
>
> 上堂："击水鱼头痛，穿林宿鸟惊。黄昏不击鼓，日午打三更。诸禅德既是日午，为甚却打三更？"良久曰："昨见垂杨绿，今逢落叶黄。"③
>
> 鼎州梁山缘观禅师，僧问："如何是和尚家风？"师曰："益阳水急鱼行涩，白鹿松高鸟泊难。"④

禅僧热爱山水另一原因是情感的寄托。禅僧的日常生活虽然比之别的佛教宗派要放任、自由得多，但禅宗毕竟是宗教，在声色两方面对僧众不能不有所限制。这样，僧众的声色之欲就受到了压抑，这方面的情感得不到宣泄。纵情山水虽不能取代声色之娱，但对于情感来说，毕竟是种转移。宋代著名居士林逋隐居西湖孤山，种梅养鹤，人说他是以梅为妻以鹤为子。禅僧释得诚爱好垂钓，他自己是如此描绘钓鱼的乐趣的："千尺丝纶直下垂，

---

① 《竹坡诗话》。
② 《五灯会元·潞州渌水和尚》卷四。
③ 《五灯会元·琅邪慧觉禅师》卷十二。
④ 《五灯会元·梁山缘观禅师》卷十四。

一波才动万波随。夜静水寒鱼不食，满船空载月明归。"是的，钓不钓得到鱼无所谓，只要情感得到寄托，心绪愉快就行了。

禅僧对自然山水的喜好与深受道家文化影响的士大夫的情趣是很合拍的。中国知识分子素以啸傲山水、吟风弄月为风流雅事，如今在此基础上又添上禅悦，就更为热衷了。这种对自然山水的喜好直接导向审美。中国人的审美情趣相当一部分就体现在这上面。

第四，将僵硬死板的戒律化为活活泼泼的潇洒。

佛教向来是讲戒律的。佛教有个宗派叫律宗，就是以守律为特色的。禅宗也不是没有戒律，但不是重要的。著名的百丈怀海禅师感于禅宗的戒律废弛，曾订下一些清规，号称"百丈清规"。但就是百丈，也不认为靠守持清规就可以成佛。有一次百丈带弟子们铲除寺院外边的杂草，有一弟子听到寺内鼓鸣，也不管师父还没有下收工的命令，扛起锄头，大笑便归。百丈看见了不仅没有阻止，还夸奖道："俊哉，此是观音入理之门。"回到院内后，百丈问那个徒弟刚才的举动凭的是哪条道理。那徒弟说："适来肚饥，闻鼓声，归吃饭。"[1] 看来，就是在百丈怀海的手下，做和尚也是相当潇洒自由的。著名的临济禅师喜欢用"活泼泼地"来形容禅僧的日常生活。他说："你若欲得生死去住，脱著自由，即今识取听法底人。无形无相，无根无本，无住处，活泼泼地。应是万种施设，用法只是无处。所以觅远转远，求之转乖，号之为秘密。"[2] 什么是禅宗的秘密？临济说得明白，就在"活泼泼地"生活本身。禅宗是肯定生命的，它以最大的自由让人去充分发掘内心的潜能，如铃木大拙所说，"禅宗的基本思想是与人的生命之内部活动相联系的，并且尽可能用最直接的方式去实现而不求助于任何外在的或外加的东西"[3]。禅宗哲学实质是生命哲学。禅宗的这样一些基本特点，自然使它从内在神韵上通向审美了。

---

① 《五灯会元·百丈怀海禅师》。

② 《临济录》。

③ [日] 铃木大拙：《禅宗与精神分析》，辽宁教育出版社 1988 年版，第 140—141 页。

第三节 禅宗如何走向艺术

按照黑格尔的观点，"最接近艺术而比艺术高一级的领域是宗教。"① 尽管宗教未见得比艺术更高一级，但艺术与宗教互相渗透的现象在人类历史上都是司空见惯的。不过，艺术毕竟是艺术，宗教毕竟是宗教，二者虽可以互相渗透，却不能互相取代，这一点在西方尤为明显。

值得注意的是中国的禅宗与艺术的关系，自中国化的禅宗产生之后，禅宗对艺术的渗透、影响远远超过基督教对西方艺术的影响。西方基督教对艺术的影响是有形的，且主要表现在艺术题材的宗教化，禅宗对艺术的影响大量是无形的，深入艺术骨髓的，以至于发展到后来，诗书画禅一体化。

这种情况的出现是颇耐人寻味的，其中的奥妙也许不是很容易说得清楚的。日本的禅宗研究专家铃木大拙倒是谈了一个很重要的观点。他说："禅宗把最得意的东西以诗而不以哲学显示出来是当然的，因为比起理性来，禅更愿意亲近感性，所以，就难免出现这种诗化倾向。"② 禅宗的确是"更愿意亲近感性"的，它不喜欢用抽象的理论来演绎它的思想，它甚至有意识地废除通常的逻辑，也许与理论、逻辑均表现为某种文字体系有关，禅宗甚至主张"不立文字"。禅宗的教义大量地体现在感性的"公案"故事之中，而成佛的不二法门也不在穷究佛理，而在感性的日常生活中顿悟。这样一种偏重于感悟的宗教，自然倾向于艺术了。禅宗哲学的浓厚美学色彩，主要表现在禅宗的艺术化倾向上。

拿诗、禅关系来看，诗禅合流的倾向在唐代的王维、孟浩然、韦应物的诗作中已经相当明显了。王、孟、韦的不少诗作既是诗又是禅。像王维的《辛夷坞》："木末芙蓉花，山中发红萼。涧户寂无人，纷纷开且落。"这首诗

---

① ［德］黑格尔：《美学》第一卷，商务印书馆 1997 版，第 132 页。

② ［日］铃木大拙：《通向禅学之路》，上海古籍出版社 1989 年版，第 102 页。

的意境完全是属于禅的。它简直就是禅师们经常用来表达禅意的偈语。胡应麟说这首诗是"入禅之作","读之身世两忘,万念皆寂"①。而体现在诗中的静穆的观照与活跃的生命以及完美的诗的形式,既给人以禅悟的启迪,更给人以美的享受,宗教的圣水与审美的甘露融成同一颗水珠,净化并滋润人们的心灵。王维在中国诗史上享有"诗佛"的美誉,不是偶然的。唐代安史之乱之后,禅宗南宗势力大增,压倒北宗。历经肃、代、德三朝几十年,禅宗南宗几乎垄断禅宗,凡称禅宗大抵是南宗。诗人、画家谈禅成风,也大抵始于这个时候。《五行志》记载"天宝后,诗人多……寄兴于江湖僧寺"。在这样的背景之下,禅诗的数量、质量都较以前大有发展。到宋代,人们甚至从理论上总结诗禅合一的道理了。当时不少诗评家如李之仪、叶梦得、吴可、韩驹、龚相、赵藩、戴复古、徐瑞、包恢、吕本中、葛天民都讨论起学诗与参禅的关系来了。比如,叶梦得说:

> 禅宗论云间有三种语:其一为随波逐浪句,谓随物应机,不主故常;其二为截断众流句,谓超出言外,非情识所到;其三为函盖乾坤句,谓泯然皆契,无间可伺其深浅,以是为序。余尝戏谓学子言,老杜诗亦有此三种语,但先后不同:"波漂菰米沉云黑,露冷莲房坠粉红"为函盖乾坤句;以"落花游丝白日静,鸣鸠乳燕青春深"为随波逐浪句;以"百年地僻柴门回,五月江深草阁寒"为截断众流句。若有解此,当与渠同参。②

叶梦得认为参禅的三种语言方式,切合写诗,并举杜甫为例。作为例子,杜甫的诗不是最典型的,但是叶梦得说的参禅的"三种语",的确与写诗一致。韩驹认为:"诗道如佛法,当分大乘、小乘、邪魔、外道,惟知者可以语此。"③这个说法自然有些过分了,但是像吴可说的"凡作诗如参禅,须有悟门"④,倒是十分精辟的。诗禅一致,主要还在"悟"。参禅靠悟,学诗也靠悟。

---

① 胡应麟:《诗薮》内编卷六。
② 叶梦得:《石林诗话》卷上。
③ 韩驹:《陵阳先生室中语》,《诗人玉屑》卷五。
④ 吴可:《藏海诗话》,见《历代诗话续编》。

那就是说,在思维方式上,禅与诗是很相似的。这一点,得到绝大多数诗人的认可。

诗通禅,禅亦通诗,许多参禅的偈语,意境深邃,形象鲜明,且音韵铿锵,就是美好的诗。像我们前引的慧能作的"菩提本无树"的偈子,不就是一首美妙的诗吗? 除此以外,禅宗师徒一些对话也多含精美的诗句,如:

问:"达摩未来此土时,还有佛法也无?"

师曰:"未来且置,即今事作么生?"

曰:"某甲不会,乞师指示。"

师曰:"万古长空,一朝风月。"

问:"如何是天柱家风?"

师曰:"时有白云来闭户,更无风月四山流。"

问"亡僧迁化向甚么处去也?"

师曰:"灊岳峰高长积翠,舒江明月色光晖。"

问:"如何是道?"

师曰:"白云覆青嶂,蜂鸟步庭花。"

问:"如何是和尚利人处?"

师曰:"一雨普滋,千山秀色。"①

笔者加着重号的句子,不就是精美的诗句吗? 禅宗的许多和尚特别是高僧都是知识分子出身,艺术修养极好,有些甚至以诗名或画名流传后世,如皎然、贯休、齐己都是唐代著名的诗僧。

禅与画的关系亦非常密切。中国自宋代出现的文人画受禅宗影响极深。这些文人画,笔墨简疏。画面恬淡,格调高古,意境深邃,其禅意一点也不逊于禅诗,唐代的大诗人王维不仅引禅入诗,而且引禅入画。他是南宗文人画的先驱。由他首创的画风对宋元的文人画影响极大。董其昌说:"禅家有南北二宗,唐时始分。画之南北二宗,亦唐时分也,但其人非南北耳。北宗则李思训父子著色山水,流传而为宋之赵幹、赵伯驹、伯骕以至马、夏辈。

① 《五灯会元·天柱崇慧禅师》。着重号为引者所加。

南宗则王摩诘始用渲淡，一变钩斫之法。其传为张璪、荆、关、董、巨、郭忠恕、米家父子以至元之四大家，亦如六祖之后，有马驹、云门、临济儿孙之盛，而北宗微矣。"① 董其昌将画分成南北宗并且认为，这亦如禅宗分南北宗。尽管董其昌说的以李思训父子为代表的北宗画看来不能简单地与禅宗的北宗联系起来，但是以王维首创的南宗文人画倒的确是禅意盎然。而且南宗画后来超过北宗画，居画坛主流亦是事实。

禅宗对中国艺术的影响主要还不在造就了一大批禅意盎然的诗、画，或者说造就了一种颇能体现禅宗精神的诗风画派，而是参与建构了一种以标榜"神韵"说为特色的审美理想。明确标举"神韵"并创立一个学派的代表人物是清代的大学者、诗人王渔洋。但实际上，"神韵"说的许多主张早在宋代严羽的《沧浪诗话》中就给提出来了。严羽可以说是"神韵"说的先驱者。不过，严羽并未标举"神韵"这个概念，他标举的是"妙悟"而且是以禅的"妙悟"去喻诗的"妙悟"。

严羽说："大抵禅道惟在妙悟，诗道亦在妙悟。"② 他认为，孟浩然的学力远不及韩愈，而其诗却远胜过韩愈，原因在孟浩然作诗"一味妙悟"。对于诗人来说，"惟悟乃为当行，乃为本色。"③ 由"妙悟"，严羽进一步提出诗的境界应是含蓄而空灵的：

夫诗有别材，非关书也；诗有别趣，非关理也。然非多读书，多穷理，则不能极其至。所谓不涉理路，不落言筌者，上也。诗者，吟咏情性也。盛唐诸人惟在兴趣，羚羊挂角，无迹可求。故其妙处透彻玲珑，不可凑泊，如空中之音，相中之色，水中之月，镜中之象，言有尽而意无穷。④

严羽这里虽未提"神韵"概念，但实际上已经将"神韵"的基本内涵揭示了。后来，王渔洋在谈"神韵"说时又引述严羽的这段话，特别对严羽的

① 董其昌：《画禅室随笔》。
② 严羽：《沧浪诗话·诗辨》。
③ 严羽：《沧浪诗话·诗辨》。
④ 严羽：《沧浪诗话·诗辨》。

诗境"透彻玲珑"，应如"空中之音，相中之色，水中之月，镜中之象"十分欣赏，并引司空图的"味在咸酸之外"，强调诗之妙在"味外之味"，诗之境应"透彻玲珑"。

"神韵"作为美学概念提出是很早的，唐代的著名画论家张彦远就说过："至于鬼神人物，有生动之可状，须神韵而后全。"① 除张彦远外，后来胡应麟等好些学者以"神韵"论诗。不过，"神韵"说的集大成者还应推王渔洋，在别的学者，"神韵"只是论诗的一个标准，或者说一个理论，在王渔洋，"神韵"则成为论诗的最高标准，关于艺术的总的理论，他说：

> 汾阳孔文谷云："诗以达性，然须清远为尚。"薛西原论诗，独取谢康乐、王摩诘、孟浩然、韦应物，言"白云抱幽石，绿筱媚青涟。"清也；"表灵物莫赏，蕴真谁为传？"远也；"何必丝与竹，山水有清音。""景昃鸣禽集，山木湛清华。"清远兼之也。总其妙在神韵矣。神韵二字，予向论诗，首为学人拈出，不知先见于此。②

王渔洋的"神韵"说较之前人的"神韵"还有个明显的不同，那就是王渔洋明确地将"神韵"与"禅"结合起来，总是把他认为有"神韵"的诗归入"入禅"之作。他称赞"唐人五言绝句，往往入禅，有得意忘言之妙，与净名默然，达摩得髓，同一关捩"③。王维的"辋川绝句"，"字字入禅"，"妙谛微言，与世尊拈花，迦叶微笑，等无差别。"④

概括王渔洋"神韵"的具体内容，主要有几种意思，这几种意思与禅宗的思想又恰好一致。

"神韵"的第一种意思是，强调诗之妙在"味外之味"。我们在前面已经谈到王渔洋对严羽的"透彻玲珑"说和司空图的"味在咸酸之外"十分赞赏。在《丙申诗自序》之中，他还提出诗之妙在"象外环中""触类引申"。一方面，须有"象"，另一方面又不能拘泥于"象"，诗味既在象之中，

---

① 张彦远：《历代名画记·论画六法》。
② 王渔洋：《带经堂诗话》。着重号为引者所加。
③ 王渔洋：《带经堂诗话》。
④ 王渔洋：《带经堂诗话》。

又在象之外，而其妙就妙在象之外，这种在象之外的诗味，就叫作"味外之味"了。

这样一种诗论与禅定的"不即不离"说倒是相通的。禅宗认为，禅定首先开始于对客观世界物相的直观认识，但是禅定又不能拘泥于物相。因为佛性虽在物相，又不只在物相，所以在禅定的第二阶段又要"离相"，离相又不能彻底地离，而是又离又不离，这叫作"不离不染""不即不离"。这种"不即不离"与艺术处理的含蓄颇为类似，艺术所追求的"味外之味"就产生在这种"不即不离"之中。明代戏曲家王骥德说："佛家所谓不即不离，似相非相，只于牝牡骊黄之外，约略写其风韵，令人仿佛如灯传影，了然目中，却捉摸不得，方是高手。"[①] 王渔洋也说他所提倡的"味外之味"，也"须如禅家所谓不粘不脱，不即不离，乃为上乘"[②]。

"神韵"说的第二个意思是重天然。王渔洋说："晚唐人诗：'风暖鸟声碎，日高化影重'……然总不如右丞'兴阑啼鸟缓，坐久落花多'，自然入妙，盛唐高不可及如此。"[③] 强调天然美，本来是道家的思想，禅宗将其吸收并发展了。宋代吴可诗云："学诗浑似学参禅，自古圆成有几联？春草池塘一句子，惊天动地至今传。"[④] "春草池塘"用的是谢灵运的典故，谢诗向来以清新自然而得到称赞。吴可认为，在清新自然这一点上，写诗与参禅是一样的。

关于"天然"，宋代杨梦信有个很好的解释：

> 学诗元不离参禅，
> 万象森罗总眼前。
> 触着见成佳句子，
> 随机钉饺便天然。[⑤]

这就与苦吟派很不相同，杜甫是苦吟的典型，"吟安一个字，拈断数茎

---

① 王骥德：《曲律·论咏物第二十六》。
② 王渔洋：《带经堂诗话》。
③ 王渔洋：《带经堂诗话》。
④ 吴可：《学诗诗》，《诗人玉屑》卷一。
⑤ 杨梦信：《题亚愚江浙纪行集句诗》。

须。"而禅宗主张写诗重在随机，不需苦吟，只要悟了，信手拈来，便是佳句。

王渔洋强调写诗要"兴会神到"，认为佳句"须其自来，不以力构"，他说他自己从不勉强作诗，也不喜欢写和韵诗。[①]

"神韵"说的第三个意思是推崇冲淡清远的艺术品格。前面我们曾提到过，王渔洋认为，"清""远"都可归属于"神韵"。清、远本也是道家推崇的品格，在这点上，禅宗与道家完全一致。清、远与冲淡、超脱、静穆相联系，清远的作品往往是冲淡的、超脱的、静穆的。因此这类作品往往是"素处以默，妙机其微"[②]。看来恬淡、实则幽深；看来静穆，实则内蕴蓬勃的生机。恰如宗白华先生所说："禅是中国人接触佛教大乘义后体认到自己心灵深处而灿烂地发挥到哲学境界与艺术境界，静穆的观照和活跃的生命构成艺术的两元，也是构成'禅'的心灵状态。"[③]

王渔洋所代表的神韵派，在中国美学史、艺术史上的意义是重大的。中国自古以来，对于艺术，就有重社会伦理和重审美趣味这样两派，前者强调教化，后者强调审美。这两派向来被认为以儒家和道家为代表。在一个漫长的历史时期内，社会伦理派是占主导地位的。但艺术趣味派实力并不弱。因为社会伦理派实际上并不排斥艺术趣味派，只是在艺术趣味走向极端，以致造成社会风气的颓丧，社会伦理派才出来大声疾呼，并予以干预。从理论形态来看，社会伦理派的理论体系比较完备，而在唐代以前，艺术趣味派的理论体系相对就比较零碎，不够系统。禅宗出现后，艺术趣味派的力量大大加强，神韵派的理论体系可以说是集大成者。由于禅宗与道家的结盟，广大士大夫对道、禅的热衷，艺术趣味派的理论体系的落后局面就得以根本性的转变，与社会伦理派的理论相比，艺术趣味派的理论体系就丰富得多、完备得多了，由此也就带来了宋明清艺术的空前繁荣。在这三个朝代，中国的封建主义艺术发展到极为灿烂、极为辉煌的程度。

---

① 王渔洋：《渔洋诗话》。

② 司空图：《二十四诗品·冲淡》。

③ 宗白华：《美学散步》，上海人民出版社 1981 年版，第 65 页。

第四节 禅悟如何走向艺术思维

禅宗修行的最根本的方法是"悟",北宗讲"渐悟",南宗讲"顿悟"。随着北宗的式微,南宗的兴盛,通常说禅悟就是指南宗的"顿悟"了。

"悟"是禅宗的灵光所在,可以说无悟即无禅。关于"悟",各种解释,大同小异,究其实质就是不借助逻辑推理的心领神会,这种"悟"重在自我体验,只可意会,难以言说。《黄帝内经·素问·八正神明》云:"慧然独悟",说得非常之好。元代学者刘埙对"悟"作过形象化的描述,可以说颇得悟之三昧。刘埙说:

> 学道之士,剥去几重,然后透彻精深,谓之妙悟,释氏所谓慧觉,所谓六通。……世之未悟者,正如身坐窗内,为纸所隔,故不睹窗外之境。及其点破一窍,眼力穿透,使见得窗外山川之高远,风月之清明,天地之广大,人物之错杂,万象横陈,举无返形,所争惟一膜之隔,是之谓悟。……惟禅学以悟为则,于是有曰顿宗,有曰教外别传,不立文字,有曰一超直入如来地,有曰一棒一喝,有曰闻莺悟道,有曰放下屠刀,立地成佛,既入妙悟,谓之本地风光,谓之到家,谓之敌生死。①

禅宗的"悟"作为一种宗教思维,除了带有通常的直觉思维所没有的神秘性外,又显然具有这样几个特色:

第一,非逻辑性。通常的直觉思维虽然其思维程序完全不同于逻辑思维,但思维的成果及其方式都是逻辑思维可以接受的。换言之,它还是可以理解的。但禅悟不仅其思维程序是非逻辑的,而且其思维成果也是非逻辑的,也就是说,按照通常的逻辑是无法接受的。比如,禅宗的公案中经常有这样的奇谈妙论:

> 李公饮酒张公醉。

> 三世诸佛之师是谁?厨子熊公。

---

① 刘埙:《隐居通义》卷一。

　　昨夜木马嘶石人舞。

　　空手把锄头，步行骑水牛，人从桥上过，桥流水不流。

　　这些禅语按照逻辑思维，是不可理解的。但禅宗的这些公案却不是疯话，不仅说的人是认真说的，听的人也是认真听的。那么，禅宗为什么要这样做呢？难道这种非逻辑的、近于疯狂的话语中真还包含有什么真理吗？似乎不应该按照这个思路去理解禅悟。因为按照禅宗的基本教义，禅宗压根儿就不承认宇宙的真理包含在这种人为的逻辑形式之中。禅宗认为，宇宙的真理就在宇宙自身。要理解个中奥秘，根本不必借助于逻辑形式这人为的思维工具，只要用真心去直接感受大自然就行了。禅宗故意说这种极端的明显不合乎常理的话，就是要人们不要用常理，不要用通常的逻辑思维去理解禅理。禅宗讲"不立文字"，"教外别传"，根本原因也在这里。禅宗的思维是一种"即事而真"的思维，禅宗的妙悟，实质就是"即真"。《涅槃无名论》说得很清楚："玄道在于妙悟，妙悟在于即真。"慧能门下南岳一系的马祖道一也说："随时言说，即事而理，都无所碍。"① "即事而理"即"即事而真"。这种思维方式主张以赤裸裸的纯然的心灵去观照宇宙人生，拒绝各种逻辑推理的形式甚至包括文字，认为这种形式妨碍人们去接受事物的本来面目。禅悟的最大特点就是"即事而真"。

　　第二，契机的怪异性。悟是需要契机的。契机之于悟好比一根火柴之于一堆干柴。契机是多种多样的，可以是一处风景，可以是几句不相干的话。禅悟的契机同样如此。比之于别的"悟"，禅悟的契机似乎更显得奇异、怪诞、不可理喻。比如，百丈怀海师事马祖时，一次师徒出游，见一群野鸭子飞过，马祖问："是甚么？"百丈回答："野鸭子。"又问："甚处去也？"百丈又答："飞过去也。"马祖见百丈仍不悟，遂把百丈鼻头紧扭，痛得百丈出声。马祖道："又道飞过去也。"百丈顿时大悟。② 这禅悟就颇奇怪了。百丈据实回答"野鸭子飞过去也"，马祖认为不行，而马祖将百丈

---

① 《五灯会元·江西马祖道一禅师》。

② 《五灯会元·百丈怀海禅师》。

的鼻头紧扭，由他来说野鸭子"飞过去也"，却使百丈顿时大悟。其间到底寓何奥妙，只有百丈本人可知。禅宗的公案几乎全是这样不可解释的哑谜。在前言不对后语的"机锋"交战之中，有的徒弟悟了，有的徒弟不悟，其间似乎并没有什么规律可循，一切全看当时的心绪。如果心绪特佳，与师父发出的信号突然接上头了，顿时心扉洞开，豁然开朗，那就是悟了，否则就是不悟。

正是因为这种"悟"不易，师父们为驱除徒弟头脑中的愚蒙，启开障蔽厚重的心扉，往往采取非常的手段，除了厉声吆喝之外常伴以拳脚、棍棒，禅林中"临济喝""德山棒"最为著名。《五家宗旨纂要》说："临济家风，机用大全，棒喝齐施，虎骤龙奔，星驰电掣。"《人天眼目临济门庭》亦云："临济宗者，大机大用，脱罗笼，出窠臼。虎聚龙奔，星驰电激，转天关，斡地轴，负冲天意气，用格外提持，卷舒擒纵，杀活自在。"师徒之间，这种一来一往的对话，或擒住，或绕开，或喝破，热烈辛辣，犹如电闪雷鸣。外界人看之，莫名其妙；个中人看之，心动神移。这里试举一例：

> 上堂："一喝分宾主，照用一时行，要会个中意，日午打三更。"遂喝一喝，曰："且道是宾是主？还有分得者么？若也分得，朝打三千，暮打八百。若也未能，老僧失利。"……问："达摩未来时如何？"师曰："长安夜夜家家月。"曰："来后如何？"师曰："几处笙歌几处愁。"问："一物不将来时如何？"师曰："槐木成林。"曰："四山火来时如何？"师曰："物逐人兴。"曰："步步登高时如何？"师曰："云生足下。"问："古人封白纸，意旨如何？"师曰："家贫路富。"问："如何是祖师西来意？"师曰："三日风，五日雨。"……①

这一段对话是"绕路说禅"的佳例，从中我们可以大致窥见禅宗机锋之一斑。禅宗公案中，"德山棒"也是很著名的，据说，德山禅师握一条白棒，"佛来亦打，祖来亦打"，"道得也三十棒，道不得也三十棒"，名震遐迩。像德山禅师这样用一条白棒来启开徒弟的愚蒙，使其大悟的做法，在世界文

---

① 《五灯会元·石霜楚圆禅师》。

化史上大概是绝无仅有的吧。

　　第三，"活参"。禅宗有个著名理论："参活句勿参死句。"所谓"参活句"，就是说，不可拘守话句表面的意思，要善于灵活地理解。《禅家龟鉴》说："活句下荐得，堪与佛祖为师，死句下荐得，自救不了。"禅宗公案常使人莫名其妙，犹如猜哑谜，关键在于不能拘泥于字面上的意思，要善于突破字面上的意思给人制造的无形的思维樊篱，在思维的自由驰骋中领悟其奥妙。如果不善于这样做，"活句也是死句"，如果善于这样做，"死句也是活句"。① 紫柏老人说得好："博雅得活句之妙，能点死为活，譬如一切瓦砾钢铁，丹头一点，皆成黄金白璧。"② 在禅宗的灯录中，问"祖师西来意"最多，而答法各种各样，大多是从眼前景物，或正在做的事中信手拈一个答案，这里，随手摘引数条：

　　　　"庭前柏树子"（赵州从谂答）

　　　　"卢陵米作么价"（青原行思答）

　　　　"干屎橛"（云门文偃答）

　　　　"麻三斤"（洞山良价答）

　　　　"一寸龟毛重九斤"（九峰和尚答）

　　　　"鸟飞如鸟，鱼游如鱼"（遂元禅师答）

　　　　"松长柏短"（观音启禅师答）

　　　　"入市乌龟"（大同旺禅师答）

　　所有这些回答活泼自由，无遮无碍。禅师们之所以能够这样，原因在于它的深层意蕴并不在字面，而且也不在事物本身，而在于听话者的主观体验。

　　禅悟这样一些特点暗与艺术思维相通。自唐代以来不少文人以"禅悟"作譬喻谈艺术构思的规律。严羽说："大抵禅道惟在妙悟，诗道亦在妙悟。"③ 韩驹也说："学诗当初如学禅，未悟且遍参诸方。一朝悟罢正法眼，信手拈

---

①　《从容庵录》。

②　《紫柏老人集》卷十五。

③　严羽：《沧浪诗话·诗辨》。

出皆成章。"① 将禅悟与艺术思维比较，它们至少在这些方面有类似之处：

第一，"无理而妙"。上面我们已经谈到，禅悟是非逻辑性的，往往不合常理，这点与艺术颇为相似。由于人们对艺术的不合逻辑已经习以为常，因而见怪不怪，如果将艺术的眼光收起，而以逻辑的眼光审视，艺术的有悖常理则比比皆是，诸如这样的诗句：

"白发三千丈，缘愁似个长。"（李白）

"飞流直下三千尺，疑是银河落九天。"（李白）

"感时花溅泪，恨别鸟惊心。"（杜甫）

"露从今夜白，月是故乡明。"（杜甫）

按照审美的眼光来看，这些句子无疑是脍炙人口的佳句，但是以科学的眼光来看，每句都是荒谬的。白发再长也不会达到三千丈，瀑布也不是银河从九天落下，花、鸟不是人何来溅泪、惊心？月光各处皆一样，又何来"月是故乡明"。奇怪的是，人们不仅宽容了这样的荒谬，而且极为欣赏、推崇这种荒谬。正如清代诗论家贺裳所说的"无理而妙"。贺裳本是在《皱水轩词筌》结合李益、张先（字子野）的诗句提出这一命题的。他说：

唐李益诗曰："嫁得瞿塘贾，朝朝误妾期。早知潮有信，嫁与弄潮儿。"子野《一丛化》末句云："沉情细思，不如桃杏，犹解嫁东风。"此皆无理而妙。②

是的，李益与张先的这两句诗（词）实在无理之至。女儿再怎么痴，也不会痴到只是因为潮有信，就宁愿嫁与弄潮的船夫的。至于说人不如桃杏幸福，因为桃杏还能嫁给东风，这用常理来断，几近于疯话了。然而谁也不会这样断言，而且，只要是稍有点文学常识的人，都极为欣赏这两句诗（词），它所具有的震撼人心的力量不是属于科学的，而是属于审美的。它实在绝妙之至。

在非逻辑、非常理这一点上，禅悟与艺术思维实在是太一致了。人们

---

① 韩驹：《赠赵伯鱼》，《重刻江西诗派韩饶二集》本《陵阳先生诗》卷一。

② 贺裳：《皱水轩词筌》。

之所以还不能接受禅悟的非逻辑性，主要还是不习惯禅宗的这种特殊的思维方式和表达方式。如果人们能像熟悉艺术一样熟悉禅宗，禅悟之怪也就不怪了。

第二，意在言外。意在言外是禅悟的一个很重要的特征。令我们感到兴趣的是，禅悟的这一特征竟然用诗来比喻。《五灯会元》载昭觉克勤禅师去见五祖：

> 祖一见而喜，令即参堂，便入侍者寮。方半月，会部使者解印还蜀，诣祖问道。祖曰："提刑少年，曾读小艳诗否？有两句颇相近。频呼小玉元无事，只要檀郎认得声。"提刑应"喏喏"。祖曰："且子细。"师适归侍立次，问曰："闻和尚举小艳诗，提刑会否？"祖曰："他只认得声。"师曰："只要檀郎认得声。他既认得声，为甚么却不是？"祖曰："如何是祖师西来意？庭前柏树子。聻！"师忽有省，遽出，见鸡飞上栏干，鼓翅而鸣，复自谓曰："此岂不是声？"遂袖香入室，通所得，呈偈曰："金鸭香销锦绣帷，笙歌丛里醉扶归。少年一段风流事，只许佳人独自知。"[①]

这段文字绝妙。五祖用小艳诗作譬喻，将禅悟的奥妙说得再清楚不过了。正如新嫁娘频频呼唤婢女，本来没有什么事要说，只是为了引起新郎对自己的注意罢了，禅宗的悟也都是言在此意在彼。所以，看见鸡飞栏干、鼓翅而鸣也可以大悟。而禅师悟后作的那首完全是诗的偈子，也不可能从字面上去理解，其深意亦在言外。

文学作品特别是诗最是讲究"弦外之音"、言外之意的。诗之耐品，也就在这里，如果一目了然，显豁明白，还有什么诗味？还有什么美呢？袁枚说："诗无言外之意，便嚼蜡。"[②]施补华也说："若意尽言中，景尽句中，皆不善也。"[③]中国艺术向来推崇含蓄、空灵。含蓄重在含而不露，"意不成露，语不穷尽，句中有余味，篇中有余意。"[④]空灵则重在透彻玲珑、实中见虚、

---

① 《五灯会元·昭觉克勤禅师》。
② 袁枚：《随园诗话》卷二。
③ 施补华：《岘佣说诗》。
④ 沈祥龙：《论词随笔》。

虚中见实、淡而有致、语浅意深。在这些方面,参禅与作诗同样是颇为相通的。

"活参"是构成参禅的重要特色。禅的"活泼泼",充满生气,禅的耐人寻味,言此意彼,禅的空灵透脱,妙趣横生,均与"活参"有关。诗人们从禅的"活参"获得启发,认为"学诗如参禅,慎勿参死句"①。宋代的学者葛天民在寄给好友杨万里的一首诗中,这样写道:

> 参禅学诗无两法,死蛇解弄活泼泼。气正心空眼自高,吹毛不动全生杀。生机熟语却不俳,近代独有杨诚斋。才名万古付公论,风月四时输好怀。知公别具顶门窍,参得彻兮吟得到。赵州禅在口头边,渊明诗写胸中妙。②

葛天民称赞杨万里的诗是"参活句"的范例,这个评价是恰当的。杨万里的诗句特别地透脱活泼,清新自然,耐人品读。葛天民认为杨万里之所以能取得这样的成就,与他深受禅宗的影响是分不开的。

第三,瞬间顿悟。禅宗南宗讲顿悟,艺术构思讲妙悟。用今天的术语,就是灵感。古代的诗评家对于这一点特别感兴趣,他们强调妙悟的突发偶然性,李德裕说:"文之为物,自然美气,恍惚而来,不思而至,杼轴得之。"③汤显祖也说:"自然灵气,恍惚而来,不思而至。"④可见这种妙悟是非理智可以把握的。这种情况与顿悟完全一致。妙悟是人最佳的精神状态,人的创造力在这个时候得到超乎寻常的发挥。就艺术创作来讲,首先是想象极为丰富,"寂然凝虑,思接千载,悄焉动容,视通万里"⑤。其次是新意迭出,不同凡俗,正如皎然所说:"有时意静神王,佳句纵横,若不可遏,宛若神助。"⑥

明代的胡应麟非常推崇严羽的"禅道惟在妙悟。诗道亦在妙悟"的观

---

① 曾几:《读吕居仁旧诗有怀》。
② 葛天民:《寄杨诚斋》。
③ 李德裕:《李文饶文集·李卫公外集》卷三。
④ 汤显祖:《汤显祖集·合奇序》。
⑤ 刘勰:《文心雕龙·神思》。
⑥ 皎然:《诗式·取境》。

点,他从艺术心理学的角度,对二者做了十分形象生动的描绘和比较:

> 严氏以禅喻诗,旨哉！禅则一悟之后,万法皆空,棒喝怒呵,无非至理,诗则一悟之后,万象冥会,呻吟咳唾,动触天真。然禅必深造而后能悟,诗虽悟后,仍须深造。①

其实不仅禅必深造而后能悟,诗也必深造而后能悟。因此,别看悟只是瞬间的事,在此之前尚需付出艰辛的劳动。没有相当好的修养,没有相应的精神准备,悟的境界是不会出现的,而且悟之后,仍须深造,不仅作诗应如此,参禅也应如此。关于这个道理,宋代学者陆桴亭讲得再好不过了。他说:

> 人性皆有悟,必工夫不断,悟头始出,如石中皆有火,必敲击不已,火光始现。然得火不难,得火之后,须承之以艾,继之以油,然后火可不灭,故悟亦必继之以躬行力学。②

"妙悟"是中国传统美学中的重要范畴。"妙悟"准确、深刻地概括了审美思维的本质。在现代美学体系的建构中,"妙悟"这个范畴仍然占有重要的地位。

---

① 胡应麟:《诗薮》。
② 陆桴亭:《思辨录辑要》卷三。

第十三章

禅宗美学（下）

慧能之后，禅宗继续发展，慧能去世前与众弟子话别，上座法海问："大师去后，衣法付何人？"慧能明确地说："法即付了，汝不须问。"又说："衣不合传。"这就将过去的"传衣"继承改为"传法"继承了。传衣只传一人，传法就不止传一人。慧能有十大弟子，他们都是慧能的"付法"者。慧能对十弟子说："吾灭度后，汝各为一方头。"后来的状况大体如慧能所预言。禅宗后来发展成五宗七派，就与慧能这种传法方式有关。五宗七派实为两系，一为南岳系，一为青原系。两系、五宗、七派于禅宗均有发展，其中，见出浓郁的美学意味，值得琢磨品味。

有关禅宗发展情况，在宋代高僧普济所编著的《五灯会元》一书中有比较清晰的介绍。

第一节 南岳系

南岳系以宗师怀让长住南岳衡山而得名。南岳系在生发出沩仰、临济二宗之前有五位很著名的宗师，他们对二宗的形成起了重要的作用。他们是：南岳怀让、马祖道一、百丈怀海、南泉普愿、赵州从谂。

一、怀让

怀让是慧能门下五位"大宗匠"之一。他俗姓杜，陕西金州人，15 岁时在荆州玉泉寺出家，后去嵩山拜谒道行高深的慧安法师，慧安指示他直诣曹溪参六祖慧能。

怀让在慧能门下长达 12 年（一说 15 年），后往南岳，大阐禅宗。慧能曾对他说："西天般若多罗（第二十七祖）谶汝足下出一马驹，踏杀天下人。"[1] 这"马驹"就是赫赫有名的马祖道一。怀让在禅宗史上的重要地位主要也就在收马祖道一为徒上。日后沩仰宗、临济宗均由马祖道一的嫡传百丈怀海所出。关于怀让收马祖道一，《五灯会元》有这样精彩的记载：

> 开元中有沙门道一，在衡岳山常习坐禅。师知是法器，往问曰："大德坐禅图什么？"一曰："图作佛。"师乃取一砖，于彼庵前石上磨。一曰："磨作什么？"师曰："磨作镜。"一曰："磨砖焉得成镜邪？"师曰："磨砖既不成镜，坐禅岂得作佛？"一曰："如何即是？"师曰："如牛驾车。车若不行，打车即是，打牛即是？"一无对。[2]

这个故事脍炙人口，现今南岳衡山有古迹磨镜台。怀让在与马祖道一的对话中鲜明地表达了慧能禅的特点：成佛不在于坐禅。为什么成佛不在于坐禅呢？怀让用牛驾车来启发马祖道一，道一仍是不悟。于是，怀让说："汝学坐禅，为学坐佛？若学坐佛，禅非坐卧。若学坐佛，佛非定相。于无住法，不应取舍。汝若坐佛，即是杀佛。若执坐相，非达其理。"这下，道一悟了，"如饮醍醐"。

怀让这里所说的佛理也就是慧能所说的"无相为体"，"无住为本"。佛既然无相，学坐佛，就无据了。同样，禅也非坐卧。怀让实际上强调的是心。所以下面又与马祖道一讨论"如何用心"的问题，怀让说"汝学心地法门，如下种子"。正是种子决定了未来作物的一切，而未来作物的一切也尽在

---

① 《坛经》。

② 《五灯会元》卷三。

种子之中。以之喻学佛，说明"一切法皆从心生"。用种子喻心，很能见出
慧能禅的美学特色。

(五代) 贯休:《十六罗汉·阿氏多》

二、马祖道一

马祖道一顿悟后，从怀让十年，后往福建、江西等地传禅，晚年住江西
南昌开元寺，禅法大盛，四方僧众云集。

马祖道一传禅在内容上突出"自是心佛""即心即佛"，这些都是慧能
禅的思想，但道一讲得更透。关于"自心是佛"，有这样一个故事：大珠慧
海禅师初参马祖，乞求佛法。马祖说："我这里一物也无，求甚么佛法？自

家宝藏不顾，抛家散走作什么？"大珠不明，问："那个是慧海宝藏？"马祖说："即今问我者，是汝宝藏。一切具足，更无欠少，使用自在，何假外求。"这话的意思很清楚，就是"自识本心"即可成佛。

马祖强调"即心即佛"，从人当下的言语、举动中去证悟自身本来是佛，他说："即事即理，都无所碍，菩提道果，亦复如是。"

值得我们注意是，道一除了讲"自心是佛""即心即佛"外，还讲"非心非佛"。何谓"非心非佛"，道一没有阐明，此语出自一段对话：

> 僧问："和尚为什么说即心即佛？"师曰："为止小儿啼。"曰："啼止时如何？"师曰："非心非佛。"

这样说来，"非心非佛"也就是"即心即佛"，只是强调不要执着于"心"与"佛"。"成佛"是自然的，执着于成佛，未必能成佛，而"非心非佛"倒反而成了佛。这如同哄小儿不哭，只有让他的注意力不再集中在哭的那个原因上，他才不哭了。

"即"导出"非"，"有"化为"无"。界端的泯灭显示出禅宗极高的美学智慧，微妙而又深刻，耐人寻味。

马祖在禅法上将慧能所传的"无念心"发展成"平常心"，使之更具世俗色彩，也更具道家意味。马祖说："平常心是道。谓平常心无造作，无是非，无取舍，无断常，无凡无圣。"[1]

马祖是禅宗"禅机时代"的开创者。"禅机"是禅宗传法的重要方式。慧能传禅主要还是"藉师自悟"。而师也多是正面地阐说禅理，慧能授徒基本上是这样的。马祖则有些不同。他强调"禅机"，即传法者抓住一个特定的机会，用奇特的非常规的语言狠狠地刺激受法者的头脑，使之突然顿悟。这种方式又叫"机锋"，"机"，机微之机；"锋"取其直指人心、效果强烈之意。马祖传法有不少精彩的"机锋"事例。例如，一居士问："不与万法为侣者是什么人？"马祖答："待汝一口吸尽两江水即向汝道。"又有僧问："如何得合道？"马祖曰："我早不合道。"

---

① 《五灯会元》卷三。

机锋是禅宗美学的突出特色。机锋之机多为形象之物,灵动而鲜活,而思想之锋芒真如阳光直射,使之熠熠生辉,让人茅塞顿开,心灵震撼。此种直觉浑如艺术中的灵感,机敏而神秘。它是审美的,应为审美直觉。

马祖不仅开禅宗"机锋"之先河,还是"棒喝"的最早运用者。所谓"棒喝",就是当受法者冥顽不悟之时,传法者就可用棒打吆喝的方法促使他开悟。临济宗的禅法,棒喝最为著名,溯其湖,则始于马祖。

> 一僧问:"如何是西来意?"马祖挥棒便打,并说:"我若不打汝,诸方笑我也。"①

三、百丈怀海

马祖门徒众多,面以西堂智藏、百丈怀海、南泉普愿为"三大士"。"三大士"中百丈怀海地位又最重要,因为就是在百丈怀海的弟子中开创出了沩仰、临济两个宗派。

百丈怀海,福州长乐人,俗姓王,受具足戒于衡山,后去江西皈依马祖。马祖去世后,怀海去新吴(今江西奉新)大雄山居住,大雄山又称百丈山,故怀海又称百丈怀海。百丈怀海在禅宗史上的重要地位除了为禅宗两个宗派的创宗人之外,还提出了一套禅门清规,号称"百丈清规"。百丈清规中有与劳动相关联的条款。中国的佛教徒过去是不从事生产的,自百丈起,则有了生产的习惯。禅宗弟子从事生产劳动,一方面能满足自己吃食需要;另一方面又可从劳动中悟得禅法。《五灯会元》记载有这样一个故事:

> 普请镢地次,忽有一僧闻鼓鸣,举起镢头,大笑便归。师曰:"俊哉!此是观音入理之门。"师归院,乃唤其僧问:"适来见什么道理,便恁么?"曰:"适来肚饥,闻鼓声,归吃饭。"师乃笑。

这里的"普"即南泉普愿,南泉普愿也是马祖道一的弟子。有一次马祖带西堂智藏、百丈怀海、南泉普愿等三大弟子欣赏月色。马祖问:"正恁么时如何?"西堂说:"正好供养。"百丈说:"正好修行。"南泉则拂袖便行。马

---

① 《五灯会元》卷三。

祖评论三人："经人藏，禅归海，唯有普愿，独超物外。"可见，马祖对南泉是最为赏识的。

四、南泉普愿

南泉普愿的时代，禅道已经烂熟了，禅门盛行以"公案"来说禅。所谓"公案"，借用法案的用语，指的是显赫禅师的显赫言行。禅宗常以它为范例来阐述禅理。"南泉斩猫"是后代禅门津津乐道的一则禅宗公案。《五灯会元》卷三载：

> 东西两堂争猫儿，师（指南泉）遇之，白众曰："道得即救取猫儿，道不得即斩却也。"众无对，师便斩之。赵州（即赵州从谂，南泉的弟子）自外归，师举前语示之。州乃脱履安头上而出。师曰："子若在，即救得猫儿也。"

这个故事脍炙人口，然而其意并没有人说清楚过。从赵州脱鞋置之头上的行为看，南泉是希望人们打破常规甚至以一种颠倒的方式来看待世界底蕴的。佛教所提倡的破执，就是要破这种常规性的思维。

南泉很喜欢用答非所问的形式来破执。比如有僧问："路向何处去？"南泉拈起镰刀说："我这茆镰子，三十钱买得。"又问："不问茆镰子，南泉路向什么处去？"南泉说："我使得正快！"这一问一答完全是两种思路。南泉的意思就是要截断问者的思路，换一种思维方式。禅宗的机锋、公案常常是以这样一种怪诞的方式破执启悟，千万不能从字面上去理解它。

禅宗这种破执的方式在某种意义与审美相似。审美有思维，但它基本上不是逻辑思维，因而审美所得到的对事物的感受往往与科学认识相异。这种感受，用科学来评判，它是怪异的，甚至是虚假的，而用美学来评判，它具有创新性，因而是肯定甚至赞赏的，这种情况在艺术创作中常出现。

五、赵州从谂

南泉普愿的弟子中，赵州从谂最得其师"三昧"。从谂俗姓郝，曹州人，少年出家，80 岁时始住赵州（今河北赵州）城东观音院，故而人称赵州从谂。

赵州从谂的许多言行后世禅门奉为"公案"。赵州从谂的禅机灵活多变、杀活自如，颇有特色。如：

> 问："如何是祖师西来意？"师曰："庭前柏树子。"

> 问："学人乍入丛林，乞师指示。"师曰："吃粥了也未？"曰："吃粥了也。"师曰："洗钵盂去。"其僧忽然省悟。

> 问："如何是赵州？"师曰："东门西门，南门北门。"问："初生孩子还具六识也无？"师曰："急水上打球子。"

> 问："柏树子还有佛性也无？"师曰："有。"曰："几时成佛？"师曰："待虚空落地时。"曰："虚空几时落地？"师曰："待柏树子成佛时。"①

这些几成哑谜式的问答，初看莫名其妙，似同游戏，细品都能让人深悟禅理玄妙。像上面所引问"祖师西来意"，赵州答曰："庭前柏树子。"这柏树子表面看来与祖师西来意相差不啻十万八千里，了不相干，然而那具有蓬勃生意、自然生灭的柏树不也隐隐见出禅意吗？难怪赵州说柏树子也有佛性。再比如那刚刚剃度出家的和尚问赵州如何学佛，赵州不做正面回答，却问他吃粥了没有，待得知他已吃过了，便叫他洗钵盂去。这答非所问其实正是所问所答。按禅宗的禅法学佛就在这日常生活之中，所谓"担水劈柴，无非佛道"。大珠慧海禅师答源律禅师问"如何用功"，就是"饥来吃饭，困来即眠"。

赵州从谂最著名的公案是关于狗子是否有佛性的答问：

> 问："狗子还有佛性也无？"师曰："无。"曰："上至诸佛，下至蝼蚁，皆有佛性，狗子为甚么却无？"师曰："为伊有业识在。"②

的确，按佛教教义，"上至诸佛，下至蝼蚁，皆有佛性"，赵州却说狗子无佛性。说到理由，赵州说因为"伊有业识在"，那意思是狗子还沉沦在恶业的苦海之中。而后世禅门将它作为公案来讨论时，含义似乎丰富得多。日本禅学家铃木大拙谈到赵州这一公案时说：

---

① 以上引文均见《五灯会元》卷四。
② 《五灯会元》卷四。

……"无"，字面上的意思是"没有"。但是，当它被作为公案时，这个意思是无关紧要的了。它就是"无"！弟子们被告知，要把心思全部集中到这个无意义的声音"无"上来，别去管它到底意味着"是"或"不是"或其他任何东西。就是"无"！"无"！"无"！①

以"无"作为世界的本质，这显然来自中国传统的道家哲学。佛教本讲"空"，道家才讲"无"。以"无"释"空"，化"空"为"无"，正是禅宗哲学以及美学的精粹所在。

第二节　青原系

慧能之后，以怀让为首的南岳一系产生了沩仰、临济二宗。临济宗后又产生出黄龙、杨岐两派。另一系由青原行思为首，这一系称为青原系，后产生出曹洞、云门和法眼三宗。

青原一系在宗派产生前出现了六位大师，他们虽然不是三宗的创始人，但对三宗的产生起了重要的作用。他们的禅宗思想和接机方式都有自己的创造性。这六位大师是：青行原思、石头希迁、天皇道悟、丹霞天然，德山雪鉴、雪峰义存。

一、石头希迁

青原行思禅师，吉州安城（今江西吉安）人，俗姓刘，幼岁出家，好深思，不善言辞，每群居论道，常默然不语。后去曹溪参慧能大师，在慧能门下称为上座。青原行思的行迹，禅宗史上记载不多，所记载的主要是他与其师弟亦是徒弟石头希迁的关系。

希迁在青原一系中的地位类似于马祖道一在南岳一系中的地位。希迁俗姓陈，端州高要（今广东高要）人，从小就很有胆量。当地人民敬畏鬼神，祭祀很多，每逢祭祀总是杀牛滤酒，大家习以为常。希迁憎恶这种风俗，经

---

① [日] 铃木大拙：《禅宗与精神分析》，辽宁教育出版社 1988 年版，第 55 页。

常去捣毁这种场面,夺牛而归。乡里的长老也拿他没有办法。后去曹溪参慧能,得度未具戒。

六祖将示灭,希迁问:"和尚百年后,我不知应当去依附什么人?"六祖说:"寻思去!"希迁以为这寻"思"就是思考的意思,故待六祖圆寂后,每天静处端坐,寂若忘生。当时青原行思已遵慧能的吩咐在江西青原山静居寺阐化禅法,禅客甚盛。此时担任曹溪宝林寺上座的已不是青原,而是另一位禅师。这位禅师对希迁说:"大师已殁,空坐有什么用?"希迁说:"我禀大师遗诫,静坐寻思。"上座说:"你有师兄青原行思,今住吉州,你的因缘在那里。师父说得很清楚,叫你去寻行思,你自己迷误了。"希迁闻此言,便辞别宝林寺,去青原山寻行思去了。

青原行思见到这位师弟,也很高兴,有意试试他,看机锋是否相投,于是师兄弟一见面就有这样一场精彩的对话:

　　师曰:"子何方来?"迁曰:"曹溪。"师曰:"将得甚么来?"曰:"未到曹溪亦不失。"师曰:"若恁么,用去曹溪作甚么?"曰:"若不到曹溪,争知不失?"迁又曰:"曹溪大师还识和尚否?"师曰:"汝今识吾否?"曰:"识。又争能识得?"师曰:"众角虽多,一麟足矣。"迁又问:"和尚自离曹溪,甚么时至此间?"师曰:"我却知汝早晚离曹溪。"曰:"希迁不从曹溪来。"师曰:"我亦知汝去处也。"①

这段对话既有师兄弟话旧之情,又有禅理探讨之味。显然,这番对话,机锋接引上了。所以青原行思敢说:"我亦知汝去处也。"

一次,青原行思让希迁送一封信给南岳的怀让和尚,说:"汝达书了,速回,吾有个钝斧子,与汝住山。"希迁到了南岳,还未呈上书信,便问怀让:"不慕诸圣不重己灵时如何?"南岳怀让说:"子问太高生,何不向下问?"希迁说:"宁可永劫受沉沦,不从诸圣求解脱。"怀让不再问了,希迁也就回来了。青原问他:"子返何速?书信达否?"希迁说:"书亦不通,信亦不达。去日蒙和尚许个钝斧子,只今便请。"说毕请求去南岳,青原知他志向已定,

---

① 《五灯会元》卷五。

也不再挽留。于是，希迁就去了南岳。南岳南台寺东有一巨石状如台，希迁就在这石头上结庵，故时号石头和尚。

青原让希迁送信去南岳，也许是试试希迁与南岳的因缘，并非真的有什么要事要向怀让传达。重要的是希迁与怀让的对话，很能见出希迁的佛教思想和个性。希迁是个敢作敢为的人，年幼夺牛毁祠的行为足以证明，而在他皈依禅门之后，对禅理的认定也很是坚决的。他深信"自悟""自度"说，表示"宁可永劫受沉沦，不从诸圣求解脱"。怀让不是要希迁"向下问"吗？"向下问"就是问自己。

希迁在南岳修行时，怀让也在南岳，怀让对自己的弟子极力夸赞希迁。希迁声誉日隆，来向他求法的禅僧很快多了起来。

青原、希迁的佛法理论与怀让、马祖道一其实是一样的，只是在接机方式上不像马祖门下那样机锋峻烈，棒喝齐施，而是比较朴实平易，但亦不失灵活裕如，这种方式直接影响到曹洞宗。比如：

> 门人道悟问："曹溪意旨谁人得？"师曰："会佛法人得。"曰："师还得否？"师曰："不得。"曰："为甚么不得？"师曰："我不会佛法。"僧问："如何是解脱？"师曰："谁缚汝？"问："如何是净土？"师曰："谁垢汝？"问："如何是涅槃？"师曰："谁将生死与汝？"

回答中强调佛法不是外在灌注进去的，而是心灵开发出来的，所以，解脱是自我解脱，涅槃是自我涅槃。这些基本道理内在地通向审美，审美是一种心灵的解放，这解放从本质上看是自我解放。

石头希迁点拨弟子的这些话语很有力度，但并不见晦涩，也颇简易，与"棒喝齐施，虎骤龙奔"的临济宗法相法相比，迥然不同。当然，青原、希迁也有一些似是驴唇不对马嘴的话语，但那为的是打破弟子的惯常思维，促使弟子顿悟。有些对话成为禅宗著名的公案，如：

> 僧问："如何是佛法大意？"师（青原行思）曰："庐陵米作么价？"①
> 问："如何是禅？"师（石头希迁）曰："碌砖。"问："如何是道？"师曰：

---

① 《五灯会元》卷五。

"木头。"①

二、药山惟俨

石头希迁门下著名弟子甚多,其中药山惟俨和天皇道悟分别开启曹洞宗和云门宗、法眼宗。

敦煌壁画《飞天图》

药山惟俨,俗姓韩,绛州(今山西绛县)人。17岁出家,慕石头希迁之名去南岳参拜。希迁说:"恁么也不得,不恁么也不得,恁么不恁么总不得,子作么生?"惟俨罔然不知所措。希迁说:"子因缘不在此,且往马大师处去。"惟俨于是去江西参马祖。马祖说:"我有时教伊扬眉瞬目,有时不教伊扬眉瞬目,有时扬眉瞬目者是,有时扬眉瞬目者不是。子作么生?"惟俨当下契悟。这很有意思!石头点拨惟俨说的话与马祖说的话其实是差不多的,但马祖说得形象生动一些,结果惟俨在马祖的言下悟了。惟俨悟后又回到南岳石头的身边。从惟俨分别从石头、马祖求教来看,当时禅宗(南宗)内部派系并不严格,僧人你来我往也是平常的事。

药山惟俨后来居湖南澧州药山,因而称药山惟俨。药山惟俨的禅法机

---

① 《五灯会元》卷五。

智而又平易。一次，他在一块石头上打坐，希迁问他做在什么。他说："一物不为。"希迁说："恁么即闲坐也。"他说："若闲坐即为也。"① "为"即"无为"，"无为"即"为"，这种思维方式时常出现在惟俨的机锋之中。比如，一次，有僧问他："兀兀地思量甚么？"他回答："思量个不思量底。"僧又问："不思量底如何思量？"他说："非思量。"② "思量"——"不思量"——"非思量"，这种三段论式是禅宗思辨最常见的方式之一。

"是"，肯定；"不"，否定。这是一对矛盾。然而到"非"，事物的性质就发生了根本性的变化，它既不是"是"，也不是"不"，然而它含有"是"，也含有"不"。在"非"的情境下，事物实现了超越与升华。这样一种思维方式，在审美中也是经常出现的。审美的关键在于超越，而其高峰体验正在情思的升华。

有这样一个故事也很精彩。

> 道吾、云岩侍立次，师指山上枯荣二树，问道吾曰："枯者是，荣者是？"吾曰："荣者是。"师曰："灼然一切处，光明灿烂去。"又问云岩："枯者是，荣者是？"岩曰："枯者是。"师曰："灼然一切处，放教枯淡去。"高沙弥忽至，师曰："枯者是，荣者是？"弥曰："枯者从他枯，荣者从他荣。"师顾道吾、云岩曰："不是，不是。"③

看来，药山是赞同高沙弥的观点的。所谓"枯者从他枯，荣者从他荣"，也就是听其自然。道吾执着于"荣者是"，云岩执着于"枯者是"，故而药山惟俨说他们两个皆"不是"。药山的禅法中有浓郁的道家味道。道与禅在他那里已经融为一体。

自生、自为、自灭，宗教的主体性与审美的主体性在这里实现了完美的统一。

药山惟俨与朗州刺史李翱论禅的故事，禅林也传为佳话。

> 朗州刺史李翱问师玄化，屡请不起，乃躬入山谒之。师（惟俨）执

---

① 《五灯会元》卷五。
② 《五灯会元》卷五。
③ 《五灯会元》卷五。

经卷不顾。侍者白曰："太守在此。"翱性褊急，乃言曰："见面不如闻名。"师呼："太守！"翱应诺。师曰："何得贵耳贱目？"翱拱手谢之，问曰："如何是道？"师以手指上下，曰："会么？"翱曰："不会。"师曰："云在天，水在瓶。"翱乃欣惬，作礼，而述一偈曰："练得身形似鹤形，千株松下两函经。我来问道无余说，云在青天水在瓶。"[1]

"云在青天水在瓶。"多美的意象！

"道"在何处？如云在天，水在瓶。这不就是各得其所吗？原来这就是"道"。这"佛道"跟老庄讲的"天道""地道"是一回事。

三、丹霞天然

丹霞天然是石头希迁的另一弟子。他在禅宗史上以狂禅而著名。《五灯会元》载，他去江西谒马祖，"未参礼，便入僧堂内，骑圣僧颈而坐。时大众惊愕。"好在马祖并未责备他，还赐他法号"天然"。天然最有名的行为是烧木佛，那是唐元和年间的事。天然与伏牛和尚游于慧林寺，正值天寒，天然就取木佛烧火烤身。院主呵责："何得烧我木佛？"天然以杖拨灰说："吾烧取舍利。"院主说："木佛何有舍利？"天然马上接口说："既无舍利，还拿两尊来烧。"显然，在天然看来，木佛并非佛，既非佛，烧之何妨？

四、天皇道悟

天皇道悟也是石头门下很著名的和尚，但关于他的史料不多。他幼年出家，曾参过径山国一和马祖道一两位和尚，后投石头门下。晚年居荆州天皇寺，因而人称天皇道悟。天皇道悟的法嗣为龙潭崇信。据说龙潭其家卖饼，他每日送给天皇十个饼，天皇总是食完九个留下一个，说是要送给龙潭以荫庇其子孙。龙潭感到奇怪："饼是我持去，何以返遗我邪？其别有旨乎？"于是问天皇是何缘故。天皇说："是汝持来，复汝何咎？"龙潭一听，颇晓玄旨，于是出家。龙潭在天皇处出家有一些时日了，天皇却未给他讲禅理。

---

[1] 《景德传灯录》卷十四。

龙谭不明，一日问天皇："某自到来，不蒙指示心要？"天皇说："自汝到来，吾未尝不指汝心要。"龙潭问："何处指示？"天皇说："汝擎茶来，吾为汝接。汝行食来，吾为汝受。汝和南时，吾便低首。何处不指示心要？"龙潭沉思许久，天皇有点着急，说："见则直下便见，拟思即差。"龙潭则当下开解，悟了。这个故事很能见出禅宗特色。禅宗认为"担水劈柴，无非妙道"，成佛就在日常生活之中，像你端饭来我接着这种普通生活就蕴含有佛道。所谓佛道也就是自然之道，合乎人本性之道，适性之道。禅悟也不需要沉思，不需要逻辑推理，它要求"直下便见"，即事即真，当下开悟。这就是直觉，诗性的直觉、审美直觉。

五、德山宣鉴

龙潭的弟子德山宣鉴在禅宗史上以"呵佛骂祖"和"棒打"接机而著名。

德山，俗姓周，四川简州人，童年出家，精研律藏，常讲《金刚般若》，所以时人谓之"周金刚"。他听说南方禅席颇盛，颇为不平，说："出家儿千劫学佛威仪，万劫学佛细行，不得成佛。南方魔子敢言'直指人心，见性成佛'，我当搂其窟穴，灭其种类，以报佛恩。"看来这周金刚开初是颇不以慧能禅为然的，而且性格之刚毅、豪爽、直率也是颇不同于常人的。

德山担着《素龙疏钞》[①] 出蜀。在去湖南澧州的路上，他看见一个老婆婆在卖饼，于是就放下担子买饼当点心。老婆婆指着担子问："这个是甚么文字？"德山说："《素龙疏钞》。"老婆婆再问："讲何经？"德山说："《金刚经》。"老婆婆说："我有一问，你若答得，施与点心；若答不得，且别处去。《金刚经》道：'过去心不可得，现在心不可得，未来心不可得。'未审上座点哪个心？"龙潭一下给问住了，没有回答。到了龙潭，见到崇信法师说："久向龙潭，及乎到来，潭又不见，龙又不现。"崇信法师引身说："子亲到龙潭。"德山还是不明，没有说话，于是住了下来。德山路遇老婆婆的故事颇为传奇。

---

① 即《金刚经疏》，因唐素龙寺沙门道氤奉唐玄宗诏造此经疏而得名。

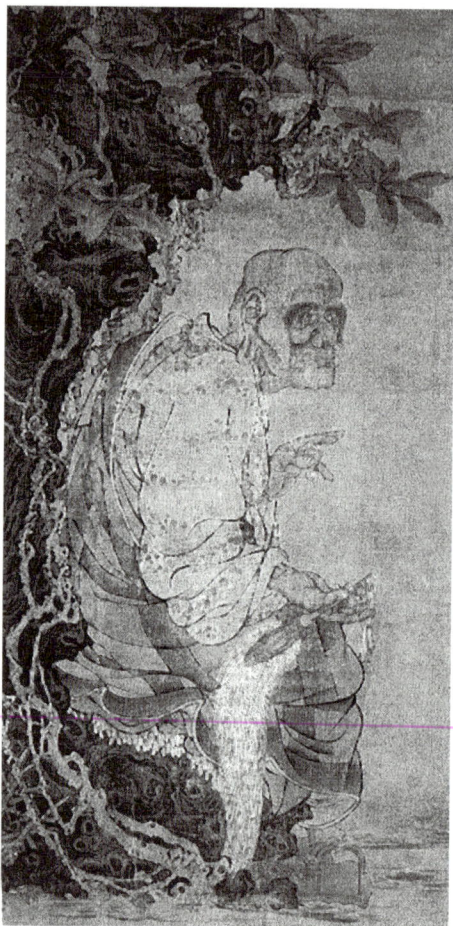

（五代）贯休：《十六罗汉·迦诺迦》

那老婆婆不是一般的人。她对德山的点悟实际上是在破他的"执心"。"过去心""现在心""未来心"其实就是一个心。然而当时的德山还未能明白这一点，还在执着于这三者的区别。来到龙潭他又执着于问龙在何处，潭在何处，将自身与龙潭分割开来。龙潭崇信给他点明"子亲到龙潭"，意思是，龙潭就是你，你就是龙潭。可惜的是这第二次的点拨，还是未能使德山开悟。

德山开悟是一夕遇上了一个机缘：

> 一夕侍立次，潭曰："更深何不下去？"师（德山）珍重便出。却回曰："外面黑。"潭点纸烛度与师。师拟接，潭复吹灭。师于此大悟，便礼拜。

德山看来是个耿直之人,悟了就是悟了,未悟就是未悟。其实要讲禅理,前两次的机锋应更为显豁,但未能刺到德山的要害处,而这点纸烛与吹纸烛的动作倒是刺到了他的要害,故而悟了。

德山后来在鼎州住持古德禅院。他在接引弟子的方法上以"棒打"为特色,说是"道得也三十棒,道不得也三十棒"。临济义玄法师听见此说,对一个名叫洛浦的弟子说:"汝去问他,道得为甚么也三十棒? 待伊打汝,接住棒送一送,看伊作么生。"洛浦真的如临济所教去做了,当德山打时,洛浦接住棒送一送,结果,德山便归方丈,什么话也没有说。洛浦将这事向临济汇报了。临济说:"我从来疑着这汉,虽然如是,你还识德山么?"洛浦想说什么,这临济也拿起大棒打起来了。这故事记载在《五灯会元》中,想是可靠的。临济的喝、德山的棒当时都很有名,人称之为"德山棒,临济喝"。德山的弟子中大概没挨过德山棒的人没有。雪峰义存是他的大弟子,曾问:"从上宗乘,学道人还有分也无?"德山顺手就是一棒打去,说:"道甚么?"第二天雪峰再去向他请教,他才告诉他:"我宗无语句,实无一法与人。"雪峰这才开悟,可见光棒打不能解决问题。

"棒""喝"其实只是手段,目的是开悟。正面来理解"棒""喝",主要还是以最大的努力去开发信徒自己心灵的能量,强调佛不是外面灌输进去的,它就在你的心中,需要你自己去开发。

德山是"呵佛骂祖"的代表,他说:"达摩是老臊胡,释迦老子是干屎橛,文殊普贤是担屎汉,等觉妙觉是破执凡夫,菩提涅槃是系驴橛,十二分教是鬼神簿、拭疮疣纸。"德山是不折不扣的狂禅,狂到连佛祖都骂了。这样做,当然也有破执的作用,但发展到如此极端,不连自己也都否定了吗? 禅宗到宋代之后走向衰微,跟这种极端的虚无主义不无关系,德山可能难辞其咎。

第三节　沩仰宗风

沩仰宗是禅宗五宗中最早成立的宗派。

沩仰宗的创始人是百丈怀海门徒灵佑。灵佑俗姓赵,福建长溪(今福建霞浦）人，15 岁出家，剃发于杭州龙兴寺。23 岁时游江西，参百丈，遂成为百丈入室弟子。

百丈很看重这位弟子，想办法点拨。有一次，灵佑侍立在百丈身边，正是冬天，天气寒冷。百丈说："你拨拨炉中，看还有火么？"灵佑拨了拨，回答："无火。"百丈起身用火钳往炉灰深处拨，发现有小小的火炭，夹起来，对灵佑说："你说无这个，䏊！""䏊"是死鬼的意思，人死为鬼，鬼死为䏊。这是骂灵佑，灵佑由是发悟。

后有司马头陀从湖南来，说在湖南寻得一座大山，名大沩，可供 1500 僧人居住。百丈遂派灵佑去住持，当面吩咐："沩山胜境，汝当居之，嗣续吾宗，广度后学。"

沩仰宗另一创始人是灵佑的弟子慧寂。慧寂，韶州怀化人，俗姓叶，9 岁在广州和安寺出家。14 岁时父母将其带回家，强迫他结婚。慧寂不从，断两指，跪至父母前，哭求父母允其献身佛门。父母只得答应。慧寂各处游方，初谒耽源禅师，后到沩山参拜灵佑禅师。慧寂侍奉灵佑 15 年，甚得灵佑真传。后率徒众往王莽山，再迁至袁州仰山（在今江西宜春南），学徒奔凑，禅法大盛。由沩山灵佑、仰山慧寂师徒共同创立沩仰宗由此得名。

沩仰宗在禅宗教义上继承、发展了慧能、马祖、百丈的思想，并有所创造。

比如，慧能讲"无念为宗"所谓"无念"，就是"见一切法，不著一切法，遇一切处，不著一切处"[1]。沩仰宗则进一步提出"悟了同未悟，无心亦无法""无心是道""无思之妙""无了之心"，将"无"发挥到极致。

前面讲到百丈点拨灵佑，灵佑悟了，可百丈说："悟了同未悟，无心亦无法。只是无虚妄凡圣等心，本来心法元自备足。"[2] 这就很有意思了，不悟图悟，悟了又说同未悟。这里实际上强调的还是破执，还是慧能的"不著一切法，遍一切法"的意思。将"悟"与"未悟"的界限做最后的消灭，只有这样

---

[1]　《坛经》。

[2]　《五灯会元》卷九。

才能进入最高境界。

灵佑讲"无心是道"也是这个意思。有僧问灵佑："如何是道？"灵佑回答："无心是道。"那僧不懂，说："某甲（即自己）不会。"灵佑说："会取不会底好！"这就耐人寻味了。"会取不会"，那不是说"会"转化成"不会"了吗？"会"与"不会"的界限取消了。这正是灵佑的意思。犹如"悟"即"未悟"，"会"亦即"不会"。反过来亦然："未悟"即"悟"，"不会"即"会"。

那禅又何必讲"悟"、讲"会"？沩仰宗认为，讲"悟"、讲"会"不是要你认识客观外在事物、明白事理，而是要你去回忆、体验自性、本心。这才是佛性所在，真如所在。它把这叫作"如忘忽忆""返回顾光""思尽还源"。

百丈点拨灵佑时就强调"时节既至，如迷忽悟，如忘忽忆，方省己物不从他得"。"忆"什么，就是忆"父母未生时"的本来面目。沩山的另一高足香严智闲禅师初参沩山灵佑时，沩山灵佑就是这样要求香严智闲的。

沩山把这个寻找自性本心的理论，概括成"无思之妙"，并以之点悟仰山：

> 师问："如何是真佛住处？"沩曰："以思无思之妙，返思灵焰之无穷，思尽还源，性相常住。事理不二，真佛如如。"师于言下顿悟，自此执侍前后，盘桓十五载。①

这里，"灵焰"即人本具的自性之火、生命之光，"思尽还源"，就是要回归自性，找到佛性的源头。佛性之相是常住的，世俗之相是无住的。世俗之相为有相，佛性之相为无相。要守住那个无相的佛性之相，实现事理的统一。"事理不二"也就是体用不二，这是慧能禅的一个重要特点。沩山与仰山对话。沩山说："寂子声色，老僧东西。"仰山说："一月千江，体不分水。"这"一月千江"正是事理不二、体用合一的最好比喻。沩山把这种"返思"称作"以思无思"。"无思"即"灵焰"，即"父母未生时"。那是一片潜意识的深海。"思"当然是有意识的活动，以有意识的"思"去探索潜意识的"无思"，这就叫作"以思无思"。

---

① 《五灯会元》卷九。

仰山得道后也这样教导他的弟子，要求他们"各自回光返照"，并指出
"妄想根深"之人，"卒难预拔"，而禅法就是"假设方便，夺汝麁识"。这"夺
汝麁识"，就是要打破人们通常都具有的执心。仰山比喻道："亦如人将百
种货物，与金宝作一铺货卖。"①

仰山在谈到"回光返照"、自识自性之时，还提出"无了之心"说：

> 刘侍御问："了心之旨，可得闻乎？"师曰："若要心了，无心可了。
> 无了之心，是名真了。"②

"了心"就是清除妄念，如果心中什么妄念也没有了，那就是"无心可
了"。既"无心可了"，那当然是真"了"，而"真了"也就达到真如境界。

沩山把妄起诈心、机心、分别心的人喻为向心灵"运粪"：

> ……若向外得一知一解，将为禅道，且没交涉，名运粪入，不名运
> 粪出，污汝心田。所以道不是道。③

而清除妄念、妄觉、诈心、机心、分别心，那就是"运粪出"了。

沩仰宗对马祖"平常心是道"也有所发挥。《五灯会元》卷九有这样的
记载：

> 师（仰山）夏末问讯沩山次，沩曰："子一夏不见上来，在下面作何
> 所务？"师曰："某甲在下面，锄得一片畲，下得一箩种。"沩曰："子今夏
> 不虚过。"师却问："未审和尚一夏之中作何所务？"沩曰："日中一食，
> 夜后一寝。"师曰："和尚今夏亦不虚过。"道了乃吐舌。沩曰："寂子何
> 得自伤己命？"

仰山一个夏季未曾上山来，说是在山下耕地下种，沩山肯定他"今夏不
虚过"。这不是肯定他干了活儿，定有收成，而是肯定他过着平常人的生活。
沩山今夏也是不虚过的，只是过得更平常、更普遍，因为他只不过是"日中
一食，夜后一寝"。这与大珠慧海禅师的"用功"——"饥来吃饭，困来即眠"
是一回事。

---

① 《五灯会元》卷九。
② 《五灯会元》卷九。
③ 《五灯会元》卷九。

概括沩仰宗的佛教思想则是沩山的一句话：

> 凡圣情尽，体露真常，理事不二，即如如佛。①

实现"凡圣情尽，体露真常"的途径是"顿悟""单刀直入"。

沩仰宗最突出的特色还是传法的方法。禅宗传法的方法是非常之多的，通常是用言语：或反诘，或暗示，或意在言外，或单刀直入。也有用身体动作表示的，如以手托出，用手指拨虚空，前进又后退，向左又向右，身体绕一个圈子，站起，坐下，放下脚，礼拜，等等。还有借助物件的，如拿起拂子，放下拂子。几乎所有的日常生活物件，诸如头上的斗笠、脚下的鞋子都可以用作点悟弟子的工具。此外，还有打、喝。

沩仰宗也采取上述的方法，但还有一种称之为"圆相"的方法。这种方法他们用得最多，以至成为这个宗派的特色。所谓"圆相"，就是禅者在问答时，或向虚空画一圆相，或将此圆相画在地上，或身体一绕个圆圈，以之来表示某种意思。

仰山当年谒耽源禅师时，耽源禅师就对他说："国师（指南阳忠国师，据说，圆相之作始于他）当时传得六代祖师圆相，共九十七个，授与老僧。乃曰：'吾灭后三十年，南方有一沙弥到来，大兴此教，次第传受，无令断绝。'我今付汝，汝当奉持。"② 于是，"圆相"在仰山手里得到广泛的运用，丰富多彩，成为奇观：

> 或画此⊕相，乃纵意。或画🈁相，乃夺意。或画🄰相，乃肯意。或画〇相，乃许他人相见意。……才有圆相，便有宾主、生杀、纵夺、机关、眼目、隐显、权实，乃是入鄽垂手，或闲暇师质辩难，互换机锋，只贵当人大用现前矣。③

仰山运用圆相熟练自如，出神入化。有僧问他"如何是祖师意"，他以手于空，做一个🈁相示之，那僧无语。有一次他侍奉沩山出行，忽然看见尘土飞扬，沩山问道："面前是甚么？"仰山走近前去看了，回来，不说话，只作

---

① 《五灯会元》卷九。
② 《五灯会元》卷九。
③ 《人天眼目》卷三，转引自释印顺：《中国禅宗史》，中华书局 2010 年版，第 392 页。

相。沩山点头，似是明白了。

当时不只仰山喜欢作圆相，这是禅门的一种风气。沩山师徒、仰山师徒常做这种近乎游戏的禅法。《五灯会元》卷九《沩山灵佑禅师》载：

> 上堂(指沩山)："老僧百年后，向山下作一头水牯牛。左胁下书五字：'沩山僧某甲。'，当恁么时，唤作沩山僧又是水牯牛，唤作水牯牛又是沩山僧。毕竟唤作甚么即得?"仰山出礼拜而退。云居膺代曰："师无异号资福宝。"：曰"当时但作此○相拓呈之，新罗和尚作此⊞相拓呈之。"又曰："同道者方知芭蕉徹作此⑪相拓呈之。"又曰："说也说了也，注也注了也。悟取好!"乃述偈曰："不是沩山不是牛，一身两号实难酬。离却两头应须道，如何道得出常流。"①

这个故事非常优美。沩山对徒弟们说，他百年之后想做山下一头水牯牛，在左胁下写上五个字："沩山僧灵佑"。那么，既是一头牛又是沩山僧。他问徒弟到底唤作什么最恰当。仰山打躬作揖而退，不予回答。云居膺代则以圆相回答，个中奥妙，外人不知，而沩山自然明白。最后他作偈，说是："不是沩山不是牛，一身两号实难酬。"看来，这名号是很难定的。

仰山师徒作圆相也很精彩，不仅作圆相，还加上身体动作，活像演哑剧。

> 僧参次，便问："和尚还识字否?"师曰："随分。"僧以手画此○相拓呈，师以衣袖拂之。僧又作此○相拓呈，师以两手作背抛势。僧以目视之，师低头。僧绕师一匝，师便打，僧逐出去。②

这里的描写非常生动。僧两次以手在空中画○相拓呈仰山。仰山第一次用衣袖拂却，第二次则接着向背后抛去。接着是僧目视仰山，仰山故意低头，不接目。再后是僧绕仰山走了一圈，仰山便打，僧被赶了出去。

这是什么意思? 外人可能是不明白的，但沩仰宗的师徒们是明白的。这师徒间心心相印、此唱彼和，倒是沩仰宗传法的一大特色。清代人所编

① 《五灯会元》卷九。
② 《五灯会元》卷九。

的《五家宗旨纂要》指出："沩仰宗风，父子一家，师资唱和，语默不露，明暗交驰，体用双彰，无舌人为宗，圆相明之。"这"父子一家，师资唱和"难得的是默契圆融。故后来有人以"邃密"二字评价沩仰宗。

沩仰宗奉"圆相"为接机的重要手段，表现出"以圆为美""以圆为贵"的美学思想，这种美学思想既出自佛教本身又切合中华民族的审美传统。"圆相"虽是沩仰宗的特色，神会所创荷泽宗的宗密也作有多种圆相，其中表示真如的是○，表示阿赖耶识的是◉，这个图形可看作周敦颐所作无极图与太极图的前身。

在沩仰宗，传法、艺术、悟佛、审美融会在一起，显示出既神秘难测又新奇愉悦的审美意味。

第四节　临济宗风

南岳系生出的宗派除沩仰宗外，还有临济宗。临济宗的创宗人是黄檗希运和他的弟子临济义玄。

一、黄檗希运

黄檗希运是福建人，幼时在黄檗山出家，故号黄檗希运。据《五灯会元》卷四记载，黄檗希运在游天台山时遇一僧，彼此颇为相投，乃相邀同行。一日遇大雨，涧水暴涨，那僧要带黄檗希运一同渡涧，黄檗希运说："老兄要渡就自渡好了。"那僧功夫非常，提起衣裳涉足涧水，如履平地。他甚为得意，回过头来招呼黄檗希运："渡来！渡来！"哪晓得黄檗希运很生气，骂道："咄！你这自了汉。我早知你是这样的，当砍断你的足！"那僧一听猛省，叹道："真大乘法器，我所不及也。"这故事很有名，禅宗史上称之为"黄檗自渡"。希运为什么对那位汲汲于渡水的僧人不满呢？这里有个很深的禅理。黄檗希运是将渡水与成佛联系起来了。在他看来，此岸也自可证成佛，何必执着于渡到彼岸呢？

黄檗希运后来在别人的启发下去江西投奔百丈怀海，第一次见面很为精彩：

> 丈问："巍巍堂堂，从何方来？"师曰："巍巍堂堂，从岭南来。"丈曰："巍巍堂堂，当为何事？"师曰："巍巍堂堂，不为别事。"便礼拜。①

好个"不为别事"！当年大珠慧海禅师初参马祖，马祖问他："来此拟须何事？"大珠回答："来求佛法。"结果遭到马祖的批评，说是："我这里一物也无，求甚么佛法？自家宝藏不顾，抛家散走作么！"②比较黄檗希运与大珠慧海对同一问题的回答，黄檗希运的回答似要棋高一着。

临济宗在接引方式上以棒喝而著名，而这棒喝的方式当黄檗希运还在跟随百丈怀海时就开始运用了。有这样一个故事：

> 丈（百丈）一日问师（黄檗希运）："甚么处去来？"曰："大雄山下采菌子来。"丈曰："还见大虫么？"师便作虎声，丈拈斧作斫势。师即打丈一掴。丈吟吟而笑，便归。上堂曰："大雄山下有一大虫，汝等诸人也须好看。百丈老汉今日亲遭一口。"③

百丈问黄檗希运看见"老虎"没有，这"老虎"不是真正的老虎，而是一种象征，佛理的象征。黄檗"作虎声"，百丈"拈斧作斫势"都是想显示自己对佛理的体验。不过，这种体验都还不是直接的，总有几分隔膜，只有待到黄檗扇了百丈一个耳光，那感觉才是真切的了。所以后来百丈对弟子们说，大雄山下有老虎，百丈老汉今日亲遭老虎咬了一口。

二、临济义玄

临济宗的棒喝到黄檗希运的弟子临济义玄手里大大地发展了。临济义玄，俗姓曹，曹州人。幼负出尘之志，聪颖过人，出家后，精研佛教经论，更衣游方，最后投奔黄檗门下。他向黄檗请教佛法，三度被打的故事传为禅宗佳话，临济得道后也多次向弟子们提起。这故事还颇为生动曲折：

> 镇州临济义玄禅师……初在黄檗会中，行业纯一。时睦州为第一

---

① 《五灯会元》卷四。
② 《五灯会元》卷三。
③ 《五灯会元》卷四。

座，乃问："上座在此多少时？"师（临济义玄）曰："三年。"州曰："曾参问否？"师曰："不曾参问，不知问个甚么？"州曰："何不问堂头和尚（黄檗），如何是佛法的大意？"师便去。问声未绝，檗便打。师下来，州曰："问话作么生？"师曰："某甲问声未绝，和尚便打，某甲不会。"州曰："但更去问。"师又问，檗又打。如是三度问，三度被打。

　　师白州曰："早承激劝问法，累蒙和尚赐棒，自恨障缘，不领深旨。今且辞去。"州曰："汝若去，须辞和尚了去。"师礼拜退。

　　州先到黄檗处曰："问话上座，虽是后生，却甚奇特。若来辞，方便接伊。已后为一株大树，覆荫天下人去在。"师来日辞黄檗，檗曰："不须他去，只往高安滩头参大愚，必为汝说。"

　　师到大愚，愚曰："甚处来？"师曰："黄檗来。"愚曰："黄檗有何言句？"师曰："某甲三度问佛法的大意，三度被打。不知某甲有过无过？"愚曰："黄檗与么老婆心切，为汝得彻困，更来这里问有过无过？"师于言下大悟，乃曰："元来黄檗佛法无多子。"愚揿住曰："这尿床鬼子，适来道有过无过，如今却道黄檗佛法无多子。你见个甚么道理？速道！速道！"师于大愚肋下筑三拳，愚拓开曰："汝师黄檗，非干我事。"师辞大愚，却回黄檗。檗见便问："这汉来来去去，有甚了期？"师曰："只为老婆心切。便人事了。"侍立，檗问："甚处去来？"师曰："昨蒙和尚慈旨，令参大愚去来。"檗曰："大愚有何言句？"师举前话。檗曰："大愚老汉饶舌，待来痛与一顿。"师曰："说甚待来，即今便打，随后便掌。"檗曰："这风颠汉来这里捋虎须。"师便喝。檗唤侍者曰："引这风颠汉参堂去。"①

这个故事很精彩，临济向黄檗三问佛法，三次被打。黄檗是想用"打"这种峻烈的形式激发临济顿悟，这不是因为临济犯了什么过失要惩罚他。然而临济不明白这一点，以至于赌气要辞却黄檗。黄檗不让他辞去，要他去请教大愚。大愚则给他点明，这是黄檗以一片如同"老婆"般的慈悲心肠

_____

① 《五灯会元》卷十一。

接引学人。临济此时方悟。回到黄檗身边，师徒又打又喝，全机大用，表达对禅法的领悟。显然黄檗对徒弟的进步是满意的，故而说："这风颠汉来这里捋虎须。""捋虎须"，在这里意味着：你悟了。

三、"棒""喝"特色

临济从黄檗处得悟之后，北归乡土，长期居住在镇州（今河北正定）城东南滹沱河畔的临济院，大力发展以棒喝为特色的一宗禅风，教化天下，影响深远。

临济宗的宗风主要内容有：

（一）在教义上强调"真正见解"和"自信"

什么是"真正见解"？临济说："你但一切入凡入圣、入染、入净、入诸佛国土、入弥勒楼阁、入毗卢遮那法界，处处皆现国土，成住坏空。"[1] 又说："若得真正见解，生死不染，去住自由。不要求殊胜，殊胜自至。"[2] 显然，这种"真正见解"就是彻底地"空"，超脱生死，实现最大的精神上的自由，也就是慧能所说，"于一切境上不染"，"内外不住，来去自由，能除执心，通达无碍"。[3]

临济也很强调学道的"自信"。他说："如今学道人，且要自信，莫向外觅。"[4] "自信"除了一般意义上自己相信自己外，还包括自悟、自渡，通过挖掘自身佛性成就佛道的意思。临济说："但莫造作，只是平常，你拟向外旁家求过，觅脚手，错了也。""佛法无用功处，只是平常无事，屙屎送尿，着依[衣]吃饭，困来即卧。愚人笑我，智乃知焉，古人云：'向外作工夫，只是痴顽汉。'"他甚至认为"五台无文殊，你若识文殊么？只你目前用处，始终不异，处处不疑，此个是活文殊"。[5]

---

① 《临济录》。
② 《临济录》。
③ 《坛经》。
④ 《临济录》。
⑤ 《五灯会元》卷十一。

如同一般佛教门派极大地夸张"心"的功能一样，临济宗也把"真佛""真法""真道"归之于"心"："佛者，心清净是；法者，心光明是；道者，处处无碍净光是。"①

（二）在禅门教学方式上

临济宗广泛采用"喝打"这种方式，并将这种方式发展到淋漓尽致的地步。"师[临]济谓僧曰：'有时一喝如金刚王宝剑，有时一喝如踞地师[狮]子，有时一喝如探竿影草，有时一喝不作一喝用。'"②这便是有名的"临济喝"。

关于这"四喝"，《五家宗旨纂要》有具体解释：一是金刚王宝剑："金刚宝剑者，言其快利难当，若遇学人，缠脚缚手，葛藤延蔓，情见不忘，便于当头截断，不容粘搭，若涉稍思维，未免丧身失命。"二是踞地狮子："踞地狮子者，不居窟穴，不立窠臼，威雄蹲踞，毫无依倚，一声哮吼，群兽脑裂，无你挨处，无你回避处，稍犯回头，如香象奔波，无有当者。"三是探竿影草："探竿影草者，就一喝之中，其有二用，探测勘验学人见地若何，如以竿探水之深浅，故曰探竿在手，即此一喝，不窥测，无可摹拟，不待别行一路，已自隐迹，迷踪欺瞒做贼，故曰影草随身。"四是有时一喝，不作一喝用："一喝不作一喝用者，千变万化，无有端倪。唤作金刚宝剑亦得，唤作踞地狮子亦得，唤作探竿影草亦得。如神龙出没舒卷异常，迎之不见其首，随之不见其尾。佛祖难窥，鬼神莫觑。意虽在一喝之中，而实出一喝之外。"以上所说"四喝"："金刚王宝剑"以快利著称；"踞地狮子"以猛勇著称；"探竿影草"以神奇著称；"有时一喝不作一喝用"，以巧变著称。

临济的棒喝体现出一种勇猛精进的精神，他们的棒喝对于热衷于世俗功名利禄而执迷不悟者不无振聋发聩的作用。佛殿之上，师徒或喝或打，犹如战场，气氛庄严而又激烈。《五家宗旨纂要·临济宗》云："临济家风，机用大全，棒喝齐施，虎骤龙奔，星驰电掣。"《人天眼目·临济门庭》亦云：

---

① 《临济录》。

② 《五灯会元》卷十一。

"临济宗者,大机大用,脱罗笼,出窠臼。虎聚龙奔,星驰电激。转天关,斡地轴,负冲天意气,用格外提持,卷舒擒纵,杀活自在。"正因为如此,所以禅林自古就有"临济将军"的说法。

四、"机辩"法则

临济宗提出包括"四料拣""三句话""三玄要""四照用""四宾主""三哭""三笑""棒八"等一系列富有特色的"机辩"法则,将禅门的"机辩"之学大大推进了一步。

临济宗的"四料拣"最为著名。"料"指材料,"拣"是拣取。"料拣"就是根据"人""境"不同的材料,采取合适的启迪学人的方法。

"四料拣"是:"夺人不夺境","夺境不夺人","人境两俱夺","人境俱不夺"。

关于"四料拣"的含义,《五家宗旨纂要》的作者三山来禅师各用一句诗予以形象地揭示:

> 夺人不夺境:"王孙一去芳草绿"。
> 夺境不夺人:"洛阳春罢洛阳来"。
> 人境两俱夺:"渔翁夜宿三更晚"。
> 人境俱不夺:"牧童遥指杏花村"。

"夺人不夺境",针对"我执"重的人,要夺除他的"执心";"夺境不夺人",针对"法执"重的人,要夺除他的"法执",即对外境的执着;"人境两俱夺",针对"我执""法执"均很重的人,要"我""法"双夺;"人境俱不夺",对那既无"我执"、又无"法执"的人,当然是无须夺除,也无可夺除。"四料拣"体现临济宗在教学上的针对性。

临济"三句语"是临济义玄回答僧问如"如何是真佛、真法、真道"时提出来的。

第一句是:"三要印开朱点窄,未容拟议主宾分。"临济说,若"第一句中荐得,堪与祖佛为师"。第二句是:"妙解岂容无著问,沤和争负截流机。"这"第二句中荐得,堪与人天为师"。第三句是:"但看棚头弄傀儡,抽牵全藉里头人。"这"第三句中荐得,自救不了"。

这三句语的具体含义都比较晦涩。大致是:第一句强调以小见大,见微知著,未曾开言已了然于心;第二句强调截断流机,突见事物底蕴;第三句是指那些失却自我本心,一任他人主宰的人,这种人自救都救不了。

临济的"四宾主"也很重要。所谓"宾"指参学者;"主"指禅师。一为学生,一为老师,这师生关系就是宾主关系。临济义玄提出有四种情况:

> 参学之人,大须仔细。如宾主相见,便有言论往来。或应物现形,或全体作用,或把机权喜怒,或现半身,或乘师[狮]子,或乘象王,如有真正学人,便喝,先拈出一个胶盆子。善知识不辨是境,便上他境上作模作样,便被学人又喝,前人不肯放下,此是膏肓之病,不堪医治,唤作宾看主。或是善知识,不拈出物,只随学人问处即夺,学人被夺,抵死不肯放,此是主看宾。或有学人应一个清净境,出善知识前,知识辨得是境,把得抛向坑里。学人言:"大好善知识。"知识即云:"咄哉!不识好恶。"学人便礼拜。此唤作主看主。或有学人,披枷带锁,出善知识前,知识更与安一重枷锁。学人欢喜,彼此不辨,唤作宾看宾。

临济这里讲的四种情况,大致是:

宾看主:参学之人比禅师("善知识")高明,因而被学人棒喝。

主看宾:禅师高明,学人被夺。

主看主:禅师与参学者都高明,"学人应一个清净境,出善知识前,知识辨得是境,把得抛向坑里",两者都参悟了禅理。

宾看宾:禅师与学人都迷惑不懂,学人本"披枷带锁",找禅师指点,而禅师不仅不能为之解枷除锁,反而给他又"安一重枷锁"。结果最可悲:"学人欢喜,彼此不辨"。

"四宾主"之说说明临济宗去参禅时注重调动禅师与学人两者的积极性,互教互学,互相点拨,既有宾主之分,又无有宾主之分。关于宾主关系,临济宗还提出"宾中宾""宾中主""主中宾""主中主"等多种宾主关系,体现出相当高的辩证思想。

临济宗的"四照用"是禅师接引学人的四种方法,牵涉到宾主关系。一日临济在谈到"分宾主"时说:"我有时先照后用,有时先用后照,有时照用同时,有时照用不同时。先照后用有人在,先用后照有法在,照用同时,狂耕夫之牛,夺饥人之食,敲骨取髓,痛下针锥。照用不同时,有问有答,立宾立主,合水和泥,应机接物。"

临济宗将"照用"的关系按时间顺序区别为四种情况:"先照后用","先用后照","照用同时","照用不同时"。这四种情况颇耐人寻味:三山来解释"先照后用":如遇僧来先问你是什么地方人,从什么地方来,或问你叫什么名,也就是先照一句。"先用先照",如遇僧来,禅师便当头棒喝,先用一法,随后问你会了么,是什么意思,等等。"照用同时",则是如遇僧来,禅师或棒或喝,在此一棒一喝之中,看他如何反应,如何说话。或者师一喝,僧也喝。看来,"照用同时",注重禅师与学人的交流,互相作用。"照用不同时"则是如遇僧来,禅师便说"你来了",看僧如何应答,师则随机纵夺。或者,遇僧来,先打他一棒,看他如何支遣,禅师据他的反应再作商量。总之,不拘一格,宾主互唤,"合水和泥"。按照三山来的解释,这"照用"的四种不同关系,完全是从具体的"人""境"出发的。临济宗禅师的接引学人强调从实际出发,不拘一格。

临济宗还有"三哭""三笑""八棒"[①] 等等接引学人的方法。尽管方法繁多,但实际上又不拘成法。临济宗很喜欢讲"活泼泼地"[②],所谓"活泼泼地",既是说接引学人的方法是"活泼泼"的,又是说人的生命应该是"活泼泼"的。

这"活泼泼"的,是临济宗对宇宙生生不息的直观和体认,是临济宗最可宝贵的精神,同时也是临济宗美学的灵魂。

---

① 临济宗的"三哭"是:有失正宗哭、相符正宗哭、有违正宗哭。临济"三笑"是:相符正宗笑、有失正宗笑、悟顺正宗笑。临济"八棒"是:一触令支玄棒、二接机从正棒、三靠玄伤正棒、四印顺宗旨棒、五取验虚实棒、六盲加瞎棒、七苦责愚痴棒、八扫除凡圣棒。

② 《临济录》:"若你欲得生死去住,脱著自由,即今识取听法底人。无形无相,无根无本,无住处,活泼泼地。应是万种施设,用处只是无处。所以觅远转远,求之转乖,号之为秘密。"

第五节　曹洞宗风

曹洞宗是青原一系中产生的第一个宗派。它的创始人为洞山良价和曹山本寂。

曹洞宗的宗名有两种说法，其一是："曹"取自于慧能所居之曹溪，"洞"取自于良价所居之洞山。其二是："曹"取自于本寂所居之曹山，"洞"指洞山良价。曹山本寂是洞山良价的弟子，不说"洞曹"而说"曹洞"仅是语音之便。

（五代）贯休：《十六罗汉·诺距罗》

一、洞山良价

良价俗姓俞,会稽诸暨(今浙江诸暨)人。幼年出家。史载,他少时从师念《般若心经》至"无眼耳鼻舌身意"处,忽以手扪面,问师曰:"某甲有眼耳鼻舌等,何故经言无?"其师骇然,感觉到这孩子不同寻常,说:"吾非汝师。"指示他到五泄山礼拜默禅师。这虽然是个小故事,但可见良价自小就具有质疑精神,这与他后日创立新的宗派有直接关系。

良价21岁在嵩山受具足戒,游方首诣南泉普愿,甚得南泉赏识,说是:"此子虽后生,甚堪雕琢。"次参沩山灵佑,问答之间未能相契。沩山指示他去云岩昙晟处参学,在云岩处甚有所得。良价辞云岩,师徒之间有这样一段对话:

> 师(良价)辞云岩,岩曰:"甚么处去?"师曰:"虽离和尚,未卜所止。"曰:"莫湖南去?"师曰:"无。"曰:"莫归乡去?"师曰:"无。"曰:"早晚却回。"师曰:"待和尚有住处即来。"曰:"自此一别,难得相见。"师曰:"难得不相见。"临行又问:"百年后忽有人问,还邈得师真否,如何祗对?"岩良久,曰:"祗这是。"师沈吟,岩曰:"价阇黎承当个事,大须审细。"[①]

这话的意思是:良价学成后要离开云岩,云岩先问他到哪里去,良价回答未定。然后云岩说,这一别,"以后难得相见",良价则说"难得不相见"。话语恰好相反,这就耐人寻味了,隐含有已得云岩禅法真谛之意。临行时,良价又提出:"如若大师您百年之后有人问大师面貌如何,该如何回答?"这就不是一般的谈话,显然是谈禅了。云岩回答:"就我现在这样子。"问题是,你这样子百年之后不在了呀!所以,良价沉默了。云岩知他尚不悟,提醒他,这件事可是大事,大须谨慎。

良价带着疑问离开了云岩,有一次过河,在清澈的河水中不经意间看见自己的影子,猛然明白了云岩"祗这是"的意旨,随即作了一偈,偈云:

---

① 《五灯会元》卷十三。

　　　　切忌从他觅，迢迢与我疏。

　　　　我今独自往，处处得逢渠。

　　　　渠今正是我，我今不是渠。

　　　　应须恁么会，方得契如如。

　　这偈是什么意思呢？大意是，影子就是本人，不必再另外去找了，到处都会有的。后来云岩死了，他回来供养云岩的遗像。有僧人问他："先师道'祇这是'，莫便是否？"良价说："是。"僧人又问："旨意如何？"良价说："当时几错会先师意。"意思是，当云岩说"祇这是"，他是不懂的；后来过水睹影也只是似懂非懂而已，只有在看到遗像时才真懂，遗像代表本人，才是"祇这是"。

　　中国著名佛学家吕澂先生说："这个故事说明什么呢？就是说要如何理解'即事而真'。理是共相，但事上见理，却并不限于共相，因为每事还各有别相，所以事上见理应该是既见到理也见到事，把认识到的规律运用于自相。因此，这个故事就是一个比喻：看到水中影还是共相，只有在遗像中才能体现出他的原来面貌。因而所谓理也只有通过自相才能相传。'即祇个是'（《五灯会元》上写着"祇这是"）既是共相义，也有自相义，所谓'即事而真'就是这个意思。"[1]

　　良价后来在江西高安洞山施教，故世称"洞山良价"。良价的嗣法弟子中以曹山本寂与云居道膺最为重要。曹山本寂俗姓黄，福建莆田人，他也是曹洞宗的重要创始人。他辞别洞山去别处施教时，洞山特意将在云岩禅师处学得的"宝镜三昧"传授于他。曹洞宗风经曹山本寂的发扬而大成，但本寂的法系仅传四代而断绝。倒是洞山良价的另一高徒云居道膺的法系将曹洞宗风承传下去，后来还传到日本，创立了日本的曹洞宗。

二、曹山本寂

　　曹洞宗的禅法主要有洞山良价和曹山本寂创立的"五位"法，这"五位"

---

[1]　吕澂：《中国佛学源流略讲》，中华书局 1979 年版，第 248 页。

有四种：正偏、功勋、君臣、王子。其中正偏五位、功勋五位是良价的创造，君臣五位、王子五位则是本寂所立。

正偏五位是"五位"说的基础。

"正"：体、君、空、真、理。

"偏"：用、臣、色、俗、事。

关于五位君臣、正偏关系，曹山本寂做过解释：

> 师因僧问五位君臣旨诀，师曰："正位即空界，本来无物。偏位即色界，有万象形。正中偏者，背理就事。偏中正者，舍事入理。兼带者冥应众缘，不堕诸有，非染非净，非正非偏，故曰虚玄大道无著真宗。从上先德，推此一位，最妙最玄，当详审辨明。君为正位，臣为偏位。臣向君是偏中正，君视臣是正中偏。君臣道合是兼带语。"

> 僧问："如何是君？"师曰："妙德尊环宇，高明朗太虚。"曰："如何是臣？"师曰："灵机弘圣道，真智利群生。"曰："如何是臣向君？"师曰："不堕诸异趣，凝情望圣容。"曰："如何是君视臣？"师曰："妙容虽不动，光烛本无偏。"曰："如何是君臣道合？"师曰："混然无内外，和融上下平。"师又曰："以君臣偏正言者，不欲犯中，故臣称君，不敢斥言是也。此吾法宗要。"①

我们将曹山本寂的这些解释排列一下，眉目就更清楚：

正位空界，本来无物

一

君位妙德尊环宇，高明朗太虚

偏位色界，有万象形

二

臣位灵机弘圣道，真智利群生

正中偏背理就事

---

① 《五灯会元》卷十三。

三

　　君视臣妙容虽不动，光烛本无偏

　　偏中正舍事入理

四

　　臣向君不堕诸异趣，凝情望圣容

　　兼带语（兼中至），冥应众缘，不堕诸有，非染非净，非正非偏

五

　　君臣道合，混然无内外，和融上下平

　　曹洞宗的君臣"五位"说，实是讲体用的五种关系，体是真如、理，即"正""君"；用是事物、现象，即"偏""臣"。

　　如果学人只是承认有所谓的本体，还不懂得事物是由本体派生出来的，割裂本体与用，这就是"正中偏"，需要由体起用，背理就事。

　　如果学人反过来只是承认现象是假的，而不能由此进一步认识到佛教的本体（真如），那同样是本体与用二分，这就是"偏中正"。"偏中正"需要由用归体，舍事入理。

　　如果学人能够正确处理体用关系，兼顾正偏，那就是"兼中至"了。

　　由体起用，这是"君视臣"；由用入体，这是"臣向君"；体用不分，圆融合一则是"君臣道合"。

　　曹山本寂的这番论述，从哲学上，说明体用既有别，又一体；在政治上，说明君臣既有别，又一体。

　　曹山本寂以上的解释没有谈到"正中来"和"兼中至"。不过，在另外一处，本寂从另一角度谈五位时解释过"正中来"和"兼中至"。

　　曹山在《解释洞山五位显诀》中说：

　　　　正却偏，是圆两意。偏位虽偏，亦圆两意。缘中辨得，是有语中无语，或有正位中来者，是无语中有语。或有相兼带来者，这里不说有语无语，这里直须正面去。这里不得不圆转，事须圆转。①

───────────────

① 《抚州曹山元证禅师语录》。

按这里的解释，"正偏"云云不在理事关系的处理，而在表显"第一义"的方式，是有语、无语，还是有语中无语、无语中有语。原文每条中举数公案为例，这就比较清楚。冯友兰先生对此有细致的阐述。根据冯先生的阐述，介绍如下：

第一，正中偏，这是无语中有语。禅宗标榜"教外别传，不立文字"，常常用动作表情来表达禅理、佛法。著名的"世尊在灵山会上，拈花示众"①就是一例。又如马祖问百丈怀海："汝以何法示人？"百丈竖起拂子。马祖云："只这个为当别有？"百丈抛下拂子②。这"竖起""抛下"拂子的动作也是无语。此类用无语表义的做法在禅门中非常之多。

第二，偏中正，这是有语中无语。禅宗中有相当多的公案中，师徒问话都是答非所问。有些答非所问其潜台词就是：这问题你根本不用问。比如，有僧问赵州从谂禅师："如何是祖师西来意？"师曰："庭前柏树子。"③有僧问首山省念和尚："如何是古佛心？"首山回答："镇州罗卜重三斤。"④问黑眼和尚："如何是佛法大意？"答曰："十年卖炭汉，不知称畔星。"⑤有僧问云门文偃禅师："如何是佛？"文偃答曰："干屎橛。"⑥像这类问题，在禅门看来都是不应问的，问了也不作答或答非所问，这就叫作"有语中无语"。

第三，正中来，这是无语中无语。《景德传灯录》载，慧忠国师与紫璘供奉论议，慧忠升座后，供奉说："请师立义，某甲（指供奉自己）破。"国师说："立义竟。"供奉问："是什么？"国师说："果然不见，非公境界。"说完便下座。这"立义"要的是"第一义"，他却不说，又说"立义"完了。这正是"无语中无语"的范例。像这种无语中无语的接机法，与"正中偏"的无语中有

---

① 《五灯会元》卷一。"第一义"即禅宗真谛。禅宗认为他们的佛法是"超佛越祖"的，所以，有人问文益禅师"如何是第一义"时，文益禅师的回答是："我向尔道，是第二义。"就是说"第一义"是道不得的，一道就落入"第二义"了。

② 《古尊宿语录》卷一。

③ 《五灯会元》卷四。

④ 《古尊宿语录》卷八。

⑤ 《五灯会元》卷四。

⑥ 《五灯会元》卷十五。

语有类似之处：都不说。不过"正中偏"的无语背后仍然有义存在，只是不明说罢了。而"正中来"的"无语"背后仍然是"无语"，这无语中的"无语"究竟是什么？我看可能是"无"，禅即无。洞山解释"正中来"，说："无中有路隔尘埃，但能不触当今讳，也胜前朝断舌才。"①

《洞山录》中还有这样一个公案："因有官人设斋施净财，请师看转大藏经。师下禅床，向官人揖，官人揖师，师引官人俱绕禅床一匝，向官人揖，良久曰：'会么？'曰：'不会。'师曰：'我与汝看转大藏经，如何不会？'"冯友兰先生解释此公案，说："此以绕禅床一匝为转全藏。以绕禅床一匝为转全藏是正中偏。以绕禅床一匝为反而不能转全藏，是正中来。"②

第四，偏中至。这是有语中有语。禅宗语录大体有两类：一类是属于机锋的问答，另一类即所谓普说者，其性质是一种公开讲演，所以比较通晓。如当有僧问："如何是大乘顿悟法要？"马祖说："汝等先歇诸缘，休息万事。善与不善，世出世间，一切诸法，莫记忆，莫缘念，放舍身心，令其自在。心如木石，无所辨别。心无所行，心地若空，慧日自现……"③此种表现"第一义"的方法，禅宗一般认为是最下等的，大多是不得已而为之。临济义玄说："有一般不识好恶，向教中取意度商量，成于句义。如把屎块子向口里含了，吐过与别人。"④

第五，兼中到。这种方式灵活宽泛。曹山本寂说"这里不说有语无语，这里直须正面说去"。也就是说既可以是无语，也可以说是有语。例如，"大众夜参，不点灯。师（药山惟俨）垂语曰：'我有一句子，待特牛生儿，即向你道。'有僧曰：'特牛生儿，也祇是和尚不道。'"⑤"特牛"即公牛，公牛生儿当然是不可能的，因此"道"实际上是不道。有语即无语。庞居士问马祖道一"不与万法为侣者是什么人"，马祖道一说："待汝一口吸尽西江水，却

---

① 《洞山录》。

② 冯友兰：《贞元六书》下册，华东师范大学出版社1996年版，第954页。

③ 《五灯会元》卷三。

④ 《临济录》。

⑤ 《古尊宿语录》卷四。

向汝道。"① 一口怎能吸尽西江水？因而这种等待是无望的，实际上是不道。不道的目的是让你抛弃一切幻想，寻求自悟。

冯友兰先生说得好："在上述诸方法中，无论用何种表示，以表现第一义，其表示皆如以指指月，以筌得鱼。以指指月，既已见月，则需忘指。以筌得鱼，既已得鱼，则需忘筌。指与筌并非月与鱼。所以禅宗中底人常说：善说者终日道如不道，善闻者终日闻如不闻。"②

三、临济将军，曹洞土民

以上介绍的"五位"法只是曹洞宗接机的主要方法。曹洞宗施教还有一个重要方法，那就是"敲唱举双"。清人三山来解释"敲唱双举"云：

一敲唱俱行：敲，击也。一齐截断，属理也。唱，举也。一并用出，属事也。敲唱俱行，事理兼备也，谓之偏正俱行，即（临）济宗之照用同时也。

如何是敲唱俱行？

三山来云：猿啸鸟啼随任运，山前岭后一般春。

颂曰：敲唱俱行事一如，收来放去总同途，纵横理事无偏执，杀活分明会也无。③

从三山来的解释来看，"敲唱双举"实是理事兼备，亦即是正偏俱行。曹洞宗的宗风很是绵密，它不借助棒喝之类峻烈的机锋去敦促弟子们开悟，而借助于理事兼备的语句启发弟子们领会教义。所以它的宗风比较平易、实在、周密，其接引学人有如农夫耕田，妙用亲切，历来有"家风细密，言行相应，随机利物，就语接人"之赞誉。与临济宗的"全机大用，棒喝齐施"相比，有"临济将军，曹洞土民"之说。

临济宗和曹洞宗是禅宗五宗七派中影响最大的两宗，它们分别代表了南岳、青原二系的特点。临济宗主要继承发展了马祖所开创的洪州禅的"触

---

① 《古尊宿语录》卷一。

② 冯友兰：《贞元六书》下册，华东师范大学出版社1996年版，第956页。

③ 三山来：《五家宗旨纂要·曹洞宗》。

目是道"或者说"触目而真"的思想，强调"随缘""任心""平常心"，在日常生活中领悟禅理。

曹洞宗则发挥"即事而真"的思想。上面讲到的洞山涉水睹影的故事即是个很好的说明。洞山对云岩的"祇这是"的理解分为两个层次，第一层次是涉水睹影，认为影即本人；第二层次是供养云岩遗像，认为遗像才是本人的代表。应该说影与遗像都是真，但遗像更真。洞山强调的就是这个由个别事实体现出来的真。就理与事的关系来看临济与曹洞都讲"理事圆融"，但临济更注重理，更注重主观体验，而曹洞则更注重事，注重客观。一个是从全体（理）上见个别（事），一个是从个别（事）上见全体（理）。这就是它们的区别。

禅宗五宗七派主要在禅法上创新求异，禅理上并无不同。慧能禅很朴素，不失农家本色，因此最易为大众接受，而作为其徒子徒孙的五宗七派则花样翻新，明显地见出知识分子的特色，于中国传统文化尤其是《易经》文化吸收甚多。禅宗名义上是宗教，实质是美学，这是一种以境界为旨向的精神美学，其微妙，其卓绝，其灵动，其神奇，其心灵之震撼，极展中国传统文化魅力，而在世界文化之林独树一帜。

第十四章

佛教境界观——圆境

佛教何时传入中国,至今也没有一个统一的看法,从现有的史料分析,佛教在西汉末年已经西域传入中国,到东汉以后,逐渐在社会上流行。[①] 佛教在其传播的过程中,在印度就形成小乘和大乘两大宗派。小乘佛教是原初的佛教,比较多地保持释迦牟尼的遗教,大乘则有很大的发展。两宗均传入中国,小乘传入中国后,形成俱舍宗和成实宗两个宗派,这两个宗派到唐代后逐渐消亡,大乘在中国的发展远比小乘好得多。到唐代,大乘佛教在中国已形成八个宗派:三论宗(又名法性宗)、瑜伽宗(又名法相宗)、净土宗、律宗(又名南山宗)、密宗(又名真言宗)、天台宗、华严宗(又名贤首宗)、禅宗。可以说蔚为大观。

虽然佛教的诸多宗派在唐朝出现,但佛教的真正繁荣是在宋朝,它突出体现为以下四点:第一,禅宗出现了一花七叶的繁荣现象,实际上成为中国汉传佛教的主体。第二,绝大多数知识分子不同程度地与佛教结缘,其中不乏文坛上执牛耳的人物,如苏东坡、黄庭坚。第三,佛教对于文学艺术广泛地渗入,特别是书法。第四,佛教对于中国美学的最高范畴——境界

---

① 采用任继愈主编的《中国佛教史》的看法,见任继愈主编:《中国佛教史》第一卷,中国社会科学出版社 1981 年版,第 45 页。

的形成充分发挥了推动作用与参与作用,严羽的《沧浪诗话》其主题则是以禅喻诗,它的"镜花水月"说成为境界理论的重要滋养。

佛教对中国人审美观念的影响是全面的,远不止"境"这一观念,其中"圆"的观念也非常重要,而且,"圆"成为"境"的性质,称之为"圆境"。

在佛教经典中,有许多由"圆"组成的概念,如"圆相""圆满""圆观""圆照""圆因""圆根""圆成""圆解""圆融""圆明""圆通""圆常""圆教""果圆""理圆""性圆""圆寂""圆境"等。这些概念基本上在宋朝完成了对于中国美学的全面渗透。

在这一系列的"圆"中,从美学维度上来认识,大致可以概括为三个方面:在偶像崇拜上崇奉"圆相";在教义或者说教理上崇奉"圆融";在最高境界上崇奉"圆寂"。换成美学上的追求,则为"圆相"之美、"圆融"之美、"圆寂"之美。

第一节　圆相之美

佛教原来是主张"无相""非相"的,也就是说,佛教本是主张通过自身的修炼来达到成佛的境界的。最早的佛教连寺庙也没有,更不要说有什么佛像了,它是一种"自救"的哲学。崇奉偶像是在佛教发展到一定时期才出现的,这与神化佛教的创始者释迦牟尼有很大关系。释迦牟尼本是人,然而在他死后,他的追随者就将他神化了,作为佛陀的释迦牟尼成为最高的神。佛教中说的"菩萨"亦曾被译成"开士",即开悟的人,其实,他们不过是释迦牟尼最早的优秀弟子,开悟得比别人早,属于先知先觉者罢了,后来也被神化了。既然有神,就要奉行神灵崇拜。崇拜就需要造像,这样,大批神像及其相关的体现神灵威力的故事就创造出来了。佛教就成为"象教"。古代印度人迷信相貌,认为相貌好的人有大的作为,佛陀既然是最高的神,自然相貌堂堂,不同凡俗了。据说佛有"三十二相""八十种好",其中"三十二相"《方广大庄严经》的介绍是:

> 一者顶有肉髻;二者螺发右旋,其色青绀;三者额广平正;四者眉

间毫相，白如珂雪；五者睫如牛王；六者目绀青色；七者有四十齿，齐而光洁；八者齿密而不疏；九者齿白如军图花；十者梵音声；十一味中得上味；十二舌软薄；十三颊如师子；十四两肩圆满；十五身量七肘；十六前分如师子王臆；十七四牙皎白；十八肤体柔软细滑，紫磨金色；十九身体正直；二十垂手过膝；二十一身分圆满如尼拘陀树；二十二一一毛孔皆生一毛；二十三身毛右旋上靡；二十四阴藏隐密；二十五髀长；二十六腨如伊尼鹿王；二十七足跟圆正，足指纤长；二十八足趺隆起；二十九手足柔软细滑；三十手足指皆网鞔；三十一手足掌中各有轮相，毂辋圆备，千辐具足，光明照耀；三十二足下平正，周遍案地。

这里，我们注意到，佛陀的相貌有一个重要特点，就是圆满。他的脸形圆满，他的两肩圆满，他的身体圆满，他的足跟圆正，他的肤体圆柔，他的整个肌体圆备。

佛相的这个特点在佛教传到中国后，得到了发展。佛教初传入中国时，佛相还带有明显的印度犍陀罗艺术风格，菩萨还留有胡子，是男性形象；到后来，佛与菩萨就女性化了。说女性化，其实也不是女性，而是中性，女性的重要特征乳房淡化了。菩萨女性化最突出的例子是观音。观音在印度的佛教中原是男性。《华严经》说观音"勇猛丈夫观自在，为度众生住此山"。观音在中国早期的佛教中，也还是男性。湖北的玉泉寺还有一尊长着胡须的观音画像，据说系唐朝吴道子所作。至今印度的佛寺供奉的观音也还是男性。观音女性化始于南北朝，她的女性化与众多的女信徒特别是统治阶级中的女信徒有关。北魏的胡灵太后就笃信佛教。更重要的还与中国文化保留较多的母系氏族社会的遗风，偏于阴性有关。中国的老百姓非常需要一个母性的神灵，以获得爱的赐福。逐渐地，观音的形象就女性化了。她的形象是中国女性美的标准，面容端庄、丰满、圆润、慈祥。观音是中国的母爱之神。菩萨从外表到内在性格发生突变是在唐朝。唐朝的菩萨神态安详、恬静，面带微笑，具有浓厚的女性韵味，故而有"宫娃如菩萨"的说法。

女性化是中国佛像发展的重要特征，这个特征体现在佛像的具体制作上还有一个尚秀到尚肥的过程。魏晋时造像，受当时的玄风影响，佛相面

（五代）佚名：《观世音像》

目清秀，飘然有出尘之感，有些中国名士的意味，现还保存在甘肃炳灵寺的佛像就是如此，佛教学者将这种形象称之为"秀骨清像"。唐代的审美理想尚肥，丰肌圆润，面如满月，被唐人视为美。这就影响到佛像的制作。在武则天时代，有些佛像就是比照武则天的相貌制作的，如洛阳龙门奉先寺的卢舍那大佛就被塑造成一位中年妇女的形象，丰颐秀目，与史载武则天的形象很吻合。中国佛教的佛像制作虽然在宋代还有些变化，更接近世俗，但尚圆这一点没有根本性的改变。

　　佛教在形象上尚圆，不仅表现在佛像崇拜上，还表现在华严境界崇拜上。

　　华严境界在《华严经》中有很生动、很鲜明的描绘。华严世界是无比辉煌的，我们细看它的构成，当能发现它呈盘旋式的圆形结构。《华严经》说："此华藏庄严世界海，大轮围山，住日珠王莲华之上。旃檀摩尼以为其身，威德宝王以为其峰，妙香摩尼而作其轮，焰藏金刚，所共成立，一切香水，流注其间，众宝为林，妙华开敷，香草布地，明珠间饰，种种香华，处处盈满，摩尼为网，周匝垂复，如是等有世界海微尘数众妙庄严。"20世纪中国著名的高僧弘一法师提出"以华严为镜"。弘一是艺术家，对美有特殊的敏感，他提出"以华严为镜"，不仅因为华严佛法之庄严，而且因为华严境界之美妙。

佛教喜欢用镜或月来比喻人生的境界。佛教说的镜常称"法镜"，《大乘本生心地观经·报恩品第二》言"四言圆满"，其一为"大圆镜智"。杭州有寺名法镜。南宋严羽以禅喻诗，有"镜中花，水中月"之语。弘一法师《临灭遗偈》有句："华枝春满，天心月圆。"这"天心月圆"形象地揭示了佛教所追求的人生境界。《文殊师利问菩提经》云："初发心如月新生，行道心如月五日，不退转心如月十日，一生补处心如月十日，如来智慧如月十五日。"《除盖障菩萨所问经》卷十二云："如白分中初二夜月，与彼望夕，圆明相远，体无殊异。……菩萨身光明照耀，对如来前不可伦比。其犹初二与十五月。"镜与月都是圆形，镜之美与月之美，在外形上都是圆之美。

佛教所崇拜的"圆相"，不仅是圆形的，而且是圆转的、圆满的、圆明的，呈现出既丰富饱满又整齐有序，既庄严厚实又灵动多变且光辉灿烂的特色。

中华美学对圆相之美有特殊之好。大量的吟诵明月、太阳的诗词是一证明。"大漠孤烟直，长河落日圆。"何等雄壮的景象。传为陈抟老祖所创的太极图，其体为圆。太极图在相当程度上概括了《周易》的哲学，在中国文化史上享有重要地位。中国古代文化有天圆地方的说法，张英《聪训斋语》卷上云："天体至圆，万物做到极精妙者，无有不圆。圣人之至德，古今之至文、法帖，以至于一艺一术，必极圆而后登峰造极。"

第二节　圆融之美

佛教在教义上很重视因缘和合，认为万事万物都是诸多因素和合而成。它的基本教义"诸法无我""诸行无常"都建立在因缘和合的基础之上。"和合"也就是"圆融"。佛教讲"圆融"很多，其中最能见出美学意味的是佛教大乘中观学派的"二谛""中道"，天台宗的"三谛圆融"说和华严宗的"六相圆融”“四法界”“十玄门”论。

由印度高僧龙树创立的佛教大乘中观学派为了批判执有、执空两种主张，提出“中道”说。他从认识论的立场出发，认为人的认识开始于感觉，而感觉则是由内根与外境相互作用产生的。内根是能取，或者说能受用；外境是所取，或者说所受用。能取与所取的统一，能受用与所受用的统一，亦即主观与客观的统一才能产生认识。这里实际上说的是主观与客观的圆融。

关于“中道”的佛教理论，《中论·观四谛品》云：“因缘所生法，我说即是空，亦名为假名，亦是中道义。”这就是说，一切事物都是因缘和合而产生的，既不是自生，也不是他生，因而是无自性的，或者说自性空的，这就是“我说即是空”。这说的“空”是事物的本质，是“第一义谛”。佛教说的空，相当复杂，各处不同。这里所说的空，是自性空。性空不是无，不是没有，不是不存在，而是对它的独立性的否定，即无自性，自性空。这种空属于当体空，或者说即体空。事物本质是空，然而它又要以某一名字表现出来，这种名字因其所代表的事物实质是空，因而就叫作“假名”。假名揭示事物的现象。事物的本质与其现象是统一的，这就是“中”。“中”在这里是恰如其分的意思。龙树认为《般若经》的整个精神就是以假成空由假显空的。“中道”的实质就是综合真谛与俗谛两个方面来看待事物，把事物的现象与本质统一起来。龙树常以水中月来做比喻。水中的月不是真正的月，没有月的自性，是空，但是水中的月确又是人们所看到的，作为月的假名，它是存在的。说水中的月是真月固然不对，然而说水中的月不存在，也不对。只有将二者统一起来，说水中有月亮但不是真月亮才合乎中道。

天台宗发挥龙树的中道观，提出“三谛圆融”说，“三谛圆融”的提出者是天台宗的开山祖师智顗。智顗认为，一心可以同时从真谛、俗谛、中谛三个方面去观察事物。所谓真谛不外乎事物的总相、共相；所谓俗谛不外乎事物的别相、个相；所谓中谛就是事物的总相与别相的统一、共相与个相的统一。这就是“三谛一心”。智顗认为宇宙万事万物都是圆融三谛的体现，运用三谛的学说，去观察世间事物，就把握了佛教的绝对真理——“诸法实相”。

华严宗在关于教义圆融的方面较之天台宗又有新的发展。法界缘起说是华严宗的基本理论。"法",事物;"界",分界;融摄一切事物则为"法界"。《注法界观门》云:"法界者万象之真体,万行之相源,万德之果海。"华严宗认为法界就是"实相",《法华玄义》说:"法界是实相之别号,实相亦是法界之别号。"法界又是真如,《法界义镜》说:"如来一代教法,唯说法界,然随宜缘,立种种名;所谓真如、涅槃、般若、实相,皆是法界法门异名。"而真如、实相又无不是出自"如来藏自性清净心";所谓"法界缘起",就是说一切事物都是由"如来藏自清净心"而生起。在心的作用下,因与果、此与彼,一切圆融无碍,重重无尽,因此,又叫作"无尽缘起"。

华严宗在"法界缘起"总理论的统摄下,提出许多圆融的理论。最重要的有"六相圆融""四法界""十玄门"等。"六相"指总相、别相、同相、异相、成相、坏相。六相都是圆融的。这实际上提出全体与个别的统一,整体与部分的统一,相同与相异的统一,成就与破坏的统一。这里尤其值得注意的是成相与坏相的统一。成即坏,坏即成。比如,建造房子,需要砖瓦,砖瓦当其未成为房子一部分时,它是独立的,而当它被砌进房子后,它就不能说是砖瓦了,就这而言,它是"坏";而就房子的建造来说,它又是"成"。华严宗提出的"四法界"为"事法界""理法界""事理无碍法界""事事无碍法界"。"事法界"着重于某事本身的存在根据。它含有十对内容,这十对内容同时相应,圆融无碍。"理法界"着重指事物的本性。华严宗认为,大千世界,同一体性。"事理无碍法界"着重讲事物的现象与本体的统一。华严宗认为,现象与本体了无区别,犹如水与波,水是理,波是事,水即波,波即水,圆融无碍。"事事无碍法界"着重讲此事与彼事的统一。华严宗讲的"十玄门"也含有圆融天地万物的意思。所谓"十玄门"即:"同时俱足相应门""广狭自在无碍门""一多相容不同门""诸法相即自在门""秘密隐显俱成门""微细相容安立门""因陀罗网境界门""托事显法生解门""十世隔法异成门""主伴圆明具德门"。这里,一与多、广与狭、隐与显、主与伴都实现了圆融统一。

以上所说的佛教种种圆融理论,虽然立意不在美,而实际上通向美。

美的境界就是圆融无碍的境界。在这个境界里,主观与客观、感性与理性、现象与本质都实现了统一。中国古典美学用"忘"来表示这几个统一,如《庄子》说鱼"相忘于江湖","物我两忘","不知周之梦为胡蝶与,胡蝶之梦为周与",便是美的境界。中国古典美学又用"游"来表示这种美的境界。孔子讲"游于艺",庄子讲"逍遥游"。这种"游",无忧无虑,"上下与天地同游","登山则情满于山,观海则意溢于海","我见青山多妩媚,料青山见我应如是"。这是何等的美妙,何等的自由!其实这境界的要义就是圆融。圆融是美。

另外,中国古代的美学文献中有大量用圆来比喻艺术技巧、艺术境界的言论。如况周颐的《蕙风词话》云:"笔圆下乘,意圆中乘,神圆上乘。能圆见学力,能方见天分。"梅圣俞《依韵和晏相公》云:"苦词未圆熟,刺口剧菱芡。"何子贞《东洲草堂文抄》云:"落笔要面面圆,字字圆。所谓圆者,非专讲格调也。一在理,一在气。"这些地方讲的圆实是圆融。艺术技巧要圆熟,圆熟则需将有法与无法统一起来,只有这种统一达到圆融的地步,才称得上美。就艺术境界来说,达到神圆的境地,也非将各方面的要素圆融为一体不可。这里,体现在艺术形象上,形与神必圆融;体现在艺术传达上,心与手必圆融。

第三节　圆寂之美

"圆寂"是佛教所追求的最高境界。

圆寂,又称涅槃,法教教义有"三法印",其第三法印为"涅槃寂静"。涅槃通常被理解成佛及佛教高僧去世,这也是对的,但这只是一种涅槃,叫"无余涅槃"。另一种涅槃,叫"有余涅槃",它说的是达到了佛的最高的精神境界,在心灵里实现了解脱。只有这种涅槃才是真正的涅槃。佛陀如来其实在他逝世前就达到了这种境,只是他还保留了这具有尘世创伤的肉体,故而叫"有余涅槃"。他逝世后,肉体化为灰烬,则完全彻底地实现了涅槃,故而叫"无余涅槃"。

唐代敦煌雕塑

佛教视人生为痛苦，以解脱人生痛苦为最高追求。从逻辑上来讲，解脱人生痛苦，当然只有结束生命。但是，解脱人生痛苦若只能用这种方式，那就不必信教了，大家去死就是，佛教所说的一切也就没有任何意义。佛教之价值在于引导人们如何在红尘实现超越，在人生中解除痛苦。要特别指出的是，佛教所说的人生痛苦，主要是精神上的，精神上的痛苦不是用物质手段能解决的，发财、致富，对解除人的精神痛苦不仅无济于事，而且财富本身就是人的精神痛苦的源头之一。要解除人生的痛苦，根本的，是要正确地认识世界，认识人生，认识你自己。佛教所谈的一切，不管是经，是论，是藏，也不管是戒，是定，是慧，都围绕这一点。佛教的种种宗派，不管是小乘、大乘，也不管是三论宗、天台宗、华严宗、禅宗，只是在如何认识世界、认识人生、认识自己上有所区别。佛教认为，人生的痛苦只能用心灵的方法去解除，如果你真正认识了这个世界的本质，认识了人生的本质，也认识了你自己的本质，那你就不会有什么痛苦了；用佛教的话来说，那就是悟了，成就了佛果。你不仅没有了痛苦，而且进入了极乐世界。所以从本质

（五代）佚名:《引路菩萨图》

上来说,涅槃不是消极的,而是积极的;不是痛苦,而是幸福。

涅槃作为人生的理想境界,它具有美学的意义。

第一,涅槃之境是"空"与"有"的统一。

这"空"是就事物的本质来说的,"空"不是无,是指无限;说"有",是因为事物实存。"空"可说是无相,"有"是有相,涅槃之境是无相与有相的统一、无限与有限的统一。佛教将这种统一说成是"实相"。"实相"的"实",一是指事物的本来面目,可说是空;二是指事物的形象,它是实存的。因为人们认识事物的通常习惯是从事物的实存出发,这就很容易执着于相。如果执着于相,那就不能达到无相,不能达到无限。也就不能认识事物本质,也就是不能认识事物的真谛。从实相作为万物的体性而言,它为法性;就其体真实常住而言,它为实相;就其依名随德用之"三谛"而言之,空谛为真如,假谛为实相,中谛为法界。

佛教很看重"实相"。实相是涅槃的内容。涅槃境界就是对实相的认识与运用。这种涅槃被称为"实相涅槃"。实相涅槃有两个要点:其一,它认为世间事物都是流转生灭的，是"有"。其二，它认为世间一切现象的本质又是超出流转生灭的，因而是"空"。《楞严经》云："空生大觉中，如海一沤发。有漏微尘国，皆依空所生，沤灭空本无，况复诸三有。"这就是说，我们所看到的虚空虽然是无边无际的，但是它还是以各种现象体现出来，犹如无边的大海生起一朵朵浪花。这个世界的一切物理现象，都依"空"这个世界的本质而生起。大海虽生出浪花，而浪花消失又复归大海。这就是说空生有，有又回复到空。这样说来，人生的三有（欲有、无明有、烦恼有）也都是有生有灭的，何必执着在意呢？

佛教讲的实相，颇类似黑格尔说的"理念"。黑格尔的理念不是空洞的，它是具体的。理念，它既扬弃了概念的抽象，又扬弃了事物的具象，是抽象与具象的统一。黑格尔说美是理念的感性显现。涅槃作为"实相"，它的美学意义也在此。

第二，涅槃之境是以静为本的以动趋静、静中寓动的境界。

佛教认为，为了达到涅槃的境界必须精进不已，不能停顿。佛教认为，世间是一个整体，个人是这整体的一部分。作为佛教徒，不能只是度自己，还要度他人。小乘强调先度自己，后度他人；大乘则强调只有普度众生才能度自己。总之，是既自利又利他。这样，作为佛教徒就有做不完的事，他的修行是永无止境的。佛教将这种涅槃称为"无住涅槃"。虽然是永远的动，这动的最终境界却是静。因为事物的本来面目、它的本质是寂静的。弘一法师临终前努力念佛，自我感觉是"勇猛精进，超胜常人"，"见者闻者靡不为之惊喜赞叹：谓感动之力有如是剧且大耶！"[1] 然而佛教追求的最高境界是寂静的，佛教又称为"灭"。这种大静的境界，当然只能在心中，只能体悟。在这种大静的世界中，心中生出无限光明，世界之本相清清楚楚。真是："静极光通达，寂照含虚空。欲来观世间，犹如梦中事。"[2]

就修正佛法的方法来说，心态应是寂静的，不为尘俗所累，不慕荣华富

---

[1] 《禅灯梦影响——李叔同卷》，东方出版社1998年版，第138页。

[2] 《楞严经》。

贵,六根清净,远离烦恼,心如止水,寂然长住。这种心态,比较容易得悟。其实,静也不是绝对的静,静中寓动,且是大动。这个世界何其大,人的五官的感受能力是很有限的,"目非观障外,口鼻亦复然,身以合方知,心念纷无绪"①。如果不以五官观,而以心观,则大不一样了。《楞严经》云:"妙音观世音,梵音海潮音。救世悉安宁,出世获常住。我今启如来,如观音所说。譬如人静居,十方俱击鼓。"观音是用心观的,在心观中,他得闻天籁般的梵音,那声音犹如澎湃的海潮,非常雄壮。然而,这种心观需要一个最根本的条件,那就是静。人也是如此,真能取静,则能听到十面八方的声音。可见,静观不是不观,而是大观。只有在静中,才能观看到宇宙的本相,才能体会宇宙的真谛。

不少禅诗喜欢描写这种宇宙大宁静的境界,如王维的《鹿砦》:"空山不见人,但闻人语响。返景入深林,复照青苔上。"这首诗实只写了一个字:静。不静何能见出山之空? 不静何以能悟出性之空? 空不是无,你看,阳光穿过树林,将一缕光线投在青苔上,何等清晰! 山林中分明有人声。这是一个充满生命气息的、五光十色的境界。

以静为本、静中寓动的涅槃境界是很美的,因为动静的结合是极能见出生命的意味的。生命的奥秘就在这动静的结合之中。动可以理解成生命的本质,而静可以理解成生命的孕育。王维的禅诗很能让人感受到这种生命的意味。上面所引的《鹿柴》已能说明,再举一首《辛夷坞》:"木末芙蓉花,山中发红萼。涧户寂无人,纷纷开且落。"这"开"与"落"的交替,不就是一种生命的过程吗? 而且生命何其灿烂,"纷纷"二字,颇能见出。然而它的境界是静寂的。芙蓉花自开自落,无须任何人来观赏。佛教所看重的就是这个"自",所以"涧户寂无人"是最重要的,因为它否定了人为,它是静。

第三,涅槃之境是此岸与彼岸的统一。

一般认为,佛教是追求彼岸世间的,这没有错。不过,有两点须注意:

---

① 《楞严经》。

一是佛教所追求的彼岸世间是从现实世界出发所构想的一种人间理想。印度古代理想的早期社会,相当于中国人所向往的尧舜盛世。佛教《阿含经》描绘过那个社会的美好:土地平整,风调雨顺,人民康乐,富足如意,金银财宝,同于瓦石。佛教所构想的净土,虽然极尽铺排、夸张,也只是人世间美好生活的夸大。比如,《无量寿经》说在极乐世间里,"若欲食时,七宝钵器自然在前……百味饮食,自然盈满","衣服饮食,花香璎珞,缯盖幢幡,微妙音声,所居舍宅,宫殿楼阁,称其形色高下大小,或一宝二宝,乃至于无量众宝,随意所欲,应念所至"。

另外,佛教所追求的涅槃境界,其实在人世间就可以成就。佛教中的禅宗对这一点特别强调。禅宗认为,"佛法在世间,不离世间觉";"担水劈柴,无非妙道"。要成佛,连出家做和尚都不必,只要心诚,潜心修行。修行,也不在乎参禅念佛,贵在一心能否开悟,一悟,洞触天开,也就进入涅槃之境。因此,在佛教,涅槃的境界也不在彼岸,而在此岸,或者说在此岸中的彼岸。这种现实与理想相统一的境界,正是审美所追求的境界。审美的境界总是带有几分理想性的,但它不是虚幻的,而是扎根在现实的土壤里,是现实的阳光与雨露所培植的理想的花。这样,就将世间与非世间统一起来了。龙树说:"涅槃与世间,无多少分别。世间与涅槃,亦无多少分别。涅槃之实际,及与世间际,如是二际者,无毫厘差别。"①

最后,应特别强调的是涅槃的境界是通达无碍的自由的境界,在佛教所追求的境界中,物质与精神的差别消失了,此岸与彼岸的差别消失了,人与我的差别消失了,生死、荣辱、祸福、寿夭也都无差别。一切矛盾在这里得到了化解,一切障碍在这里化为云烟。真如《神会语录》所说:"真解脱者,即同如来,知见广大深远,一无差别。"这是一种绝对自由的境界。《坛经》云:"内外不住,来去自由,能除执心,通达无碍。"这里的关键是"能除执心",执心一除,精神全解放了,不仅"自识本心,自见本性"②,而且,我

---

① 《中论·观涅槃品》。

② 《坛经》。

心就是一切，一切就在我心中。

在涅槃的境界里，物我的界限没有了，"青山是我身，流水是我命"①。佛与物的界限没有了，"青青翠竹，尽是法身；郁郁黄花，无非般若"②。时间的过程浓缩了，刹那即是永恒；空间的距离也浓缩了，千里即是咫尺。一灯除却千年暗，一智灭尽万年愚。整个世界，空灵明彻，光彩夺目。这虽然是一种理想的精神世界，却无疑是美的世界。

涅槃又被称为圆寂，突出了它的美学意味。圆，圆满，圆明，圆通；寂，寂静，寂灭，寂寞。就在这有点冷寂的心境中成就了最高的追求。它是神秘的，但又是美妙的。

佛教主张"空"，主张"无"，然而透过"空""无"的面纱，分明显现出一个无比灿烂辉煌的佛国。实际上，佛教主张"空"的只是现实的世界，主张"无"的只是世俗的生活。佛教最看重理性的精神世界，它所向往、所追求的精神世界其实既不"空"，也不"无"，而是五光十色，芬芳氤氲，无比美妙、动人。佛教将这种精神世界称为"境"或"境界"。这种"境"或者"境界"具有浓郁而又深刻的美学意味。

---

① 《古尊宿语录》卷三十一。
② 《坛经》。

第十五章

华严宗美学:《华严经》

佛教自东汉明帝年间传入中国,数百年的传播,并没有真正做到中国化,只有到了唐代,才完成了它的中国化。其重要标志,诚然是禅宗的出现。但是不要忘记,在佛教中国化的漫长过程中,有诸多的佛教宗派作出过贡献,不独禅宗。其中,最为重要的,是两个佛教宗派:一是天台宗,二是华严宗。天台宗、华严宗都具有严密的哲学体系,而且两者还有不少相通之处,但是,华严宗比之天台宗更为普通百姓所接受,其原因是,华严宗不管其经,其论,其疏,均较天台宗更具美学色彩。华严宗所描绘的佛国情景,极为绚丽;它所阐发的成佛之路,极为生动。华严宗对中国审美意识的建立作出了重要贡献。

第一节　译经过程

华严宗在唐代的创建,与《华严经》传入中国有最大关系。

东汉灭亡后,天下大乱,先是三国,后是魏晋,再是南北朝,国家分裂,性命难保,人心惶惶,何处是身心安顿之所? 人们自然地将眼光投向了佛教。比之一味躲避社会的道教来说,佛教有它的优势。它所描绘的佛国,比之成仙,让人更觉得可信,也更可依赖。

　　佛教在中国的发展应该说有基础,但是,由于佛教毕竟来自遥远的印度,传入中国的佛教资源在当时非常有限,因此,如何获取更多的佛经,是中国当时佛学界的一个重大问题,另一个问题就是翻译。东晋时,一部重要的佛教经典——《华严经》,由著名的僧人慧远的弟子支法领获得。《华严经》据说是印度高僧龙树菩萨所造,此经在印度很有名,支法领从西域的于阗国获得此经,实是有幸,不过,他获得的是略本,为梵文。东晋义熙十四年(418),吴郡内史孟顗决心将此经译出。他请来自印度的佛学家佛驮跋陀罗(又名觉贤)担任主译,中国僧人法业、慧义、慧贤、慧观等担任助译。参加此工作者有百余人。南朝宋永初二年(421)经译毕,共六十卷,通称晋译《华严》或《六十华严》。

　　唐代武则天时期,佛教大盛。武则天读到了晋译的《华严经》,非常倾心,听说此译本为略本,感到遗憾,又听说于阗国还有更全一些的梵文本,遂遣使求取,并望于阗国派精通梵文的高僧参与翻译。于阗国遂派实叉难陀携经来到洛阳。得到此经,武则天极为高兴,因为它果然较晋译的《华严经》丰富得多。证圣元年(695),武则天下令由实叉难陀担任主译,开始译这部新的《华严经》。参加译经的中国僧人很多,其中就有后来成为华严宗大师的法藏。此部经书译好后,武则天还让大诗人王维润饰过。此部经书共八十卷,称唐译《华严》或《八十华严》。

　　唐代还有一部《华严经》。唐德宗贞元十一年(795),南印度的乌荼国王向德宗进献节本的梵文《华严经》。贞元十二年(796),德宗诏请来自北印度的佛学家般若三藏担任主译,将此部经也给译了出来。贞元十四年(798),此经译毕,共四十卷,简称《四十华严》。

　　《华严经》是一部源自印度的佛经,中国僧人将它译成汉语时,在相当大的程度上将这部印度经书中国化了。中文语汇自有它特定的含义,当另一种思想用中文表达时,中文原有的语义必定渗入新义,因而,原来的思想就会发生一些变化。当我们在阐述《华严经》中的审美意识时,这审美意识就既有印度的成分,也有中国的成分。由于它毕竟为中国人所接受,因此,讨论汉文《华严经》的审美意识,是可以将它看成中国人的审美意识的。

第二节　佛境之美

　　《华严经》内容丰富，《六十华严》由八会说法构成，《八十华严》多了一会，为九会。每一会中，有诸多品。从总体思想来看，《华严经》是由凡夫进至菩萨最后成佛的修行路线图。通过《华严经》，可以看到菩萨修行的次第、等级。在这个过程中，《华严经》不仅展示修行中的种种精神上修炼的辛苦，更重要的是展示修行过程中精神的愉快。这种展示不仅是在宣扬佛教，也是进行美的熏陶，更重要的，它还凝聚成一种审美观念，可以说，影响深远。

（唐）吴道子：《维摩诘图》（局部）

　　佛教很重视佛国的美丽，任何一部佛经都有关于佛国美的描绘，但似无有过《华严经》者。《华严经》展示佛国美，最为集中的一章当数《菩提场会》中的《华藏世界品》。

　　这篇经，开首有普贤的宣示。普贤说：

诸佛子,此华藏庄严世界海,是毗卢遮那如来,往昔于世界海微尘
数劫修菩萨行时,一一劫中,亲近世界海微尘数佛,一一佛所,净修世
界海微尘数大愿之所严净。①

华藏庄严世界海——佛国的另一称呼,它是毗卢遮那如来佛②经历无数
劫时不断地修持大乘菩萨行,最后显现出来的清净光明的国土。佛国是修行
大成后的收获,不是预先存在的乐土。不修行或修行不成功就什么也没有。

这样,这华藏庄严世界海,就既具理想性,又具现实性。

关于华藏庄严世界海的种种壮丽,经书次第展开,层次分明:

这是一片海,海中有山,山名须弥山;山上有象征着修行层次的各种风
轮。风轮均富丽堂皇,最上的风轮为殊胜威光藏,它护持着一片海,名普光
摩尼香水海,海中有大莲花。华藏庄严世界海住在大莲花之中……

从尽善尽美的描述中,我们能够体会出哪些较为明显的审美意识呢?

一、对香的审美意识

西方美学重视审美的认识作用,人类诸多的感官中,于认识的功能上,
视觉列在第一位。人类的认识基本上都是依赖视觉来进行的,所以,西方
美学史中,审美器官主要为视觉。列在视觉之后的是听觉。听觉也具有一
定的认识功能,虽然不及视觉,但它有视觉不可替代的地方,更重要的是,
听觉较视觉,更能作用于人的情感。所以,西方美学史中,听觉美感也有相
当的地位。这两种感觉之外,诸如触觉、嗅觉、味觉基本上被忽视掉了。中
国古代美学同样重视视觉、听觉的美感,不同的是,对于其他的感觉的美,
并没有忽视。道家提出"味"这个概念,虽然本义不是审美,却通向审美,
味觉美感在中国得到特殊的重视。

佛教提出"香"这个概念,于嗅觉的美感有相当深入的认识。《华严
经·华藏世界品》对香感有充分而细致的描绘,略摘引数句:

---

① 《华严经·华藏世界品》。
② 毗卢遮那佛如来又称大日如来。毗卢遮那如来是华严世界的教主,与普贤、文殊同为"华
严三圣"。

此世界海大地中,有十不可说佛刹微尘数香水海,一切妙宝庄严其底,妙香摩尼庄严其岸,毗卢遮那摩尼宝王以为其网,香水映彻,具众宝色,充满其中。①

一一香水海,各有四天下微尘数香水河……其香水中常出一切宝焰光云,相续不绝。②

此诸香水河两间之地,悉以妙宝种种庄严,一一各有四天下微尘数众宝庄严。芬陀利华周匝遍满,各有四天下微尘数众宝树林,次第行列。一一树中,恒出一切诸庄严云,摩尼宝王照耀其间。种种华香,处处盈满,其树复出微妙音声,说诸如来一切劫中所修大愿。③

从这些引文可见,这香感与我们平常的香感明显不同,平常的香感不管是微妙的还是强烈的,都不带文化的内涵,而《华严经》中的香感,则有深邃的佛教文化内涵。另外,《华严经》中所描述的香感,不是孤立的,它与其他美感融会在一起:视觉的,如"香水映彻,具众宝色";听觉的,如"种

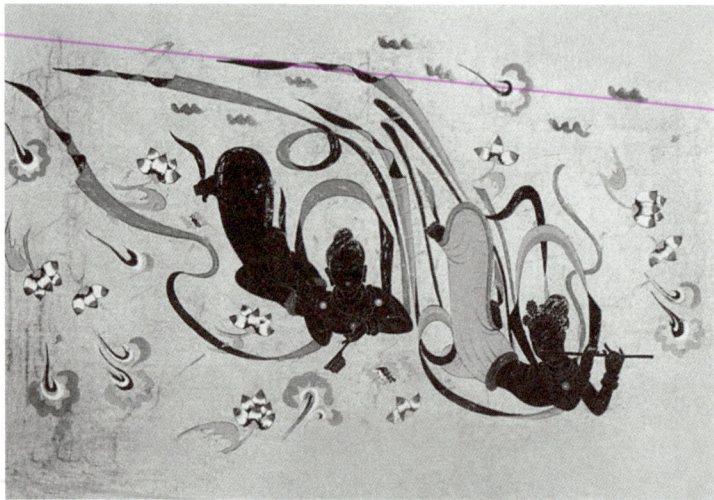

敦煌壁画《飞天图》

---

① 《华严经·华藏世界品》。
② 《华严经·华藏世界品》。
③ 《华严经·华藏世界品》。

种华香,处处盈满,其树复出微妙音声"。更重要的是,这香具有无穷的弥散性,可以弥漫整个世界,让全世界香气氤氲。

佛教为中国美学增添一个重要的美学范畴——香。

二、对光的审美意识

光感虽然也属于视觉,但是在西方美学史上,光感并没有得到充分的认识。基督教美学谈光,那光附会上神秘的色彩。也许因为此,包括像黑格尔这样的美学家,谈美感时并不怎么谈光感,只有到了近代,印象主义绘画出,光才在美学上真正占有一席之地。

中国古代美学也不怎么谈光。然而,在佛教经典中,特别是在《华严经》中,光有着特殊重要的地位。《华严经》的《华藏世界品》中,对于华藏世界的描述,有许多地方谈到光:

> 此刹海中一切处,悉以众宝为严饰。发焰腾空布若云,光明洞彻常弥覆。[1]

> 此最中央香水海名无边妙华光,以现一切菩萨形摩尼王幢为底,出大莲华,名一切香摩尼王庄严。[2]

> 此上过佛刹微尘数世界,有世界名种种光明华庄严。[3]

> 此上过佛刹微尘数世界,有世界名普放妙华光。[4]

> 此上过佛刹微尘数世界,有世界名众妙光明灯,以一切庄严帐为际,依净华网海住,其状犹如卍字之形。[5]

> 此上过佛刹微尘数世界,有世界名高胜灯,状如佛掌,依宝衣服香幢海住。[6]

---

[1]　《华严经·华藏世界品》。

[2]　《华严经·华藏世界品》。

[3]　《华严经·华藏世界品》。

[4]　《华严经·华藏世界品》。

[5]　《华严经·华藏世界品》。

[6]　《华严经·华藏世界品》。

种种佛刹微尘数世界，有各种各样的光明灯，这些灯形状不一，有如游檀月，有如香水旋流，有如师子之座，有如佛掌……于是，这华藏世界一片光明。而诸多佛号也以灯或光为名，如：

此上过佛刹微尘数世界，有世界名与安乐。佛号大名智慧灯。①

此上过佛刹微尘数世界，有世界名华林幢遍照。佛号大智莲华光。②

……

三、对境界的审美意识

《华严经》所描绘的华藏世界可谓美轮美奂，尽善尽美。而所有这一切，它又将其归结为"境界"。它说："以佛境界威神力，一切刹中如是观。"③ 境界有什么特点？就是虚实相生。首先，是实，无尽无穷的实，《华严经》所描绘的华藏世界的种种美妙，种种变化，皆是实，然而，"十方所有诸变化，一切皆于镜中像"④。既然是"镜中像"，就是虚，就是幻。"所有化佛皆如幻，求其来处不可得。"⑤ 这种华藏世界，其美妙、庄严、灵动、变幻，连《华严经》也认为"难思议"。难，当然是对俗界而言；对于佛子，不仅能思议，还能充分享受安住其中的自由与快乐。

境界是多种对立的统一，不仅是虚与实的统一，还是丰富与有序的统一："一一皆自在，各各无杂乱"⑥；规律与自由的统一："佛于清净国，显现自在音"⑦；有限与无限的统一："名号皆具足，音声无有尽"⑧。《华严经》讲的这一切，当然是属于佛教的，却也是通向审美的。正是因为如此，佛教的境界观成为美学境界观的重要来源。

---

① 《华严经·华藏世界品》。

② 《华严经·华藏世界品》。

③ 《华严经·华藏世界品》。

④ 《华严经·华藏世界品》。

⑤ 《华严经·华藏世界品》。

⑥ 《华严经·华藏世界品》。

⑦ 《华严经·华藏世界品》。

⑧ 《华严经·华藏世界品》。

第三节　佛慧之美

《华严经》中,《入法界品》最为重要,此篇经文在唐八十卷《华严经》中属"逝多园林会",为三十九品,是《华严经》的结尾。此品描写善财童子按文殊师利的建议向各善知识问学及修学的全过程。善财童子参学的善知识共有五十五位。五十五位中,遍友童子未说法,文殊师利两度说法,故只有五十三位为善财童子所参问。

善财是生于福城的富家公子,物质上可以说非常富有,但精神上不是。文殊师利来福城传法,善财随着全城的人来听文殊师利讲法。文殊师利注意到了这位公子,知他已发阿耨多罗三藐三菩提心,建议他去"亲近诸善知识,问菩萨行,修菩萨道"。这样,善财就成为修菩萨道的一个象征。善财童子问学与修行的过程具有浓郁的审美意味。

经文开始,写文殊师利渐次南行,来到福城东,在庄严幢婆罗林,向广大施主传法讲经。关于文殊师利的状态和讲经的目的,《入法界品》写道:

> 尔时,文殊师利童子知福城人悉已来集,随其心乐现自在身,威光赫奕,蔽诸大众,以自在大慈令彼清凉,以自在大悲起说法心,以自在智慧知其心乐,以广大辩才将为说法。①

这段话最为关键的一句是"随其心乐现自在身"。身、心,在佛教中是两个重要概念,身属于色界、物质的世界,心属于有情的世界、精神的世界。心在身之中,然因受到身的约束,不得自由,怎样克服物质世界对精神世界的约束,将色界改造成有情界同时又不是将色界消灭而是保留它的存在,是佛教最为看重的问题,也是佛教的主题。

这个过程需要克服种种困难,在克服困难的过程中,产生了调伏界。调伏界以实现色界与有情界的合一为目的,这种调伏达到最高境界时,便是调伏方便界。调伏方便界全是光明,没有黑境。生活在这个境界中,人

---

① 《华严经·入法界品》。

满心全是快乐,人的全部行为均随其心而又合于佛道,既自在又不逾矩。文殊师利这时的状态就是如此。他威光赫奕,心情舒畅,自由自在。这种状态是成佛的境界。审美体验处于巅峰状态时,与文殊师利的"随其心乐现自在身"很有些类似,也是这样的快乐。同时,也是这样的不仅有"心"的活动存在,还有"身"的活动存在。心是快乐的,身是自在的。

文殊师利在西方世界主智慧第一,他是智慧的化身,或者说智慧的象征。《华严经》第二会中,毗卢遮那佛从他的眉间放出一道光,这是一道精神之光,这道光射到文殊师利头上,文殊师利马上就有了感应。方东美认为:"这种放光就是一种精神文字,就是一种 revelation of perfect truth(完全真理的启示)。然后凡是具有慧眼的人,因为接受了这一光明的照射之后,马上引发一种精神的感悟,然后就反应出来,彰显智慧。"[1]

文殊师利在《华严经》中地位特殊,实际上,他是《华严经》中的主角。所有的宗教都要讲信仰,信仰从何而来,不同的宗教有不同的说法。对于佛教来说,这种信仰从智慧来,由智慧产生信仰,又因智慧的力量,实践信仰,成就佛果。佛果其实不是别的,也就是智慧,只是这智慧更高、更广,号称"智慧海"。佛教常用光明来比喻智慧对人精神开悟的作用,善财童子修行依的是文殊师利指引,可以说依的是智慧的指引。

善财童子修行的最后一站是普贤菩萨对他的加持。在佛界,普贤主德行第一,重德,重行。善财童子修行的这一始一终,意味着生命的智慧要落实到生命的创造上去。生命的创造的最高成就是品德高尚的人。

值得我们高度注意的是,当普贤菩萨为善财童子"摩顶",善财"得一切佛刹微尘数三昧门"之后,普贤让善财童子观瞻他的清净身:

> 善男子,若有众生见闻于我清净刹者,必得生此清净刹中;若有众生见闻于我清净身者,必得生我清净身中,善男子,汝应观我此清净身。
>
> 尔时,善财童子观普贤菩萨身,相好肢节,一一毛孔中皆有不可说不可说佛刹海,一一刹海皆有诸佛出兴于世,大菩萨众所共围绕,又复

---

[1] 方东美:《华严宗哲学》上,中华书局1912年版,第18页。

见一切刹海种种建立,种种形状,种种庄严,种种大山周匝围绕,种种
色云弥复虚空,种种佛兴,演种种法。……①

按佛教教义,有欲界、色界、无色界等区别,色界是物质的世界,无色
界是精神的世界。善财童子闻道,开大神通,为的是精神世界的彻底解放。
有意思的是,开大神通后他并没有抛弃物质世界,普贤让他观瞻辉煌的物
质世界。可见佛教对色界即物质世界其实并不是完全抛弃的,而是让它升
华,升华出一种只有精神方能有的辉煌与壮丽,换句话说,让它成为精神的
象征。

"清净身",身是物,清净是灵,有了灵的清净,才能有身的清净。清净
是纯真,不是单一,实际上是无量数的丰富,无比的灿烂、辉煌、壮丽。善
财童子以生命智慧为动力,以生命创造为行为的最高成果——清净身,是
佛,也是美。于是,华严世界是佛的最高境界,也是美的最高境界。

我们还注意到,普贤说的清净身,有毛孔,说明清净身要沟通内外,要
吐故纳新,它是有生命的。佛国,按其本质,不是善财童子所看到的无量数
的诸佛世界,而是一个难以穷尽也难以描述的生命世界。所有出现在佛国
中的具体物,都是生命境界的象征。

善财童子问学达到很高成就后,来到弥勒菩萨处,观瞻弥勒菩萨管理
的毗卢遮那楼阁,楼阁所藏富丽堂皇,《入法界品》说:

善财童子见毗卢遮那庄严藏楼阁如是种种不可思议自在境界,生
大欢喜,踊跃无量,身心柔软,离一切想,除一切障,灭一切惑,所见不
忘,所闻能忆,所思不乱,入于无碍解脱之门,普运其心,普见一切,普
申敬礼,才始稽首以弥勒菩萨威神之力,自见其身遍在一切楼阁中,具
见种种不可思议自在境界。②

这里说的"自在境界"与普贤菩萨说的"清净身"是一回事,都是融实
入实,化实为虚,虚实相生的生命创化世界,真善美相统一的人生境界。如

———————

① 《华严经·入法界品》。

② 《华严经·入法界品》。

果说，文殊菩萨是智慧的象征，普贤菩萨则是德行的象征，弥勒菩萨可以理解为化智为行、融慧创德的统一人格的象征。象征在《华严经》中不只是说佛方法，还是一种审美方法。象征重象，当象成为某种意之征时，这象就放射出美的光辉。佛教非常重视象征，不要说上面说的"清净身"是象征，文殊菩萨、普贤菩萨是象征，毗卢遮那如来佛是象征，自然界的一切均是象征，即所谓"青青翠竹皆是法身，郁郁黄花无非般若"。

第四节　悟佛之路

善财童子遍访五十来位善知识，以求取佛法真义，成就无量功德，显示了求佛的全过程。求佛过程是有层次的，这在《十地品》中充分显示出来了。

整个"十地"，均为金刚藏菩萨所解说的世尊的思想。金刚藏菩萨听世尊说法后，应诸佛要求，阐述"何等为菩萨摩诃智地"，说：

菩萨摩诃萨智地有十种，过去未来现在诸佛已说、当说、今说，我

敦煌水月观音像（张大千临摹）

亦如果说。何等为十？

　　一者欢喜地，二者离垢地，三者发光地，四者焰慧地，五者难胜地，六者现前地，七者远行地，八者不动地，九者善慧地，十者法云地。①

从《十地品》对十地的阐述来看，基本上它可以分成这样几个阶段：

第一阶段，为"入"，就是"欢喜地"，入要欢喜。不仅入的是欢喜地，而且也欢喜地入，入了更欢喜。第二阶段为"除"，这就是"离垢地"，它要求除去一切邪念。第三阶段为"立"，即为"发光地"，它要求将十种心特别是"清净心"立起来。第四阶段为"观"，即为"焰慧地"，要求遍观宇宙中的一切，在观中体会佛法。第五阶段是"化"，即是"难胜地"，要求将前所获得的精神成果升华，表现为心境的提升。心境分三：一是"清净心"，二是"平等心"，合为"平等清净心"。第六阶段为"赏"，即为"现前地"，赏是观，不是眼观，而是心观，观的是"无相"，是"平等"。第七阶段是"大"，要求将所获得的功德进一步扩大，由自身到大众，实现由小乘到大乘的转化，成就无量功能，以至无穷。这就是："七者远行地，八者不动地，九者善慧地，十者法云地。"

这个修行的过程，在一定程度上体现出审美的过程。这里，我们只择三个关键性的阶段将这两者进行对比。

（一）审美进入

众所周知，审美由快乐始。由于乐，人的心变柔了，情绪变好了，正因为有这种变化，呈现在眼前的一切顿时放射出光辉。审美能不能发生，决定于审美快乐能不能发生，而审美快乐能不能发生，决定于两个因素，一是你是否遇见可以让你高兴的人与事，二是你当下的心境如何。在我们读《十地品》中的第一品"欢喜地"时，似是感觉到它也说到了这两个方面。《十地品》的《欢喜地一》强调这欢喜地是佛地，是佛住的地方，是佛的家。修行的菩萨来到这里，亲近佛，礼拜佛，求做佛，怎么能不欢喜呢？事实上也是如此："菩萨住欢喜地，成就多欢喜，多净信，多爱乐，多适悦，多欣庆，多

---

① 《华严经·十地品·欢喜地一》。

踊跃，多勇猛，多无斗净，多无恼害，多无嗔恨。"① 进入欢喜地的菩萨是不是也需要保持好的心态呢？也是需要的。《欢喜地一》强调入欢喜地，心要"广大志乐，无能沮坏"，还要"无疲懈"，一直保持兴奋的心情。种种不良的心态全要清除，一定要"不污如来家，不舍菩萨戒"。种种良性的心态全要调动，此时的心全是好心：柔和，恭敬，润泽，随顺，谦下，寂灭，调伏，等等。

(二) 审美观赏

观，是中国哲学中的重要概念。《周易·系辞上传》云："圣人设卦，观象系辞焉。""观象"不只是看象，还包含有思象，只是思不离看，看中有思，实质是理性直观。《左传·襄公二十九年》记吴公子季札来鲁国办事，鲁国国君让他观周乐，季札不断地发出赞叹，直至听到《颂》，长叹曰"至矣哉"，并发表长篇的评论。季札这种观赏音乐的行为，《左传》说是"观"。显然，这里的观不只是在看，在听，而是有想象、有理解、有情感的活动。南北朝时，画家宗炳提出"澄怀观道"说。道看不见，却可以观，显然，这里的观也不是看。

在中国哲学包括中国美学中，观有目观和心观两重意义，目观不只是眼睛在看，它包括一切感觉器官的活动，只不过用目来做代表。心观就更丰富了，有想象，也有理解，有形象思维，也有逻辑思维。因所持的立场与角度不同，心观有诸多种，可以是哲学的，也可以是伦理的、宗教的、政治的，还可以是审美的，等等。

《华严经·十地品》中的第四地"焰慧地"就谈到"观"：

> 尔时，金刚藏菩萨告解脱月菩萨言：佛子，菩萨摩诃萨第三地善清净己，欲入第四焰慧地。当修行十法明门。何等为十？所谓观察众生界，观察法界，观察世界，观察虚空界，观察识界，观察欲界，观察色界，观察无色界，观察广心信解界，观察大心信解界。菩萨以此十法明门，得入第四焰慧地。

---

① 《华严经·十地品·欢喜地一》。

佛子,菩萨住此焰慧地,则能以十种智成熟法故,得彼内法,生如来家。何等为十? 所谓深心不退故,于三宝中生净信毕竟不坏故,观诸行生灭故,观诸法自性无生故,观世间成坏故,观因业有生故,观生死涅槃故,观众生国土业故,观前际后际故,观无所有尽故,是为十。

佛子,菩萨住此第四地,观内身循身,观勤勇念知,除世间贪忧;观外身循身,观勤勇念知,除世间贪忧;观内外身循身,观勤勇念知,除世间贪忧。如是观内受、外受、内外受、循受观;观内心、外心、内外心,循心观;观内法、外法、内外法,循法观,勤勇念知,除世间贪忧。①

考察中华全部典籍,可能少有比《华严经·十地品》论观更深入的了。如此众多的观,《华严经》仅概括为"十",当然绝不止十,十是满数,它代表无穷多。考察十观,从方式上来看,不外乎是目观与心观以及其统一,内观与外观以及其统一。这样的观法,与审美观赏是一致的。

《华严经·十地品》将观的功能归结为一句话:"除世间贪忧"。这是非常深刻的。贪,必然伤己(伤身、伤心),也必然伤人、伤物。贪也必然带来诸多的烦恼与痛苦。贪为忧之源,除贪,也就是除忧。忧的除去,必然是快乐。所以,《华严经》实际上是将观的本质定位于乐,这就明显地通向审美了。

(三) 审美境界

中国美学中的境界观,很大程度上来源于佛经,其中重要的是《华严经》,《华严经》通篇阐述的其实就是境——佛境。佛境到底是什么样子?《华严经》各"会"各"品"均有不同的概括,其中,《十地品》中的第六地"现前地"的概括最为接近审美境界。

佛子,菩萨摩诃萨已具足第五地,欲入第六现前地,当观察十平等法。何等为十? 所谓一切法无相故平等,无体故平等,无生故平等,无成故平等,本来清净故平等,无戏论故平等,无取舍故平等,寂静故平等,如幻、如梦、如影、如响、如水中月、如镜中相、如焰、如化故平等,

---

① 《华严经·十地品·焰慧地四》。

如无不二故平等。①

这段话是对佛境的最好解释。从真实义来说，它强调佛境有一个根本思想：平等。平等即矛盾的消失，对立的取消，所以导致无：无相，无体，无生，无成，无取，无舍，等等。平等也就是清净，也就是寂灭。从比喻义来说，佛境就是如幻，如梦，如影，如响，如水中月、镜中相，等等。南宋诗人兼诗论家严羽在《沧浪诗话》中，这样论诗：

> 诗者，吟咏情性也。盛唐诸人唯在兴趣，羚羊挂角，无迹可求。故其妙处透彻玲珑，不可凑泊，如空中之音，相中之色，水中之月，镜中之象，言有尽而意无穷。②

严羽这段文字论诗的境界，也用一些比喻，这些比喻几乎全来自上引《华严经·十地品》。在严羽看来，诗的境界与佛教的境界在许多地方是相通的。王国维《人间词话》论境界，虽然没有明显地运用佛教的术语，但是，他强调"境非独谓景物也。喜怒哀乐，亦人心之一境界"，实际上也是承继佛教重视心灵作用的传统。梁启超在《自由书·惟心》中说："境者心造也。一切物境皆虚幻，唯心造之境为真实。"并且，肯定地说："天下岂有物境哉，但有心境而已。"③ 明显地见出佛境的意味。当然，美学的境界说只是从佛教境界说吸取了一些营养而已，它们的本质还是有所区别的。美学的境界其本在审美，而佛教的境界其本在悟佛。前者不含神秘性，也非信仰崇拜；而后者则含有神秘性，体现为浓重的信仰崇拜。

中国僧人因崇奉《华严经》而形成一个宗教派别——华严宗，华严宗的第一代祖师为南朝陈至隋朝年间的杜顺。杜顺著有《华严五教止观》。杜顺门下有智俨法师，传承宗义，著《华严经搜玄记》九卷、《华严孔目章》四卷、《十玄门》一卷、《六相章》一卷等。智俨弟子法藏光扬门庭，著《华严经探玄记》二十卷、《华严实重止观》一卷、《金师子章》一卷、《华严料简》十二卷、《华严游心法界记》一卷、《华严问答》二卷等。杜顺、智俨、法藏被后人

---

① 《华严经·十地品·现前地六》。

② 严羽：《沧浪诗话·诗辨》。

③ 梁启超：《饮冰室合集》专集之二，中华书局 1941 年版，第 45 页。

誉为"华严宗三祖"。三祖中,法藏得到武则天的赏识,参与武则天组织的八十卷《华严经》的翻译,影响更大。华严宗对于中国文化包括中国美学的影响,不只是由《华严经》见出,还在华严宗的历代高僧对于《华严经》的阐释中见出。这些属于《华严经》论、疏的著作,其丰富的美学内涵还有待于我们进一步开掘。

第十六章

华严宗美学:《金师子章》

　　中国的学问非常看重对经典的阐释,中国文化的主体儒家就是在不断阐释儒家经典中成就的,佛学同样如此。华严宗宗《华严经》,此经来自域外。诚然,华严宗的思想主要来自此经,但并不等于说,华严宗的思想仅止于此经。事实是,华严宗是宗《华严经》的诸多高僧据自己对佛学的认识而创建的。这些高僧留下诸多著作,这些著作是华严宗思想的重要组成部分。不管是就社会影响还是就内容的深刻来说,唐代高僧法藏著述的《金师子章》都位列第一。《金师子章》不仅是重要的佛学著作,而且还是重要的美学著作,它于中华审美意识的建构作出重要贡献。

第一节　法藏与《金师子章》

　　华严宗的创始人为陈、隋年间的杜顺法师,他为华严宗初祖。杜顺著有《法界观门》一卷、《五教止观》一卷。杜顺门下有智俨法师,传承宗义,著《华严经搜玄记》九卷、《华严孔目章》四卷、《十玄门》一卷、《六相章》一卷等。智俨法师的法嗣为法藏,法藏生于唐太宗贞观十七年（643）,卒于玄宗先天元年（712）。他17岁从智俨学习《华严经》,著《华严经探玄记》二十卷、《华严实重止观》一卷、《金师子章》一卷、《华严料简》十二卷、《华严游心法界记》一卷、《华严问答》二卷等。

相较于杜顺、智俨,法藏对《华严经》的研究更为深入,他为华严宗的建构与发展作出巨大贡献,被尊为华严宗第三祖。

法藏入寂后,华严宗一度因传承乏人而几致湮没。清凉大师澄观出,破斥异端,再兴宗义,作《华严大疏钞》九十卷、《华严经纲要》三卷、《华严玄谈》九卷、《华严经疏》六十卷、《华严法界玄境》一卷。其后,他的嗣人宗密法师,著《原人论》一卷、《华严合论》四十卷、《注法界观门》一卷、《华严经心要注》一卷等。

由于中国僧人对《华严经》做了如此多的阐释、论证,就在很大程度上将《华严经》中国化了。华严宗由于获得唐代最高统治者特别的支持,同时又有诸多的文人为之倾心,在唐朝得到很大的发展,华严宗哲学体系完备,且极富美学意味,因此,对中华审美理论及艺术理论的建构起到了重要的作用。

在关于《华严经》的阐释中,法藏的《金师子章》最为重要。法藏《金师子章》的产生与武则天有重要关系。武则天登位后,因与李唐王朝利益不同,希望从道教之外的宗教寻求更多的支持,这样,她选择了佛教。而在佛教诸多宗派中,武则天更倾心于华严宗。华严宗诸僧人中,于法藏,武则天又特为赏识。

法藏(643—712),俗姓康,原籍西域康居(今乌兹别克斯坦撒马尔罕一带)。他的祖父迁来长安,父在唐朝廷任左侍中。由于在西域生活过一个时期,他有机会接触到梵文,能读梵文《华严经》。法藏17岁从云华寺智俨法师研习《华严经》,27岁时出家。通天元年(696),法藏受诏宣讲《华严经》,传说"感日光昱然自口而出,须臾成盖"。武则天命京都十大高僧为其授满分戒,法藏为其中之一。许是种种因缘,武则天注意到了这位来自西域的汉人和尚,不仅让他参与翻译八十卷《华严经》,还经常请他来讲解《华严经》。

据史载,虽然武则天倾心于《华严经》,但对于华严宗所标榜的"十重玄门""六相圆融"等理论仍然感到困惑,主要是这个理论太玄了。一天,法藏以金狮子为喻,竟然将这个玄秘的理论讲解得既深刻又生动,武则天终于开悟。也正因如此,此篇讲经记录流布就很广,成为华严宗重要的理论文献。

武则天因为在佛理上有所开悟,在佛教事业上更为用力,唐朝佛教的兴旺包括诸多重要佛教洞窟的兴建,武则天功莫大焉。而在武则天的佛教事业中,有着法藏的功劳。

第二节 明"缘起"

《金师子章》在中国文化史上拥有重要地位,它不仅是重要的佛教文献,而且是重要的哲学文献,同时也是重要的美学文献。《金师子章》对中国古代美学的贡献,主要是为中华民族的审美意识的构建提供理论营养。

《金师子章》的"缘起"说是中国古典美学"境界"说的哲学基础之一。"缘起"说是华严宗用来说明世界的本质的重要理论。《金师子章·明缘起第一》云:

> 谓金无自性,随工巧匠缘。遂有师子相起,起但是缘,故名缘起。①

这话的意思是:我们面对的是一座金狮子,它有相,这相是如何产生的?一是需要有金,二是需要有工匠的制作。"自性"即自己的本性。"金无自性是说'金不守自性'。"② 金不守自性又不失自性,说明金的自性是永恒的。虽然金的自性不失,但也不守,这不守,是因为随顺不同的工匠的制作,它成了不同的物品。

关于对"缘起"的理解,华严宗僧人高辨的《金师子章光显钞》有一段分析:

> 《缘起门》云:"以金无自性,随工巧匠缘。遂有师子起。起但是缘,故名缘起。"准此文,此金师子总有三义,一所依金,二巧匠方法,三所

---

① 法藏:《华严金师子章·明缘起第一》。
② 法藏:《华严金师子章·明缘起第一》。

成师子。所显法亦可有三义,一所依真如,即是金也。二法起因缘,即无明等,是巧匠方法也。①

这段分析说,金狮子有三义:一是所用来制作金狮子的金料,二是巧匠的方法即他的劳作,三是金狮子。金是"真如",是本体;巧匠的劳作是"起因缘";这两者共同作用,方成金狮子。《明缘起第一》用金狮子制作这一例子,说明世界一切事物都是由诸多条件和合而成的,这诸多条件的和合即为缘,金狮子是缘的产物。

金狮子这一譬喻具有普遍的意义,不独成佛如此,艺术创作何尝不是如此? 中国文人论文,莫不注重两个方面。王夫之说:"含情而能达,会景而生心,体物而得神,则自有灵通之句,参化工之妙。"② 又说:"只于心目相取处得景得句,乃为朝气,乃为神笔,景尽意止,意尽言息,必不强刮狂搜,舍有而寻无,在章成章,在句成句,文章之道,音乐之理,尽于斯矣"③。王夫之说的"心目相取",心即为"自性",目观的对象即为"缘",只有这两者"相取"才能成诗成文。

第三节　辨"色空"

关于金狮子的构成,《金师子章·辨色空第二》说:

谓师子相虚,唯是真金。师子不有,金体不无,故名色空。又复空无自相,约色以明,不碍幻有,名为色空。④

在金狮子构成的分析上,法藏认为金狮子这"相"(形象)是物质的,可观,可看,它为"色"。金狮子这相原本没有,是应缘而生的,故它的相是虚的。相是色,虚是空,故名"色空"。那就没有真的、实的吗? 有,那是金。只有金,才是真的、实的。金是金狮子的本质,它为"有"。

---

① 法藏:《华严金师子章·勒十玄第七》。
② 王夫之:《姜斋诗话》卷二。
③ 王夫之:《唐诗评选》卷三《张子容泛永嘉江日暮回舟》。
④ 法藏:《华严金师子·辨色空第二》。

金狮子相是金狮子的现象，是空。由此导出现实为空，本质为有。现象虽为空，然而看起来似为有；本质虽为实，然看起来似是无。

"约色以明，不碍幻有"。"色"，在这里，指金狮子的相。它是空的，虽是空的，然而它明白地存在着，似是实；金狮子相的空（似实而空），不妨碍金狮子的性（金）的"有"的存在，只是这"有"是"幻有"——似幻而有。

这就是说，现象的色空不妨碍本质的虚有。这无与有、空与实的统一，构成了金狮子，亦即构成了佛教的境界。

关于"色空"，法藏在《修华严奥旨妄尽还源观示三偏门》中还有详细的分析：

> 谓尘无自性，即空也；幻相宛然，即有也。良由幻色无体，必不异空；真空具德，彻于有表。观色即空，成大智而不住生死；观空即色，成大悲而不住涅槃。以色空无二，悲智不殊，方为真实也。《实性论》云："道前菩萨，于此真空妙有，犹有三疑：一者，疑空灭色，取断灭空；二者，疑空异色，取色外空；三者，疑空是物，取空为有。"今此释云：色是幻色，必不碍空；空是真空，必不碍色。若碍于色，即是断空；若碍于空，即是实色。①

空不空，看什么？看有没有自性。"尘"即物，它没有自性，故空。虽然空，但有相。按没有自性来说，这相是幻相。虽是幻相，相又宛然，所以，又为有。

法藏否定了三种对空的误解：一是"断空"，二是"外空"，三是"取空为有"。断空是绝对的空，它断绝前因后果。外空，是在事物之外的空，与相无关。取空为有，干脆否定空有存在。这三种空有一个共同处，那就是都将空与色对立起来。

法藏认为，色与空是不能分离的，虽不能分离，又不相妨碍。色不碍空，空不碍色。色是幻色，说明这色本质上为空；空是真空，说明这空其本质为真。尽管这些分析似有些绕，但基本意思是清楚的。法藏的这种理论日后

---

① 法藏：《华严金师子·辨色空第二》。

为更多的学者所理解与接受,成为中国哲学特有的本体论,同时也成为中国美学境界理论的哲学基础。

王夫之评杜甫《祠南夕望》一诗,云:"'牵江色'一'色'字幻妙,然于理则幻,寓目即诚,苟无其诚,则幻不足立也。"[1] 杜甫的原诗是:"百丈牵江色,孤舟泛日斜。兴来犹杖履,目断更云沙。山鬼迷春竹,湘娥倚暮花。湖南清绝地,万古一长嗟。"杜诗描绘湘江暮色的美,王夫之无意于此,却用心于诗中所用的一个"色"字。他认为此字用得妙,原因是这"色"用了佛学的意义。湘江的暮色的动人处就在于它的幻。幻,不只是说它闪耀不定,还说明它即将幻灭。闪耀是相,能寓于目,似是有,故可以说是"诚"(实);但非永恒,即将灭,故说它是空,故从理来说,它是"幻"。

艺术之美就在创建这样一个幻境,似有实无,似无实有。形象可以看见,但它是变化的,实质是空的;内涵是看不见的,但真实存在着,应是有。中国美学家关于审美境界的创造常用虚与实、真与假、诚与幻等概念,而其精神内核仍明显地可以见出华严宗的色空理论。

第四节　论"圆成"

"圆成"说是《金师子章》的重要内容,这一理论可以说贯穿于全篇,而标出,则在其《约三性第三》节:

师子情有,名为偏计,师子实有,名曰依他。金性不变,故号圆成。[2]

此节题名中的"三性"即为《摄大乘论》中的"偏计所执性""依他起性"和"圆成实性"。这三性涉及如何看物的构建。"偏计所执性",不管物的关系,只是执着于物;"依他起性",注重事物关系,认为物是依诸多的因缘条件而起;"圆成实性",认为物有本性,本性不是相,相变本性不变,只有本性才是圆满实足的。

---

[1]　王夫之:《唐诗评选》卷三杜甫《祠南夕望》。
[2]　法藏:《华严金师子章·约三性》。

佛教常以蛇、绳、麻为例说明三性：夜间视绳为蛇，这是"偏计所执性"；看清楚了眼前的长条物不是蛇，而是由麻等物编织而成的绳，这是"依他起性"；仔细考察绳，得知绳的本性是麻，这就是"圆成实性"。用来说师（狮）子，"师子情有"即用肉眼看出所谓真实的有；然而，它是真的吗？不是，此为"偏计所执性"；"师子实有"即狮子是因诸多缘而起的，认识到这一点，属于依他起性；"金性不变"是说制作金狮子的金是不变的，金在不同的因缘下会成为不同的东西，这不同的东西相对于金来说，是色，是相，它是变的。色是虚的，金才是实的，这种视物，为圆成实性。

佛教强调的"圆成"对于中国哲学、美学影响深远。

"圆成"说的实质是强调本质的真实。在这点上，儒家与道家是一致的。儒家重理，认为事物的本质在理；道家重道，认为事物的本质在道。不论是理还是道，都是真实的。虽然是真实的，但又感觉不能把握。因此，又说它是虚。能为感觉把握的，那是现象，然而这现象是变化的、多样的，不能永恒，也可以说是虚。这就有两种虚了：一种是事物本质为虚，一种是事物现象的虚。同样也就有了两种不同的有：事物本质的实和事物现象的实。

在中国哲学中，虚又用无来表述，实又用有来表述。虚与实的统一，也就是无与有的统一。中国哲学对于世界的把握基本上就是这样。

中国哲学总是认为，本质比现象更重要，内容比形式更重要，这与佛教的色空理论相一致。体现在美学上，中国美学讲的美重内容，重本质。孟子说的"充实"，刘勰讲的"风骨"，陈子昂讲的"兴寄"，都是内容，是本质。

佛教用"圆成"来表述把握世界的最为完满的方式，这种表述，本身就具有美学意义。在几何图形中，圆最为充实，中华民族常用它比喻事情的完全成功，理想的彻底实现。关于圆之美，中国美学有一系列的概念，如圆相、圆满、圆融、圆观、圆成、圆照、圆通等。

第五节　析"十玄门"

"十玄门"是中华美学中"圆观"理论的重要基础之一。法藏在《金师子章》中以金狮子为譬喻,阐述了何为十玄门。在华严宗的理论中,可能十玄门最为精彩。十玄是:性相、纯杂、一多、相即、隐显、微细、帝网、托事、十世和唯心。它详尽地阐述了观察事物的多角度、多方面,具有非常强的哲学意义,也具有非常浓郁的审美意味。全引如下:

一、金与师子,同时成立,圆满具足,名同时具足相应门。

二、若师子眼收师子尽,则一切纯是眼;若耳收师子尽,则一切纯是耳。诸根同时相收,悉皆具足,则一一皆杂,一一皆纯,为圆满藏,名诸藏纯杂具德门。

三、金与师子,相容成立;一多无碍,于中理事各各不同,或一或多,各住自位,名一多相容不同门。

四、师子诸根,一一毛头,皆以金收师子尽。一一彻遍师子眼,眼即耳,耳即鼻,鼻即舌,舌即身,自在成立,无障无碍,名诸法相即自在门。

五、若看师子,唯师子无金,即师子显金隐。若看金,唯金无师子,即金显师子隐。若两处看,俱隐俱显,隐则秘密,显则显著,名秘密隐显俱成门。

六、金与师子,或隐或显,或一或多,定纯定杂,有力无力,即此即彼,主伴交辉,理事齐现,皆悉相容,不碍安立,微细成辨,名微细相容安立门。

七、师子眼耳支节,一一毛处,各有金师子,一一毛处师子,同时顿入一毛中。一一毛中,皆有无边师子;又复一一毛,带此无边师子,还入一毛中。如是重重无尽,犹天帝网珠,名曰陀罗网境界门。

八、说此师子,以表无明;语其金体,具障真性;理事合论,况阿赖识,令生正解,名托事显法生解门。

九、师子是有为之法,念念生灭。刹那之间,分为三际,谓过去现在未来。此三际各有过现未来;总有三三之位,以立九世,即束为一段法门。虽则九世,各各有隔,相由成立,融通无碍,同为一念,名十世隔法异成门。

十、金与师子，或隐或显，或一或多，各无自性，由心回转，说事说理，有成有立，名唯心回转善成门。①

此十门，全用譬喻。金喻真如本体，狮子为相；此两者为本体与现象的关系。狮子上的毛、眼等为部分，狮子为全体，此二者的关系为部分与全体的关系；另，狮子身上的毛与眼的关系为部分与部分的关系。

第一门，总论金与狮子的关系。从佛教教义来说，强调的是缘起，即各种条件同时具足。从一般哲学义来说，是事物的本质与现象的关系，两者不能分割，同时具足，这样，才能成其为事物。

第二门论"纯"与"杂"的关系。"师子眼收师子尽，则一切纯是眼"，就是说从一狮眼可以看出狮子全体，全体即可以视为眼。狮子眼为纯，其他为杂，那无异说，纯即是杂，杂即是纯。

第三门论"一"与"多"的关系。"金与师子相容成立"。金为一，狮子为多，一多不碍，各住其位。

第四门论部分与部分的关系。"师子诸根，一一毛头，皆以金收师子尽"。"一一毛头"是狮子的一部分，它们都"皆以金收师子尽"即见出狮子全体，也就是说，从狮之一毛能见出狮子全体。毛头如此，狮子的其他部分也能如此，比如，从狮子的眼见出狮子全体。全体是相同的，部分虽是不同的，但见出的全体是同一个。既如此，部分与部分也就能相互认同："眼即耳，耳即鼻，鼻即舌，舌即身"。

第五门论显与隐关系。金狮子有显有隐，取决于你如何看。如只看狮子，则无金，狮子显，金隐；如只看金，则无狮子，金显，狮子隐。若两处都注意了，则俱隐俱显。

第六门论细与大的关系。此门强调不仅显与隐、一与多、纯与杂、此与彼、主与伴、理与事均是相容的，不碍成立，而且，"微细成辦"（此处"辦"通"辨"），即细与大也是相容的。佛教讲"一尘中有无量刹"。小并不小，小中可见大；大并不大，大可寓于小。

---

① 法藏：《华严金师子章·勒十玄第七》。

　　第七门总结部分与部分、部分与部分的关系。"师子眼耳支节,一一毛处,各有金师子,一一毛处师子,同时顿入一毛中。"这部分见全体、全体存于部分,重重无尽,有如帝释天宫殿上的宝珠网络,辉煌灿烂,无穷无尽,这就是佛教的境界——"因陀罗境界门"。

　　第八门论说此玄门的意义,归结为"托事显法生解"。托的金狮子事,显的是佛法,生成的是对佛境正确的悟解。"师子"为相,表示"无明";"金体"喻的是真如实体,"具障(彰)真性"。"阿赖识"即阿赖耶识,又名心、藏识、本识、根本识、种子识、异熟识、第八识等,义译为藏,有能藏、所藏、执藏三义,方立天先生注释:"能藏指能藏摄一切事物的种子,所藏是指一切事物把自己的种子藏在阿赖耶识中,执藏是指七识把它执以为我,而第八识藏此我执。佛教法相唯识宗认为,阿赖耶识含藏着一切现象的种子(潜在功能),有着决定现象世界的存在和发展的作用,是产生一切事物的本原。它也是所谓众生轮回业报的主体,它含藏的善恶种子,在成熟时就能招感各种不同的果报,从本质上说,大体上相当于灵魂。法藏根据《大乘起信论》的观点,认为阿赖耶识有生灭和不生灭两个方面,有觉和不觉两种含义,众生可以通过觉而产生对事物真性的了解,克服无明。"①这第八门被称为"托事显法生解门",托的"金狮子"事,显的是佛法,生的是"解门",而且是正解的门即真正悟解的门。

　　第九门从时间维度论世界。佛教将由因缘而产生的一切事物称之为"有为法"。这些事物,既有生,又有灭,都是过程的存在。过程分为"三际"即现在、过去和未来。过去、现在、未来,分别又可以分为过去、现在、未来。三个三际,合称为"九世"。此门强调过去、现在、未来融通无碍。

　　第十门将各门奥秘统统归结为心,说是"各无自性,由心回转"。

　　这些理论总结起来,就是圆融、灵动。这种思维方式,充分体现出中国式的智慧:既有辩证法,又不只是辩证法;既有相对论,又有绝对论。这种智慧既从中国本土的传统文化中来,又从源自异域的佛教文化中来;既是

_____

① 　方立天译注:《华严金师子章译注》,巴蜀书社 1990 年版,第 51 页。

佛教智慧的中国化,又是中国智慧的佛教化。中国的美学就孕育在这种智慧之中。这里,直接与"十玄门"相关的审美意识至少有三:

第一,审美境界的生成。"十玄门"第一说"金与师子,同时成立",意是本体与现象同时成立。王夫之在谈境界的生成说"即景会心""因景因情,自然灵妙""初非想得,即禅家所谓现量也"。① 这"现量"说为佛教法相宗理论,《相宗络索》云:"现量,现者有现在义,有现成义,有显现真实义。现在不缘过去作影;现成一触即觉,不假思量计较;显现真实,乃彼之体性本自如此,显现无疑,不参虚妄。"② 此种说法与华严宗"十玄门"的第一门"同时具足相应门"是一致的。

第二,审美境界的有无虚实关系。"十玄门"中虚实显隐关系十分复杂,其基本点则是一即多,虚即实,显即隐,矛盾的统一,相得,相生,相融,非常灵动。中国美学中的审美境界,其构成元素景与情,其关系也是如此。正如王夫之所云"情景本为二,而实不可离。神于诗者,妙合无垠,巧者则有情中景,景中情";"景以情合,情以景生"。③ 景情构成的境界,其意味由有限走向无限,如晚唐司空图所说"象外之象,景外之景",有"味外之旨",具"韵外之致"。这种情状与十玄门说的"重重无尽,犹天帝网珠"很相似。

第三,境与心的关系。十玄门的最后一门"唯心回转善成门",强调万法归心,境由心造,这也是中国美学关于境界创造的重要理论。梁启超就明确地说"境由心造"④。

第六节　三教圆融

在佛教中国化的过程中,华严宗功不可没。这在很大程度上,决定于华严宗的缔造者杜顺法师、智俨法师、法藏法师、澄彻法师、宗密法师等对

---

① 王夫之:《姜斋诗话·夕堂永日绪论内编》。

② 王夫之:《姜斋诗话·夕堂永日绪论内编》。

③ 王夫之:《姜斋诗话·夕堂永日绪论内编》。

④ 梁启超:《饮冰室合集》专集之二,中华书局 1941 年版,第 45 页。

于儒道释三家关系的认识。他们不是执意地要寻找三家的对立,尽管事实上,三家的对立也是存在的。他们努力要做的是寻找三家的共同处,而在寻找共同处的过程中,将儒、道两家思想的一些精华吸取过来,对佛教作切合中国人需要的阐释。

宗密法师在《华严原人论》的序言中,有一段文字,很能见出华严宗在这方面的认识:

> 万灵蠢蠢,皆有其本;万物芸芸,各归其根。未有无根本而有枝末者也,况三才中之最灵,而无本源乎?且知人者智,自知者明,我今禀得人身,而不自知所从来,曷能知他世所趣乎?故数十年中,学无常师,博考内外,以原自身。原之不已,果得其本。然今习儒道者,只知近则乃祖乃父,传体相续,受得此身;远则混浑一气,剖为阴阳之二,二生天地人三,三生万物,万物与人,皆气为本。尽佛法者,但云近则前生造业,随业受极,得此人身;远则业又从惑,展转乃至阿赖耶识,为身根本。皆谓已穷,而实未也。然孔、老、释迦皆是至圣,随时应物,设教殊途,内外相资,共利群庶。策勤万行,明因果始终;推究万法,彰生起本末。虽皆圣意,而有实有权。二教惟权,佛兼权实。策万行,惩恶劝善,同归于治,则三教皆可遵行;推万法,穷理尽性,至于本源,则佛教方为决了。①

此段文字耐人寻味。宗密用“三才”论人,就已经接受儒家思想;而又引老子《道德经》中“一生二,二生三,三生万物”,说明他也接受了道家思想;至于“万物与人,皆气为本”也非佛教思想,它是中国儒道两家共同的观点。宗密肯定孔子、老子、释迦皆是至圣,都以利于群庶为本。既然如此,三教哪能不相容、相生、相用呢?

说到佛教的中国化,唐代大乘诸教都有自己的贡献,我们择华严宗来做重点介绍,只不过以此为代表罢了。更重要的,就从中国审美意识理论的生成与建设的意义上来说,华严宗较之别的佛教宗派更多地阐释佛教的

---

① 赖永海:《佛典辑要》,中国人民大学出版社 2007 年版,第 246 页。

境界,因而也就为中国古代的审美境界观提供更多的精神营养。

值得我们注意的是,佛教大乘诸宗,在诸多观点上是相融相通的。如上文提到的法相宗,法相宗的经典《成唯识论》说:"二空所显圆满、成就、诸法实性名圆成实。"又,《解密深经》云:"云何诸法圆成实相? 谓一切法平等真如,于此真如,诸菩萨众勇猛精进为因缘故、如理作意无倒思维为因缘故乃能通达,于此通达渐渐修习,乃至无上正等菩提方证圆满。"① 这些观点与华严宗十玄门如出一辙。

又如三论宗,三论宗也强调"实相",实相即真如,而色即幻相。三论宗的《中观论·涅槃经》说:"诸佛依二谛为众生说法:一以世俗谛,二第一义。若人不能知,分别于二谛,则于深佛法不知真实义。"② 关于此句经文的理解,高观庐居士说:"所谓二谛者,法体本空,说名真谛;万法假有,说名俗谛,因俗谛故,不动真际,建立诸法;因真谛故,不坏假名,而说实相。所谓'一空宛然而有,有宛然而空。'又谓:'色即是空,空即是色。'即是此意。"③ 这种对于空与有、色与空的认识不是与华严宗一般无二?

天台宗创"三谛圆融"说。三谛为空、假、中三谛,《法华玄义》说,"一实谛即空即假即中,无二实异",又说:"实相即空即假即中。即空故名一切智;即假故名道种智;即中故名一切种智。三智实在一心中得。"④ 此种说法与华严宗也是相通的。天台宗提出"十法界"说,虽然具体内容与"十玄门"异,但它们都重视"十",更重要的是,"十法界"说与"十玄门"说一样,最后都归结为心。天台宗大师智者说:"夫一心具十法界,一法界又具十法界、百法界,一界具三十种世间,百法界即具三千种世间。此三千在一念心,若无心而已,介尔有心,即具三千。"⑤ 此说与十玄门的第十玄门"唯心回转善成门"完全一致。禅宗精神与华严宗也完全相通,只是将程

① 赖永海主编,赵锭华译注:《解深密经》,中华书局 2015 年版,第 59 页。
② 《佛乘宗要》,福建莆田广化寺印行,第 82 页。
③ 《佛乘宗要》,福建莆田广化寺印行,第 83 页。
④ 《佛乘宗要》,福建莆田广化寺印行,第 86 页。
⑤ 赖永海:《佛典辑要》,中国人民大学出版社 2007 年版,第 188 页。

序大大地简化了。

　　中国古代审美意识的建构其基础应有三:儒、道、释,如果说,儒家于中国古代审美意识的建构重在审美的社会价值,道家对审美意识的建构重在审美的自然品格,那么,佛教于审美意识的建构则重在心——境的开发。境界是中国古代审美意识的最高范畴,所以,从某种意义上讲,是佛教最终成就了中国古代审美意识的建构。

第十七章

柳宗元的山水美学观

唐代山水文学空前发达，但主要体现为山水诗，在山水游记方面似略有欠缺，不过，柳宗元精美的山水游记在相当程度上弥补了这种缺憾。永贞元年（805），柳宗元被贬为永州司马。永州地偏僻而多山水之胜，柳宗元至此，心情郁闷，无可消遣，此地的山水倒成排解柳宗元烦闷的重要依托。柳宗元本是好游山玩水之人，暇时常携伴踏访永州周边的山水，多有新的发现。柳宗元将自己的发现——记载下来，共有十余篇，有人将其中八篇单挑出来，统名为"永州八记"。"永州八记"是山水文学的瑰宝，在对自然风景的描摹上，远超魏晋南北朝时代山水散文，它要更为生动，更具感觉及心灵的冲击力，更可贵的是，柳宗元在这些游记中表达了他对山水审美的一些看法，这些看法丰富了中国山水审美思想，尤其值得我们重视。历观中国古代的山水审美，就理论体系的完备与深刻来说，没有超过柳宗元的，可以说，柳宗元是中国古代山水审美的杰出代表。

第一节 山水美本质：观景造境

山水美是怎样美的，美在哪里？这是柳宗元的山水游记给我们第一个回答。且看永州八记中最短的一篇《至小丘西小石潭记》：

从小丘西行百二十步，闻水声，如鸣珮环，心乐之。伐竹取道，下见小潭，水尤清冽。全石以为底，近岸，卷石底以出，为坻，为屿，为嵁，为岩。青树翠蔓，蒙络摇缀，参差披拂。

潭中鱼可百许头，皆若空游无所依。日光下澈，影布石上，怡然不动。俶尔远逝，往来翕忽，似与游者相乐。潭西南而望，斗折蛇行，明灭可见。其岸势犬牙差互，不可知其源。坐潭上，四面竹树环合，寂寥无人，凄神寒骨，悄怆幽邃。以其境过清，不可久居，乃记之而去。

同游者，吴武陵、龚右、余弟宗玄。隶而从者，崔氏二小生，曰恕己，曰奉壹。①

这篇文章有两处提到"乐"字，分别为第一段，第二段。第一段作者"心乐之"，是因为闻水声，这水声如鸣佩环，可以想见这水声清亮，具有音乐般的美；接着就是看见潭水了，这是怎样的水？作者写道"水尤清冽"，另外，就是潭周的"青树翠蔓"。水是清的，树是青的，非常爽目，这是视觉的美。这段写的小石潭的美，主要还是形式美，它们悦耳悦目。

第二段写到鱼，鱼本是人们喜欢的，此处的鱼有它特殊的美，这就是这鱼因为处于透明且浅的水中，疑若"空游"，它们或怡然不动，或俶尔远逝，透出鱼最可贵的品性——自由而灵动。正是这一点，让作者"乐"了。此处所写的鱼"似与游者相乐"，显然，高出第一段的自然形式美，它透显出自然生机盎然的美。生机盎然可以理解为生意，其实不只是鱼能体现自然的生意，叮咚的山泉、翠绿的树木都可以体现出自然的生意，但无疑没有比鱼更能见出人与自然的互动了。水、树固然宜人亲人，但它们无识无觉，而鱼却是活物，它是可以与人进行交流的，这交流实质是生命与生命的交流，所以，"似与游者相乐"，乐在就生命的交流，它们的相互肯定，相互致意，这才是自然山水美的真谛啊！

值得我们注意是文章的第三段，景还是原来那景，只是人的心态发生变化了，环合的竹树，让人感到压迫，幽深静谧的气氛，让人感到寒冷恐惧，

---

① 柳宗元：《至小丘西小石潭记》。

于是，只是简单地记载了场景，就离之而去了。为何同样的景观，却没有能让柳宗元产生美感呢？我们须注意到两点：一是明写：此地"寂寥无人"。重要的不是无人，而是"寂寥"。二是暗写，显然在游玩的过程中，柳宗元的心态发生了变化，他可能想到自己被流放的处境，对一切都不感兴趣了，所以，本来被他视为美的景也不视为美的了，本来流连徘徊、不忍离去的景地，也就恨不得早点离去了。这说明什么，自然景观的美可以找出一些标准，比如色彩的悦目，声音的悦耳，生机的悦心。但根本的还是决定于欣赏者的心态，心态好，普通景观也是美的，心态不好，再美的景观也引不起兴趣。

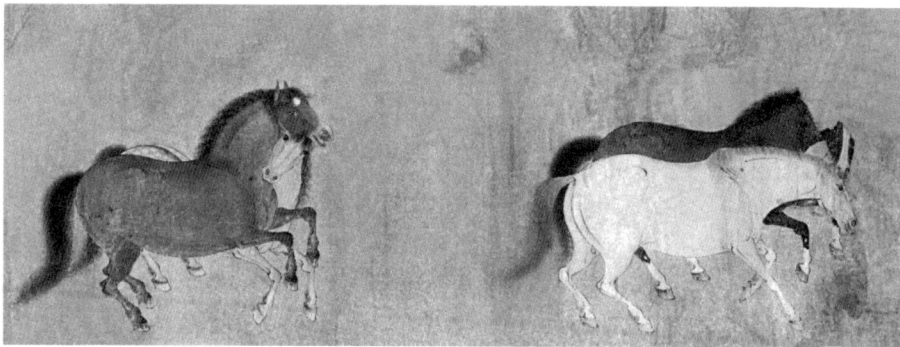

(唐)韩幹：《十六骏马图》(局部)

柳宗元居永州，心情是很糟糕的。他参与以王叔文、王伾为首的革新，遭到朝廷保守势力的严重打击，被流放到蛮荒之地的永州。他的老母跟着他来到永州，第二年就过世了。前几年，他还盼望着有机会回到朝廷，后几年简直不作指望了。在永州，基本上没有政事可做。他的游山玩水，纯粹是散心。在《始得西山宴游记》中，他开篇就说："自余为僇人，居是州，恒惴慄，其隙也，则施施而行，漫漫而游。"由这话得知，他的心情不仅是忧郁的，而且还是恐惧的。这样一种心态，使得他所发现的山水美都蒙上一层特殊的情感色彩。

读柳宗元的山水散文，我们不只是在跟着他欣赏风景，还在与他聊天，谈心。柳宗元的心不是直白的，他只是将他所看到的景清丽如见地描摹出来，然而就在这种描绘中，他将他的情感寄寓进去。我们一方面可以说，他是在照实摹景；另一方面我们也可以说，他是在照心写景。景，在他的作品中，不只是物，还是心。心物合一构成的景就是境。境由心生，因此，与其说柳宗元的山水散文呈现给我们的是景，还不如说是境。

第二节 山水美基础：美质

从《至小丘小石潭记》可以大致看出柳宗元的山水审美观。原来，他的山水审美有两个支撑点：客观方面，是自然的景观本身的性质，这性质应是美的，我们可以称之为"美质"；主观方面，就是欣赏者的修养和心情，我们可以称之为"美情"，山水审美就是客观的美质与主观的美情的统一。

柳宗元是承认山水的审美性质有高下之别。在《袁家渴记》中，他的这一观点表达得很明确。他说："由冉溪西南水行十里，山水之可取者五，莫若钴鉧潭；由溪口而西，陆行可取者八九，莫若西山；由朝阳岩东南水行至芜江，可取者三，莫若袁家渴，皆永中幽丽奇处也。"[1] 这里，柳宗元说的"可取者"，就是具有较多美质的山水。美质从何体现出来？这里，他提出"幽丽奇"三字。

幽者，绿也，静也，清也。幽的基础是绿，如小石潭"青树翠蔓，蒙络摇缀，参差披拂"，如袁家渴树林茂密，郁郁葱葱，"每风自四山而下，振动大木，掩苒众草，纷红骇绿，蓊葧香气"。绿要绿得厚重，绿得深邃，从而给人一种生命的敬畏感，情境静谧感和超越红尘的清真感。

丽者，鲜也，华也，靓也。尽管丽的表现形态多样，可纤秾，可素淡，但有一个共同特点，就是具有强烈的感官冲击力和极度的感官舒适感。柳宗元对于水之丽特别有感觉，在《至西小丘小石潭记》，他说"闻水声，如鸣佩环，心乐之"。在《石渠记》中，他又说到水声，说"泉幽幽然，其鸣乍大乍细"。一般来说，有泉处，风景必美。石渠之侧"皆诡石怪木，奇卉美箭，可列坐而庥焉"。柳宗元的感觉没有错，水是生命之源，有水就有了葱绿的山

———————————

① 柳宗元：《袁家渴记》。

水，色彩鲜丽的花，整个大自然就有了灵气，有了灵韵。

奇者，尤物也。奇景不是平常看到的景观，因为奇，突破了人们的欣赏习惯，人们马上要去建构一种新的审美心理去适应它，一时就不能不惊骇，不能不无措。经过一番心理调节，人们很快适应了这种景观，产生新的审美感受，这种感受因为是新的，前所未有的，因而特别地让人感到兴奋。奇，是自然山水美质的极致。凡奇均为一。在人类所有的活动中，唯有审美，最为看重的是这个"一"——不可重复性。美之所以具有长盛不衰的魅力，重要的，是因为它永远为唯一。柳宗元在他的游记中写到很多奇景，有奇石："梁之上有丘焉，生竹树，其石之突怒偃蹇负土而出争为奇状者，殆不可数。其嵌然相累而下者若牛马之饮于溪，其冲然角列而上者若熊罴之登于山。"[1] 有奇水："其中重洲小溪，澄潭浅渚，间厕曲折，平者深黑，峻者沸白，舟行若穷，忽又无际，有小山出水中，皆美石。"[2] 不能不佩服柳宗元描绘之细致、逼真！原来，这奇景之奇，重要的是突出的生动性、突出的变异性。一句话：它超出了平庸。

关于山水的美质，柳宗元除了提出"幽丽奇"三字经之外，还提出有"二适"说，见之于他的《永州龙兴寺东丘记》：

> 游之适，大率有二：旷如也，奥如也，如斯而已。

什么样的地理条件其景为旷？柳宗元说："其地之凌阻峭，出幽郁，寥廓悠长，则于旷宜。"这话的意思是，如果这个地方山岭高耸陡峭，谷幽沟深，天高地阔，寥廓悠长，则与旷景相宜。旷景不怕它开敞，柳宗元说："因其旷，虽增以崇台延阁，回环日星，临瞰风雨，不可病其敞也。"

什么样的地理条件其景为奥？柳宗元说，"抵丘垤，伏灌莽，迫遽迴合，则于奥宜"，这话的意思是，如果这地方，仿佛是压迫在蚁穴之中，掩伏于灌木丛莽，视野迫促，景物拥挤，那就称为奥景了。对于奥景不要怕它深邃。"因其奥，虽增以茂树丛石，穹若洞谷，翳若林麓，不可病其邃也。"

---

[1]　柳宗元：《钴鉧潭西小丘记》。

[2]　柳宗元：《袁家渴记》。

旷景与奥景，一以视野开阔取用，一以景深丰富见长。旷，揽大千风光于眼底，拓人胸襟，油然而生寄壮之感。奥，于有限中窥见无限，激人遐想，从而添寻幽访胜之趣。

大多数景区，兼具旷、奥两种景观。像永州龙兴寺的东丘就兼具两种景观：

> "今所谓东丘者，奥之宜者也。其始龛之外弃地，余得而合焉，以属于堂之北陲。凡坳洼坻岸之状，无废其故，屏以密竹，联以曲梁，桂桧松杉楩柟之植，几三百本，嘉卉美石，又经纬之，俛入绿缛，幽荫荟蔚，步武错迕，不知所出，温风不烁，清气自至，水亭陋室，曲有奥趣。"——这是奥景。

> "登高殿可望南极，辟大门可以瞰湘流，若是其旷也。"——这是旷景。

柳宗元深为一丘兼两种景观而高兴，他说："丘之幽幽，可以处休；丘之窅窅，可以观妙。"

奥、旷两景基础是自然界提供的，但为了某种需要，柳宗元也自己动手，对景观进行某种改造，永州法华寺是永州的最高处，本是观旷景的好地方，可是，其西庑下，有大竹数万，又兼诸多丛竹，蒙杂拥蔽，什么也看不见。柳宗元在征得僧人觉照的同意之后，命仆人持刀斧，将杂竹砍了不少，这样一来，"丛莽下颓，万类皆出，旷焉茫焉，天为之益高，地为之加闢，丘陵山谷之峻，江湖池泽之大，咸若有而增广之者"。更有意思的是，柳宗元用自己的俸禄在这个地方盖了一座亭，这亭一盖，更好观景了。大千风景，尽收眼底。

从柳宗元众多的游记来看，柳宗元相对比较偏爱的是旷景，在《始得西山宴游记》中，他写到登上高山纵目远眺的感觉："萦青缭白，外与天际，四望如一，然后知是山之特立，不与培塿为类。悠悠乎与颢气俱，而莫得其涯。洋洋乎与造物者游，而不知其所穷。"显然，旷景最大的好处是拓展心胸，驱除烦恼，化小我为大我，与天地合一。处于贬谪境地的柳宗元太需要这种景观了！

柳宗元对自然山水美的欣赏，似乎最为倾心是山水中的生意。

自然生意通过两种景观表现出来：对于无机自然物来说，就是它的动感；而对于有机自然物来说，就是它的生趣。

且看柳宗如何写水：

> 有泉幽幽然，其鸣乍大乍细，渠之广或咫尺或倍尺，其长可十许步。其流抵大石，伏出其下。逾石而往，有石泓，昌蒲被之，青鲜环周。又折西行，旁陷岩石下，北堕小潭，潭幅员减百尺，清深多鯈鱼，又北曲行纡余，睨若无穷，然卒入于渴。①

如此细致地写溪水的流动过程即使在山水散文中也是少见的，柳宗元要这样写，是因为它对溪水的曲折流程感兴趣，而小溪因途中遇到各种不同的阻碍，不得以不断地改变流向，最后到达渴——袁家渴。柳宗元似是觉得这溪也是有生命的，它灵活地应对不同的阻碍，巧妙地克服不同的困难，成功地保存着自己，执着地向着未来流去。

如果说，袁家渴的溪水更多委曲着自身，随山势而流转，多少见出一些无奈的话，钻鉧潭的水则似具有一种反击的豪情，它虽然因石的阻隔，不得不屈折东流，却是在奔流中用自己浪花不断地击打着顽石，"其颠委势峻，荡击益暴，齧其涯"。

且看柳宗元如何写风？

> 每风自四山而下，振动大木，掩苒众草，纷红骇绿，蓊葧香气，冲涛漩濑，退贮溪谷，摇飏葳蕤，与时推移。②

这风有些气势了，虽然"掩苒众草，纷红骇绿"，却也吹来了"蓊葧香气"。这种强烈的动感，是不是显示了柳宗元战斗的激情？被贬谪来到蛮荒之地的柳宗元，官虽降了，距政治中心远了，但斗志不减，是不是在企盼着新的政治风暴的到来？

再看柳宗元如何写石：

> 其石之突怒偃蹇负土而出争为奇状者殆不可数。其嵌然相累而下

---

① 柳宗元：《石渠记》。
② 柳宗元：《袁家渴记》。

者，若牛马之饮于溪，其冲然角列而上者，若熊罴之登于山。①

石本是静的，将它想象成牛马熊罴，就成了动的。重要的是在柳宗元的心目中，这负土而出争为奇状的石头均具有一副"突怒偃蹇"的姿态，似是在泥土中挣扎，又似是在向天空宣战。

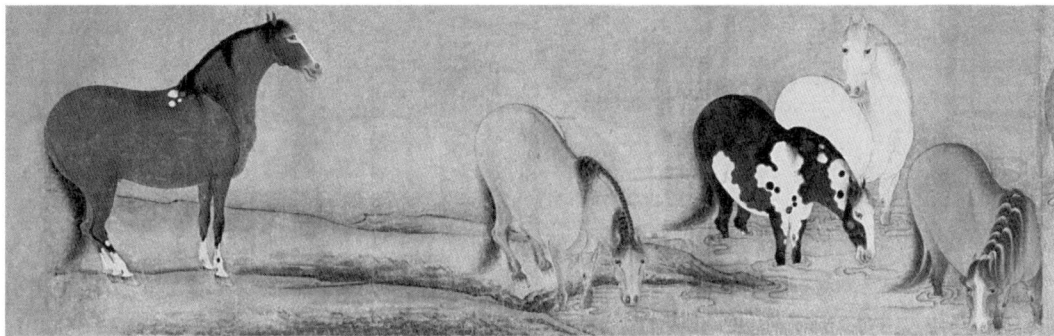

(唐) 韩幹：《十六骏马图》(局部)

柳宗元笔下的自然山水如此地具有战斗的姿态，如此地具有抗争的豪情，不能不让人认为，这种形象实际上是柳宗元自身精神的写照。

抛开柳宗元自身被贬的特殊情况，仅就人一般的审美来说，也都是将自然山水看成是有生命的，而且类似人的生命。没有人希望死寂的山水，道理很简单，只要是正常的人，都珍惜生命，热爱生命。从自然山水中感受生命，是自然山水审美的一般规律。与一般人不同的是，柳宗元对生命的感受，既是极为细腻的，又是极为豪壮的。前者如"往来翕忽似与游者相乐"的小鱼的生命；后者如"莫得其涯"的"造物者"的生命。

自然山水之美，从本质来看，美在生命的意味。

第三节　山水美生成：因人而彰

永州本是不毛之地，柳宗元来这里做司马前，基本上默默无闻。柳宗

---

① 柳宗元：《钴鉧潭西小丘记》。

中華美學全史 第六卷

元来这以后，到处寻访美景，写下诸多脍炙人口的山水游记，永州声名也就由此而鹊起。后世诸多好事者按柳宗元所写去寻访风景点，找到后，莫不大失所望，风景远不是柳宗元写的那样美，是柳宗元欺骗了大家？当然不是。这里，有两个概念需要适当加以区分：山水与山水美。山水是客观存在的，客观地描写它，是可以作为地理科学资料的，郦道元的《水经注》就是这样的文字。但山水美，却是客观的山水与欣赏者主观的心情的统一。我们前面将山水所具有审美潜质称之为"美质"，而将欣赏者主观心情称之为"美情"，山水美是两者的统一。

柳宗元作为贬官来到永州，心情本是郁闷的，他自己说"居是州恒惴慄"，游山玩水，是他释放恐惧，驱逐郁闷的重要方式。故"日与其徒，上高山，入深林，穷回溪，幽泉怪石，无远不到。到则披草而坐，倾壶而醉，醉则更相枕以卧，卧而梦，意有所极，梦亦同趣。"① 这里，我们要特别注意这个"梦"。观景之后，饮酒而醉，醉而梦。梦见什么？应该是比较美好的东西，不然不会说"意有所极，梦亦同趣"。这美好而有趣的东西从哪来？从观景来，基于此，柳宗元过后写的山水游记有浓重的梦境色彩。梦境的缘故，将永州的山水在一定程度上美化、也幻化了。由于柳宗元的身份的缘故，其情感基调是悲伤的，所以，尽管面对某一局部景点而大喜过望扬扬自得之感，但这种感觉都只是瞬间即过，几乎所有的游记，其结尾都是感伤的。这种被柳宗元情感浸染过的山水，还能说是客观的永州山水吗？

柳宗元一点也不回避山水审美的主观性。在《邕州柳中丞作马退山茅亭记》中，他直白地说："美不自美，因人而彰。"

"美不自美，因人而彰"，可以做诸多层次的理解：

首先，任何景观都是因为人的发现才得以彰显的。人是山水的伯乐。柳宗元在说了"美不自美，因人而彰"之后，说："兰亭也，不遭右军，则清湍修竹芜没于空山矣"。这话说得对。的确，如果没有王羲之的那篇《兰亭集序》的美文，兰亭肯定不会有名，"清湍修竹"江南哪里没有？所以，兰亭

① 柳宗元：《始得西山宴游记》。

之美，实因王羲之而彰。柳宗元作文的马退山，也是柳州一处风景优美的地方，首先是山势非常好，"诸山来朝，势若星拱"，其次，植被丰富，"苍翠诡状，绮绾绣错"。为了便于观景，柳宗元特意在山上筑了一座亭。亭子筑好后，"每风止雨收，烟霞澄鲜，辄角巾鹿裘，率昆弟友生冠者五六人步山椒而登焉，于是，手挥丝桐，目送还云，西山爽气，在我襟袖，八极万类，揽不盈掌"，感觉非常好！据此，柳宗元也发表感慨："是亭也，僻介闽岭，佳境罕到，不书所作。使盛迹郁湮，是贻林涧之愧，故志之。"也是同样的道理，没有柳宗元，就没有这亭；没有这亭，这马退山的美景就不能为人充分发现；还有，没有柳宗元这文，这亭就不能为世所知了。说来说去，山水之美离不开人的发现。

其次，什么样的人发现什么样的山水，从某种意义上讲，山水之美与欣赏山水的主体有某种对应性。永州的山水，在柳宗元看来，有两个突出特点：一是奇，无论是山、石、水、树、鱼，都有些不同寻常，有些怪异；二是幽，多有石洞，有泉水，水声铿锵，树林苍翠，整个景区幽郁，深奥。这样的景观，恰好是柳宗元所欣赏的，之所以欣赏，在某种意义上，它与柳宗元才华、气质构成一种同构的相互肯定关系。《小石城山记》是柳宗元一篇非常重要的山水游记，在此文中，他说："吾疑造物者之有无久矣，及是，愈以为诚有，又怪其不为之中州，而列是夷狄，更千百年不得一售其技，是故劳而无用，神者傥不宜如是，则其果无乎？或曰：以慰夫贤而辱于此者；或曰：其气不之灵，不为伟人而独为是物，故楚之南少人而多石。是二者余未信之。"柳宗元在这里兜圈子，其真实用意不在讨论造物者之有无，而是说明一个事实，山水美与人是存在一定的对应关系的。永州山水充满灵气，其实很美，然而它因为不在中州，不为人知，不能派大用场，这正如柳宗元这样的人才，虽然有才，却不能为君王所用，而被贬在蛮荒的僻远之地。可见，山水美与人才都一样，都需要有欣赏者，没有欣赏者，就没有山水的美，也没有人才。现在好了，永州的山水，不要再发愁没有人欣赏了，因为柳宗元来了；而柳宗元也不要埋怨没有知音了，这永州的山水就是你的知音。

第四节　山水审美心理

山水在欣赏者心中激起怎样的反应,或者说,山水审美是怎样实现的,柳宗元也有着具有充满诗意的描述,在《钴鉧潭西小丘记》有这样一段文字:

得西山后八日,寻山口,西北道二百步,又得钴鉧潭,潭西二十五步,当湍而浚者,为鱼梁,梁之上有丘焉……丘之小不能一亩,可以笼而有之。……即更取器用,铲刈秽草,伐去恶木,烈火而焚之。嘉木立,美竹露,奇石显。

由其中以望,则山之高,云之浮,溪之流,鸟兽之遨游,举熙熙然回巧献技以效兹丘之下。枕席而卧,则清泠之状与目谋,瀯瀯之声与耳谋,悠然而虚者与神谋,渊然而静者与心谋。

所引的这段文字可以分为两个部分,第一部分是所看到的景观。有原有的景观:潭水、急湍、鱼梁、小丘、竹树、怪石等,有经过整理后新出现的景观:嘉木、美竹、奇石,这些景观作为信息,作用于柳宗元的全部感官,引起相应的感觉反应,信息经过神经通道,进入大脑,刺激着大脑皮层各个相应的兴奋中枢,使人的整个心灵有所反应。

首先,一个强烈的反应是,山、云、溪、鸟兽,这些本属于客观的景物,都仿佛为人而设,争相与人相亲。这就是说,在审美的情状下,人与山水的关系拉近了,它们不仅是相关的,而且是相互作用的,共同创造着审美情状。值得我们特别注意的是,柳宗元用"举熙熙然回巧献技以效兹丘之下"来比喻山水与人的相亲关系,说明,在审美的情状下,所有的自然物都人化了,它们像人一样有了情感,它们的"回巧献技",不是它们自身发生了什么变化,而是在人审美视域中发生了变化,这种变化的原因,是人的审美情感的作用,是审美移情。

其次,我们注意到,人的审美是有一个过程的,大体上,由外到内,由局部到全身,由物我两分到物我一体。

柳宗元具体描述"枕席而卧",仰天欣赏山水美的感受过程,大体上为

两个层次,第一层次为感官享受:

"清泠之状与目谋,潀潀之声与耳谋"。此为审美的第一步——悦耳悦目。其余不只是耳目两个主要的感官受到刺激,全部感官都受到刺激。有些感官没有直接受到刺激,但可以因别的感官受到刺激而产生相应的反应,此之为"通感"。感官刺激形成的信息分为感觉与知觉两个层次,感觉是单一感官所形成的反应,知觉则是诸多感觉综合的结果。知觉是审美认识的最初成果,也是审美深入的基础。在审美知觉的基础上,由于审美情感的作用,催发了审美的想象,知觉所得的认识,经想象而变形,虽然离客体实际越远了,却离主体的情感需要更近了。像将"山之高,云之浮,溪之流,鸟兽之遨游"看成是"举熙熙然回巧献技"就是情感想象的成果了。

"悠然而虚者与神谋,渊然而静者与心谋"。此为审美的第二层次——悦志悦神。何谓"悠然而虚者"? 这是指宇宙之道。"渊然而静者"也是宇宙之道,"悠然"指其广大,"渊然"指其深邃,含空间义,也含时间义,无边无际,无始无终。至大至远而于虚,至闹至响而入于静。虚者无垠,静者无声。由具体到整体,从有限至无限。审美由想象进入思考了。这种思考,是"神"在作用,"心"在作用。在这个过程中,神得到实现,心得到解放。这是审美极致,是人最大的愉快。

审美在达到这个阶段时,人与物实现了精神上的合一。这种状态,柳宗元描绘为"悠悠乎与颢气俱,而莫得其涯;洋洋乎与造物者同游,而不知其所穷"①。

山水审美最大的意义让人实现心灵的解放。因贬官而来永州,由于心情郁闷,永州的山水在柳宗元的心目中是痛苦的象征,没有好的印象,他曾在《与浩初上人同看山寄京华亲故》中说:

> 海畔尖山似剑芒,秋水处处割愁肠。若为化得身千亿,散上峰头望故乡。②

---

① 柳宗元:《始得西山宴游记》。
② 柳宗元:《与浩初上人同看山寄京华亲故》。

尖山如剑锋,秋水似利刃,愁肠百转,怎禁得如此切割?然而,当暂时地忘却当下痛苦的处境,换一种审美的眼光来看这山、这水,竟从这山、这水中,找到了些微的慰藉,而当审美深入,与山水交上了朋友,看山山亲,看水水灵,情感就发生了变化。进一步沉醉于山水之美,似"与造物者同游"时,就"心凝形释,与万化冥合"①。

概而言之,柳宗元的山水美学思想主要有五:其一,山水审美是客观的山水美质与主观的人的美情的统一。其二,山水美质,主要在幽、丽、奇;景观境界之显现,于人最适应的一是旷,二是奥。前者拓人心胸,后者启人探究。其三,山水审美,人心是关键。"美不自美,因人而彰。"体现在山水文学的写作上,不只是照实观景,更重要的是据心造境。其四,自然山水之美,从本质来看是生命意味,此生命意味究其本是人生命的价值与意义。其五,山水审美有一个从悦耳悦目到悦志悦神的升华过程。

历观中国古代的山水审美,从先秦到唐有一个明显的发展过程。先秦,孔子说"知者乐水,仁者乐山",开山水审美之先河,不过,浓重的伦理与哲理意义掩盖了审美价值。汉代山水审美,完全没有得到重视,偶然在辞赋中出现,也只是崇楼之陪衬,或是神仙居处之背景。魏晋玄学盛行,山水一方面成为谈玄悟道之载体,另一方面也成为某些人士精神之寄托,山水美得到发现。尽管如此,山水审美,在理论上是零碎的,不成系统,直至唐代,山水审美蔚为风尚,唐代的诗人、画家均是山水审美的优秀实践者,山水诗、山水画蔚为大观,这些诗人、画家,在他们的诗与画作中,也表达了一些关于山水审美的观念,但一般只是点到为止,同样是零碎的,只有柳宗元提出了系统且完备的山水美学理论。这方面,不要说柳宗元之前,没有人可以与他相比,就是柳宗元之后,也没有谁可以与他相比,因此,我们可以大胆地说柳宗元是中国古代山水美学的杰出代表和集大成者。

---

① 柳宗元:《始得西山宴游记》。

第十八章

柳宗元的园林美学观

柳宗元在中国古代文学史、哲学史以及山水美学史中的地位是公认的,他在这几方面的建树都得到了充分的肯定,但是他的园林美学思想还没有得到重视。其实,他在园林美学方面的成就也是突出的,这与其园林美学思想表述的方式有关。柳宗元没有专门的园林论著,他的园林美学思想大量地存在于"记"这种文学作品中。柳宗元的"记"大体上有两类:一类是游记,游的都是自然山水;另一类则是园林记。他的园林记记的都是"亭""堂""院"等,但还是园林。柳宗元并不是园林工程师,自己不做园,但他本是官员,又是哲学家、文学家,对于园林自有另一番深刻的见识。柳宗元园林记的突出特点是结合为政来谈,将为官之道与园林之道结合起来,如此,他的园林美学思想别具一格,不仅是中国古代园林美学的重要成就,对于今日的造园学和为政为人也均有重要意义。

第一节　观游与为政

做园林是为了"观游",而"观游"自先秦始,且一直遭人诉议,理由之一是"非政",即影响为政。柳宗元不同意这种看法,他在《零陵三亭记》中说:

邑之有观游,或者以为非政,是大不然。夫气烦则虑乱,视壅则志滞。君子必有游息之物,高明之具,使之清宁平夷,恒若有余,然后理达而事成。①

柳宗元是从心理学的角度谈园林的重要性的。他主要讲了两点:一是心情。心情是影响思考的,"气烦"则"虑乱",气清则思成。二是视界。为政是需要有一定的视界的。视界狭窄,认识问题往往看不清实质,找不到症结,束手无策。经常观赏视界开阔的风景,有助于培养宽阔的心胸。因此,君子需有"游息之物""高明之具",以获得一种好心情、一个好视界。

观游可以调节心情、开阔视界,这不算新观点,但是柳宗元将它与为政联系起来了,这就建构了一个新视点。古往今来,在观游与为政的关系上,人们多是批评它的负面性,即所谓"玩物丧志",少有或几乎没有文章肯定它对为政有所帮助。应该说,观游的确有玩物丧志的可能性,但那是观游过分了,如果适当又适时,观游的正面效应就突显出来了。

柳宗元举零陵县为例。零陵县东有山麓,"泉出石中,沮洳污涂,群畜食焉,墙藩以蔽之"。这种肮脏的状况维持了很久,一直没有得到重视,直到来了个新县令薛存义。薛存义认为这是一个应该解决的问题,于是他着手治理这个地方:"乃发墙藩,驱群畜,决疏沮洳,搜剔山麓,万石如林,积坳为池。爰有嘉木美卉,垂水丛峰,珑琭萧条。清风自生,翠烟自留,不植而遂。鱼乐广闲,鸟慕静深。"②风景变美了。在此基础上,薛存义盖了三座亭作为观景的场所,也在合适的地方筑就了馆舍。这样,零陵县城东山麓的湿地被建设成了一座真正的园林,柳宗元所推崇的"高明游息之道具于是邑"。这种做法类似于当今的城市环境整治:先是治污,然后依山就势,建设园林。

这样的"游息之物""高明之具"真的能让君子去烦除忧,拓展视界,有利于为政吗?柳宗元是这样说的:

---

① 柳宗元:《零陵三亭记》。

② 柳宗元:《零陵三亭记》。

在昔裨谌谋野而获，宓子弹琴而理。乱虑滞志，无所容入。则夫观游者，果为政之具欤？薛之志其果出于是欤？及其弊也，则以玩替政，以荒去理。使继是者咸有薛之志，则邑民之福其可既乎？余爱其始，而欲久其道，乃撰其事以书于石。薛拜手曰："吾志也。"遂刻之。①

这段话的头一句似在设问：这样的好风景真能让薛存义们获得精神上的休息，以利于他们为政吗？在这里，他举了两位古人的故事为例：一位是战国时的郑国大夫裨谌。据《左传·襄公三十一年》载，裨谌"谋于野则获，谋于邑则否"，"郑国将有诸侯之事，则必使乘车以适野"。② 也即是说，裨谌谋事必须先到风景好的地方静静心。在野外，思考问题就成；而在城里，思考问题就不成。另一位是春秋时的宓子，宓子即宓子贱，他和巫马期都做过单父宰。宓子"鸣琴不下堂而单父治"；巫马期"戴星而入，以身亲之，单父亦治"。意思是宓子经常欣赏音乐，而巫马期则整天辛苦，然而他们都将单父治理好了。在谈治理单父的体会时，宓子将自己与巫马期比较了一下，说："彼任力，我任人。任力者劳，任人者逸。"③ 意思是，巫马期治政亲力亲为，用的是力；他（宓子）治政不都亲力亲为，用的是人。任力者很辛苦，任人者很安逸。

任人真的就那么容易吗？当然不。任人要用心，用心则需要有一种好心绪。柳宗元用这两个例子无非是想说明，为政需要头脑清楚，心态平和，"乱虑滞志，无容入也"。

柳宗元接着反问："则夫观游者，果为政之具欤？薛之志其果出于是欤？"④ 这话似乎是对前一句话提出质疑，质疑有二："观游者"真的是"为政之具"吗？薛存义之志真的出于"为政"吗？柳宗元没有作答，但答案已明，因为他下句话说"及其弊也，则以玩替政，以荒去理"⑤，而薛存义显然

---

① 柳宗元：《零陵三亭记》。

② 柳宗元：《零陵三亭记》。

③ 柳宗元：《零陵三亭记》。

④ 柳宗元：《零陵三亭记》。

⑤ 柳宗元：《零陵三亭记》。

不是。

到此,柳宗元将观游的利与弊两个方面说得很清楚了:利在消除烦恼、开阔心胸,有助于为政;弊在"以玩替政,以荒去理",有害于为政。

最后,柳宗元提出:"使继之者咸有薛之志,则邑民之福其可既乎?"[1] 意思是,接替薛存义在零陵为官的人,如果能继承薛存义的志向,零陵这地方的老百姓是不是就有福了呢?用的是反问句,耐人寻味!

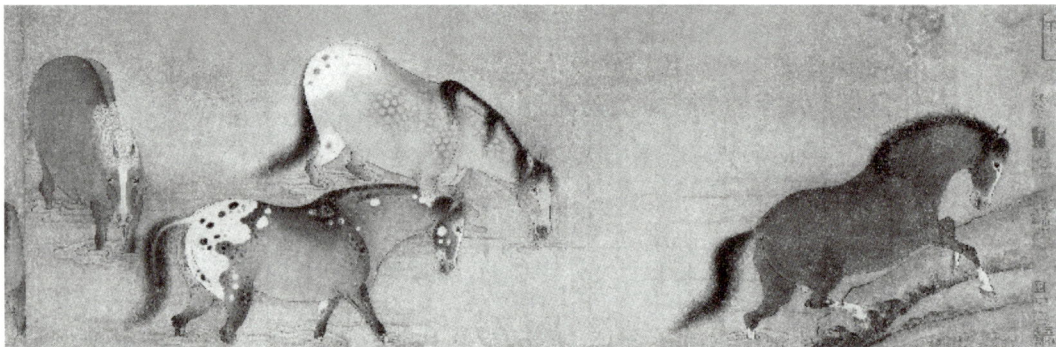

(唐)韩幹《十六骏马图》(局部)

首先来看薛存义的志是什么志?文章前面介绍薛存义来到零陵后,采取了一系列措施,使这个"政庞赋扰"以致百姓纷纷逃亡的县换了个样:百姓"遁逃复还,愁痛笑歌"。这样,薛存义一方面完成了国家的任务,上对朝廷负了责;另一方面减轻百姓负担,下对人民尽了心。于是,社会安定,百姓欢乐。这样的志正是柳宗元要肯定的志。

其次来看薛存义如何处理政与游的关系。文章前面也介绍了薛存义来到零陵后,首先办的事不是建园林,而是"政庞赋扰,民讼于牧"这样严重影响社会安定的事。这样的事办好后,他才着手园林建设。这说明"政"与"游"有一个先后(包含轻重)的问题,只有先"政"后"游"才是正确的。

园林建设似是为了观游,其实也是为了政治。园林建设需要治污,治

---

[1] 柳宗元:《零陵三亭记》。

污可美化环境、利国利民;园林建起来后,观游的不只是官员,也有百姓。因此,园林建设其实是社会公益事业,是爱民的事业。柳宗元说"余爱其始而欲久其道","始"是指薛存义种种爱民之举,"道"即爱民之道。原来,柳宗元是希望后来零陵为官者能够将薛爱民之道发扬久远。柳宗元在这篇文章中表达了一个重要的思想:园林是社会公益事业,要将它作为爱民的事业来做。

第二节　造园与立志

柳宗元被贬永州为司马期间,有一位姓韦的刺史爱好园林,他在永州做了一座园林,柳宗元为之作《永州韦使君新堂记》。在这篇散文中,柳宗元描述了韦使君造园的大体过程。

首先,韦使君在永州郊外选了一块荒地,此地"有石焉翳于奥草,有泉焉伏于土涂,蛇虺之所蟠,狸鼠之所游,茂树恶木嘉葩毒卉,乱杂而争植,号为秽墟"①。这块地虽然荒芜杂乱,但是韦使君"望其地,甚异之",认为可以将它打造成一座园林。于是,他开始对这块荒地进行整治:

> 始命芟其芜,行其涂,积之丘如,蠲之浏如。既焚既酾,奇势迭出,清浊辨质,美恶异位。视其植,则清秀敷舒;视其蓄,则溶漾纡余。怪石森然,周于四隅。或列或跪,或立或仆,窍穴逶邃,堆阜突怒。乃作栋宇,以为观游。凡其物类,无不合形辅势,效伎于堂庑之下。②

整治有三个要点:

第一,"清浊辨质,美恶异位"。造园不是将自然山水拿过来用就行了,而是得对自然山水做一番清理。清理工作分两步:第一步"清浊辨质"。所谓"清浊辨质",是指将自然景观分出两类,一类为清的,另一类为浊的。第二步"美恶异位"。所谓"美恶异位",就是将美景与恶景的地位分别出来,

---

① 柳宗元:《永州韦使君新堂记》。

② 柳宗元:《永州韦使君新堂记》。

彰显美景,障蔽恶景。

第二,"合形辅势"。"合形"是指景观整合,以见出一体性;"辅势"是指景观的安排,以见出主次性。"势"为主体景观的气势,其他景观均要辅佐"势",这就叫"辅势"。

第三,方便人的欣赏。以上所做的这一切,为的是让景观"效伎于堂庑之下",以便于人欣赏。人是景观审美活动中的主体,所有景观设置及整合全是为了人。

在自然景观的整治之外,韦使君还盖了一座堂,供宴游宾客和赏景之用。堂是人活动的主场所。造园既然是为人营造一个理想的生活环境,堂就必然成为园林中的核心,既如此,筑堂就不是小事了。堂需要集中体现园林主人的追求,不只是生活上的追求,还有精神上的追求。

柳宗元很是赞赏韦使君建的这座新堂,他说:

> 见公之作,知公之志。公之因土而得胜,岂不欲因俗以成化?公之择恶而取美,岂不欲除残而佑仁?公之蠲浊而流清,岂不欲废贪而立廉?公之居高而望远,岂不欲家抚而户晓?夫然,则是堂也,岂独草木土石水泉之适欤?山原林麓之观欤?使将继公之理者,视其细,知其大也。①

这段文字说"见公之作,知公之志","作"是如何的作,"志"是怎样的志?

第一,"因土而得胜"——"欲因俗以成化"。

"因土而得胜",这是"作"。"土"指当地山水。韦使君是凭借当地的山水形势来建造景观的,结果他营造出了胜景。这一做法符合造园的基本原则。明代造园家计成说:"园林巧于'因''借',精在'体''宜'。""'因'者:随基势之高下,体形之端正,碍木删桠,泉流石注,互相借资;宜亭斯亭,宜榭斯榭,不妨偏径,顿置婉转,斯谓'精而合宜'者也。'借'者:园虽别内外,得景则无拘远近,晴峦耸秀,绀宇凌空,极目所至,俗者屏之,嘉者收之。

---

① 柳宗元:《永州韦使君新堂记》。

不分町畦，尽为烟景，斯所谓'巧而得体'者也。"①

"欲因俗以成化"，这是"志"。"俗"为当地的民风、民情、民俗。推而广之，"俗"是指当地的自然状况和社会状况。只有对当地的自然状况、社会状况了然于胸，才能恰当地行政，促使当地经济发展、社会安定、文化进步，以成化治。

第二，"择恶而取美"——"欲除残而佑仁"。

"择恶而取美"这是"作"。"择恶"，将丑陋难看的景择出来，或予以删除，或予以屏蔽；"取美"，将美好的景也择出来，加以突出，加以彰显。

"欲除残佑仁"，这是"志"。"除残"即除去残暴丑恶的社会现象；"佑仁"即保护鼓励社会上的仁德美好现象。

第三，"蠲浊而流清"——"欲废贪而立廉"。

"蠲浊而流清"，这是"作"。"蠲浊而流清"主要是指园林中的除污洁水，但它不只是讲理水，也涉及景观整治。"浊"也可指园林中芜杂甚至有些肮脏之景，它会损害人的身体或让人心情不爽，要蠲除；"清"也可指园林中生机勃勃具有清新气息之景，它有利于健康或让人赏心悦目，要让它更加鲜明。

"欲废贪而立廉"，这是"志"。政治上也要分出"清"与"浊"。政治上的"清"指廉洁正直；政治上的"浊"指贪污腐败。为政重要的一条是善于用人，而用人之首要是"废贪立廉"。

第四，"居高而望远"——"欲家抚而户晓"。

"居高而望远"，这是"作"。为了观赏更多更广的景，韦使君在园林中建了一座很高的观景台。这座观景台，是韦使君造园的点睛之笔，与其远大的志向和宽阔的胸怀有关系。

"欲家抚而户晓"，这是"志"。地方行政官员，肩负着两大任务：一是贯彻朝廷政策，二是教化百姓。这两条均要做好，而做好的一个标志是"家抚而户晓"。

---

① 计成：《园冶·兴造论》。

以上四个方面说明造园与为政是内在相通的,造园之道即为政之道。

第三节 工程与政治

桂州刺史裴中丞在訾家洲做了一座园林,这座园林比较有规模,柳宗元为这座园林写了一篇《桂州裴中丞作訾家洲亭记》。文章说:

> 元和十二年,御史中丞裴公来莅兹邦,都督二十七州诸军州事,盗遁奸革,德惠敷施,期年政成。而富且庶。当天子平淮夷,定河朔,告于诸侯,公既施庆于下,乃合僚吏,登兹以嬉。观望悠长,悼前之遗。于是厚货居氓,移于闲壤。①

这段文章的意思是,元和十二年(817)裴行立来到此地,都督二十七州诸军州事务,政绩显著,桂州盗贼逃匿、奸人革除、社会安定,德政普遍施行,一年就有明显效果。元和十二年于唐帝国更是意义非凡,唐宪宗采取果断措施,"平淮夷,定河朔",天下震动,诸侯咸服,普天同庆。裴中丞就是在这时做园林,这让建园具有了庆功的意义。应该说,建园的时机把握得很准。

(唐)韩幹:《十六骏马图》(局部)

---

① 柳宗元:《桂州裴中丞作訾家洲亭记》。

做园林有个政治背景问题。政治背景不合适，就算其他条件具备，园林也未必能建成。柳宗元政治意识很强，他在这篇文章中，突出地提出建园林的政治背景问题，其见地是深刻的。

政治背景固然重要，但只是第一，不是全部。园林如果是私园，那没有问题；如果是公共事业，且以政府名义来建，就还有一个是否善政的问题。首先，它能不能为百姓带来实利。如果不能为百姓带来利益，只是为了官员们享乐，就有可能遭到检举，主持其事的地方官就有可能丢官甚至下狱。其次，要处理好拆迁移民问题，裴中丞"厚货居氓，移于闲壤"，其对移民的安置是妥当的。因此，整个工程进展顺利。

邕州刺史在马退山做了一座茅亭，也涉及政治上的问题。首先也在于，做这样一座亭是不是民生工程，于百姓有利还是不利。柳宗元的《邕州柳中丞做马退山茅亭记》着重谈到这个问题。马退山地处邕州地面，"是山峄然起于莽苍之中，驰奔云矗，亘数十百里。尾蟠荒陬，首注大溪。诸山来朝，势若星拱，苍翠诡状，绮绾绣错。盖天钟秀于是，不限于遐裔也。然以壤接荒服，俗参夷徼，周王之马迹不至，谢公之屐齿不及，岩径萧条，登探者以为叹"①。从这些描述来看，马退山虽然风景佳美，但地势险要，行人罕至。这样一个地方，就有必要建一座凉亭，让路人有个休息之所。如此说来，建亭就是造福百姓的好事，政治上没有问题。

政治上没有问题，说明此事可以做。但能不能做好，决定于由什么样的人来做。作为地方上的一桩公益事业，主持其事的地方官品德才能如何，决定了能不能将这样一桩公益事业做成善政。柳宗元下面就谈到了主持其事的地方官柳宽。柳宗元这样评价柳宽：

> 我仲兄以方牧之命，试于是邦。夫其德及故信孚，信孚故人和。人和故政多暇，由是尝徘徊此山，以寄胜概。乃葺乃涂，作我攸宇。于是不崇朝而木工告成。②

---

① 柳宗元：《邕州柳中丞做马退山茅亭记》。
② 柳宗元：《邕州柳中丞做马退山茅亭记》。

柳宽是柳宗元的族兄。此人品德高尚，讲诚信；因为讲诚信，所以深得人和；因为得人和，所以政多余暇；因为有闲暇，就经常在马退山散步，于是就生发出在此建亭的想法。文中用了"乃暨乃涂"一语，此语典出《尚书》。《尚书·梓材》有句："若作室家，既勤垣墉，惟其涂暨茨。"意思是居家盖房，已经筑起了墙，接着就要为墙涂上泥巴，还要用茅草盖好屋顶。根据这个典故，柳宽在此建亭不是为了赏景，而是为了方便路人休息。这样一个出发点，决定了建亭事业的性质为善政。

既然建亭的目的是方便路人，不是为了观景，亭就不宜做得奢华。《邕州柳中丞做马退山茅亭记》谈到这座亭的风格：

> 冬十月，作新亭于马退山之阳，因高丘之阻以面势，无榱栌节棁之华。不斫椽，不翦茨，不列墙，以白云为藩篱，碧山为屏风，昭其俭也。①

此亭为茅亭，"不斫椽，不翦茨，不列墙，以白云为藩篱，碧山为屏风"，柱子上没有任何装饰，俭朴至极。有意思的是，此亭的俭朴不仅不显示出寒酸、简陋，反倒彰显了自然之美，从而获得了很高的美学品位。

文章写到亭子建成后，他与朋友们登山在亭中观景的感受：

> 每风止雨收，烟霞澄鲜，辄角巾鹿裘，率昆弟友生冠者五六人，步山椒而登焉。于是手挥丝桐，目送还云，西山爽气在我襟袖。八极万类，揽不盈掌。②

此例说明一个道理：功能性的建筑不是不可以建成景观式的建筑。像马退山上建的这座茅亭，作为路人休息之所，它是功能性建筑，严格说来，它不算园林，但它也起到了园林的效果。

第四节　得其胜与得其人

唐永贞元年（805），柳宗元因为参与王叔文革新而被朝廷贬到永州去

---

① 柳宗元：《邕州柳中丞做马退山茅亭记》。

② 柳宗元：《邕州柳中丞做马退山茅亭记》。

做司马,途中经过潭州,顺便看望潭州刺史兼湖南观察史杨凭。柳宗元在潭州停留了一段日子,恰逢杨凭的朋友戴简的园林造成。戴简是一位隐士,与杨凭有交情,他做这座园子的土地是杨凭授与的。柳宗元有一篇《潭州杨中丞作东池戴氏堂记》说明了此事:

> 弘农公刺潭三年,因东泉为池,环之九里。丘陵林麓距其涯,坻岛渚洲交其中,其岸之突而出者,水萦之,若玦焉。池之胜于是为最。公曰:"是非离世乐道者不宜有此。"卒授宾客之选者谯国戴氏曰简,为堂而居之。堂成而胜益奇,望之若连舻縻舰,与波上下,就之颠倒万物,辽廓眇忽,树之松柏杉槠,被之菱芡芙蕖。郁然而阴,粲然而荣,凡观望浮游之美,专于戴氏矣。①

这段话的意思是:弘农公即杨凭在潭州做了三年刺史,利用东泉的地理条件,做了一个池。这池不小,周遭九里,池岸为丘陵、山林,池中有岛屿、洲渚其中有一个地方,池岸突出,水萦绕之,像一块玦,风景最好。杨凭说,这样的地方,只宜"离世乐道"的隐者,于是他就将这块地授与宾客中的戴简,让他去做一座堂为住宅。

那么,戴简够条件吗? 文章说:"戴氏尝以文行,累为连率所宾礼,贡之泽宫,而志不愿仕。与人交,取其退让。受诸侯之宠不以自大,其离世歟! 好孔氏书,旁及庄文,莫不总统,以至虚为极,得受益之道,其乐道歟!"从这个介绍看,戴简是一位道德高尚的饱学之士,他有两个重要品德:一是"离世",不愿入仕;二是"乐道",融通孔庄。将东泉的一块地赠与戴简,这地应该是得其人;而于戴简来说,有这样一块清幽美丽的地安身,算是得其胜。柳宗元在肯定这两得的基础上,着重强调了"得人"的价值:

> 地虽胜,得人焉而居之。则山若增而高,水若辟而广,堂不待饰而奂矣。②

柳宗元认为,地虽然胜即风景好,也还得有人来赏识,有人来居住,不

---

① 柳宗元:《潭州杨中丞作东池戴氏堂记》。

② 柳宗元:《潭州杨中丞作东池戴氏堂记》。

然就埋没了，就没有实现它的价值。反过来，如果地得到了人的赏识，就完全不一样，它加分了：是山，这山似是增高了；是水，这水面似是增宽了；是堂，甚至不需要装饰也焕然生辉。

这确实反映了柳宗元的一个重要的美学观点。在审美关系中，物与人两个方面，柳宗元更看重的是人。在《邕州柳中丞作马退山茅亭记》中，他明确地说：

美不自美，因人而彰。

柳宗元的这一美学思想让我们联想到明代的王阳明。王阳明持"心外无物"的观点，这"心外无物"为许多人所不解。一日游览南镇，发生了这样一件事："一友指岩中花树问曰：'天下无心外之物，如此花树，在深山中自开自落，于我心亦何相关？'先生曰：'你未看此花时，此花与汝心同归于寂。你来看此花时，则此花颜色一时明白起来，便知此花不在你的心外。'"① 王阳明并没有否定无人的深山中有花的存在，但是他否认有花之美存在。花之美是因为有人来看花了，这一看，让"花的颜色一时明白起来"，这"明白"就是花美的开显。

柳宗元关于山水审美的观点与王阳明似是相通，但柳宗元并不持"心外无物"观。他在诸多游记中谈及"美不自美，因人而彰"时，也多有言外之意。这言外之意不是美学的而是政治的。柳宗元是很有政治抱负的学者，但他官场很不得志，用韩愈的说法，"材不为世用，道不行于时"②。柳宗元因参与王叔文集团的变革，被朝廷一贬再贬，心情十分抑郁，他在流放地永州写下的诸多山水游记，标榜的其实并不是山水而是他的人格。他被贬后写的各种文章自觉或不自觉地彰显的主题只有一个：人才难得，人才重要。这篇《潭州杨中丞作东池戴氏堂记》，其名是记园林，其实是在谈人才。多少年来，柳宗元苦苦等待的其实只有一件事：朝廷召唤。

戴氏堂之所以得以修建，是因为有杨凭将东池的一块地授与他，而杨

---

① 王阳明：《传习录下·语录三》。
② 韩愈：《柳子厚墓志铭》。

凭之所以能将这块地授与戴简,是因为他有一个职务——中丞。柳宗元还将此事作为杨中丞的一桩政绩,他说:

> 君子谓弘农公刺潭,得其政;为东池,得其胜;授之得其人。岂非动而时中者欤。①

柳宗元说杨中丞在潭州做刺史,有两“得”:一是“得其政”——仁德之政,官做得好;二是“得其胜”——发现了东池风景这一胜地。然后又将东池景区中一块若玦的上佳之地授与了隐士戴简,让这胜地“得其人”。所以,“得其人”才是文章的主题。文章字面上是在说杨中丞让胜地“得其人”,其实潜台词是在发问:我柳宗元为什么就得不到朝廷的赏识呢?

柳宗元是中国历史上对自然山水美有着极为深刻体验的文学家,同时,他又是优秀的哲学家、政治家。他的园林美学思想是非常丰富的,也是非常深刻的。仅就园林与政治的关系来看,他的诸多认识,在中国园林史上可谓空谷足音。概括起来,主要有:第一,在地方行政中,相较于国计民生的大事,园林建设毕竟处于次要地位,只有在政治经济等重大问题取得一定成绩、社会安定的情况下才可以从事园林建设。第二,要将园林作为民生事业来做,作为爱民的事业来做。第三,造园之道与为政之道是相通的,基本思想均是立真善美、除假恶丑。第四,风景胜地与欣赏风景的人具有一种内在的相通性,美不自美,因人而彰,人在园林建设中是最重要的。同样,人在政治活动也是最为重要的,要善于识物,更要善于识人。第五,欣赏山水园林能愉悦心情、开阔视界,有助于为政。凡此思想,对于我们今日的园林建设与为政均有一定的启迪作用。

---

① 柳宗元:《潭州杨中丞作东池戴氏堂记》。

第十九章

唐都长安城市美学（上）①

    在中国的诸多故都中，长安无疑处于特殊重要的地位。汉朝时它就成为中央政权的首都，隋朝、唐朝依然如是。汉、隋、唐三个朝代的城市规划，按照中国传统文化中的宇宙图景及其在现实世界中的映照，井然有序地完成了长安城从空间布局到功能安排的一系列筹划，又将这一系列筹划的物质形态——整个城市，包括它的城墙、街道、建筑、绿化，以及一切城市要素的外显形式，通过心理的感知与认知，还原为从城市、民族到国家的一种中心意识的主体认同。这样的都城规划美学在创造了唐长安的辉煌的同时，树立了一个中华文明的时代坐标。

第一节　总体意象："象天法地"

    中华文明有着强烈的天人感应、天人相通色彩。历史上无论是儒家还是道家对"天人合一"命题都有着深刻的见解。道家的天人观崇尚自然，舍人道而从天道，参天地之法则、观造化之无穷，强调人与天地自然的精神冥合。而儒家的天人观则具有礼制性与社会性内涵。如董仲舒将国家政治秩

---

① 本章由笔者的博士生吕宁兴执笔。

序直接映射到天道上，成为长久以来思想统治与制度安排的工具。按儒家对"天"的解释，一种是人格神的天，把天当作宇宙间统治一切的最高主宰，是至上的神灵，是一切现象的最后决定力量，是精神性的。孔子、孟子、董仲舒等持此观点。二是自然的天，认为"天"是物质性的，是自然存在的，是万物的总名，是无意识、无意志、无目的的。持这种观点的有荀子、刘禹锡、张载、王夫之等。三是义理之天，认为"天"是"义理"，是抽象的法则或精神实体，程颢、王阳明均持此观点。不管是哪一种观点或定义，天都具有至高无上的地位。当然，儒家对"天人合一"的理解还包含"天人相通"与"天人相类"两层含义，但无论是"天人相通"还是"天人相类"，均强调了天人是相通、统一的。正是由于儒家的这样一种关于天地人的相通与合一的理论，作出了对于天人关系的合乎传统政治伦理需要的解释，才使得各种有关人事安排的理论与实践对于天地图景产生了可能的同时也是普遍必要的关联与对应。

（唐）阎立本：《步辇图》（局部）

《周易·系辞下》云："古者包牺氏之王天下也，仰则观象于天，俯则观法于地，观鸟兽之文与地之宜。近取诸身，远取诸物，于是始作八卦，以通神明之德，以类万物之情。"《老子》云："人法地，地法天，天法道，道法自然。"在中华民族文化中，天、地、人三者相应组成一个独特而系统的有机整体。在这一关系中，人有主动性，能效法天地，与天地合一。因此，"建邦设都，必稽玄象"①。历朝历代在进行都城规划时，往往运用"象天法地"的原则，通过对天文形象，特别是星象的具象模仿或抽象隐喻建立城市、建筑与天的同源同构关系，以对使用者当下的权威性与合法性做出解说，或是对未来期望做出积极的引导。

以农立国的中华先民很早就开始了对宇宙的探索，并产生了影响久远的盖天说，即"天圆地方"说。《晋书·天文志》说"天圆如张盖，地方如棋局"，就是对古代天圆地方模式的概括。实际上，作为我国古人对宇宙观念的抽象，在距今5000年前的红山文化遗址中即已有了象征天圆地方的祭坛。"天圆地方"是古人直观与想象相结合而形成的最基本的宇宙模式，是古人对宇宙的一种基本认识，由这一基本认识出发，古人又对天空进行了进一步的想象，以"天"作为统治宇宙万物的至上神，即"上帝"，而通过对上帝在天界的居所进行构想，便产生了"三垣、四象、二十八宿"之说。

三垣即太微垣、紫微垣和天市垣。紫微垣为三垣的中垣，其15颗星以北极为中枢，成两屏藩形状展开，左右枢之间有阊阖门②。"北极，天之中，阳气之北极也。极南为太阳，极北为太阴。日、月、五星行太阴则无光，行太阳则能照，故为昏明寒暑之限极也"③。因此，古人产生了北极崇拜，并与人间的"王者"相联系，产生了王权至上的对应解释。

二十八宿是均匀环布于黄道一周的28个星官，恰似28位天将拱卫着北极帝星。二十八宿按东、南、西、北四方等分，分别构成"四象"，镇守四方。这样一来，就组成了一个由"三垣、四象、二十八宿"为主干的组织严密、等级森严的空中社会。苍天如盖，大地如盘，这一天地四合的原始模型和空

---

① 刘昫等：《旧唐书》，清乾隆武英殿刻本，第661页。
② 北极是移动的，极星移动非常缓慢，给古人造成极星不变的错觉，所以古今极星不同。周秦时代以小熊座之 β 星为极星；隋唐及宋以天枢星为极星，即小熊座之 α 星。
③ 司马迁：《史记》卷二十七，中华书局1959年版，第1289页。

(唐) 阎立本:《步辇图》(局部)

中世界的基本秩序, 便成为中国古代城市及宫苑建筑进行筹划安排的恒定范本。

　　隋唐长安城的规划建设正是从天地空间的四合模型到宇宙关联的系统思维, 经由天人相通的交感结构走向"象天法地"的时空安排, "象天法地"成为城市建设的总体意象。

　　对于隋唐长安城来说, 首先, 是基于地形环境特征对城市整体空间秩序的确立。《唐两京城坊考》记载:"帝城东西横亘六岗"①。长安城位于龙

---

① 　徐松撰, 张穆校补:《唐两京城坊考》, 中华书局 1985 年版, 第 33 页。

首山南麓大兴地区,其中横亘着六条冈阜(时人称为六坡)。宇文恺根据《周易》卦象理论,很好地利用了这一地形,初步确定了长安城的整体空间布局。据《元和郡县图志·关内道》记载:"隋氏营都,宇文恺以朱雀街南北有六条高坡,为乾卦之象,故以九二置宫殿,以当帝王之居,九三立百司,以应君子之数,九五贵位,不欲常人居之,故置玄都观及兴善寺以镇之。"[1]

其次,是将宫城布置在北部的中央,南部的皇城紧接宫城,外郭城围绕在宫城和皇城的东、西、南三面,南北主干大街朱雀大街将皇城朱雀门、宫城承天门和外郭城明德门一线贯穿,并将全城分为东、西两大部分。按宇文恺的设计,宫城象征紫微垣,位于正北;皇城象征以北极星为圆心的周边星宿;外郭城象周天之内。不仅主要宫殿建筑布局效法天地、模拟星宿,而且中央机关的六部、二十四署也"按星分度"进行布局。此外,太极宫的中轴线上从南到北依次为:承天门、嘉德门、太极门、太极殿、朱明门、两仪门、两仪殿、甘露门、甘露殿……玄武门,这些建筑及其命名充分地体现了"君权神授"和"以德配天"意识,以及阴阳和合、"四灵"护佑之意。

由此,隋唐长安发扬光大了前代城市建设的象天法地的理念而达到全面化、系统化的程度。这种宫城居中、皇城比邻、外郭环绕的设计布局,以及模拟星宿与天象关系的做法,还有建筑与街道的命名方式,无不是"象天法地"设计思想的真实反映,也正是因此而完成了一座集中概括全天风貌、具有浓缩象征意味的"天阙"。

第二节　总体布局:《周易》的整体理念

《周易》中的整体观念既是易学思维最重要的标志,也是中华文化中关于宇宙关联的整体观念的集中体现。《周易》卦爻是一个整体,八卦是阴阳二爻三维组合体,六十四卦是阴阳二爻六维组合体,两个层次的组合体共

---

[1] 李吉甫:《元和郡县图志》卷一《关内道一》,中华书局 1983 年版,第 1 页。

同构成了宇宙全息系统。通过包含全部天道、地道、人道组合信息的卦爻符号模型与筮法数字模型，对天地的推演、时间的发展、宇宙阴阳规律的变化作整体模拟，对万事万物的生成、分类、变化、运动作系统描述，为人们从时间、空间、条件、关系等诸多方面全方位地分析、认识事物和预测未来发展提供了系统工具。特别是《周易》中蕴藏的象、数、言、义四种观念（象指卦爻象，数指九六之数，言指卦爻辞句，义指卦象和卦爻辞的含义），以及以"言"明"象"，而"言不尽意"之后的立"象"以"尽意"，既解释了世间一切事物与运动的本质与关联，也为日常行为的吉象提供了简明直观的

（唐）阎立本：《步辇图》（局部）

哲学根据。

中华传统文化中关于宇宙万物的整体性、关联性和意象性思维特点，决定了中华民族特有的价值观念、行为方式和审美意识，它不仅渗透到最深层面的民族心理结构，而且渗透到外显层面的实用操作技术，对中国传统城市规划和建设产生了极其深远的影响。

唐长安的布局在总体意象上取"象天法地"的原则，在具体布局上则多取《周易》的整体性思维。

如唐长安城的一百零八坊及其中的三十六、七十二之分等都具有丰富的文化含义。又如大明宫的正殿含元殿，出自《周易》乾卦《彖传》："大哉乾元，万物资始，乃统天。云行雨施，品物流形。大明终始，六位时成。时乘六龙以御天。"含元殿东为"通乾门"，西为"观象门"，其意相配。此外如外郭城每边开三门，明德门五门洞等，也都反映了易学数理思维的影响。由于有意识地运用"数"和"象"的关系，在客观上促进了唐长安城的建筑群在排列组合上，一方面追求以"数"吉"象"，另一方面解决排列的主次关系，使其在无数种组合形式之中找出明确的序数规律，形成轴线、对称、院落等组合方式，即以一种"数"和"象"的内在和谐，对应着城市空间关系与人伦关系的简明、谨严和有序。

此外，还有隋唐长安对于超长中轴线的运用。中轴线布局是中国古代城市规划建设中一项具有悠久传统的布局艺术。它源于《周易》的"中"位理念。《周易》的"中"有三个意义：一是有空间的意义，强调位置居中；二是时间意义，强调处于进行发展之中，而不是开端与结束；三是逻辑上"恰当"的意义，这一思想后来发展出中国儒家的"中庸"思想。

在环境建设中，原始聚邑就有了"择中"的观念。《周礼·考工记》将"居中"理念具体化为中轴线的运用，确定了中轴线的位置及其建筑内容和空间形态，使中轴线成为传统营国制度中突出皇权至上理念的重要表现手法。

纵观秦、汉、唐这三个在中国历史上鼎盛一时的封建王朝，均有一条依照天体设计的、南北向的超长建筑中轴线。秦之轴线北起子午岭向南横穿阿房宫"直抵南山，表南山之巅以为阙"①，至终南山子午谷，与现在地球子午线基本吻合，且恰好与连贯天上营室、北极和北斗的直线相吻合。② 西汉长安城之南北中轴线南起秦岭北麓之子午谷口，横贯安门章台街，北抵今三原县城西北天井岸村之西汉礼制建筑天齐祠遗址处，亦与天体子午线基本吻合。③ 隋唐长安的规划设计亦将这一思想充分贯穿其中，形成了北起相当于北极星的太极殿，出宫城承天门，经皇城朱雀门，出外郭城明德门，"南直终南山子午谷"④ 的中轴线对称布局。

　　需要特别说明的是，秦汉的这种以天体子午线作为都城轴线的思想更侧重于强调天下意识，即都城居于天下中轴之上，可以意会却无法感知，即在都城规划建设的微观格局上并没有真正形成统领全城的实际感知轴线，直到隋唐长安城，才在天地宏观轴线、区域中观轴线和城市微观轴线三个层面上全面地统一起来。宏观层面上它是一条天地中轴，强调了长安城居于天下之中的意识；中观层面上它是一条向心拱卫轴，这种向心拱卫的格局形成整个长安城乃至整个关中地区的基本构架：山川环京邑、八水绕长安，并且通过中轴线的南向伸展，沟通了秦汉都城的"表南山之巅以为阙"的空间意象，在辽阔的空间环境里构筑起一个大长安的诗美场景。正如韦应物《观早朝》所示："丹殿据龙首，崔嵬对南山。寒生千门里，日照双阙间。"⑤ 这展现出巨大的城市空间气魄。最后，在微观层面上形成城市空间的实体凝聚轴，将长安城内各项空间要素与功能要素依次凝聚于一条轴线两侧，并最终通过视觉与行为方式导向宫城中心，形成雄浑大气的城市空间图景。因此，正是基于这样一种多层次轴线重合的创造，使得隋唐长安城的中轴线具有了强大的空间统驭能力，并且通过其贯穿起来的重要建筑

① 司马迁：《史记·秦始皇本纪》，中华书局 1959 年版，第 236 页。

② 参见陈喜波：《"法天象地"原则与古城规划》，《文博》2000 年第 4 期。

③ 参见秦建明、张在明、杨政：《陕西发现以长安城为中心的西汉南北超长建筑基线》，《文物》1995 年第 3 期。

④ 李林甫等撰，陈仲夫点校：《唐六典》，中华书局 1992 年版，第 216 页。

⑤ 《全唐诗》卷一九二。

与街道形象达成了都城政治功能的物化,体现了都城政治功能对空间形态的影响。它的气魄和气度是无与伦比的,它使城市格局谨严有序,城市空间主次分明,使规模宏大的城市可感可读,并由此促使都城的环境平衡和社会有序达到了完美的顶峰。

中轴线意识既是整体思维的体现,又是象天法地原则的具体运用。正是由于上述一系列以象天法地意识中心的规划设计思想,以及对于环境形势的全面掌控,构筑了隋唐长安城无与伦比的空间感知形象与认知内涵。而其中的中轴线设计,第一次真正地将天下轴线与国家都城的中心轴线重合在一起,完成了中国人对于神圣子午线意识的现实化进程。隋唐长安城的中轴线既是一条空间轴线,也是一条时间轴线,它在中轴线节点阶段性与有序性设计上,恰如其分地利用时间节律的长短与空间节奏的强弱,以及与之对应的心理暗示作用,极大地强化了城市政治秩序与社会礼制,对于象天法地的规划思想形成最直接的现实回报。

唐长安城"象天法地"的城市规划美学及其实践,使长安城具有类似于天宫的崇高感,增强了皇权的威严。这种以"象天法地"所取得的崇高意味,与西方宗教建筑通常只是以体量的庞大,高峻与获取的崇高感是不同的。《周易》的整体思维究其源也是古人对天地秩序的认识。《易传》云:"夫大人者,与天地合其德,与日月合其明,与四时合其序,与鬼神合其吉凶。"其基本思想还是天人合一。"象天法地"为的是天人合一。唐长安城是中国古人天人合一思想在城市建设上的典型范例。

第三节 虚实结合:观念与实证并行

我国古代城市规划均是当时著名的学者型官员主持的,这些人具有很高的文化涵养,同时具有伟大的气魄和灵活的思维,这种气魄和灵活,充分体现在城市规划中的整体性思维之中,从而使得城市规划既"极高明"又"道中庸"。

前文我们谈到隋唐长安城的规划建设经过了周密的选址、地形审视、

（唐）阎立本：《步辇图》（局部）

观念构筑与实证规划的完整过程。它以"天人合一"的观念统摄全局，由此为城市营造一种人与自然、社会与个人、秩序与自由的和谐环境。

值得注意的是，这种天人合一的思想，在唐长安城建设中的运用是相当灵活的，它重地形、地貌、地势，又重合理解释。在整个的建设中，它体现出一种务实与务虚相结合的思维。既强调观念原则性，又注重现实的可能性；既强调精神上的神圣性，又注重物质上的功能性。从而体现出难能可贵的观念与实证并行的整体性理念。

隋唐长安城所在的龙首原犹如长龙横卧，蜿蜒六十里。古人云："龙首山川原秀丽，卉物滋阜，卜食相土，宜建都邑。"[1] 龙首原南麓地势开阔，居高临下，有很大的发展余地，足以体现大一统国家新王朝的气派。但其六坡横亘，对于城市建设本是一个障碍，却被宇文恺以《周易》乾坤理论巧妙解释与灵活处理，将龙首原六条高坡构筑成长安城的骨架，皇宫、官府和庙宇等重要建筑都置于六坡之上，与大片里坊形成鲜明对比，不仅显得更加宏伟壮丽，充分体现了皇权的至高无上，而且丰富了城市空间轮廓，同时也有利于皇宫、衙署的军事防御和防洪排涝。这样的城市设计既体现了传统文化观念的精义，也巧妙地实现了城市的整体性布局要求。

入唐以后，对长安城的布局作了适当调整，其中兴修大明宫和围设禁苑是重要的举措，也是对龙首原的进一步开发和利用。最初，隋的政治中心在大兴宫。唐改大兴宫为太极宫。唐太宗贞观八年（634），于太极宫东北龙首原高地建永安宫，次年改名为大明宫。大明宫的地理形胜更优于太极宫，"此宫北据高原，南望爽垲。每天晴日朗，南望终南山如指掌，京城坊市街陌俯视如槛内，盖其高爽也"[2]。自此大明宫成为唐代主要的朝会之所和决策之地。唐长安城对地形的另一个巧妙利用就是将龙首原划入禁苑。禁苑在长安城北，东到浐灞，西包汉城，北枕渭水，南连京城，"东西二十七里，南北二十三里"[3]。围设禁苑一方面供皇家游猎和娱乐之用；另一方面因

[1] 魏徵等：《隋书》，清乾隆武英殿刻本，第810页。
[2] 宋敏求：《长安志》，清文渊阁四库全书本，第46页。
[3] 徐松撰，张穆校补：《唐两京城坊考》，中华书局1985年版，第29页。

唐长安宫城的东西南三面都有外郭城环卫，但北面只有一道宫城北墙，因此在宫城以北围设禁苑更起到了拱卫宫城和控制全局的作用。因地制宜，扬长避短，适时调整，整体完善，是唐长安城市规划建设所遵循的整体原则，充分体现了对自然地理和社会空间环境的充分尊重与利用。唐长安城能够依据观念形态与实证条件的具体情况，科学而又巧妙地调整都城的基本格局，充分利用自然条件和最大限度实现规划宗旨。因此，唐长安的建设才能够因形就势、因地为用，在适时发展的同时，保持其结构紧密、布局规整、功能明确、秩序井然的城市空间意象。

隋唐长安的观念与实证并行的整体性规划思路还表现在它在感知性与认知性上的统一。通过感知打开认知的途径，通过深刻的认知提升感知的审美强度。

对于唐长安这样一座从观念到实证井然有序的整体性空间来说，规划者始终强调以一种不断地从感知走向认知的循环递进的论证方法达到其简明而强烈的意象特征。

首先，隋唐长安城的建设者按照周易象数理论以及"象天法地"宇宙图景、"忠君重礼"空间观念对地形环境与城市功能布局进行匹配，通过数字与图像分析，建立城市功能内涵与层级内涵在空间对应上的合理性与合法性，形成一种伦理性的严整秩序。

其次，在城市整体空间扩展上，将一定的方格形状与相似尺度的基本元素进行重复安排，形成格式统一、规模宏大、秩序井然的庞大空间系统，这种空间系统在感性层面上具有一定的均等性特点，而这种感性层面的均等性又对应着社会层面的均等性，也就是说，除了皇宫与皇权之外，普通官员社会、市民社会与方外社会具有广泛的平等性，因此可以说，唐长安城这样一个封闭空间体系中却蕴含着普遍的开放性与平等性意识。

最后，城市的均等扩展又受控于超长的城市轴线。轴线及其两侧的对称要素安排，既强化了空间的中心意识，更是一种时间进程的节奏性设计与指向性安排。当这条轴线向上对应着天地轴线与宇宙秩序时，向下便当然地指向人伦社会的皇权中心意识，时时处处展示着君权的神圣性特征。

　　唐长安正是以这样一种观念与实证并行的整体性规划建设方式，使城市达到了一种天地、人伦、空间、时间的多极综合平衡状态。加上唐长安城在拥有完善的社会管理体系来维持整个城市正常运转的同时，凭借强大的政治、经济、军事、文化实力，以开阔的胸襟和兼容并蓄的心态面对世界，在严谨的社会与城市制度下，包容着自由的城市文化的纵情驰骋。

　　英国学者李约瑟对中国人城市建筑观念有以下描述："再也没有其它地方表现得像中国人那样热心体现他们伟大的设想：人不能离开自然的原则……皇宫、庙宇等重大建筑不在话下，城乡中无论集中的，或者是散布在田园中的房舍，也都经常地呈现一种对'宇宙图案'的感觉，以及作为方向、节令、风向和星宿的象征主义。"[①] 这是中国传统文化中特有的一种象征主义的精神，虽然带有原始质朴的意味，但也包含了顺应自然的合理因素，是中国古代都城建设的特色所在。

---

① ［英］李约瑟：《中国科学技术史》第三卷，科学出版社 1975 年版，第 337 页。

第二十章

唐都长安城市美学(下)[①]

　　唐人好游乐。居于长安城中的各色人等,上至皇亲贵戚、王公大臣,下至文人学士、街巷市民,在盛世浩然的天空下,优游于长安和平的熏风里。长安多园林。唐长安城内流水过街、垂柳如烟、榆荫槐翳、园林成片,真乃花园城市。这遍布城市各处的各类园林绿地,加上城外大量的郊园别业,为喜好游乐、宴集、品题、唱和的唐人提供了前所未有的广阔舞台。凡此一切在体现唐朝人追求天地同乐的优游情怀的同时,也催生了中国园林的文人情愫,使唐长安成为文人园林艺术思想得以实践的母城。

第一节　游乐风气与长安城市园林

　　在中国园林史上,唐代占有重要地位。这主要体现在,园林的功能有很大的拓展。此前,园林主要为皇室居住与游乐的场所,虽然个别的显宦或豪强也拥有园林,但并不突出。而在唐代,不仅皇室拥有园林,显宦、有一定地位的文人也拥有园林。园林相对来说,不那么神秘了。其次,园林的游乐功能得到凸显,此前,园林主要功能还是居住,游乐功能居次,有些

---

① 此章由笔者的博士生吕宁兴执笔。

园林还兼有养殖功能。在唐代，园内虽有养殖，但所养殖的动物，主要服务于主人的游乐。园子当然也可以居住，但游乐功能得到彰显，跃居第一位，居住功能倒退居第二位了。

这种情况的出现是与唐代的社会经济发展状况分不开的。

第一，强盛的国力与和平的生存环境使唐代上行下效的游乐行为形成了一种普遍的社会风气，而各种皇家开放式的游园御宴开阔了文官队伍甚至是普通士人的眼界——随着国家的日益强盛，歌舞升平中的皇家游乐活动逐渐向着横向与纵向两个维度延伸。横向延伸表现为王公、公主、外戚苑园的大量出现；纵向延伸则表现为通过各类以国家名义举行的游宴活动（科举取士庆祝活动等）将各种游赏活动的趣味与爱好向下扩展。随着游乐之风自上至下的推进，园林在唐代出现兴盛。各异其趣的皇家苑囿与各种公共、私人山水园林空间意象在普通士人的眼界中转换为类型性的场景图像，其不同的艺术品位与审美趣味在士人的审美意识中汰选沉淀，渐渐形成类型化与特色化模式，园林造景的专业思维就此产生。

第二，唐代人文出现空前的繁荣。诗歌、绘画、音乐均出现前所未有的兴旺局面。李白、王维、吴道子等一大批中国历史上第一流的文化人在各个领域风流无限，风骚千秋。道教成为国教，佛教也得到很大发展，出现了中国化的佛教——禅宗。诸多文化流派虽互相碰撞，然更多的是相互吸收，形成百川汇海之势。一些文人拥多种文化于一身，如王维，既儒，又道，又佛，不仅精文学，还精绘画，精音乐。与之相应，园林作为人们另辟的生活场所，也同样融诸多文化于一体。王维的别墅——辋川别业就是一个突出的代表。所有这些人文风流不仅在相当程度上影响着园林的风格，也推动着园林的发展。

第三，城市宽敞的居住空间范围和长安郊外优美的自然生态资源为唐代文人实践园林理想提供了良好的实践场地。在这样一个宽广的空间背景下，文人私园的建设一方面扩大了长安城的园林文化空间界域和心灵界域，使园林从一般的纵情游赏（行游、快游）向凝神静览的坐游、卧游、慢游转化；另一方面，当这些城市园林、郊园与别业的建设成为一种普遍的社会实践之时,官僚文人的宴集交游又极大地提高了园林艺术品位,也促进了文人园林建设格局与艺术趣味的统一。

第二节　皇家苑囿的游幸与应制诗

唐代园林,最辉煌、最壮丽者,当数皇家苑囿。皇家园林的兴盛,一是最高统治者奢乐之风所致。唐代皇室好游宴,从杜甫的《丽人行》一诗,可以看出杨贵妃姊妹们出行的气势、排场。二是文人们的应制诗的推波助澜。所谓应制诗是应皇上之命而创作的诗,这些诗均是歌功颂德的,一般来说不值一谈。不过,唐代有关皇家园林的应制诗,倒有不少是优秀的。它们的优秀之处,不仅在于生动地描绘了园林的景观之美,还在于它们传达出相当卓越的园林美学思想,这些思想又在一定程度上指导、影响着以后的园林建设。需要指出的是,不少应制诗的作者系当时的重要文人。文人写园、评园,自然渗透入文人的情怀。这对于唐代园林人文化趣味的形成起到重要的作用。

唐朝的皇家园林最负盛名的有禁苑、芙蓉苑、太液池等。

禁苑是都城长安最大的一处皇家园林,它东、北两面分抵浐水、渭水,西括汉长安故城,南靠京城。苑内坡原起伏,草木繁茂,亭台楼阁散布其中。苑中还饲养有多种禽兽供皇帝游畋。随着大唐国家的日益强盛,皇家禁苑游风日炽,体现出浓烈的升平气象。张说《奉和三日被禊渭滨应制》云:"青郊上巳艳阳年,紫禁皇游被渭川。幸得欢娱承湛露,心同草树乐春天。"诗中"紫禁皇游被渭川"说明皇上游禁苑兼有向天地神灵"祈福"的意义。由此可以推想,这园林中必定有相应的祭祀性的建筑,山川之美、神灵之威、宴游之乐就这样结合在一起,成为皇家园林一大特色。

唐代皇家园林最著名的是芙蓉苑,它又称芙蓉园、芙蓉池,亦名南苑,位于长安城外部东南隅的突出位置,与曲江池紧密相连,属于曲江池的一部分。芙蓉园本为隋之离宫,入唐后被划为御苑。张礼《游城南记》注文中说,"芙蓉园在曲江之西南,隋离宫也,与杏园皆秦宜春下苑之地,园内有池谓之芙蓉池，唐之南苑也"。唐代在园中增建了紫云楼、彩霞亭等建筑，楼亭掩映于红花绿草之中，景色无限美好。

关于芙蓉园的地势，宋之问《春日芙蓉苑侍宴应制》诗云："芙蓉秦地沼，卢橘汉家园。谷转斜盘径，川回曲抱原。"说明此园依山傍水，道路依谷地盘转，水流抱高地环曲。可以想见，园中的人工设施包括建筑、道路与自然地势的契合达到何等自然的地步。

园中风景非常丰富，且看李绅《忆春日曲江宴后许至芙蓉园》，诗云："春风上苑开桃李，诏许看花入御园。香径草中回玉勒，凤凰池畔泛金樽。绿丝垂柳遮风暗，红药低丛拂砌繁。归绕曲江烟景晚，未央明月锁千门。"这里描绘的是芙蓉园的一个局部，这个局部以水景为中心，水景为池，名曰凤凰池，池岸有垂柳，傍柳有香径。池边有芍药花圃，花圃砌石栏；而桃李随处可见，灿烂夺目。远处是雄伟壮丽的未央宫，城门内，庭院深深，一层层的屋顶，鳞次栉比。凤凰池边的小径上有人骑着马，在缓缓地漫游。从这首诗，你可以大致看出这园中的景观是如何组织的。显然，它一切是为人而设置的，那骑马人才是景观的主人。游是造园的目的，吕令问的《驾幸芙蓉苑赋》，写皇帝游幸："彩扇似月，从骑如龙。奏清笳于杨柳，下天盖于芙蓉。……北极仪凤之楼，南邻隐豹之崿。入红园而移步辇，俯绿池而卷行幕。……留连帐殿，弥望帷官。水摇摇而岸花紫，烟微微而野树红。……千钟献尧之酒，五弦歌舜之风。日落前溪，云垂后殿……徐飞睿藻，再融神

(唐) 张萱:《虢国夫人游春图》(宋赵佶摹)

昈；群公既奏柏梁文,万乘方回瑶池宴。"只要将皇帝游园的路线记录下来,这园的结构就非常清楚了。中国古典园林有一个突出特点,以游人的游路来建构园林,而游路又必须建立在自然地形地势的基础上。人（游人）与天（自然地形地势）就这样实现了完美的结合。

皇家园林当然有一股皇家的富贵味,这一点应制诗通常都体现出来了。如苏颋的诗:"绕花开水殿,架竹起山楼。荷芰轻薰幄,鱼龙出负舟。"① 这"鱼龙出负舟"岂是寻常人之可为? 但是,须指出的是,皇家园林虽然为皇家所做,却不是一味展览奢华与富贵,它的总体情调上仍然是文人的,这在芙蓉苑中也体现出来了。李峤咏芙蓉苑的应制诗中,有句云:"年光竹里遍,春色杏间遥。烟气笼青阁,流文荡画桥。"② 如果说这里分明透出世俗的一点书卷味,而李乂的"水殿临丹篽,山楼绕翠微……涧茶缘峰合,岩花逗浦飞"③,则又让人逗发超越尘俗之感,联想到寂寥、神秘的仙界了。

中国古代园林以文人味为灵魂,即使是皇家园林也如此,而文人味其实不外乎儒、道、禅三者的混合、掺杂,其中并没有固定模式,组合多种,变化万千。不管怎样,均服务于园林的基本功能——游乐,因而,审美的快乐才是它的主题。

第三节　公共园地的乐游与寄情

唐长安城内有很多公共园地与游乐场所。公共园地相当于今天的公园,这种园林又别是一番情趣了。

佛教自东汉传入中国后,经与中华文化艰难融合,到唐代广泛进入通都大邑。唐代长安城就有著名的寺院慈恩寺。寺庙不管在乡野还是在城市,多位于风景优美的地方,于是,寺庙自然地成为一所园林。

城中寺庙宫观园林一般很受知识分子的喜爱。李白《同族侄评事黯游

---

① 苏颋:《春日芙蓉园侍宴应制》。
② 李峤:《春日侍宴幸芙蓉园应制》。
③ 李乂:《春日侍宴幸芙蓉园应制》。

昌禅师山池其一》："远公爱康乐,为我开禅关。萧然松石下,何异清凉山。花将色不染,水与心俱闲。一坐度小劫,观空天地间。"李白显然是从中悟道了,他认为他所游的这座禅院与清凉山无异。

青龙寺位于乐游原上,是唐代寺院园林的代表。唐朱庆余《题青龙寺》云:"寺好因岗势,登临值夕阳。青山当佛阁,红叶满僧廊。竹色连平地,虫声在上方。最怜东面静,为近楚城墙。"①此诗明确地指出"寺好因岗势"。李益有《与王楚同登青龙寺上方》一诗,亦云"连冈出古寺"。从这可以看出中国园林一个重要特点,就是依山就势。明代计成说,"故凡造作,必先相地立基,然后定其间进,量其广狭,随曲合方"②。

人们游寺院园林,并不都出自宗教信仰,李益诗中说他游青龙寺的感受是"流涕移芳宴""壮日各轻年,暮年方自见"③,显然是一种世俗的情感。

唐代最著名的公共园林是曲江。《太平寰宇记》卷二十五曰:"曲江池,汉武帝所造,名为宜春苑,其水曲折有如广陵之江,故名之。"隋朝宇文恺营造大兴城时,因地制宜,重开曲江池,以新京"南隅地高,故阙此地不为居人坊巷,凿之为池,以厌胜之"④。唐代开元之际,此地园林得以大规模地兴建,宋张礼《游城南记》云:"唐开元中疏凿为胜境。江故有泉,俗谓之汉武泉。又引黄泉水以涨之。"随着曲江水面规模的扩大,游赏人数也成倍增加。其游览盛况正如唐人笔记所载:

> 曲江池,本秦世隑洲,开元中疏凿,遂为胜境。其南有紫云楼、芙蓉苑,其西有杏园、慈恩寺。花卉环周,烟水明媚。都人游玩,盛于中和、上巳之节。彩幄翠帱,匝于堤岸。鲜车健马,比肩击毂。上巳即赐宴臣僚,京兆府大陈筵席,长安万年两县以雄盛相较,锦绣珍玩,无所不施。百辟会于山亭,恩赐太常及教坊声乐。池中备彩舟数只,唯宰相、三使、北省官与翰林学士登焉。每岁倾动皇州,以为盛观。入夏则菰蒲葱翠,

① 朱庆余:《题青龙寺》。
② 计成:《园冶·兴造论》。
③ 李益:《与王楚同登青龙寺上方》。
④ 程大昌:《雍录》。

柳阴四合，碧波红蕖，湛然可爱。好事者赏芳辰，玩清景，联骑携觞，亹亹不绝。①

此种描述很值得我们注意。它说明：其一，曲江是真正的公园，皇室、百姓均可以来游。其二，曲江的游览以节日为盛，尤其是中和、上巳之节。其三，曲江的游园充分体现出普适的生活性。在这里，不仅可以欣赏优美的自然，而且可以领略诸多的生活情趣，且雅俗共赏。"好事者赏芳辰，玩清景，联骑携觞，亹亹不绝"。

(唐) 周昉：《簪花仕女图》

由曲江，我们大致推测盛唐的政治和社会状况。这确是一个相对比较太平、比较富裕的盛世，统治阶级与百姓的对立还不是那样严重。唐代的曲江见证了一个时代，这个时代虽然只存在一个短暂的时期，却是中华民族永远的骄傲与自豪。

唐长安公共园林区还有杏园，其北接大慈恩寺，东邻曲江池，以盛植杏林得名。早春时节，满园杏花盛开，游人纷至沓来赏花游园。唐诗人姚合《杏园》诗："江头数顷杏花开，车马争先尽此来；欲待无人连夜看，黄昏树树满尘埃。"杜牧《杏园》诗："夜来微雨洗芳尘，公子骅骝步贴匀；莫怪杏园憔悴去，满城多少插花人。"

众所周知，孔子曾筑杏坛设教，自汉以来，杏园成为儒家知识分子心中的圣地。正因为如此，唐时每年二月，新进士及第后在此举行"探花宴"，亦名"杏园宴"。宴会开始时，从新进士中选两位年轻俊秀者到长安

---

① 康骈：《剧谈录》，清文渊阁四库全书本，第26页。

各名园采花，届时全城各类公私园林全部向他们开放，全城百姓官员也蜂拥而出观看探花风采。张籍《喜王起侍郎放牒》云："谁家不借名园看，在处多将酒器行。"孟郊登科后，亦赋诗云："昔日龌龊不足夸，今朝放荡思无涯。春风得意马蹄疾，一日看尽长安花。"杏园，虽然不及曲江那样丰富，那样宏丽，当然更不及芙蓉苑的富贵与繁华，但是，它却是一道最能体现中国封建社会人才文化的风景线，千载以来一直为历代知识分子所神往。

唐代长安城的公共园林还有昆明池、定昆池、龙首渠沿岸、清明渠沿岸、永安渠沿岸等。

遍布城市的各类公共场所的园林美景让唐长安各色人等或饱览美景，或纵情歌咏，充分享受着大唐长安的美好与祥和。而公共园林的乐游与歌咏，更使得文人们和普通百姓时常地将园林美景的观赏与人生际遇的思考结合在一起，丰富了园林的审美。

中国人的审美生活中，山水审美居于重要地位。魏晋士人的山水审美通常更多地直接与大自然接触。《世说新语·言语》载："王子敬云：'从山阴道上行，山川自相映发，使人应接不暇，若秋冬之际，尤难为怀。'"这"尤难为怀"的山水之情是"从山阴道上行"产生的，唐代这种直接从大自然中获得山水之乐的旅游更多，但是，由于唐代的园林多了，园林中均有丰富的自然，虽然这自然多了一些人工味，但本质仍是自然，这样，魏晋以来文人们寄情于自然山水的感悟方式出现了新的形式：原来主要在自然界中对原生态的自然进行审美，现在也在人工园林对人造自然进行审美。两种山水之情，由于后者渗透较多的人文内涵，其品位也就不一样了。李白游禅师院体悟到的"萧然松石下，何异清凉山。花将色不染，水与心俱闲"，与他游天姥山所感悟到的"半壁见海日，空中闻天鸡"显然不同。

第四节　贵族私园的休闲与宴集

除了公共园林、皇家园林之外，唐代的贵族显宦和文人士大夫们也热衷于建造园林。李浩[①]、吴宏岐[②]等人对唐代私家园林作过较为细致的研究，考出唐代私园见于文献的有近 500 处，且主要集中在长安和洛阳。

与南北朝时期相比，唐代的私家园林有长足的发展。皇亲国戚多建有城市私园，且园林占地面积较大，建筑宏丽，装饰奢侈，其规模虽不能和皇家苑囿相比，但那些占地半坊、四分之一坊的巨邸的宅园也极为庞大。

以贵族为主的私家园林主要功能为二：其一为休闲，主人不常住在这里，但偶尔也会来住住。住在私家园林，主要不是处理公务，而是读书、游憩、养生。其二为宴集，主要用来聚会，宴饮、娱乐，是重要的社交场所。

这些园大都要有山有池，有宴饮的厅堂亭轩和供歌舞的广庭。小型的只有象征性的片山勺水，而贵族之园则可叠巨大的石山，凿池筑岛，建歌堂舞榭，步廊回环，极力追求绮丽富贵之风。

其中，太平公主的山池最著名。关于太平公主的山池，宋之问的《太平公主山池赋》对其描述如下：

> 其为状也，攒怪石而岑崟……列海岸而争耸，分水亭而对出。其东则峰崖刻画，洞穴萦回。乍若风飘雨洒兮移郁岛，又似波沉浪息兮见蓬莱。图万重于积石，匿千岭于天台，荆门揭起兮壁峻，少室丛生兮剑开。……尔其樵溪钓浦，茅堂菌阁，秘仙洞之瑶台，隐山家之场藿。……烟岑水涯，缭绕逶迤，翠莲瑶草，的烁纷披。……向背重复，参差反覆，翳荟蒙茏，含青吐红，阳崖夺锦，阴壑生风，奇树抱石，新花灌丛。……其西则翠屏崭岩，山路诘曲，高阁翔云，丹岩吐绿。……罗八方之奇兽，聚六合之珍禽。别有复道三袭，平台四注，跨渚兮交林，蒸云兮起雾。鸳鸯水兮凤凰楼，文虹桥兮彩鹢舟，山池成兮帝子游，试一望兮消人忧。[③]

此赋所描写的太平公主私家园林，有两点值得注意：第一，"罗八方之奇兽，聚六合之珍禽"，集中了自然界中珍美的东西，不只是奇兽与珍禽，

---

① 李浩：《唐代园林别业考论》，西北大学出版社 1996 年版，第 136—342 页。

② 吴宏岐：《唐代园林别业考补》，《中国历史地理论丛》2001 年第 16 期。

③ 董诰等辑：《全唐文》，清嘉庆内府刻本，第 2412 页。

因此，园林虽然源于自然，却高于自然。第二，"波沉浪息兮见蓬莱"，"秘仙洞之瑶台"，重在营造一种仙境的氛围。这两点，均体现出园林的人文情趣。第一点所说的"罗八方之奇兽，聚六合之珍禽"，显然是要与自然区分开来，自然界不可能如此的"罗""聚"，"罗""聚"是人的行为，"罗"与"聚"的目的是见出人的理想。原来，在人们看来，自然虽美，人的理想更美。第二点说的营造仙境氛围更是见出人的审美追求。仙境是人理想的生活环境，这种环境在现实生活中本是不可能存在的，如今，人们将它仿制出来了。虽然它不是真正的仙境，却能让人感悟到仙境。从秦始皇营造他的园林起，历代的统治者都在他们的园林中建设仙境的气氛。"一池三神山"几乎成为固定的仙境模式。此种做法也影响到私家园林。

私家园林的功能不只是休闲，还有宴集。虽然多数为园林主人宴集，但也可以借给别人宴集。宴集是唐人日常社交活动的重要形式，因此，园林实际上成为当时重要的交际场所和主人社会地位的象征。所以，当时有条件者都要建园，甚至在他坊买园。

著名的崔驸马宅园经常有各种宴集，许多文人在游园宴集之后留下诗文。诗人朱庆余诗云："选居幽近御街东，易得诗人聚会同。白练鸟飞深竹里，朱弦琴在乱书中。亭开山色当高枕，楼静箫声落远风。何事宦涂犹寂寞，都缘清苦道难通。"[1] 诗中写到观景，也写到弹琴、吹箫，由此可见园林生活非常风雅，充满情趣。盛唐著名诗人岑参也参加过崔驸马园林的宴集，他盛赞园中风景之美："竹里过红桥，花间藉绿苗。"[2] 从这两句诗，可以看出，虽然是富贵人家的园林，也故意弄出竹篱茅舍的乡野情趣。诗人无可诗云："宫花野药半相和，藤蔓参差惜不科。纤草连门留径细，高楼出树见山多。洞中避暑青苔满，池上吟诗白鸟过。更买太湖千片石，叠成云顶绿参峨。"[3] 此诗说"宫花野药半相和"，富贵之气有意伴一点贫寒，才不致庸俗。

文人的宴集品题既是人生交际之乐，也有交流园林游赏感受的意义。

[1]　朱庆余：《题崔驸马林亭》。
[2]　岑参：《崔驸马山池重送宇文明府》。
[3]　无可：《题崔驸马林亭》。

通过此种活动，加强了对于各具品位的城市园林图景的观察与描写，也将其纳入了艺术品题的视野，由此进入了园林文化批判的理论思考层面，从而促进了园林艺术文人化趣味的生成。

第五节　文人别业的朴居与静思

唐代的私家园林，除了池馆富丽、百戏具陈的贵族显宦的城市私园外，又出现了平淡天真、恬静幽雅、笛声琴韵与鸣咽流泉相应和的郊园别业，这类私家园林建于近郊，今人一般将别业解释为郊野园，和城市私园相对。

唐长安城南郊的樊川一带靠近终南山，北倚少陵原，多涧溪池塘，丘陵起伏，富有变化。此地山水佳丽，物产丰富，为风景秀丽的别墅区建设提供了优越的自然条件，所以，樊川一带各类园地、山庄、别业、郊居、山林、闲居、池亭、别业盛极一时，成为长安城南的主要别墅区。这些别墅、园林、山庄中有较为著名的有：何将军山林、韩愈送子读书处、杜佑瓜洲别业、杜佑郊居① 等。

郊园别业的突出特点是重自然，重野趣，郊外风景佳胜之地当为首选。造园者一般对原地风貌不做大的改变，只就其本来形态加以修葺，追求素朴无华的村野情调。韩愈在他的诗文中经常提到长安郊外的城南庄："但恐烦里闾，时有缓急投"②，原来这城南庄对于他是一个清静之处。韩愈闲暇时光常在庄院中度过，和当地农人一起劳作、欢娱，从他的诗句"麦苗含穗桑生葚，共向田头乐社神"③，"愿为同社人，鸡豚燕春秋"④，可以充分体察出他那份闲适和愉悦。

唐朝最著名的别业是著名诗人王维的辋川别业。王维的辋川别业地处唐长安附近蓝田县的辋川谷，这里山青水绿，风景非常优美，形胜之妙，天

① 参见李浩：《唐代园林别业考论》，西北大学出版社 1996 年版，第 11—18 页。
② 韩愈：《南溪始泛三首》。
③ 韩愈：《赛神》。
④ 韩愈：《南溪始泛三首》。

(唐) 张萱:《捣练图》(宋赵佶摹)

造地设。唐初宋之问在此构筑了蓝田山庄。开元十六年 (728) 左右,王维买下蓝田山庄,依据山川自然形势整治重建,并融入其诗、画及园林的审美情趣,刻意经营,成为一个水源充足、林木茂盛、风景优美的园林。

辋川别业山水绝胜。《旧唐书》记载:"辋水周与舍下,别涨竹洲花坞。"[1] "四顾山峦掩映,似若无路,环转而南,凡十三区,其美愈奇。"[2] 辋川别业以得水而胜,别业中有湖、溪、濑、泉、滩等水景。水景虽多,但并不单调。王维匠心独运地巧妙设计,使诸多水景动静相兼,活泼自然,各异其貌,独具风姿。辋川别业中的建筑点缀在山水之中,与自然相和谐。王维的《辋川集序》曰:"余别业在辋川山谷,其游止有孟城坳、华子冈、文杏馆、斤竹

---

① 刘昫等:《旧唐书》,清乾隆武英殿刻本,第 2537 页。

② 《王右丞集笺注》,清文渊阁四库全书本,第 103 页。

岭、鹿柴、木兰柴、茱萸沜、宫槐陌、临湖亭、南垞、欹湖、柳浪、栾家濑、金屑泉、白石滩、北垞、竹里馆、辛夷坞、漆园、椒园等。与裴迪闲暇各赋绝句云。"王维自编的《辋川集》具体描绘了别业的绝妙景致，再现了别业素朴自然而又充满诗意画趣的独特意境。这些景致基本上都是自然形成的风景，即使施以人工，也顺自然山水之势，如孟城坳依古城堡的遗址造景，文杏馆乃背岭面湖而建，临湖亭乃临湖造亭，柳浪则沿堤植柳，竹里馆则于竹林深处藏精舍。

整个别业可居、可游、可耕、可牧、可渔、可樵，是一个极具人文之美而又极尽自然之趣的环境。从王维和裴迪的题咏中，我们可以领略到澹澹云山、悠悠烟水、闲闲鸥鸟、泛泛渔舟的自然景色。此景色不奇异，但亲和。王维要的就是这份亲和。他和他的家人、朋友就在这平淡亲和的自然环境中咏诗、绘画、弹琴、奉佛、耕种，充分感受天人合一的情趣。王维在辋川别业留下许多脍炙人口的诗篇。一方面，辋川诗成就了王维山水田园诗人的美名；另一方面，辋川别业也以王维的诗篇而闻名于世。文以园生，园以文名。二者不可离分，相得益彰。

综合来看，王维的辋川别业全面地开启了文人园林的先河。唐长安城的郊园别业较之皇家园林及贵族的私园，更具自然野趣和生活品位。建园者多为文人士大夫，均具有较高的文化修养和社会地位，他们是主流文化的传承者，其生活理想、审美情趣和艺术才能在园林中得到充分的发挥和应用。对于他们来说，园林不是贪图享乐的地方，而是心灵安居之所。此种园林，儒家文化相对较弱，而道家或佛教文化则相对较为突出。精神性远高于物质性，然而，精神性是在物质性享受中升华；出世性远高于入世性，同样，出世性却又在入世中得以实现。

唐代是中国园林突飞猛进的时代，皇家园林、公共园林、私家园林以及各种寺观园林，均得到充分的发展。这些园林虽然风格不一，规模不一，功能也不尽相同，皇家及贵族的园林以气势与富丽取胜，而公共园林则以生活性见长，文人郊园别业则明显凸显休闲与静修的特色。魏晋南北朝时在玄学影响下的以逃避现实、陶冶性灵为主的中国园林文化在国势强盛、文化开放的大唐一方面得到继承,另一方面则别开生面。最为突出的变化则为强烈的入世性,具体表现为游乐。此种游乐意识体现出入世与出世的统一、物质性与精神性的统一,充分见出中国文化所推崇的"上下与天地同流"的宇宙情怀与"诗情画意"的文人情趣。

文人园林意识在唐代得以真正地确立,并成为园林文化的主导,中国的造园艺术从此步入更高的境界。

第二十一章
唐朝边塞诗中的战争美学

唐诗中边塞诗是最光辉篇章。

中国历来都有军旅诗，但唐之前后都未形成规模，而且也未形成诗派。谈唐诗必谈边塞诗，而谈边塞诗，无须说朝代，肯定是唐朝。

唐朝的边塞诗是唐朝美学的最为突出的亮色，它充分反映出唐朝的国威，唐朝人的人生价值观，唐朝人的战争观，唐朝人的审美观。它对于中华民族的战争美学的构建具有重要的开创意义。

第一节　战　争　性　质

边塞诗大多产生于唐朝的前期，它是唐朝外交关系的一种显现。唐朝前期与四邻的关系，按历史学家范文澜的看法，主要有五种关系："一是反对侵略，例如灭突厥国；二是进行侵略，例如攻高丽国；三是保护弱国，例如在西域等地设都护府；四是通婚和亲，例如对回纥、吐蕃等国；五是单纯的经济、文化交流；例如对天竺、日本、大食等国。"[①] 唐朝的边塞诗主要产生于哪种关系呢？基本上属于第一种关系即反对侵略的战争。

① 范文澜：《中国通史简编》修订本第三编第一册，人民出版社 1965 年版，第 276 页。

唐朝边塞诗所反映的战争主要是唐朝初期与中期的战争，这些战争到底是什么性质的战争？主要涉及两个问题：

一、突厥问题

618年，唐朝建立。唐朝建立之初，高祖和唐太宗都将主要精力专注于国内事务和新王朝制度的建立，但是，外患很严重，处于唐王朝疆域北部、西北部的东突厥、西突厥，还有处于唐帝国西南部的吐蕃等部落不断骚扰唐帝国。东突厥的大军甚至屡屡侵犯到长安周围地区，给唐帝国带来严重威胁，唐高祖无力征服东突厥，无奈曾一度向东突厥称臣。李世民即位后，着手彻底解决东西突厥的问题，他派遣大将李靖率十万大军出征东突厥，一举摧毁了东突厥王国，东突厥可汗颉利被唐军俘虏。胜利消息传来，李世民十分高兴，《旧唐书》有记载：

> 太宗初闻靖破颉利，大悦，谓侍臣曰："朕闻主忧臣辱，往者国家草创，太上皇以百姓之故，称臣于突厥，朕未尝不痛心疾首，志灭匈奴，坐不安席，食不甘味。今者暂动偏师，无往不捷，单于款塞，耻其雪乎！"[1]

太宗还采纳中书令温彦博的建议，将十万东突厥遗民安排在河套以南的中国境内，希望让中原文化同化他们。西突厥的问题较东突厥的问题严重。西突厥兵强马壮，野心勃勃，不断向东发展，已经占领唐帝国所辖的玉门关一带的土地。唐太宗在解决东突厥问题以后，派遣大军，远征西突厥，不仅将西突厥逐出唐帝国疆域，还曾一度进入与波斯接壤的地区。

唐高宗、武则天时，唐帝国边境再起苍黄。西突厥帝国再次崛起，多次跨过边界向中国进犯。松赞干布去世后，吐蕃一改国策，再次骚扰唐帝国。一度为太宗征服的东突厥，在沉寂近半个世纪后，其残部又在今山西北部举兵反唐。696—697年，生活在今河北和辽宁省的两个游牧民族——突厥血统的奚族和准蒙古族的契丹人——在东北崛起，对唐帝国构成新的威胁。

---

[1] 刘昫等：《旧唐书·李靖传》，中华书局1875年版，第2480页。

边疆再次告急,引起唐朝廷的恐慌。此时的唐帝国虽然国内政治有所动荡,但政权是稳定的,经济是繁荣的,军事实力仍然称得上雄厚。为平定边衅,唐高宗、武则天多次派大军远征,取得了一次又一次的成功。

二、贸易问题

虽然边境安全问题算是解决了,但是,中国与西部中亚、西亚乃至欧洲的贸易通道丝绸之路却尚存在问题。原因是在中国西北部新疆、甘肃河西走廊这一带,除了有西突厥这一强国外,还有诸多小国。这些小国虽然无力与唐帝国抗衡,但地处丝绸之路,如果不能归附唐帝国,丝绸之路是不可能做到畅通的。唐帝国深明这一点,同样采取武力兼收买的办法,逐一征服它们。其中有焉耆、龟兹、吐谷浑、高昌等国。

这些对西域小国的征服中,对高昌的征服具有重要的意义,这不仅因为高昌在西域诸国中国土较大、文化较为发达,而且因为高昌是丝绸之路的主干道。高昌王起初将唐军跨越沙漠远征他的王国看作是可笑的念头,显然,他低估了唐军士气,所以,当唐将侯君集的大军突然兵临城下之时,竟然惊恐而死。太宗深知高昌地位的重要性,为彻底解决西北问题,他不顾魏徵、褚遂良的坚决反对,决定将高昌并为唐帝国的一部分。于是,高昌成了唐帝国的一个州——西州。太宗在此设安西都护府。都护府兼管军政事务,为唐帝国在西北最高的管理机构。唐代诸多文人在安西都护府任职过,留下不少描绘边塞生活的壮丽诗篇。

总结唐帝国中前期在西北边境上的军事活动①,首先,基本性质是保家卫国,与汉帝国的开疆拓土有所区别。其次,在经济上维持丝绸之路的畅通,不仅于唐帝国有利,也于西域、中亚诸国诸民族,乃至丝绸之路的终端——欧洲有利。

如何看待唐朝边塞诗反映的战争性质,首先,要历史地看,一是当时的

---

① 唐帝国的对外军事活动也有侵略的性质,主要表现为对高丽的战争,但在西北地区主要还是反侵略的战争,边塞诗产生于唐帝国西北地区的军事活动,故对于唐帝国在高丽的战争,本书不予讨论。

唐帝国与今天的中国版图是不一样的,只能以当时唐帝国的版图为据;二是当时并没有国际法,国家的疆界以什么为合理,不能以今天的观点来看,只能实事求是地尊重当时国家的利益和人民的选择,依如上面所论,唐朝边塞诗所反映的唐朝前中期的战争基本上是正义战争。

(唐)韩幹:《圉人调马图》

其次,要充分认识到边塞诗是艺术,不是历史。唐朝的边塞诗所反映的战争有些是有具体战争可指的,大部分并没有,只是一种艺术的虚构。不能因为诗中用了一些真实的地名、人名就去推定是指哪一场战争,并据历史的真实去对艺术中所描写的这场战争的性质做判断。

判断艺术中这种完全为虚构或部分虚构的战争,只能根据作品的实际而定,而判断作品道德价值的主要是作者的立场。

从边塞诗的实际来看,所有的边塞诗都充溢着保家卫国的豪情:

(一)歌颂卫国战争

王昌龄(约698—757)有《出塞》二首,之一云:

秦时明月汉时关,万里长征人未还。但使龙城飞将在,不教胡马度阴山。①

"不教胡马度阴山",这是战争的目的,很明确,这属于保家卫国。

高适(704—765)在他的诗中同样多次歌颂保家卫国的正义战争。在著名的《燕歌行》中,他吟道:"汉家烟尘在东北,汉将辞家破残贼。男儿本自重横行,天子非常赐颜色。"② 这里,"汉家"指唐朝,"汉将"指唐将。此诗序说:"开元二十六年,客从御史大夫张公出塞而还者,作燕歌行以示,适感征戍之事,因而和焉。"序中的"张公"即营州都督、河北节度副大使张守珪,他还兼任御史大夫。开元二十六年(738)契丹侵犯唐朝的疆土,张守珪奉命出塞反击契丹侵略。关于这场战争的来龙去脉,《资治通鉴》有一个介绍:"开元十八年(730)五月,契丹大臣可突干弑其王李邵固,帅其国人并胁奚众降于突厥。从此以后,契丹、奚连年侵边。"③ 战争延续数年,开元二十六年的这场战斗,张守珪先胜后败,战斗十分激烈。高适的这首诗以饱满的激情,歌颂战士的爱国精神,诗云:"相看白刃血纷纷,死节从来岂顾勋。"是的,战士们与敌人浴血奋战,哪里是为了建功封赏?为的是保卫自己的国家!

高适的《同李员外贺哥舒翰大夫破九曲之行》也是歌颂正义战争的。诗歌开头云:"遥闻副丞相,昨日破西蕃。"④ 副丞相指唐将哥舒翰,西蕃就是吐蕃。唐朝对吐蕃一直取和亲的政策。太宗时,有文成公主和亲;睿宗时,又有金城公主和亲。不想吐蕃借机索要河西九曲之地,说是作为金城公主汤沐之所。唐帝国虽知吐蕃欺诈之意,也还是给了这块土地,哪知吐蕃竟在九曲据守两支军队,并设置两个军事基地。唐帝国不能容忍,天宝十二载(753),唐玄宗命哥舒翰收复九曲。这场战争的性质同样是明显的,是正义战争。此诗歌颂哥舒翰"长策一言决,高踪百代存。威棱慑沙漠,忠义

---

① 曾亚兰编校:《王昌龄集·高适集·岑参集》,岳麓书社2000年版,第41页。
② 高文、王刘纯选注:《高适岑参选集》,上海古籍出版社1988年版,第68页。
③ 转引自高文、王刘纯选注:《高适岑参选集》注三,上海古籍出版社1988年版,第69页。
④ 高文、王刘纯选注:《高适岑参选集》,上海古籍出版社1988年版,第147页。

感乾坤"①，这种歌颂是值得肯定的。

(二) 不主张战争

值得我们注意的是，高适虽然在诸多的诗中歌颂战争，但高适是并不主张战争的，因为不管是什么性质的战争，都要杀人；高适也不主张"和亲"，因为和亲，作为一种手段，并不是真正的"和"，也不是真正的"亲"。高适要的是真正的和，真正的亲。他在《塞上》一诗中写道："转斗岂长策，和亲非远图。"②是的，战争只能一时，岂能长久地战下去？同样，和亲也不是长治久安之策！那么，该怎样才能实现唐帝国与周边国家的永久和平，高适不知道，所以，他只能在诗中怅然叹道："倚剑欲谁语，关河空郁纡。"③

今天我们衡量战争性质有正义与非正义之分。正义，内涵也非常丰富，我们不能也不必要穷尽一切正义的意义去衡量，只能从最重要的最基本的正义观去看待战争的性质，这最重要也最基本的就是家与国了。凡是属于保家卫国的战争，应该基本上定位为正义。但这也只能是总体立场，战场变化万千，战场的尺度，不能和划地界一样，做到公正、明确。为了大局，短时期地进入敌国领地，或暂时地收缩战场，放弃家园及国家的部分土地，都不能作为论证战争性质的根据，至少不是充分的根据。其次，在中国古代，国权、国土、国君是不分的。爱国之中包含有对君主的忠诚不仅是完全可以理解的，而且也是必然的。所以，即使诗中表现出忠君的思想，丝毫不影响此诗的主题，也不影响此诗的价值评判，只能看作是时代的痕迹。

第二节 人 生 价 值

唐朝边塞诗突出地反映了唐朝边塞诗人的人生观、价值观，这种人生观、价值观集中体现为两个方面：一个方面就是上面所谈的保家卫国；另一个方面就是建功立业，而建功立业的目的是做官入仕。

---

① 高文、王刘纯选注：《高适岑参选集》，上海古籍出版社1988年版，第147页。
② 高文、王刘纯选注：《高适岑参选集》，上海古籍出版社1988年版，第20页。
③ 高文、王刘纯选注：《高适岑参选集》，上海古籍出版社1988年版，第20页。

王昌龄在《变行路难》中写道：

　　向晚横吹笛，风动马嘶合。

　　前驱引旗节，千里阵云匝。

　　单于下阴山，砂砾空飒飒。

　　封侯取一战，岂复念闺阁。①

　　这里，表达了一种价值取向，到底是"封侯"即功名为重，还是"闺阁"即儿女之情为重？回答是显然的，封侯为重。这种价值取向，不只是对直接从事战争的将士而言的，也是对自己这样的只是参赞军务的文人而言的。

　　文人参赞军务，自古皆然，以唐代为盛。之所以如此，有三个原因：

　　第一，唐高祖李渊是武人，他以军事手段取得了江山。李渊比较相信武力，对文治有所轻视。"唐高祖时代的中央文官体制比起唐代后来的规模来说是很小的，它在最高层相对地说也是不拘礼仪的，这反映了皇帝本人及其所任命的官吏之间出身大体相仿。"②"高祖的很多最高层文武官员都是他的太原军事幕僚中的旧部"③。这种重军功的倾向，一直延续到唐中期，唐玄宗李隆基虽然文才出众，堪称当时最为优秀的艺术家，但他的军事才能也十分出众，他之所以获取天下，不是凭的文才，而是凭的武力。重军功，也不是到唐朝中期就中止了，只是因为唐中期后，整个地衰落了，也就谈不上整个社会是重军功还是重文才了。

　　第二，唐朝虽然自高祖始就建立了科举制，但是，通过科举的道路取得官职的文人非常少，就是在太宗时代，应试人数还是不多，每年中试者也不过十多人④，官员的来源，主要是军功，其次是沾亲带故，再次是重要官员向皇上推荐。李白、杜甫均做过干谒权贵的事，李白还写过吹捧权贵韩朝宗的文章《与韩荆州书》。三条途径，还是第一条途径最为可靠，所以，唐朝的诸多文人喜好武艺、兵法。李白好舞剑，高适也是，自称是"二十解书

① 曾亚兰编校：《王昌龄集·高适集·岑参集》，岳麓书社 2000 年版，第 41 页。

② [英] 崔德瑞编：《剑桥中国隋唐史》，中国社会科学出版社 1990 年版，第 153 页。

③ [英] 崔德瑞编：《剑桥中国隋唐史》，中国社会科学出版社 1990 年版，第 153 页。

④ 参见 [英] 崔德瑞编：《剑桥中国隋唐史》，中国社会科学出版社 1990 年版，第 193 页。

剑"①。其实,何止是文人,整个社会都以崇尚骑马弄剑。高适《行路难》其一云"长安少年不少钱,能骑骏马鸣金鞭"②。文人学一点武艺,当然不是为了上战场,那点武艺,战场上也不管用,主要还是为了借此懂点军事,以便去将军幕帐参赞军务。对于这样有谋略又懂点武艺的文人,军队是非常欢迎的。高适《别冯判官》有句云:"才子方为客,将军正渴贤。遥知幕府下,书记日翩翩。"③文人也就从做书记入手,争取自己的前途。高适就做过河西节度使哥舒翰幕府中的书记。他仕途显达实始于此。

第三,唐朝有文官进入军界的政策。唐睿宗时期,唐帝国在边地设节度使制,节度使又称"藩镇",它既拥有一个地区的行政权,又负责一个地区的防务。如果某一地区出现反叛或有外族侵略,中央政府不必临时组建远征军去征讨了,镇压叛军或侵略军的战事由相应地区的节度使负责。玄宗时,全国已有平卢、范阳、河东、朔方、陇右、河西、剑南、北庭、安西九个节度使。体制比较完善了。值得指出的是,除西部各藩镇外,大部分节度使为高级文官。他们均兼任其他高级职务,在节度使任期满了之后,一般会调至中央政府仕职。"许多这类官员虽然身为文官,但可能在武职中几乎度过他整个官宦生涯,而且是与许多将军一样的职业军人。"④当然,能够任节度使的文人未必是诗人,但是在当时,几乎所有的文人均能写诗。文人任节度使的情况也有例外,这就是位于中亚的安西、北庭和位于吐蕃边境的河西、陇右共四个藩镇,它们的节度使还是由武官担任,主要是因为这些地方经常有严重的战争,文官担当不了亲临前线的指挥工作。即使如此,这四个藩镇中,还是有不少的文人在参赞军务,其中就有像岑参这样的优秀诗人。

本色为诗人却担任高级将领的也不乏其人,其中最重要的代表为高

① 高文、王刘纯选注:《高适岑参选集·高适诗选·别韦参军》,上海古籍出版社 1988 年版,第 12 页。
② 高文、王刘纯选注:《高适岑参选集》,上海古籍出版社 1988 年版,第 6 页。
③ 高文、王刘纯选注:《高适岑参选集》,上海古籍出版社 1988 年版,第 22 页。
④ [英] 崔德瑞编:《剑桥中国隋唐史》,中国社会科学出版社 1990 年版,第 336 页。

适。高适字达夫,渤海今河北景县人,20 岁,他曾赴长安求仕,"举头望君门,屈指取公卿"①,然而没用,"布衣不得干明主"②,这条李白、杜甫等均走过都没有走通的干谒之路,高适也一样没有走通。他终于决定北上蓟门,走军功之路了,初到蓟门,他慨然唱道:"黯黯长城外,日没更烟尘。胡骑虽凭陵,汉兵不顾身。古树满空塞,黄云愁杀人。"③可惜这初次出塞,他没能遇到赏识他的伯乐,慨叹"勋庸今已矣,不识霍将军"④,只得"长剑独归来"⑤。虽然第一次出塞没有达到入仕的目的,但获得了军营生活的体验,以致后来有机会入哥舒翰的幕府,担任书记之职。安史之乱,高适佐哥舒翰守潼关。虽然潼关后来失守了,高适却得到进一步的锻炼,更重要的,他有了一个面见皇上陈述潼关失守经过的机会,并被玄宗授予了正式的官职。玄宗之后,又得在肃宗朝任职,成为肃宗的近臣。其间,永王璘据金陵起兵,肃宗召高适计议,其对形势的分析,深受肃宗赏识。肃宗任他为扬州大都督府长史、淮南节度使,使讨永王璘。高适一跃而为封疆大吏,从文官变成将军。

高适作为边塞诗人的代表,在他的诗中明确地表述走军功道路实现功名利禄的人生理想:

功名万里外,心事一杯中。⑥

威棱慑沙漠,忠义感乾坤。⑦

①　高文、王刘纯选注:《高适岑参选集·高适诗选·别韦参军》,上海古籍出版社 1988 年版,第 12 页。

②　高文、王刘纯选注:《高适岑参选集·高适诗选·别韦参军》,上海古籍出版社 1988 年版,第 12 页。

③　高文、王刘纯选注:《高适岑参选集·高适诗选·蓟门行五首其五》,上海古籍出版社 1988 年版,第 35 页。

④　高文、王刘纯选注:《高适岑参选集·高适诗选·蓟门行五首其四》,上海古籍出版社 1988 年版,第 34 页。

⑤　高文、王刘纯选注:《高适岑参选集·高适诗选·自蓟北归》,上海古籍出版社 1988 年版,第 36 页。

⑥　高适:《送李侍御赴安西》。

⑦　高适:《同李员外贺哥舒翰大夫破九曲之作》。

隐轸戎旅间，功业竞相褒。①

男儿本自重横行，天子非常赐颜色。②

最有意思的是他的《塞下曲》，将军功求取功名与科举求取功名进行比较，诗云：

结束浮云骏，翩翩出从戎。且凭天子怒，复倚将军雄。万鼓雷殷地，千旗火生风。日轮驻霜戈，月魄悬雕弓。青海阵云匝，黑山兵气冲。战酣太白高，战罢旄头空。万里不惜死，一朝得成功。书图麒麟阁，入朝明光宫。大笑向文士，一经何足穷。古人昧此道，往往成老翁。

诗的开头写战马，浮云为马名。借战马喻将士，虽然作为战马需"且凭天子怒，复倚将军雄"，却是在战场上大显威风，赚取奇功。诗接着写两种人生之生：一种为军旅，虽说充满着危险与艰辛，但只要"万里不惜死"，也许会"一朝得成功"，封官拜将，扬名后世；另一种为科举，皓首穷经，未必能得到一官半职。高适对这种文士朗声"大笑"，为自己的选择无比自豪。

与高适齐名的边塞诗人岑参（约715—770）在人生观上，与高适、王昌龄是差不多的。他天宝三载（744）进士及第，授兵曹参军；天宝八载（749）充安西四镇节度使高仙芝幕掌书记。他两次出塞，在黄沙大漠生活六年。他也认为科举取功名不如军功取功名，在诗中，他朗声唱道：

丈夫三十未富贵，安能终日守笔砚？③

怜君白面一书生，读书千卷未成名。④

在《送李副使赴碛西官军》一诗中，他豪迈地表达自己的人生理想："功名只向马上取，真是英雄一丈夫。"

什么是壮丽的人生？高适、岑参、王昌龄这些边塞派诗人认为，驰骋疆场的军旅人生，就是壮丽的人生。

文人从军也许在有些人看来是不务正业，其实，战争不让文人走开，军事

---

① 高适：《自武威赴临洮谒大夫不及因书即事寄河西陇右幕下诸公》。
② 高适：《燕歌行》。
③ 岑参：《银山碛西馆》。
④ 岑参：《与独孤渐道别长句》。

虽然体现为武力的搏斗，但决定的却是智慧的较量。"功名只向马上取"，重要的不是功名在哪里取，而是不怕死的英雄气概，是舍身为国的高尚情怀！

在中国历史上不乏文人从戎的光辉范例，在中华民族的英雄史册上，彪炳着一个又一个文人的名字，灿若星河！

功名问题涉及人生价值取向。什么是最高的人生价值？无论古今，无疑都以对社会作出最大贡献为最高人生价值即为国家为人民做人类作出重大贡献。但须知，这一价值的实现途径在古代有其必需的特殊途径，那就是为官，在"朕即天下"背景下，为官就必须为国君服务，君、国、天下、人民四位一体，这是封建社会不争之现实。任何试图将国、民、天下与君分割开来，无异痴人说梦。

做官好不好？按某些人的神逻辑，要看是做什么样的官。只有做人民的官，才有价值，而为封建统治阶级卖力，做皇帝的官，就谈不上价值。

这样的一种观点长期主宰着文艺评论，因此，对于封建社会官僚、将士，哪怕是像范仲淹、林则徐这样的忧国忧民的清官，像岳飞、史可法这样的民族英雄，都没有给足正面的评价。

历史人物评价往往在功名问题上让人忘记了历史唯物主义！

杜甫在边塞诗《前出塞九首》中这样表述："丈夫四方志，安可辞固穷。"① 唐朝边塞诗将中华民族的天下情怀表达得极为充分！在中华民族历史上，唐朝边塞诗中所表达的家国情怀无疑最为高亢，最为雄壮，最为激昂！

第三节　战争审美

边塞诗写的是边塞，而众所周知，边塞一般自然条件恶劣，生活设施更

---

① 杜甫：《前出塞九首之九》，见冯至编选，浦江清、吴天五注释：《杜甫诗选》，人民文学出版社 1987 年版，第 13 页。

是谈不上齐全，更严重的是，边塞是战争的前沿阵地，这里，经常发生着激烈的战争，人的生命朝不保夕。这样一种情况，在边塞诗中又是如何反映的呢？

一、战斗

我们首先看战斗，边塞诗都写到战斗。其中，正面写战斗，写得最生动、最具直观性的属高适。高适名篇《燕歌行》有句：

> ……摐金伐鼓下榆关，旌旆逶迤碣石间。校尉羽书飞瀚海，单于猎火照狼山。山川萧条极边土，胡骑凭陵杂风雨。战士军前半死生，美人帐下犹歌舞。大漠穷秋塞草腓，孤城落日斗兵稀。身当恩遇恒轻敌，

韩幹：《十六骏马图》

力尽关山未解围。铁衣远戍辛勤久,玉箸应啼别离后。少妇城北欲断肠,征人蓟北空回首。边庭飘飘那可度,绝域苍茫更何有? 杀气三时作阵云,寒声一夜传刁斗。

从这诗,可看出高适写战斗的两个特点:

其一,既写出战争的激烈,残酷,又写出战争的威武、雄壮。

像"摐金伐鼓下榆关,旌旆逶迤碣石间。校尉羽书飞瀚海,单于猎火照狼山",画面均极具视觉震撼力,恍若实拍的电影镜头。

他的《同李员外贺哥舒翰大破九曲之作》同样将战争写得极为壮美:

作气群山动,扬军大旆翻。奇兵邀转战,连弩绝归奔。泉喷诸戎血,风驱死虏魂。头飞攒万戟,面缚聚辕门。鬼器黄埃暮,天愁白日昏。石城与岩险,铁骑皆云屯。

其二,不只是描绘战争的场面,还深层次地揭示战争中的社会问题。上引诗句中就揭示了三个问题:战士对将官的不满、战士对家人的思念、战士效忠国家君主的精神。

大体上,边塞诗均是这样写战斗的。岑参写战斗也有极为优美的诗句:

朝登剑阁云随马,夜渡巴江雨洗兵。①

日落辕门鼓角鸣,千群面缚出蕃城。洗兵鱼海云迎阵,秣马龙堆月照营。②

上将拥旄西出征,平明吹笛大军行。四边伐鼓雪海涌,三军大呼阴山动。③

这反映出一种重要的审美观念:战争自有一种美。战争中,正义与邪恶、美与丑的斗争化成生与死的激烈角逐,生命瞬间变得非常脆弱,又变得极为坚强。许多平时难以通晓的深奥道理霎时变得非常简单明白,许多平时难以看到的伟大人性顿时如电光石火通天透亮。

陆侃如、冯沅君先生说岑参"写战争不大诅咒战争的残酷,而常赞颂战

---

① 岑参:《奉和杜相公发益昌》。

② 岑参:《献封大夫破播仙凯歌》。

③ 岑参:《轮台歌奉送封大夫出师西征》。

争的伟大"①,这主要是因为岑参写的战争是正义的战争,参加这样的战争是一件光荣的事,高适也是这样看的。

二、战地

除了表现战争的壮美外,边塞诗还描绘了战地风光的美。其中,岑参最为出色。岑参写战地风光有两个突出特点:

(一)不伤害真实的美化

他并不回避边塞自然条件的极度恶劣,但是,他能用极为美妙的词句将它美化,这种美化,不是改变了自然条件的恶劣,而是改变了读者对这种自然条件的心理反应,不仅不是害怕它,躲避它,而是因为它的美,想去亲近它。比如,像这样的雪:

> 北风卷地白草折,胡天八月即飞雪。忽如一夜春风来,千树万树梨花开。②

尽管这雪带来的是奇寒,何况有钢刀般的北风助虐,但是因为诗人将它比喻成"千树万树的梨花",读者立马联系到温暖的春天,哪里还有寒意,哪里还会害怕这"愁云惨淡万里凝"的雪天呢?

雪除了寒冷这一属性外,它色白。这白的属性给它带来了很大的美感,如果这白雪与银月相映,就更美了。岑参就这样写边塞的雪月:

> 天山有雪常不开,千峰万岭雪崔嵬。北风夜卷赤亭口,一夜天山雪更厚。能兼汉月照银山,复逐胡风过铁关。③

月,在自然景物中,最为特殊,自然景观只要有月的参与,就增添了美妙,就加进了温馨。岑参喜欢边塞的月,不只将月与雪相配,也将月与沙漠、与山岭、与城楼相配,创造出一幅幅美丽的景象:

> 山口月欲出,先照关城楼。溪流与松风,静夜相飕飕。④

---

① 陆侃如、冯沅君:《中国诗史》中册,人民文学出版社 1983 年版,第 437 页。
② 《白雪歌送武判官归京》。
③ 《天山雪歌送萧治归京》。
④ 《初过陇山途中呈宇文判官》。

弯弯月出挂城头，城头月出照凉州。凉州七里十万家，胡人半解弹琵琶。①

银山碛口风似箭，铁门关西月如练。②

凉秋八月萧关道，北风吹断天山草。昆仑山南月欲斜，胡人向月吹胡笳。胡笳怨兮将送君，秦山遥望陇山云。边城夜夜多愁梦，向月胡笳谁喜闻。③

(二) 创造诡异奇绝的意境

岑参总是用雄奇的自然风光来烘托戍边将士的英雄气概，或是创造一种诡异奇绝的意境来表达诗人特殊的情感：或送友，或思乡，或报国。

如著名的《走马川行奉送出师西征》，诗云：

君不见走马川行雪海边，平沙莽莽黄入天。轮台九月风夜吼，一川碎石大如斗，随风满地石乱走，匈奴草黄马正肥。金山西见烟尘飞，汉家大将西出师。将军金甲夜不脱，半夜行军戈相拨，风头如刀面如割。……

原来，描写这"平沙莽莽""风头如刀""满地石乱走"的风光是为了衬托"汉家"(实为唐朝) 大将的风采。

又如《送张献心充副使归河西杂句》云：

……澄湖万顷深见底，清冰一片光照人。云中昨夜使星动，西门驿楼出相送。……张掖城头云正黑，送君一去天外忆。

这样凄清阴冷的景象，烘托的是一种凄绝刻骨铭心的送别之情。

王之涣也有歌颂边塞风光的壮丽诗篇《凉州词》：

黄河远上白云间，一片孤城万仞山。羌笛何须怨杨柳，春风不度玉门关。

黄河远自白云深处奔腾而来，不仅气势磅礴，而且光彩夺目；孤城，因万仞之山的衬托，格外地峭拔、威严。即使是"春风不度"，这玉门关也因

---

① 《凉州馆中与诸判官夜集》。
② 《银山碛石馆》。
③ 《胡笳歌送颜真卿使赴河陇》。

沾上了"春风",而显得更加温馨、美丽了。

美是多元的。美不只在杏花春雨江南,也在骏马秋风塞北。秀丽是美,雄壮也是美。赏心悦目固然有美,惊心动魄同样有美。战争不只是可诅咒的,也是可赞美的。当战争奏响的是正义的主旋律,它就是壮丽的画卷、英雄的诗篇、崇高的乐章。唐朝的边塞诗就其本质来说,就是这样的画卷、诗篇、乐章。

美从来不离开审美者。在懦夫、胆小鬼、自私者的眼中,边塞是死神的疆域,是丑陋的渊薮,是恐怖的坟场。而在战士看来,边塞才是实现自己抱负的战场,才是自己人生生光放彩的舞台。只有这样,才能理解漫天飞舞的风雪,为何在岑参的眼中,是"千树万树梨花开"的春天!

第四节 战争情感

唐朝边塞诗不是本事诗,虽然其中有一些描写涉及真实的历史事件,但一般说来,仍不宜当作历史。它基本上属于抒情诗,边塞诗中所抒的情是很丰富的,边塞诗的美从本质上来说,不是上面说的对于战争的认识以及爱国志向的表达,而是它整个地反映了唐代的时代精神,而这种精神又是通过具有个性特点的情感来透现的。这是一种非常个性化的情,同时又是一种极具代表性也极具时代性的普通人之情。这种情感可以称之为伟大的情感。

一、情感品质的崇高性

边塞诗其地域的特点是清楚的,是边塞,是一般来说地理条件较差、生活比较艰辛的地区,更重要的,这是国家疆界,所临近的异族异国,并不都是友好之邦,因此,它会经常发生突如其来的战火,而且时刻都有生命危险。来这个地方,不管是军人还是文人,都不是观光、住家抑或创业,而是戍边,因此,多是单身而来,极少拖家带口。正是因为这样,此地的戍边人员,不论是军人还是文人均有一种特殊的情感基质,这就是使命感、危机感以及旷达感。使命感赋予情感以崇高性,危机感赋予情感以忧伤性,而旷达感赋予情感以乐观性。忧伤属于悲剧情感,旷达则属于喜剧情感,这两种情感的交互、综合、渗透,统属卫国的使命意识,显现出可贵的崇高感。

二、情感内涵的纠结性

边塞诗中的情感是丰富的,大体上可以分为忧时、思乡、怀友、自许。这些情感虽然总体上均见出以上所说的悲喜交融的崇高感,但具体情境有异,因而其审美意味又有别。一般来说,忧时,比较大气,但由于不便直说又不能不说,有诸多顾忌,或借汉喻唐,或借褒为贬,或借物喻人,或点到为止,或藏而不露,或时隐时显,让人去品味,去思索。像王昌龄的《塞下曲》其三、其四:

奉诏甘泉宫,总征天下兵。朝廷备礼出,郡国豫郊迎。纷纷几万人,去者无全生。臣愿节宫厩,分以赐边城。

边头何惨惨,已葬霍将军。部曲皆相吊,燕南代北闻。功勋多被黜,兵马亦寻分。更遣黄龙戍,唯当哭塞云。

甘泉宫,此为汉宫;霍将军,霍去病,这是汉将。此诗借汉喻唐是很鲜明的。这是一次严重失败的战役,全军覆没,连主将都折损了。失败的原因,诗人讳莫如深,但从"功勋多被黜"来看,朝廷要负主要责任。这样的仗,诗人认为还是不打为好,但看来朝廷并没有中止,还要继续出兵,所以诗人忧心忡忡地说:"更遣黄龙戍,唯当哭塞云。"

边塞诗对具体战役的阐释也许并不都准确,重要的是它的情感,这情感有些复杂,多为愤懑纠结而不得畅舒一快。

三、乡情悲壮的浓郁性

边塞诗中的乡情则相对要明朗一些,当然,乡情是征戍诗、边塞诗、闺怨诗共同的主题之一,各朝各代均有表现乡情的好诗,唐朝边塞诗在这方面的优势并不突出,但仍然有特点,最主要的特点是较为明朗,较为洒脱,可能主要原因是边塞诗中所表现的战争还是以卫国的为多,而且边塞诗人多是抱着建功立业的目的主动请缨赴沙场的，这就与征戍诗、闺怨诗中的男主人公有了根本的不同。征戍诗、闺怨诗中男主人公不管参与的是侵略战争还是卫国战争均是被征而来的，不得已而来的，这样，就难免在诗中有抱怨。岑参的《初过陇山途中呈宇文判官》就有这样的诗句："万里奉王事，一身无所求。也知塞垣苦，岂为妻子谋！"当然，问题也不会这样简单，有了这份自觉就不思乡了，思乡还是有的，忧愁也不因此而不在，就在此诗中，诗人还吟道"别家赖归梦，山塞多离忧"。尽管如此，有了这样一份自觉，思乡之苦就减轻了许多，之所以减轻了许多，是因为这种思乡之苦在使命意识的作用下，获得了超越。更具理性意义的使命意识让思乡的痛苦升华了，这种升华恰如孟子所说："充实之谓美，充实而有光辉之谓大"，充实的是戍边这一行动的伦理意义，有光辉是这一行动的审美意义。因充实而有光辉，因善而美。

四、友情悲绝的真挚性

边塞诗中有诸多送别诗，这些诗中表现出浓郁而又深刻的友情，友情是人类一种普遍的感情，这种友情在边塞诗中有特殊的表现。一同来边塞效力，边塞是战场，那就是战友了。但边塞诗似乎也没有强调送别对象与自己的战友之情。那个时代人事多错迕，见面殊不易，何况是在边塞，因此，送别一个对象，自然就会有一个心理准备：也许是永别。正是因为这样，边塞诗中的送别诗就自然多了一份感伤。感伤自然见出友情，但感伤过浓又显得不吉利，因此，又不能不有所克制。就唐朝边塞诗中的实际来看，积极多于消极：诸多的送别诗表现的竟然不是感伤而是旷达，如王昌龄的《芙蓉楼送辛渐二首》："洛阳亲友如相问，一片冰心在玉壶。"不是忧心而是放心，如高适的《别董大二首》："莫愁前路无知己，天下谁人不识君。"不是缠绵而是豪壮，如王昌龄的《别陶副使归南海》："宝刀留赠长相忆，当取戈船万户侯。"不是苦语而是美愿，如岑参的《原头送范待御》："别君只有相思梦，遮莫千山与万山。"诸多的送别诗表现的人生境界其美妙具有超越时代、超越人种的价值，乃是人类精神上最美好的慰藉。

中华民族的人伦观，非常看重朋友这一伦，交友之道是中华传统文化重要组成部分。高适的《赠别晋三处士》说："知己从来不易知，慕君为人与君好。"这两句诗可说是中华民族交友之道的最好概括。

五、自视甚高的豪迈性

边塞诗中诸多自励、自许、自慰之语，这些自励、自许、自慰之语是诗人内心真实的自白，这里没有狂语、诳话，只有朴实而真诚。王昌龄，志高气豪，自视甚高，有诗曰"莫学游侠儿，矜夸紫骝好"①，颇看不起一味在江湖称雄的浪荡儿。他豪语："封侯在一战，岂复在闺阁。"② 这些话，称得上豪言壮语，是真实的吗？是真实的，但是，说这些话时，他似还没有充分领略边塞之苦，没有打过多少仗，待他有了足够的边塞生活经历之后，发声就不同了。首先他看到了战争的残酷："纷纷几万人，去者无全生"③，不主张一味用军事的方式解决边境的纠纷，说是"臣愿节营厩，分以赐边城"。对于军队中的腐败他也有所领略，"功多翻下狱，士卒但心伤"的丑恶现象时有发生。李广那样身先士卒、爱兵如子的将军，怎么唐代就没有了呢？对于自己的从军，王昌龄似是有些后悔了："百战苦风尘，十年履霜露。虽投定远笔，未坐将军树。早知行路难，悔不理章句。"④ 然此时要退也难，而且他也不想真退，那就只能改换一种人生哲学："人生须达命，有酒且长歌。"⑤那种"气高轻赴难，谁顾燕山铭"⑥ 的精神气概似乎不见了。

将王昌龄的这类诗句全找出来，你会发现它们有矛盾。是有矛盾，但都是真实的。因为他不是在写哲学论文，是在写诗。他不必着眼于人生的全过程，而在意当下的心理感受，他不是在论理，而是在抒情。论有严密的

---

① 王昌龄：《塞下曲》之一。
② 王昌龄：《变行路难》。
③ 王昌龄：《塞下曲》之三。
④ 王昌龄：《从军行》二首。
⑤ 王昌龄：《长歌行》。
⑥ 王昌龄：《少年行》之一。

逻辑,重在推导——不一定切合实际却符合逻辑联系的推导;抒情不需严密的逻辑,只要真实——当下的情感的真实。

虽然诸多的边塞诗人期望能在边塞建功立业,赚个像样的官职,但诸事又哪能符合人的心愿?事实上,除了高适,其他在边塞谋事的文人们没能做上高官。岑参晚年总结自己的一生,写了《行军诗二首》,其二云:

> 早知逢世乱,少小谩读书。悔不学弯弓,向东射狂胡。偶从谏官列,谬向丹墀趋。未能匡吾君,虚作一丈夫。抚剑伤世路,哀歌泣良图。功业今已迟,览镜悲白须。平生抱忠义,不敢私微躯。

此诗的情调有些悲观,但主调仍然是积极的,虽然没能做出功业,而且因为年已老,建功的机会也少了。尽管如此,作者对自己"抱忠义"的"平生"一点也不后悔,即使现已老了,仍不懈怠,更"不敢私微躯",也就是说,愿鞠躬尽瘁,死而后已。这首诗虽然出自岑参之心,是岑参一生的总结与反思,却在某种意义上反映了边塞诗人共同的心境,具有代表性。

六、生死抛却的达观性

遍观边塞诗人自励、自许、自慰之诗句,发现有一个共同的特点,就是达观。达观包含着两种哲学思想:一种是儒家的进取精神,来边塞为的就是建功立业,这,边塞诗人心里非常明白,早立下报国之志,而且也做好了捐躯沙场的心理准备。这在诸多的边塞诗中有充分的反映。另一种是道家的退让精神,道家精神主要是针对失意者的,人的一生哪能都得意?总有失意的时候,道家哲学对于失意,是一剂最好的清凉之药。高适、岑参、王昌龄均有这种精神,既用以安慰别人:"穷达自有时,夫子莫下泪。"[1] "丈夫穷达未可知,看君不合长数奇。"[2] 也用以自慰:"人生须达命,有酒且长歌。"[3] "一生称意能几人,今日从君问终始。"[4]

---

[1] 高适:《效古赠崔二》。

[2] 高适:《送田少府贬苍梧》。

[3] 王昌龄:《长歌行》。

[4] 高适:《题李别驾壁》。

　　遍观边塞诗中情感色彩，其中有悲哀，但更多的是豪壮；有伤感，但更多的是乐观；有抱怨，但更多的是无悔。这种情感总体的美学意味很像那万道霞彩，虽然有若干道为灰，为黑，色彩不那么好看，但总体上是金黄，是血红，而且光辉灿烂，气势磅礴。这种情调折射出唐帝国的时代精神：踩着瓦砾，踩着尸骸，雄强奋发，呼啸前进，"龙战于野，其血玄黄"！

　　唐朝的边塞诗似乎离我们很远了，但其实它就在身边，它描绘的战争，仿佛就是昨天的战争。中华民族爱和平，但中华民族并不惧怕战争。重温唐朝的边塞诗，感受边塞诗中豪情壮志，欣赏边塞诗中的战地风光，其意义不言而喻。唐朝边塞诗蕴藏着人类最为可贵的一种美——崇高。时代不能没有崇高，国家不能没有崇高，民族不能没有崇高，人不能没有崇高。崇高是时代、国家、民族、人的脊梁。

　　唐朝边塞诗在美学上的重大贡献是构建了一种新的美学形态——战争美学。战争是残酷的，不是风花雪月，不是吹拉弹唱，不是琴棋书画，不是心旷神怡，它是不是有美？如果有美，关于它的审美能不能形成一种美学？都是问题。唐朝的边塞诗似乎都给我们做了回答。

第二十二章
唐朝西域美学

　　"西域"最早出现在《汉书》一书中，它有狭义和广义两种理解。狭义大致是玉门关、阳关以西，葱岭以东，今新疆地区[①]，广义的理解则还包括中亚、印度半岛、西亚、北非等地，通常的理解为狭义。西汉初期，西域有36国，其后分为50余国，东汉以后，互相吞并，合为20国，北魏时期，更减为16国，隋唐时期，为44国。[②] 西域与中原政权的关系，远可追溯到周秦，当时的西域诸民族统称为西戎。汉时，漠北的游牧民族匈奴[③]强大起来，入侵西域，西域诸国或降于匈奴，或投靠于汉朝，得势的匈奴进而骚扰汉朝边疆并一度进入内地，于是，汉朝与匈奴开始了长期的复杂的争斗关系，或和亲，或战争，最后将匈奴一部逐出中国，余部归化于汉族。汉匈战争期间，本出于外交需要的汉使张骞打通了长安通往西域之路，这条路后被誉为丝绸之路，成为中原与西北诸少数民族，中国与中亚、西亚、南亚以及欧洲的

[①] 《汉书》卷九十六上《西域传》云："西域以孝武时始通，本三十六国，其后稍分至五十余，皆在匈奴以西，乌孙之南。南北有大山，东西六千余里，东则接汉，阨以玉门、阳关，西则限以葱岭，其南山，东出金城，与汉南山属焉。"班固：《汉书》卷九十六上《西域传》，中华书局1962年版，第3871页。

[②] 参见新疆图书馆编，吴平凡、朱英荣辑：《龟兹史料》，新疆大学出版社1987年版，第1页。

[③] 关于匈奴的族属，《汉书》卷九十四上《匈奴传》云："匈奴，其先祖夏后氏之苗裔也，曰淳维。"

重要经济要道。汉在西域设都护府，著名汉将班超任首任都护，汉都护府对西域全境进行有效管辖，汉以后，由于中原动乱，西域与中央政权的关系一度产生极为复杂的状况，部分地失去对于西域的控制，直至唐朝，中央政权才重新恢复对西域的全面管辖。唐朝与西域的关系远较历史上其他任何时期更显得重要。丝绸之路的畅通，让中国西域各少数民族的文化、印度的佛教文化乃至中亚、西亚、古罗马文化进入中国，也让中原汉族文化传播到西域，乃至全世界。正是这个时候，中华民族实现大融合的新的高潮出现了，这种融合在艺术上有明显的体现，不仅长安城以及其他中国内地可以看到诸多来自西域以及异域的艺术，而且在西域以及异域也可以看到中原艺术。中原艺术因为受到西域及异域艺术的影响，也活力四射，光彩夺目。某种意义上，一种可以名之为"西域美学"的美学形态悄然产生，因为西域美学的注入，中华美学变得丰富多彩、异彩纷呈，出现前所未有的繁荣。

第一节　西域佛教石窟艺术

汉唐时期，随着丝绸之路的开辟与通畅，佛教自古印度传入中国。佛教传入中国是中国文化的一件大事，经过数百年的过程，经过中华文化改造的佛教融入了中华文化，成为中华文化重要的组成部分之一。

佛教文化非常丰富，其中哲学文化最为重要。佛教对于心性的开发，在构成中国哲学的儒道佛三大源头之中，最为突出。正是因为借助于佛教的思辨，宋明理学才真正成为思辨的哲学，达到中国哲学思辨的巅峰，如果没有佛教，中国人的思维可能会一直停留在经世致用、日用之常上，难以与西方的思辨哲学特别是德国古典哲学接轨。

佛教，在古印度产生之初，原是无神论者，并不崇拜偶像，但是在发展过程中，很快发展出有神论，并且注重造像。为了信徒参拜的需要，佛教开始凿窟造寺。窟寺中有着大量的佛像、壁画，于是，佛教艺术得以发展起来。大概在公元1世纪，印度的佛教开始传入中国。一并传入的，不仅是经义，还有佛教艺术,佛教美学就融会在佛教的经义和艺术之中。

佛教传入中国有海上和陆上两条路线,早期,陆上路线是主要的,其路线就是张骞通西域时开辟的丝绸之路,第一站就是新疆。公元 3 世纪开始建窟直至 11 世纪。新疆所建的石窟主要有:克孜尔石窟,台台尔石窟,库木吐拉石窟,克孜尔尕哈石窟,森木塞姆石窟,玛扎伯赫石窟,雅尔湖石窟,吐峪沟石窟,伯孜克里石窟等。第二站则为甘肃,甘肃建窟晚于新疆近百年,主要石窟有敦煌莫高窟,敦煌西千佛洞,榆林窟,酒泉文殊山石窟,永靖炳灵寺石窟,天水麦积山石窟,庆阳北石窟寺,天梯山石窟等。

佛教石窟艺术主题是宣扬佛教,但在进入中国后,为了让信众接受,不得不接受中华民族文化的改造与重塑。参与对佛教石窟艺术改造与重塑的有诸多的民族,主要有生活在西域地区的少数民族,也有汉族。改造与重塑中有寄托——属于中华民族文化传统的寄托。

重塑佛教及佛教艺术,这项伟大工程开始于汉魏,而完成于唐朝,其中与审美意识相关的改造与重塑主要有四:

一、佛教精神的重塑

佛教的基本精神是讲爱,这一点,中国传统文化能够接受,但是佛教文化并不强调公民对于家国、社会的责任感,不过,佛本生的故事和佛经有这方面的内容,佛教传入中国后,中华民族则将这方面的内容予以突出。比如,佛本生故事有睒子的故事。睒子父母年老双目失明,睒子至孝,尽心照顾父母。睒子父母心肠好,睒子每次出门,都让他不要惊扰野兽,于是,睒子上山,必披鹿皮。一次,他在山泉取水时,被迦夷国王误认为是鹿而射中。临终,他为盲父母无人照顾而担心。国王深受感动,表示愿代他很好地奉养他的父母。国王随后将睒子父母引到睒子身边。睒子父母大哭,祈求天神拔箭,天神受到感动,不仅让睒子复活,而且让睒子父母复明。这故事与中华民族的孝道文化相通,这一故事在西域的石窟壁画中多有表现。克孜尔石窟第 69 窟的右壁就有睒子本生故事,画面突出睒子,将他取水的形象置于画面突出部位,而将国王持箭的形象置于远方,形象较小,如此处理,一方面是为了增强画面的说服力，另一方面也为了突出至孝的睒子。有不少佛本生故事与中华民族的传统道德观相通，中国画家根据中国人接受的习惯表现在石窟壁画中。

佛教本来是鄙视世俗生活的，僧人一般不劳动，靠施舍生活。中华民族不能接受这种生活，唐朝出现农禅，僧人不仅钻研佛法，而且参加农业劳动。新疆克孜尔石窟壁画中有二牛抬杠图、耕作图、烧陶制罐这样的场景。克孜尔石窟地处龟兹国，古龟兹国的居民主体为回纥族，他们在接受中原的这种思想观念、生产方式和生活方式后，将这种观念、生产和生活方式灌入到佛教中去了。

经过中华文化的改造，来自异域的佛接上了中国的地气，有了一颗尘俗之心、家国之心，进入了中华民族的精神生活。

二、佛教形象的重塑

这里说的佛教形象主要指佛、菩萨形象。成佛是修行的最终或是最高归宿，而菩萨是修行的导师和榜样，菩萨是未来的佛，较之高高在上的佛，菩萨要亲人得多。在印度佛教中，佛、菩萨已塑造成人的模样，但那是印度人，高鼻深目，这种形象，于中国人不够亲和，也并不认为美，当佛教艺术传入中国后，中国人就试着改良佛教的形象：

其一，改成中国人理想的富贵者形象。所谓理想的富贵者则为圆脸大耳，五官端正，面庞丰满，嫩皮细肉，体形高大，仪态端庄。西域石窟中的佛、菩萨均是这样的。

其二，改成具女性意味但未必是女性的中性形象。佛教中的观音菩萨是中国信众最喜欢的菩萨，中国佛教在某种意义上就是观音崇拜。密宗中有六观音；《大本如意经》有八观音。在观音崇拜流行中，百姓们还自创了许多观音，这些观音在佛经中找不到根据。总结佛教中的观音、民间传说中的观音，总数达 33 个之多。名次为：杨柳观音、龙头观音、持经观音、圆光观音、游戏观音、白衣观音、莲卧观音、泷见观音、施药观音、鱼篮观音、德王观音、水月观音、一叶观音、青颈观音、威德观音、延命观音、众宝观音、岩户观音、能静观音、阿耨观音、阿摩提观音、叶衣观音、琉璃观音（即香王观音）、多罗观音、哈唎观音、六时观音、普慈观音、马郎妇观音（鱼篮观音）、合掌观音、一如观音、不二观音、持莲观音、洒水观音等。观音在印度佛教造像中为男性，有胡须，而在传入中国后，开始一段还保存这种形象，但逐渐地女性化，敦煌莫高窟壁画中有不少观音画像，大体上均为偏女性的中性形象。

其三，追求美。出现在西域石窟中的佛教造像除恶鬼者外均追求美化。汉化了的佛教艺术中，凡佛、菩萨均美。敦煌莫高窟第45窟有一尊属于盛唐时期的菩萨雕塑，此菩萨中性偏女，脸圆，头略向左下视，眼微开，嘴微笑，腰微倚。两手垂下，一手垂，拇指与食指微扣，一手略抬，手掌微开，向上。整个姿态说不尽的优雅、自然、轻松。

佛教菩萨形象，除了特殊的情景外，一般显示的是气和神畅的境界，这种境界也许正是佛教所追求的境界。这种境界，既高标，又大众，正是中华民族所追求的美。

三、佛教的中国理想寄托

所有佛教经义、故事、形象的重塑中均有寄托，是中国式的理想寄托。

观音菩萨的重塑中，就寄托了中华民族对于女性的理想：慈爱的母亲、美丽的女儿、贤惠的妻子。虽然这三者是人间女性美的标准，但仍是世间的，中华民族对于女性美的向往远超出这一层面，他所向往的女性美，不是女性人，而是女性神。作为人，她可敬可亲；作为神，她让人敬畏不可轻薄。这种境界与古希腊的女神雕塑——断臂维纳斯给予我们的审美感受相一致。

涅槃是佛教的最高境界，主题是生死的超越，天国的升华。敦煌的石窟中有不少的表现涅槃的雕塑和壁画。雕塑主要有卧佛，壁画中主要有经变图。对于体现涅槃主题的佛教艺术，其表现的主要特征是肃穆、宁静、美妙。敦煌第158窟的卧佛长16米，卧于1.43米高的平台上，面容宁静，凤眼微闭，嘴角含笑，右手支颐，右胁迭足，肌肉柔软，体态曼妙，仿佛在做着美梦，完全不像没有生命的人。这样表现佛的涅槃自然是中国人的创造，在这种创造中，寄托着中华民族的生死观。生，活在现实的生活中，死，活在理想的生活中；生，在凡尘，死，在仙界。在中华民族，仙界与天国、佛国均是一体的。

飞天是洞窟壁画表现最多的场景，画面极为鲜艳：一位艳丽的青春女孩自天空飞来，身后是长长的飘飞的彩带，祥云缭绕，鲜花烘托，画面中仿佛透出美妙的音乐。敦煌石窟中飞天图画极多，现存还有6000余身，仅321窟，就有20余身。

飞天形象多姿多彩，风格不一，有种飞天为伎乐飞天。莫高窟276窟有反弹箜篌的飞天，乐器背在背后，双手反弹，流云在身旁飞扬，乐音随之飘向天空，仿佛天女散花。

飞天本为佛教"天龙八部"中的"乾达婆"，又名"紧那罗"，它传入中国后，中国人按照自己的审美理想，将它重造为"飞天"。北魏的《洛阳伽蓝记》首次予以记录，称之为"飞天伎乐"。中国人之所以将这种佛教飞行神称为飞天，是因为飞天两字寄托着中国人飞天的梦想，早在史前期，生活在中华大地上的中华初民都崇拜飞鸟，因为这种崇拜，创造了凤凰这样一种神鸟。在洞窟壁画描绘飞天形象，头脑中自然不过地展现出彩凤飞天的美丽图景，因此，中国佛教壁画中的飞天图案几乎无一例外地具有彩凤飞翔的意境。

正是因为飞天图案更多地寄寓着中华民族的理想，所以，各种飞天图案所体现的理想也不尽相同。敦煌莫高窟第61窟，有"散花飞天"，五代制作，此飞天具有道家的意味。著名的敦煌学者段文杰说，唐人所谓飞仙、天仙，都指飞天，这些飞天都是经过道家思想渲染过的中国式飞天。

飞天极具哲学和美学的意味，从哲学上来讲，飞天是生死的超越，是自由的象征，是大爱的升华，宇宙的精华；从美学上来讲，飞天是美妙的乐音，是灵动的画面，是身心的释放，是欢笑的飘扬，是无尽的美感。

飞天寄托着中华民族对真善美的无限追求！

四、艺术手法的中国化与西域化

在艺术手法上，西域的佛教石窟艺术，主要采用中国的方式。中国有彩塑的民族绘画传统，克孜尔石窟、库木吐拉、敦煌莫高窟石窟、天水麦积山石窟，其佛像雕塑都施以彩绘。常书鸿先生认为：

> 克孜尔中期壁画正代表了新疆石窟艺术发展的高潮，也是中国民族艺术的传统，在吸收外来影响后现实主义艺术的新的成就。这个时期壁画造型的特色，是从曹不兴式的线的艺术在人体刻画上发展为主题的形的烘染。敢于在人体肉身的阴影部分采用鲜艳的赭红色。……这一切，都与《画史》上所记的隋代展子虔的绘画技法理论"描法甚细，随以色晕"是相符合的。……它们对西方艺术的影响是非常巨大的，一直到 15 世纪意大利文艺复兴的巨匠波提采里（Botticelli）的杰作"Venus 的诞生"的烘染，也与克孜尔的画如出一辙，这正可以说明中国民族绘画对西方艺术创作技法上的影响。[1]

有意思的是，西域做佛教彩绘所采用的艺术手法反过来对于中国内地的绘画创作也产生巨大的影响。常书鸿说："三世纪的画家曹不兴和四世纪的雕塑家戴逵是中国佛教艺术的先驱者。"[2] 他引用诸多资料，证明"曹衣出水""曹"是曹不兴，他说："以曹不兴为首的密体是中国绘画受到西域传来的佛教的影响而产生的新的艺术风格。"[3] 常书鸿说，我们现在虽然已经看不到 3 世纪画家曹不兴的"曹衣出水"的绘画真迹，但是在新疆和敦煌的石窟壁画中可以看到"曹衣出水"的绘画风格。

西域佛教石窟艺术虽然依据的是从印度传来的佛教，但无论是作为教义还是作为艺术均是中华民族多民族的共同的创造，不仅中原文化参与了创造，而且居住在西域地区的人民及其文化也参与了创造，正因为他们参与创造，故壁画上留下他们的痕迹：新疆的石窟壁画中的供养人形象就多

---

[1] 常书鸿：《新疆石窟艺术》，清华大学出版社 2018 年版，第 82 页。

[2] 常书鸿：《新疆石窟艺术》，清华大学出版社 2018 年版，第 51 页。

[3] 常书鸿：《新疆石窟艺术》，清华大学出版社 2018 年版，第 52 页。

是龟兹人的形象。西域佛教艺术充分说明中华民族是西域的主人。

第二节　西域的音乐舞蹈艺术

西域是一片产生音乐歌舞的地方。这里有大片的优质草原，是游牧民族的好家园。在辽阔的高原上放牧，纵目无垠的草原，放眼浩瀚的蓝天，远眺神秘的雪山，牧民们自然会情感奔放，放声歌唱，甚至翩翩起舞。西域艺术中，音乐舞蹈最为突出，它与中原文化包括中原艺术的交流、融会，催生出新的创作，极大地丰富了中华民族的音乐舞蹈艺术。这方面的理论成果成为西域美学的重要部分。

一、龟兹乐舞[①]

在西域数十个少数民族的小国中，龟兹尤善音乐舞蹈。玄奘的《大唐西域记》对此专门有记载。龟兹之所以能享有如此盛誉，可能跟龟兹的地理环境、社会环境、政治地位以及经济发展有关系。

龟兹处于天山中段南麓，境内有数条河流流过，又有天山为凭借，天山"冬夏长雪故曰白山""匈奴谓之天山"，汉武帝曾在这里击败匈奴大军，"匈奴过之，未尝不哭谓此山也"[②]。这个地方的核心地段为绿洲，不仅游牧业发达，而且还有农业生产。"土宜麻、麦、秔稻、蒲陶，出黄金。"[③]

龟兹人文历史可以远追黄帝，《太平御览》云，"黄帝受金液神丹于此山，山近崆峒山，山顶有魏太祖马坪焉"[④]。汉文化很早就进入此地，此地人民文化修养普遍较高，"俗善歌乐，旁行书，贵浮图法"。就是说，龟兹的乐舞、佛教都很发达。

此地为丝绸之路要冲，商旅不绝于路，均要于此过关，或东入唐长安，

---

① 在中国古代文献中，乐舞，多并称为"音乐"，或"乐"。

② 引文均见《太平御览》卷五十《地部一五》。

③ 欧阳修、宋祁：《新唐书》卷二百二十一上《西域上》。

④ 《太平御览》卷五十《地部一五》。

或西行去印度、中亚，都有必要在此稍停休憩、住宿。龟兹王对于佛教事业特别热衷。开凿石窟，建造佛寺均要调集大量工人，而出家的僧人也乐于在此驻寺、修行。生活在龟兹这个地方的人们，不仅有回纥人，而且有汉人。龟兹一直以属国的身份向中原王朝进贡，与中原王朝友好往来连绵不断。基于这个地方的重要性，唐朝相继在此设西域都护府、安西都护府。所有这些有力地促进了龟兹音乐歌舞事业的发展。

龟兹音乐的种类，据《隋书·音乐志》，龟兹音乐为前秦大将吕光掳入内地后，其乐分散，北魏平定北方，再获得此乐，此时的龟兹乐就非复原来的模样了，后又有人加以变易，至隋，就有《西国龟兹》《齐朝龟兹》《土龟兹》等，凡三部。龟兹乐器，据《隋书·音乐志》，"有竖箜篌、琵琶、五弦、笙、笛、箫、筚篥、毛员鼓、都昙鼓、答腊鼓、腰鼓、羯鼓、鸡娄鼓、铜钹、贝等十五种"[1]。《旧唐书·音乐志》记载也是十五种，只是毛员鼓亡。《新唐书·礼乐志》记载有十八种，多了"弹筝""侯提鼓""檐鼓"。根据其他文献，"实际上古代龟兹地区的音乐，先后使用过的乐器达 27 种之多"[2]。龟兹音乐有散曲、大曲和法曲等三种类别。这些音乐主要用于佛教仪式、宫廷用乐、群众娱乐等。

龟兹著名的音乐家有苏祗婆，《隋书·音乐志》介绍："先是周武帝时，有龟兹人曰苏祗婆，从突厥皇后入国，善胡琵琶。"[3] 另有白明达，也是龟兹人，白明达来中原后，完全汉化了，进入宫廷充任乐正，他能够理解隋炀帝的需求，为他创作新的乐曲，记入《隋书·音乐志》的有《万岁乐》《藏钩乐》《七夕相逢乐》《投壶乐》《舞席同心髻》《玉女行觞》《神仙留客》《掷砖续命》《斗鸡子》《斗百草》《泛龙舟》《还旧宫》《长乐花》及《十二时》等乐曲，很受炀帝喜欢。隋亡后，他继续为唐服务，著名的《春莺啭》就是他作的曲。据《教坊记》载，此曲是唐高宗早上听莺鸣，令乐工白明达作曲的。白明达作此曲掺进了胡乐，有着浓重的龟兹风味，深受唐朝君臣喜欢，诗人

---

① 魏徵等：《隋书·志第十·音乐下》。

② 胡洪庆等：《龟兹艺术研究》，上海古籍出版社 2014 年版，第 154 页。

③ 魏徵等：《隋书·志第九·音乐中》。

元稹写诗赞道："女为胡服写胡妆，伎进胡音务胡乐。"①

　　龟兹乐对中原有着极大的影响。自汉朝始，龟兹乐陆续传入中原，其中有三个关键时期。其一，是前秦吕光灭龟兹国，将龟兹乐带入内地，后来龟兹乐散落，北魏平定北方后，获得此乐。其二，是隋朝，隋朝获得龟兹乐，是已经分成三部的乐：《西国龟兹》《齐朝龟兹》《土龟兹》。龟兹乐深得隋朝统治者喜爱。《隋书·音乐志》说："开皇中，其器大盛于闾阓。时有曹妙达、王长通、李士衡、郭金乐、安进贵等，毕妙绝弦管，新声奇变，朝改暮易，持其音技，估衒公王之间，举时争相慕尚。"② 这里说的"器"是龟兹乐特用的管弦乐器。隋开皇初，朝廷置七部乐，龟兹乐为其中之一。其三，是唐。唐朝建国之初，龟兹乐就立为十部乐之一；至盛唐八种立部伎中有五种采用龟兹乐，六种坐部伎中有三种采用龟兹乐。

　　龟兹乐之所以深受隋唐统治者的喜爱，主要是色调丰富，强劲有力，具有极大的感染力。唐《通典》说它"铿锵镗鞳，洪心骇耳"。唐诗人李颀有诗赞美龟兹乐：

听安万善吹筚篥歌

　　　南山截竹为筚篥，此乐本自龟兹出。

　　　流传汉地曲转奇，凉州胡人为我吹。

　　　旁邻闻者多叹息，远客思乡皆泪垂。

　　　世人解听不解赏，长飔风中自来往。

　　　枯桑老柏寒飕飀，九雏鸣凤乱啾啾。

　　　龙吟虎啸一时发，万籁百泉相与秋。

　　　忽然更作《渔阳掺》，黄云萧条白日暗。

　　　变调如闻《杨柳春》，上林繁花照眼新。

　　　岁夜高堂列明烛，美酒一杯声一曲。

---

① 崔令钦：《教坊记》，辽宁教育出版社 1998 年版，第 7 页。

② 魏徵等：《隋书·志第十·音乐下》。

二、中原乐舞传入西域

中原与西域的音乐歌舞交往大体上可以分为两个方面，一个方面是中原的音乐歌舞传入西域，另一个方面是西域音乐与歌舞传入中原。

关于中原音乐歌舞传入西域，有这样一段佳话：

《汉书》有记载，汉武帝时，乌孙王主动提出与汉和亲，细君成为正史记载的第一位和亲的汉家公主。汉武帝"念其行道思慕，故使工人裁筝筑（古代弦乐器）为马上之乐，欲从方俗语，故名曰琵琶"。琵琶由此传入西域。细君死后，汉武帝再以解忧公主许配乌孙王。

解忧也爱好音乐，希望能将更多的中原音乐带到西域来，于是，她让女儿弟史去汉京师学习鼓琴。学习完毕，汉派遣侍郎乐奉送弟史返回乌孙，经过龟兹。龟兹王绛宾曾派人去乌孙国求汉公主女为妻，使者还没有回来复命，公主女儿就过龟兹来了，这是个大好机会，绛宾将汉公主女儿弟史先留了下来，然后派人去乌孙国报告乌孙汉公主。解忧公主答应了。这事报到汉朝廷，获得汉宣帝的嘉许。龟兹与汉更相和好，龟兹与汉来往频繁，关系密切，龟兹在西域诸国中汉化程度最高。《汉书》言道，他们"乐汉衣服制度，归其国，治宫室，作徼道周卫，出入传呼，撞钟鼓，如汉家仪"①。

故事主题不是音乐，而是和亲，但故事因学习鼓琴而开始，解忧公主女儿弟史成为龟兹王夫人，不仅将汉朝的琴艺传给了乌孙，自然也传给了龟兹。

三、西域乐舞传入中原

西域的音乐歌舞自汉起也陆续传到内地并进入国乐系统。

（一）西域乐舞进入北魏国乐系统

公元 384 年，前秦大将吕光攻占龟兹。《隋书·音乐志》记载："吕光出平西域，得胡戎之乐，因又改变，杂以秦声，所谓秦汉乐也。至永熙中，

---

① 班固：《汉书·西域传第六十六下》。

录尚书长孙承业,共臣先人太常卿莹等,斟酌缮修,戎华兼采,至于钟律,焕然大备。"① 这是西域乐舞最早进入内地。吕光是北朝前秦大将,奉命伐西凉,获得了西域乐舞,他将艺人、乐器及各种相关设备全运到内地,组织当地艺人,将这些音乐加以改变,加入秦地的音乐,创造了所谓"秦汉乐"。北魏时期,北魏大臣长孙承业等又将这秦汉乐加以改善,兼取华夏和西域两种音乐,创立北魏的国家音乐。

(二) 西域乐舞进入隋朝国乐系统

隋朝建立后,要建立自己的国乐体系,隋文帝下令:"置七部乐,一曰《国伎》,二曰《清商伎》,三曰《高丽伎》,四曰《天竺伎》,五曰《安国伎》,六曰《龟兹伎》,七曰《文康伎》。又杂有疏勒、扶南、康国、百济、突厥、新罗、倭国等伎。"② 隋炀帝时,定九部乐,有《清乐》《西凉》《龟兹》《天竺》《康国》《疏勒》《安国》《高丽》《礼毕》。③ 其中,属于西域乐舞的占了多数。

西域乐舞中,龟兹乐舞影响力最大。《隋书·志第九·音乐》载:"杂乐有西凉鼙舞、清乐、龟兹等。然吹笛、弹琵琶、五弦及歌舞之伎,自文襄以来,皆所爱好。至河清以后,传习尤盛。"④《酉阳杂俎·前集》卷四也谈到龟兹的歌舞:"有龟兹国,元日斗牛马驼,为戏七日,观胜负,以占一年羊马减耗繁息也。婆罗遮,并服狗头猴面,男女无昼夜歌舞。八月十五日,行像及透索为戏。"⑤

(三) 西域乐舞进入唐朝国乐系统

由于西域特殊的魅力,也由于丝绸之路自汉以来一直保持着通畅,西域进入内地没有任何障碍。"周(指南北朝时的北周)、隋弦杂曲数百,皆西凉乐也。鼓舞曲,皆龟兹乐也。"⑥ 而到唐,西域已经成为唐朝版图的一部分,

① 魏徵等:《隋书·志第九·音乐中》。
② 魏徵等:《隋书·志第十·音乐下》。
③ 参见魏徵等:《隋书·志第十·音乐下》。
④ 魏徵等:《隋书·志第九·音乐中》。
⑤ 段成式:《酉阳杂俎·前集》卷四《境异》。
⑥ 欧阳修、宋祁等:《新唐书·志第十二·礼乐十二》。

兼之唐帝国空前的开放程度以及它的政治经济文化的全面强大,西域的乐舞进入中原力度更大了。唐朝的国乐系统中,有立部伎,坐部伎。立部伎有八部乐舞,乐曲名为:安舞、太平乐、破阵乐、庆善乐、大定乐、上元乐、圣寿乐、光圣乐。其中安舞、太平乐为北周、隋的遗音,而北周和隋朝的音乐很多来自西凉乐。"破阵乐以下皆用大鼓,杂以龟兹乐,其声震厉。"[1] 坐部伎六部中,除第一部燕乐、第五部龙池乐外,皆用龟兹舞。从这可以看出,唐朝用西域乐舞,不是原封不动地用,而是将西域乐舞的某些元素渗进具有体现唐帝国精神主题的音乐中去。

(四)西凉乐与《霓裳羽衣曲》

唐朝音乐最能体现唐帝国精神的主要有两部,一部是《破阵乐》(又名《秦王破阵乐》),一部为《霓裳羽衣曲》,两部乐曲均有庄严宏大的舞蹈。《破阵乐》主要反映创业的艰辛苦,是一部以战争为主题的乐舞;《霓裳羽衣曲》主要是反映唐帝国的繁荣,是一部以游仙为主题的乐舞。乐曲的主创人为唐玄宗,根据他游月宫的梦境编创剧本。道士司马承祯等参与制曲。唐玄宗对道士们编的曲子不满意,创作进入停顿的状态。这个时候,西凉节度使杨敬述献上西凉乐曲《霓裳羽衣曲》十二遍。唐玄宗一听,感到非常适合他正在创作的乐舞,于是就用这个曲子来表达他游月的梦境。关于此事,说法很多。王灼的《碧鸡漫志》说:

> 《霓裳羽衣曲》,说者多异,予断之曰:"西凉创作,明皇润色,又为易美名。其他饰以神怪者,皆不足信也。"唐史云:"河西节度使杨敬述献,凡十二遍。"白乐天《和元微之霓裳羽衣曲歌》云:"由来能事各有主,杨氏创声君造谱。"自注云:"开元中,西凉节度使杨敬述造。"郑愚《津阳门诗》注亦称西凉都督杨敬述进。予又考唐史《突厥传》,开元间,凉州都督杨敬述为暾欲谷所败,白衣检校凉州事。乐天、郑愚之说是也。[2]

这一说法可能性很大。《霓裳羽衣曲》是唐朝文化上的一面旗帜,也是

---

① 欧阳修、宋祁等:《新唐书·志第十二·礼乐十二》。

② 王灼:《碧鸡漫志》卷三《霓裳羽衣曲》,人民文学出版社 2015 年版,第 45 页。

中华民族美学的一面旗帜，它的成功集聚了汉族、西域诸多少数民族特别是龟兹人民的智慧，是中华民族共同智慧的结晶，它的成功是民族大团结的象征。

（五）白居易与西域《胡旋舞》

西域乐舞不只是进入唐朝宫廷，也进入市井社会，为中原百姓所欣赏，其中最有名的为胡旋舞，因为此舞得到大诗人白居易的特别赏识，他为之写了一首诗——《胡旋女——戒近习也（天宝末康居国献之）》，录之如下：

> 胡旋女，胡旋女，心应弦，手应鼓。弦鼓一声双袖举，回雪飘飘转篷舞。左旋右转不知疲，千匝万周无已时。人间物类无可比，奔车轮缓旋风迟。曲终再拜谢天子，天子为之微启齿。胡旋女，出康居，徒劳东来万里余。中原自有胡旋者，斗妙争能尔不如。天宝季年时欲变，臣妾人人学圜转。中有太真外禄山，二人最道能胡旋。梨花园中册作妃，金鸡障下养为儿。禄山胡旋迷君眼，兵过黄河疑未反。贵妃胡旋惑君心，死弃马嵬念更深。从兹地轴天维转，五十年来制不禁。胡旋女，莫空舞，数唱此歌悟明主。①

此诗有政治含义，它是用来讽刺唐玄宗的，但是，此诗对于胡旋舞的精妙描写，成为西域乐舞风采的真实记录。

第三节　西域美学构建

西域有着丰富的艺术，兼之它与中原有着特殊的关系，这样，它必有一种美学在，这种美学是西域艺术共同的本质、共同的灵魂、共同的风采，值得我们进一步探索。

一、西域：胡汉共同的家园

西域概念，《汉书》《西汉会要》《前汉纪》《后汉书》《梁书》《北史》

---

① 白居易：《胡旋女》。

《魏书》《三国会要》《隋书》《旧唐书》《新唐书》《通典》《资治通鉴》《太平御览》《册府元龟》《通志》等均有明确的说明,记载大同小异,可以参照理解。西域现今主要为新疆地区,还有甘肃的一部分、西藏的一部分。凡是内涵或形式涉及这个地区审美现象、美学思想的文艺作品、历史记载、科学考察、旅游笔记均属于西域美学研究对象。

西域主要是少数民族生活的区域,但也有不少汉人在此生活。汉朝打败了西域的统治者匈奴,西域的诸多少数民族政权接受汉朝的封号,成为汉朝的属国。唐朝打败侵略中原的突厥,统一了西域,设置都护府,不仅维护了边疆的安定,而且对于西域实施了有力的管辖。

在这个地方,不仅生活着诸多的少数民族,如匈奴、突厥、羌、回鹘、鲜卑、粟特,还生活着很多汉人。东汉时,班超经营西域,西域诸国基本上受汉朝节制,汉后一段时间,中央政府失去了对西域的管辖,但到唐朝,西域仍然回归到中央政府的管辖。

地下考古,也证明了中央政权对于西域的有力管辖以及中原文化在西域的巨大影响。楼兰,多见于唐朝的典籍。考古发现了楼兰古城的遗址。楼兰是西域三十六国之一。《史记·大宛列传》云:"鄯善国,本名楼兰。"鄯善王曾请求汉"遣一将屯田积谷,令臣得依其威重"。汉昭帝便在伊循城置都尉,楼兰成为经略西域重镇,成为西域长史驻地。楼兰古城遗址出土过一批西域长史转发西晋的诏书、律令,说明西晋的政令法令行之于新疆地区。这里还出土了做工精致的汉锦,上有"延年益寿""昌乐光明"文字。

考古还发现交河古城。交河位于吐鲁番市西的雅尔乃孜沟中。平面呈柳叶形的河心洲,被誉为世界上最完美的废墟。它曾是汉代西域三十六国之一的车师前国都城,唐朝派驻西域的最高军政机构安西都护府,最初曾设于此。交河地处丝绸之路要冲。现存城址为唐代遗存。城市布局与唐长安相仿。

高昌国也是西域重要的国家,高昌国以汉人为主体,以儒家为主体的中原文化深刻影响高昌社会,出土的高昌右卫将军张雄的青石质地的墓志,记载张与夫人生平。张雄祖籍河南,世居高昌,力主与唐友好。唐统一西域后,其子张怀寂、张定和先后在唐任职为官。

　　高昌国墓地出土唐代的彩绘泥俑、木俑、宦官俑、天王俑、镇墓兽，其中有一组身穿绢衣的彩绘木俑。三尊木俑制作精美，衣锦华丽，或雍容大气，或清靡风华，神态活泼，体形颀长，服饰风格与内地别无二致，体现唐代雕塑艺术的审美风尚。俑，作为陪葬的偶人，是中原的葬俗。自魏晋以来，出现在新疆。

　　阿斯塔娜古墓是西晋至唐代高昌国居民的公共地。1959 年在这里发掘出大量珍贵的文物，出土了大批文书，以汉文文书为主，多达 2700 件，其中有《毛诗》《论语》《孝经》，有《唐律疏议·名例律》残卷，上有西州都督府之印，这是唐政令在新疆地区施行的实证。有一西州学童年方十二，他手抄《论语》，还创作一首诗："写书今日了，先生莫咸池。明朝是贾日，早放学生归。"

　　新疆阿斯塔那墓葬有《伏羲女娲图》绢画，绘于公元 651 年，纵长 220 厘米，横宽 116.5 厘米。女娲高髻，满腮涂红，额间有花钿，右手执规；伏羲头绾方巾，斜插长簪，左手执矩。两人头上方绘日形，蛇尾相交下绘月形，日月各有 11 颗大星环绕，还有大小不一的圆点，或以短线相连，勾画星宿排列之状。新疆阿斯塔那墓葬群出土数十幅《伏羲女娲图》。一些伏羲女

巴达木墓地 M209 出土的伏羲女娲绢画

娲为深目高鼻的胡人形象。

新疆巴达木唐代墓地 209 号墓出土有伏羲女娲绢画，纵长 143 厘米，上宽 110 厘米，下宽 82 厘米，呈上大下小梯形。伏羲居左，戴冠，形象庄严，左手高举持矩和墨斗；女娲梳高髻，面庞丰满，右手高举持规。两人的另一只手没有具体表现，可以想象互揽而为一体，上体人形，下体蛇状，互相纠缠。画面空白部分有诸多圆点，下部居中有轮状物，周围为圆点构成的圆。

以《伏羲女娲图》陪葬为中原习俗，兴起于汉初，东汉达到鼎盛。魏晋至唐时，传到吐鲁番地区。

新疆阿斯塔那墓 187 号墓，有绢画《弈棋仕女图》，高 63 厘米，仕女体态丰腴，面庞红润，右手食指和中指拈起棋子，似在思量，唐代妇女服饰，发式为回鹘髻。《新唐书·五行志》载："天宝初贵族及士民好为胡服胡帽，妇人则簪步摇钗，衫袖窄小。杨贵妃常以假鬓为首饰，而好服黄裙，近服妖也。"出土于 187 号墓的还有彩塑骑马泥俑，头戴高耸帷帽，典型的胡化风格，其中一些彩塑类似杨贵妃的妆饰。

206 号墓中，发现有天王踏鬼的木俑。通高 86 厘米，天王彩塑，小鬼素面。夸张的五官和鲜艳的服饰，浓眉大眼，张口大怒，一臂高举，身披铠甲，甲上纹饰为中原风格，白牡丹流云纹饰，但在袖口裤腿有西域纹饰，绿色护镜，双肩虎头状护膊，虎口中延伸出有菱格的内层护膊，腿着靴，一脚踏于小鬼肚皮，小鬼戴小帽，宽嘴短鼻，做痛苦状，来源于佛教护法天王像，衍化为中国武士像。天王俑出现于唐代，是在武士俑的基础上做成的，往

哈拉和卓墓地 M71 出土的木鸭

往与镇墓兽一起葬于墓中，系中原葬俗。这尊木俑由 30 多块木块组装而成，连天王牙也可以拆下来，可见其精美。

新疆唐哈拉和卓墓地 71 号墓，发现大量的木制动物陪葬品，如鸭、猪，还有黄地戴胜鹿联珠纹锦织品。鸭、猪，是汉族人普遍喜欢的食品，而鹿既是佛教中的吉祥物，也是道教中的吉祥物，是中华民族普遍认同的美的动物。

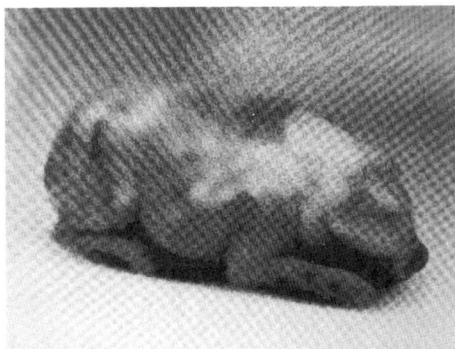

哈拉和卓墓地 M71 出土的木猪

凡此均说明西域本就是胡汉诸民族共同的家园。

哈拉和卓墓地 M71 出土的黄地戴胜鹿联珠锦覆面复原图 ①

---

① 取自新疆文物考古研究所：《吐鲁番阿斯塔那—哈拉和卓墓地：哈拉和卓卷》，文物出版社 2019 年版，图八五。

二、华夷一体:西域美学的内核

美学对象是审美生活,面对的是丰富的审美现象:日常生活、自然风光、人文地理、民族风情、艺术创作与艺术欣赏等等,但任何美学有它的精神内核。西域美学的精神内核是中华民族一体化的形成与发展,集中体现为中国的中原王朝与西域地区的少数民族政权的关系。这一内核是西域审美意识生发点、审美视界的聚焦点。唐朝的边塞诗之所以可以归之于西域美学,是因为它描绘的是西域的自然风光和战地风光,它的主题是昂扬的爱国主义和大中华的民族意识。

在动乱的年代,中原文化破坏严重,其中有些进入西域被保存下来,《隋书》说,《清乐》是隋朝九部乐之首,其本为《清商三调》,是汉朝的旧曲,西晋末期,八王之乱,晋室南迁,这部音乐消失,前秦苻坚在凉州获得此曲,以之作为国乐。南朝的刘宋政权在平定关中的战争中获得此曲,将其带到江南。隋灭南陈后,从陈获得这部曲子。隋文帝听了这部曲子后,高兴地说:"此华夏正声也。昔因永嘉,流于江外,我受天明命,今复会同。虽赏逐时迁,而古致犹在。可以以此为本,微更损益,去其哀怨,考而补之。以新定律吕,更造乐器。"① 一部华夏正声,就这样由南到北又由北到南,在流通中得到保护,也得到发展。这一故事充分说明西域与中原文化上的一体性。

西域美学的意义首先是政治上的。纳西域美学及艺术于中华美学与艺术对于中华民族的构建无疑具有重要的促进作用。《旧唐书》云:"《周官》:'韎师掌教《韎乐》,祭祀则帅其属而舞之,大享亦如之。'韎,东夷之乐名也。举东方,则三方可知矣。又有'鞮鞻氏掌四夷之乐,与其声歌,祭祀则龡而歌之,燕亦如之。'作先王之乐者,贵能包而用之。纳四夷之乐者,美德广之所及也。"② 这"美德广之所及也"正是"纳四夷之乐"的政治意义所在。西域之乐为《禁》,它的特殊作用,《旧唐书》说"言阴气始通,禁止万

---

① 魏徵等:《隋书·志第十·音乐下》。
② 刘昫等:《旧唐书·志第九·音乐二》。

物之生长也”，阴气始通，禁万物之生长，正是为阳气的到来，助万物之生
长。这些说法，虽然套上了阴阳五行说，有它的神秘性。这其实并不重要，
重要的是中华民族需要团结，真正像一家人那样生活，共谋发展，这才是中
华民族强大的必由之路。

三、自由：西域美学的超越性

虽然周秦就有夷夏之别一说，但是夷夏融合一直在进行着。

中华美学绝不只是汉族美学，它是中华民族的美学。中华民族美学创
造的过程正是中华民族相互融合的过程。表现在审美和艺术上，这个过程
是双向的，一方面汉族向少数民族的审美和艺术学习，另一方面少数民族
向汉族的审美和艺术学习，这种学习完全是自觉的，是心悦诚服的。

人类的文化交流有些是出于某种目的而被迫的，唯有审美和艺术是自
由的，也只能是自由的。值得我们高度注意的是，这种自由可以破除了民
族的界限、政治的界限，西域与内地在审美和艺术上的交流就是如此。以
龟兹乐为代表的西域音乐普遍受到中原人民欢迎。《隋书》说，西域音乐传
入中原后，“自文襄以来，皆所爱好。至河清以后，传习尤盛。后主唯赏胡
戎乐，耽爱无已。”① 这种欢迎在唐朝达到顶峰，唐玄宗用西凉乐调作为他的
以游仙为主题的乐舞的曲子，说明他对西凉乐何等喜爱。天宝年间，乐曲
皆以边地为名，有凉州乐、伊州乐、甘州乐，这些均是西域的音乐。

何以西域乐如此为中原人所喜爱呢？这与政治无关，与民族性无关，
西域乐的魅力就在于它的美。这种美一则来自它的异域风情，二则来自它
的曲调。审美和艺术的独立性在此，审美和艺术的特殊性也在此。

隋炀帝是懂音乐的，更是懂美的。他能创作乐曲，正是因为他较之乃
父更懂音乐，更懂得音乐的美，因而较他人更能得到西域音乐的精髓，也更
能欣赏西域音乐的美妙。这对他的音乐创作帮助极大。《隋书》说，他创作
的《无愁曲》，“音韵窈窕，使胡儿阉官之辈，齐唱和之，曲终乐阕，莫不殒

---

① 魏徵等：《隋书·志第九·音乐中》。

涕"①。隋炀帝是汉人,他创作的曲子能让胡儿齐唱和之,而且感动到流泪,亦说明音乐的超民族性。历史上不乏批评隋炀帝的言论,而且也归罪于他爱艺术,爱西域音乐,甚至说他"乐往哀来,竟以亡国"。这完全是弄错了,隋炀帝亡国自有原因,但与爱艺术,爱西域音乐完全无关。

西域的音乐具有如此巨大的魅力,它的绘画、雕塑又何尝不一样呢?西域的佛教雕塑和壁画传入中原后,成为中原佛教雕塑和壁画的范式,最后终于造就了中华佛教艺术的最高峰——敦煌莫高窟艺术,也造就了中华佛教艺术在世界的巨大影响,敦煌学竟然成为国际上一门文化显学。

敦煌的雕塑、壁画与龟兹的音乐一样都具有超越时空的魅力。

在这个世界上,诸多的利益未必是永恒的,包括政治利益、经济利益、民族利益,但真正的美永恒,真正的艺术永恒。西域美学所颂扬的美,这种美所寄寓的艺术也就是永恒的。从美的超时空性来看西域美学,它是人类的一种辉煌创造,是人类共同的精神财富。

当然,西域美学首先是中华民族的地方美学,它有地方的特色,也有时代的特色,这可以说是优点,也可以说是局限,但这种局限一点也不影响它的流传,不影响它穿越时空的障碍,发挥永恒的魅力。作为中华美学的一部分,西域美学为中华美学输送了活力,输送了魅力,它是不朽的。

西域美学开始于西域与中原的交通,这一时间至迟可以定为汉朝,它的高潮当是唐代,唐代以后,西域美学逐渐淡化,这种淡化主要原因乃是因为西域与中原的融合已经完成,然而它的魅力并未消失,只是这一魅力并没有借西域这一名目而特意标出,它就是中华文化的一种形式。虽然如此,作为历史,西域美学是永存的,当载诸史册。

---

① 魏徵等:《隋书·志第九·音乐中》。

第二十三章

五代荆浩的绘画美学思想

　　荆浩是五代时期画坛上的领袖人物，这一时期在中国画的发展道路上极为重要，诸多画种中，起着关键作用的是山水画。本来，在唐代，诸画种都很繁荣，山水画与人物画均走在前头，难分轩轾，如果硬要较个高下，人物画似是略占上风，然而到五代，这种局面就有所变化了。五代出了荆浩，荆以山水画称绝一时。其画风如他的题画诗所云："恣意纵横扫，峰峦次第成。笔尖寒意瘦，墨淡野烟轻。崖石喷泉窄，山根到水平。禅房时一展，兼称可空情。"① 就这题画诗来看，他的画虽然恣意纵横，大气磅礴，但画面并非一味地雄健，亦有寒意、野烟，并且分明标榜着禅意、空情，似是透露出中国文人画的先声。虽然荆浩画作与日后的文人画还是有相当的距离，但确能品出他所标榜的"寒""野""瘦"的禅味，可以说奠定了宋代文人画的基本气质。荆浩在中国绘画史上的地位，也许来自于他的画论《笔法记》。这篇作品比较全面地提出了中国画的主张，虽然荆浩将这些主张概括成"笔法"，其实，远不只是笔法的问题，它涉及中国画的基本精神。从总体来看，此文所论比较全面地揭示了中国画基本的美学品格。中国画美学品格

---

① 荆浩：《笔法记》，取自俞建华校注：《笔法记》，见俞建华编著：《中国古代画论类编》，人民美术出版社 2005 年版，第 605—612 页。本书所引《笔法记》均据此书。

的提出，始于魏晋南北朝时期的顾恺之、谢赫、宗炳等。虽然顾、谢、宗等人提出了一些相当重要的观点，但比较零散、粗糙，为片言只语，然而荆浩的《笔法记》是一篇结构完整的画学专论。正如徐复观所言："真正奠定山水画之崇高地位，以下开北宋后千年之绘画局面的，荆浩实系一大关键人物。"[①] 从某种意义上来说，荆浩才是中国画真正的执牛耳者，他堪称中国绘画美学的奠基人。

第一节 绘画的主观性：气、韵

荆浩在《笔法记》中提出："画有六要：一曰气，二曰韵，三曰思，四曰景，五曰笔，六曰墨。"这六者，气、韵、思为一组，属于画作的内在精神方面；景为一组，属于画作的外在形象方面；笔、墨为一组，属于画作的技法方面。三组概念的关系，大体上，后者为前者的表现形式，具体来说，以笔与墨去表现景，以景去表现气、韵、思。

三组概念中，处于重要地位的是第一组概念：气、韵、思。气、韵、思均是画作透显出来的精神，它们有何区别？照荆浩《笔法记》的说法：

> 气者，心随笔运，取象不惑；韵者，隐迹立形，备遗不俗；思者，删拨大要，凝想形物。

先看"气"，荆浩说"气者，心随笔运，取象不惑"。这气驱遣着心，心驱遣着笔。因为有"气"的作用，画家"取象"毫不犹疑。"取象"有两重意思，一是取自然之象，二是取艺术之象。前者的取为选，后者的取为制。

从对气的描绘来看，气是一种神秘的力量，它的性质有三：其一，它是一种内在的心力，就在心内；其二，它是一种统制力，主宰着画家的心；其三，是它是一种纵向力，一气流注，贯通艺术创作全过程，由创作动机萌生到艺术形象制成。

再看"韵"，韵也是一种内在的心力，这种力性质有四：其一，"隐迹"，

---

① 徐复观：《中国艺术精神》，商务印书馆 2010 年版，第 255 页。

它不露痕迹，与气相比，韵是隐性的力；其二，"立形"，韵虽隐却能让艺术形象呈现出来；其三，"备遗"，它是一种精微的力，渗透、弥散到艺术的各个细处，发挥着它的作用；其四，"不俗"，不俗在这里可以理解成耐人寻味。

最后看"思"。思同样是一种心力，从它能"删拨大要"来看，思是一种理性的力、逻辑性的力；从它能"凝想形物"来看，思在艺术创作中主要是一种意象结构之力。

三种精神力，"气"是根本的，"韵"和"思"从某种意义上来说均是"气"的不同形态。

重气首先是中华哲学的重要传统。先秦哲学中，孟子是重气的代表。他说："夫志，气之帅也；气，体之充也。"① 他将人的道德修养说成是"养气"，并自我标榜"我善养吾浩然之气"。魏晋时，曹丕最早将"气"用到作文上，说"文以气为主"②。荆浩则将"气"又用到作画上。此后，在绘画上谈气的言论不绝于史。

"韵"相对于气要晚出，最早它用来论琴道，像蔡邕《琴赋》就有"雅韵悠扬"的话，魏晋时又用它来论人，《世说新语·任诞》中评价阮浑，说"阮浑长成，风气韵度似父"。南朝谢赫在《古画品录》中提出"六法"，第一法即"气韵生动"，用以品评人物画中的人物神韵生动鲜活。到中唐时期，经过诗歌美学对"韵"的改造和推崇，"韵"从人物品藻的审美范畴逐渐扩展到书画艺术领域。而荆浩用它来论画的审美品格，可能是最早的。

"思"这一概念有人认为是从谢赫"六法"中"经营位置"生发出来的，确实有这种意思，但是，"思"的作用显然远大于"经营位置"。"思"实际上是指画家的一种理性思维。主要用在主题的确定、结构的安排上。"思"这一概念，荆浩用过以后，没有得到承传。

"气""韵""思"这三种力从根本上决定着艺术形象的基本面貌。

一个问题提出来了："气""韵""思"从哪里来？回答是肯定的，来自

---

① 《孟子·公孙丑章句上》。

② 曹丕：《典论·论文》。

画家。是画家的"气""韵""思"外化成艺术形象,并且给予了艺术形象以生命。

中国画讲究真,但中国画的真有它的特殊性。这里关涉到艺术的本体论。《笔法记》有这样一段十分重要的话:

> 曰:画者华也,但贵似得真。岂此挠矣! 叟曰:不然,画者画也。度物象而取其真,物之华,取之华;物之实,取其实;不可执华为实。若不知术,苟似可也,图真不可及也。曰:何以为似,何以为真? 叟曰:似者,得其形遗其气。真者,气质俱盛。凡气传于华,遗于象,象之死也。

这是一段对话:问者为耕生,答者为叟,叟代表的是荆浩的观点。

"画者华也"这个观点是耕生提出来的,叟并没有反对。"华",在这里可以理解成"美"。画是美的,这观点可以成立。但这美是从哪里来的呢?来自"真",还是来自"似"?

叟说,画的确是画出来的,有个所画的对象在。但从所画的对象取什么是有讲究的。

具体来说,有两种态度,一种是仿物象,另一种是"度物象"。仿物象是"物之华取其华,物之实取其实",对象是什么样,就依样画葫芦画下来;"度物象"这"度",是猜度,度量,是画家的一种精神活动。这精神活动中有观察,有思考,更有移情——将画家思想情感包括"气""韵""思"移到对象上去,从而将物象画出来,这画出来的象虽来自物象却不是物外简单的摹写,而是"气质俱盛"。这"气"来自画家的心灵,这"质"虽取自物象的外貌,但由于经过了画家"气""韵""思"的改造,就不全似对象了,然而,它真。

重要的就是这真。要的也是这真。因为真,它才充满着活力,充满着情调,充满着意味,才称得上华——美。而仅只是似,因为没有气的灌注,它没了生命,虽然有象,但那象是死象。死象当然谈不上华——美。

由真到美,因真而美。真的取得,关键在"气"的灌注,而"气"来自主观,所以,这画,从本质上来说,与其说是物象的客观写实,而不如说是画家主观心灵即"气"以及由气导引的"韵"与"思"的传达。由此看来,画,从本质上来看,是画家写意。

中国画偏重的不是物象的客观性而是画家的主观性。

关于中国画的偏重主观性,最早不是荆浩提出来的,南北朝时,宗炳说的"圣人含道应物,贤者澄怀味象"① 就隐含有这层意思,但说得不明确。顾恺之的"以形写神"②,这"神"似是物象之神,其实,物象哪有神? 凡神均是画家赋予的,是画家的"气""韵""思"移到物象上的产物。

中国画重主观性到石涛那里说得再透彻不过的了。石涛说:"山川使予代山川而言也,山川脱胎于予也,予脱胎于山川也。搜寻奇峰打草稿也。山川与予神遇而迹化也,所以终归之于大涤也。"③ 石涛说画家与山川的关系可以分成两个层次:第一层次,画家从山川获得诸多的感性素材,这就是所谓的"搜寻奇峰打草稿",在这个过程中,画家受到山川的影响,心胸变得开阔,精神得到升华;然后进入第二层次即创作。在这个过程,画家从表达自己内在的思想情感出发,从内心记忆中调出一些素材,按照自己的思想情感将艺术形象画出来。这整个过程,起着主导作用都是画家的思想情感。在第一层次,是画家按照自己的意愿去搜集素材,在第二层次,是画家按照自己的意愿去创作形象,所以,"终归之于大涤"即他石涛本人。

第二节 绘画的本体性:神、妙

关于中国画的性质,荆浩还有一段话也十分重要:

> 复曰:神、妙、奇、巧。神者,亡有所为,任运成象。妙者,思经天地,万类性情,文理合仪,品物流笔。奇者,荡迹不测,与真景或乖异,致其理偏,此为有其笔而无其思。巧者,雕缀小媚,假合大经,强写文章,增邈气象。此谓实不足而华有余。

---

① 宗炳:《画山水序》。
② 张彦远:《历代名画记》卷五。
③ 《石涛画语录·山川章》。

这里说到"神""妙""奇""巧"四个概念，"奇"与"巧"，他是批评的，此暂不论；"神"与"妙"，荆浩是肯定的，而且给予了很高的地位。

我们先来看"神"：荆浩说"神者，亡有所为，任运成象"，包含两点重要的思想：其一，神的活动是看不见的，"亡有所为"，不是没有为，而是看不见其为。神虽然看不见，却是一种决定性的驱动力，它可以造出象来。其二，神的活动是有规律的，虽然有规律，但这规律是把握不了的，只能"任"，任，说明规律的绝对性、客观性。凡此，我们感到，"神"与"气"似有一种内在联系。联系在于它们都是看不见的精神性的活动。然而它们又有所不同，不同在于，"神"似是更为根本，它具有客观性、规律性；而"气"更多地体现为主观性，即兴性。"神"似是"气"之本。

"神"的这种性质，让我们联想到《周易》中的神，《周易·系辞传》多处谈到神，《周易》谈的神是与太极联系在一起的，神是太极的性质，太极是宇宙之本。神是神秘的，也是伟大的，"神以知来，知以藏往"[1]。那么，如何通神呢？按《周易》的说法。通过卜卦，卜卦用的工具是卦、蓍龟，还有《河图》《洛书》，这些均可通神。荆浩说神"任运成象"，所成的"象"就是画，这无异于说，画类似于卜卦的工具，也具有通神的功能。如此说来，画的本体是太极，是道，画是太极之象或者说道之象。

神这一概念在中国古籍中出现得很早，它通常有多种意义，本义是指鬼神，引申义则是指道。

谢赫论画，说张墨、荀勖的画"风范气候，极妙参神"[2]。这里，说的神具有本体的意味。唐代张怀瓘将书法分为神妙能三品[3]，第一等为神品，之所以是神品就因为这书法能让人悟道。

再说"妙"。按荆浩的说法，妙的性质是"思经天地，万类性情，文理含仪"。这话首先肯定"妙"是一种"思"，不是一般的思，而是极广极深极微的思。天地之奥秘、万物之性情，莫不可以思。妙这一概念的重要性最早

---

① 《周易·系辞上传》。

② 谢赫：《画品》。

③ 张怀瓘：《书断》。

(五代) 荆浩:《匡庐图》

彰显于《老子》,《老子》第一章云:"道可道,非常道,名可名,非常名。无,名天地之始;有,名万物之母。故常无,欲以观其妙;常有,欲以观其徼。此两者,同出而异名,同谓之玄,玄之又玄,众妙之门。"这段文字两处用到"妙",第一处是将妙与"无"联系起来,无是什么?无是道的状态,表示着"天地之始"。既然"常无"可以"观其妙",那么"妙"就可以看作是宇宙本体——道的一种描述。

"无""有"均是对道的描述,但"无"是"天地之始",而"有"只是"万物之母",所以,无比有更为根本,更切近于道。王弼阐释《老子》的道,说"以无为本"。

"妙"作为"道"的形容词,得天独厚地获得了别的概念无法与之相比的优越地位。妙较之美，具有明显的五大优点：第一，美是对事物外在形态的评价，而妙则是对事物内在品质的评价；第二，美较多地用于具体人物、事物的评价，而妙则主要用于对精神、事理的评价；第三，美较多地注重事物的视觉形态，而妙则更多注重事物听觉、味觉、触觉等形态；第四，美较多地注重事物整体结构，而妙则更多地注重事物的精微因素；第五，美较多地用于对事物静态的审美评价，而妙则更多地用于对事物细小变化的评价。

"妙"自魏晋广泛地进入审美领域，成为较美更高的评价词，不只用于人物品藻，还用于绘画评论。值得指出的是，虽然魏晋的人物品藻与艺术评论用到了"妙"这一概念，但均是与别的词连在一起来用的，那就是说，妙的独立性并没有得到足够重视，只有到荆浩这里，妙才以独立的概念受到重视。

"神""妙"二者侧重点是不同的，"神"侧重于变化，"妙"侧重于精微，但它们其实是相通的，因而有"神妙"一词，更重要的，它们都是宇宙本体的代名词和形容词。荆浩强调绘画的"神"与"妙"，见出它对绘画本体的重视。

在中国美学史上，最早重视绘画本体问题的是宗炳，宗炳说他一生好游山玩水，足迹踏遍中国的名山大川，这是为什么呢？是因为"山水质有而趣灵"，"质"是山水之体，"灵"是山水之本，"灵"就是道。晚年，他感到体力不支，不能再去与名山胜水接触了，那就将藏在心中的名山胜水一一涂抹成画，每日在屋中欣赏这些画，他称之为"卧游"。不管是直接与山水接触，还是欣赏山水的替代品，宗炳都将它称之为"澄怀味象"，象为什么要味？乃是因为象精微，精微就是妙，妙是需要味的，需要品的。

荆浩以神、妙评画，实际上继承了宗炳一脉，将画提到了本体显现的高度，什么是画，从本体论来说，画就是宇宙本体——道之显现。

这一传统也是后来成中国画主流的文人画的传统，文人画讲究的追求的就是画中的道味，文人画有意制作空灵、虚寂、寥廓、荒寒、远古这一类的境界，就是试图将人们的思绪引向对道的探求。

第三节　绘画的形式美：笔、墨

任何艺术均以它独特的形式而获得其本质定位，绘画之不同于音乐，绘画中水墨画之不同于油画，决定性的不在它们的内容如何，而在它们的形式如何。换句话说，不是表现什么，而是怎样表现，决定了艺术的本质。

中国的绘画是有一个发展过程的，而且品种也繁多，但主流是水墨画，水墨画是用毛笔蘸上水与墨在宣纸、绢帛上作成的画。这种画的突出特点就是以笔墨传神。

荆浩谈画之"六要"，前"四要"属画的内容："气""韵""思"是内容的主观因素，"景"是内容的客观因素。最后"二要"："笔"和"墨"则属画的形式因素。"气""韵""思""景"等四因素摆在前面，似是最为重要，其实，重要不重要，不在于是否摆放在前面，而是决定于说话的语境。在不同的语境中，同一因素所处的地位就不同了，与之相应，它的重要性也就不同了。如果我们在讨论这幅画画的是什么，价值如何，也许，"气""韵""思""景"很重要，"笔"与"墨"没有那么重要，然而，如果，我们现在要讨论的问题是水墨画的特性什么，摆在我们面前的诸多不同品格的画，如油画、水彩画、粉画、壁画等，那么，上面说的绘画"六要"中前"四要"即"气""韵""思""景"的重要性就不突出了，因为所有的美术品种均需要表现这四者，而"笔"与"墨"却突出了，它成了水墨画的特点。此时，也只有在此时，你才能发现，对于中国的水墨画来说，"笔"与"墨"才是它的本质所在。

"笔"，在这里指的是线条。所有的画种均有线条，但不同的画种其线条是用不同的工具画出来的，中国画的线条是毛笔画出来，它的形态就全然不同于用别的工具画出的线条。

中国画用的笔是毛笔，毛是兽毛，通常是羊毫和狼毫。兽毛笔的好处有三：一是软硬兼有，二是吸水性能好，三是得之于心而应之于手。这三大好处集中体现在线条上。

荆浩的画论实际上讨论的不只是线条,还有诸多的方面,但他将他的画论命名为"笔法记",足见他对笔的重视,对笔的重视实质是对线条的重视。

众所周知,中国画在形式上主要特点在用线条造型,这一特点不仅使得中国画与西画明显地区别开来,更重要的是,线条造型恰到好处地彰显了中国画重气尚韵的精神品格。气、韵作为精神,本是无形的,要让它能为人感受,必须外化为形,此种外化过于具象、过于抽象都不行,恰到好处的,莫过于线条了。从形式即内容来看,线条也就是气,也就是韵。这气、这韵,通"道",所以,线条实际上是道的体现。这一点,后世不少画论家都有所阐述。如宋代的韩纯全在他的《山水纯全集》中说:"夫画者,笔也,斯乃心运也。索之于未状之前,得之于仪则之后,默契造化与道同机。"①

(唐)吴道子:《天王送子图》(局部)

至简者莫过于线,然而它能造就天地万象之形状,用韩纯全的话来说"握管而潜万象,挥笔而扫千里",正是因为线条具有最大造型能力,所以,也唯有它有资格"默契造化与道同机"。

关于用笔即作线,荆浩认为,"虽依法则,运转变通,不质不形,如飞如

① 韩纯全:《山水纯全集·论用笔墨格法气韵病》。

动"。这里，他实际上提出非常重要的三个原则：一是则而不滞，贵在变通。二是不质不形。三是如飞如动。从本质来看，飞动的线条实质是气韵的外在开显。谢赫的"六法"，第一法为"气韵生动"，这生动的气韵以何来显现？只能通过飞动的线条来显现。

关于笔的运用，荆浩还提出"四势"说：

> 笔绝而不断谓之筋，起伏成实谓之肉，生死刚正谓之骨，迹画不败谓之气。

荆浩用人的身体做比喻，分别说明线的四种力，"筋"在于韧，为含忍之力；"肉"在于实，为丰满之力；"骨"在于刚，为支撑之力，"气"在于活，为生机之力。"筋""肉""骨""气"四势说，在荆浩之前，主要见之于书论，荆浩则将它移之于画，从某种意义上讲，这是开书法为画之先河。

"墨"是中国画作画的主要材料。关于墨，荆浩说：

> 墨者，高低晕淡，品物浅深，文采自然，似非因笔。

"高低晕淡"，是说墨色的各种不同形态，此强调墨造型功能的丰富性；"品物浅深"，是说用墨须切合物的形态，此强调墨造型功能的准确性；"文采自然"，是说用墨的技艺，此强调墨造型功能审美性；"似非因笔"，是说墨与笔在功能上有异，此强调墨造型功能的一定的独立性。

中国画的用墨向来为画家所重视，"墨分五彩"，更是为历代画家津津乐道。"笔""墨"二者虽然通常将"笔"列在"墨"之上，但这并不说明"墨"的重要性就不如"笔"。关于"笔""墨"二者的关系，画界既强调它们各自的独立性，又强调它们的相依性。荆浩"尝语人曰：吴道子有笔无墨，项容有墨无笔，吾当采二子之长，自为一体"。

关于笔墨的不可分离性，宋代韩纯全肯定了荆浩的观点。他说："笔以立其形质，墨以分其阴阳，山水悉从笔墨而成。吴道子笔胜于质，为画之质胜也。尝谓道子山水有笔而无墨，项容山水有墨而无笔，此皆不得全善。唯荆浩采二贤之能，以为己能，则全矣。"①

---

① 韩纯全：《山水纯全集·论用笔墨格法气韵病》。

荆浩将中国画的两种主要技巧——"笔"和"墨"统一起来,为中国画的成熟奠定了基础。不仅中国画,而且中国书法,此后均坚持"笔"与"墨"的统一。

内容与形式的关系,是互相决定的,内容决定形式,形式也决定内容。艺术重形式,形式即内容。离开形式,就没有内容。形式的独特性决定了内容的独特性。如果让同一画家,面对同样的风景创作两幅画:一为中国水墨画,一为西方油画。那完全是不同的味道。之所以有重大的差别,决定性的就在于技巧。油画用色和光造形,而中国水墨画用笔墨造形。

从某种意义上说,中国画的本质就在于笔墨。

荆浩将"笔""墨"列入笔法"六要",足见他对"笔""墨"的重视,也足以说明他对中国画的形式美有着清醒的认识。

综上,荆浩在中国绘画美学史上的地位就很清楚了。荆浩深刻地总结了中国画的传统,特别是总结了唐代的绘画,独具只眼地认识到了中国画本质,这主要就是:(1)中国画重气韵;(2)中国画重神妙;(3)中国画用笔墨造形。这"两重一用"说明中国画是重主观的艺术、重本体的艺术,以水墨为独特形式美的艺术。这些理论实际上为中国画建构了一个完整的美学品格,为中国画的发展提供了方向。因此,实际上,荆浩是中国绘画美学的奠基者。